실패한 디자인은 없다

TO FORGIVE DESIGN:
Understanding Failure
Copyright ⓒ 2012 by Henry Petroski
Published by arrangement with Harvard University Press
All rights reserved

Korean translation copyright ⓒ 2016 by GLAM BOOKS
Korean translation rights arranged with HARVARD UNIVERSITY PRESS
through EYA(Eric Yang Agency).

이 책의 한국어판 저작권은 EYA(Eric Yang Agency)를 통한
HARVARD UNIVERSITY PRESS 사와의 독점계약이므로 글램북스가 소유합니다.
저작권법에 의하여 한국 내에서 보호를 받는 저작물이므로 무단전재 및 복제를 금합니다.

공학자가 말하는
붕괴 사고의 원인과 교훈

실패한 디자인은 없다

헨리 페트로스키 지음 | 채은진 옮김

TO FORGIVE DESIGN:
UNDERSTANDING FAILURE

발간에 부쳐

21세기로 접어들면서 인류는 유사 이래 그 어느 때보다도 격렬한 기술 발전을 경험하고 있습니다. 공학기술은 인류의 미래에 대해 무한한 가능성을 열어주고 있지만, 핵폭탄, 환경오염에 따른 생태 파괴, 합성물질의 위협에서 보는 바와 같이 자칫 인류의 생존을 위협할 수도 있습니다.

"공학과의 새로운 만남" 시리즈는 우리의 생활 곳곳에서 숨 쉬고 살아 있는 공학의 실제 모습을 담고자 기획하였습니다. 실제 우리의 삶에 가장 밀접하게 존재함에도 불구하고 낯설고 멀게만 느껴지던 공학을 대중들이 편안하고 가깝게 느끼도록 해보자는 것입니다. "공학과의 새로운 만남" 시리즈는 해동과학문화재단의 지원을 받아 한국공학한림원과 글램북스가 발간합니다.

TO FORGIVE DESIGN

선함과 분별은 언제나 한 몸이다.
잘못을 범하는 것은 인간의 일이요,
용서하는 것은 신의 일이다.

– 알렉산더 포프, 비평론 *An Essay on Criticism*

/ 서문 \

나의 첫 책 《인간과 공학이야기*To Engineer Is Human: The Role of Failure in Successful Design*》가 출간된 후 25년이 흘렀다. 이 책이 지금까지도 읽히고 언급된다는 것은 무척 기쁜 일이다. 이 책이 여전히 관심을 받는 이유는, 공학 설계의 기본 원칙들을 알기 쉽게 소개하면서 성공과 실패의 실제 사례들을 보여주고 있기 때문일 것이다. 그 사례들은 대부분 집필 당시에 실제로 일어난 사건들이었다. 《인간과 공학이야기》에 소개된 중요한 원칙들은 지금도 적용되고 있지만 책에 실린 사례들은 대부분 기술적 구조적 결함에 국한되어 있다. 당시 나는 인간과 기계의 상호작용이나, 설계만의 문제라고 볼 수 없는 시스템의 복합적 문제에 대해서는 다룰 생각이 없었다.

《인간과 공학이야기》가 출간된 이후, 비극적인 사고들이 많이 일어났다. 대표적인 예로 2건의 우주왕복선 폭발 사고, 미니애폴리스 고속도로 다리 붕괴 사고, 보스턴 빅딕Big Dig 개발사업 과정에서 일어난 안타깝고 수치스러운 사건들, 멕시코 만에서 일어난 석유시추선 딥워터 호라이즌Deepwater Horizon호 폭발과 그로 인한 원유 유출 사고, 그리고 수많은 노동자와 일반 시민들의 목숨을 앗아간 건설 현장 크레인 사고들을 꼽을 수 있다. 이런 사고들은 성공과 실패의 상호관계에 대해 내가 갖고 있던 생각들을 발전시켜줄 뿐만 아니라, 시스템과 조직 속에서 나타나는 토목사업의 가려진 측면들도 밝혀준다. 바로 이것이 이 책의 핵심이다.

《인간과 공학이야기》의 속편이라 할 수 있는 이 책에서 나는 보다 넓은 시각으로 설계를 바라보려 한다. 그리고 이런 기본적인 검토에서 그치지 않고, 인간이 만든 것들과 시스템의 실패 원인을 다각도로 분석해 보려 한다. 나는 현재 우리의 첨단기술 이용에 큰 영향을 끼친 중요한 사건 사고들을 새롭게 파헤쳐 보려 한다. 이런 실패 분석을 통해 우리는 설계와 그 설계가 낳는 결과를 이해할 수 있다. 이 결과는 우리의 생활환경을 이루고 있는 인공 시스템들의 이용, 오용, 규제와도 관련이 있다.

이 책에서 다룰 사례 중에는 잘 알려진 사건들도 있지만, 새로운 증거들의 발견으로 최근 우리는 그 사건들을 재조명해 실패의 근본 원인을 다시 분석하고 새로운 교훈들을 얻게 되었다. 현재와는 무관해 보일 수 있는 구식 기술과 관련된 사건들도 끊임없이 연구하는 엔지니어들의 노력은, 토목사업의 어떤 측면들은 세월이 흘러도 변하지 않으며 수세기 전의 실패도 꼼꼼하게 재검토하면 과거의 사례에서 새로운 교훈을 얻을 수 있다는 사실을 확인시켜준다.

《인간과 공학이야기》에서와 마찬가지로 이 책에서도 다리에 관한 내용이 큰 비중을 차지한다. 내가 다리를 좋아하는 이유는 사회, 재정, 규제 시스템에 속해 있다 할지라도 다리는 순수한 공학의 산물이기 때문이다. 구상, 설계, 이용, 그리고 때로는 결함을 통해 살펴보는 다리에 관한 이야기는 매력적이고 전형적이다. 이 책에 소개되는 다리들과 다리 붕괴 사고 중에는 비교적 친숙하지 않은 내용도 있겠지만, 그런 이야기들도 우리가 실패와 그에 따른 결과의 여러 측면을 이해하는 데 보탬이 될 것이다. 나는 이미 잘 알려진 타코마해협교Tacoma Narrows Bridge 붕괴 사고도 여기서 다시 검토해 보려 한다. 다리가 뒤틀리다가 결국 붕괴되는 마지막 순간이 담긴 동영상은 지금도 여기저기서 볼 수 있지만, 붕괴의 근본 원인을 확실히 밝히기 위해서는 사고의 발단과 사고가 남긴 교훈에 대해 더 자세한 논의가 필요하기 때문이다.

나는 오래전부터 실패와 그 실패가 미치는 영향에 관해 생각하고 글을 쓰고 강연을 해 왔으며, 의식적 무의식적으로 우리에게 영향을 미치는 것들에 깊은 흥미를 느껴왔다. 어린 시절이나 학생 시절, 대학원생 시절에 그런 영향들을 직접 경험해 보기도 했다. 우리에게 영향을 주는 것들을 좀 더 가까이에서 느끼고 다른 시각에서 바라보기 위해 그런 경험들을 이 책에서 종종 이야기하려 한다. 실패 분석은 차갑고 근시안적인 접근일 수 있다. 넓은 시야를 가지고 문제를 들여다봄으로써 우리는 그 문제로 인해 큰 영향을 받을 수 있는 우리의 삶과 다른 많은 사람의 삶이라는 맥락 속에서 문제를 더 제대로 이해할 수 있다.

과학 및 공학 연구학회인 시그마 Xi의 학회지 〈아메리칸사이언티스트American Scientist〉와 미국 공학교육학회의 학회지 〈프리즘Prism〉에 정기적으로 칼럼을 게재하면서 나는 실패에 관한 사례 연구와 전문적 경험들을 주제로 토론을 펼칠 수 있었다. 그러나 지면이 한정되어 있었기 때문에 안타깝게도 이 중요한 주제를 충분히 다룰 수는 없었다. 이 책을 통해 이 주제를 자세히 다룰 수 있도록 기회를 제공해준 마이클 피셔에게 감사의 뜻을 전하고 싶다. 마이클을 비롯한 하버드대학교 출판부 편집진과 다시 한 번 함께 일하게 되어 매우 기쁘게 생각한다.

이 책의 바탕이 될 생각들을 정리하던 중 나는 운 좋게도 듀크대학교에서 한 학기 동안 마이클 스칼모라는 학생을 매주 만나게 되었다. 그는 토목공학을 전공하는 학생으로, 내 지도 하에 실패 분석을 주제로 개인 연구 과정을 진행하고 있었다. 이 책의 집필을 시작하기 전 몇 달 동안 나는 그와의 광범위한 토론을 통해 귀중한 자료와 의견을 얻을 수 있었다. 그중 몇 가지 사례 연구는 이 책에도 실을 예정이다. 〈건설저널 *Journal of Performance of Constructed Facilities*〉의 편집장 케네스 카퍼에게도 감사의 마음을 전하고 싶다. 그는 이 책의 원고를 전부 읽고 유익한 의견을 많이 제시해주었다. 혹시라도 이 책의 내용 중에 어떤 오류가 있다면 그 책임은 전적으로 내게 있음을 밝혀 둔다.

전작들을 집필했을 때와 마찬가지로 이 책을 쓰는 동안에도 내 아내 캐서린 페트로스키가 많은 도움을 주었다. 다양한 분야의 책들을 즐겨 읽는 그녀는 이 책의 주제와 관련된 많은 정보를 제공해주었을 뿐만 아니라, 귀중한 시간을 내어 내 원고를 읽고 세심한 평을 아끼지 않았다. 캐서린에게도 고마움을 전하고 싶다.

CONTENTS

	서문	6
1장	콘크리트, 흔하지만 중요한 재료 By Way of Concrete Examples	12
2장	실패는 일어난다 Things Happen	42
3장	의도된 실패 Designed to Fail	68
4장	실패의 역학 Mechanics of Failure	104
5장	반복되는 문제 A Repeating Problem	134
6장	역사적 유물과 흉물의 경계 The Old and the New	158
7장	원인 규명 Searching for a Cause	182

8장	엔지니어의 의무 The Obligation of an Engineer	212
9장	붕괴사고의 전과 후 By Way of Concrete Examples	240
10장	법적 공방 Legal Matters	266
11장	보이지 않는 설계자 Back-Seat Designers	286
12장	우주왕복선과 석유시추선 Houston, You Have a Problem	316
13장	번영의 상징, 크레인 Without a Leg to Stand On	350
14장	실패와 역사 History and Failure	376
	참고문헌	408

BY WAY OF CONCRETE EXAMPLES

CHAPTER 01

콘크리트, 흔하지만 중요한 재료

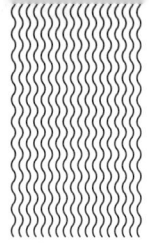

    2008년 2월 12일, 컨티넨탈커넥션 3407편 여객기가 버팔로 나이아가라 국제공항으로 가기 위해 뉴어크 리버티 국제공항에서 이륙했다. 봄바디어 대시Bombardier Dash 8기종으로서는 짧은 비행이 될 거리였다. 그러나 그 추운 겨울 저녁 뉴욕 북부 지역에는 진눈깨비가 내리고 있었고, 이런 날씨에는 비행기의 날개 표면이 얼음으로 덮이기 쉽다. 얼음이 쌓이면 무게가 증가할 뿐만 아니라 날개의 공기역학적 형태가 변하게 되고 그러면 자연히 비행에 영향을 미치게 된다. 얼음이 쌓이면 비행이 위험해질 수 있기 때문에, 비행기 날개는 축적된 얼음을 제거할 수 있도록 설계된다. 날개 표면을 가열하는 장치가 부착되고, 날개의 앞쪽 모서리에는 제빙 부트de-icing boot라는 또 다른 장치가 부착된다. 장치를 작동시키면 부트가 팽창되면서 날개 표면에 형성된 얼음을 깨뜨려 떨어뜨린다. 그러나 모든 설계가 그렇듯 이 장치의 설계도 완벽한 것은 아니다. 날개의 앞쪽 모서리에서 멀리 떨어진 곳에 붙은 얼음은 제빙 부트 작동으로 제거되지 않을 수도 있다.[1]

    쌍발 터보프롭 엔진을 장착한 컨티넨탈커넥션 3407편은 그날 저녁 버팔로 공항에 도착하지 못했다. 활주로에서 약 8km 거리에 있는 한 민가에 추락한 것이다. 이 사고로 탑승객 49명이 전원 사망했고 민가의 주민 1명도 사망했다. 사고 조사 초기에는 날개의 시스템이나 승무원들이 결빙에 제대로 대처하지 못했을 것이라는 추측이 나왔다. 사고 발생 후 조종실의 음성기록장치와 비행기록장치를 회수해 조사한 결과, 기장과 부기장이 앞유리와 날개에 얼음이 형성된 상황을 인지하고 제빙 장치를 작동시킨 것으로 밝혀졌다. 그런데 잠시 후 여객기는 속도를 잃고 아래로 떨어지기 시작했다. 이런 문제가 발생하면 조종간이 진동해 조종사에게 위험을 알리게 되어 있다. 컨티넨탈 여객기는 자동조종장치로 운항 중이었기 때문에 자동으로 고도가 유지되었어야 했다. 그러나 만약 통제 불가능한 상황이었다면 자동조종장치가 해제되었을 것이다. 그런 경우 조종사가 수동으로 항공기를 조종해야 한다. 이 과정들은 모두 설계에 따른 것이다. 기장이 적절한 조치를 취하지 않은 이유로 우선 조종간이 진동하지 않았을 가능성이 제기되었다. 그렇다면 기기가 오작동했거나 "설계상의 결함"이 있었던 셈이다. 또 다른 초기 보도에서는 항공기가 속도를 잃고 떨어질 때 "스틱 푸셔stick pusher"가 작동해 자동으로 가속되도록 하는 것이 적절한 조치라고 설명하면서, 기장이 과잉 반응해 기수를 지나치게 올렸을 가능성을 제기했다. 그렇다면 "기장의 비행 훈련이나 항공기의 설계"에 문제가 있었던 셈이다.[2]

이런 추측들이 나온 것은 사고 발생 후 일주일이 채 지나지 않아서였다. 사고의 면밀한 조사를 담당하는 미국 교통안전위원회NTSB가 최종 결론을 내리는 데는 대개 훨씬 오랜 시간이 소요된다.

사고 발생 후 1년이 되기 열흘 전에 이루어진 조사 결과 발표에서 NTSB는 하드웨어나 소프트웨어의 설계를 문제 삼지 않았고 이 사고를 "승무원들의 안일함이 부른 참사"라고 밝혔다. 한 신문에서 "부적합자"라고 칭한 47세의 기장은 여러 차례 비행 시험에서 실수를 저지른 이력이 있었고 "항공기의 제어장치를 사용하면서 과잉 반응을 하는 경향"이 있었다.

봄바디어 대시 8기종을 사고 발생 2개월 전에 처음 조종해 본 기장과 "기장에게 맞서지 않는" 24세의 부기장은 분명히 버팔로에 가까워졌을 때 대기속도를 확인하지 않았고 경보장치가 작동할 정도로 속도가 느려질 때까지 방치했다. 조종간은 설계된 대로 진동했다. 그러나 기장은 조종간을 앞으로 미는 대신 뒤로 당겼고, 그가 잘못된 대처를 거듭한 탓에 사태는 더욱 악화되었다. NTSB는 엔진이나 시스템에서는 아무런 문제가 발견되지 않았다고 밝히면서, 당시의 날씨는 매년 그맘때 버팔로에서 흔히 나타나는 날씨였고 결빙 상태도 여객기의 추락을 일으킬 만큼 심각하지 않았다고 결론을 내렸다.[3]

한 조사 위원은 조종사의 피로가 사고 발생에 일조했다고 주장했다. 문제의 비행 전날 기장은 승무원 휴게실에서 밤을 보냈고 부기장은 심한 감기에 걸린 상태로 시애틀에서 뉴어크까지 야간 비행을 했다. 그러나 피로 여부와 상관없이 조종실에서 그들은 미국 연방항공청FAA의 방침에 어긋나는 행동을 했다. 부기장은 비행 중에 문자메시지를 전송했는데, 이는 연방항공청의 방침과 항공사의 방침을 모두 위반한 행동이었다. 기장은 "이륙할 때도 버팔로에 접근할 때도 비행과 무관한 얘기를 꺼내 오랫동안 대화를 주도했다"고 전해진다. 이 또한 연방항공청의 방침에 어긋나는 행동이다. 또 다른 조사 위원은 기장과 부기장이 조종실에서 "여객기 조종"은 하지 않고 "시간만 허비"했다고 비판했다. 이 사고는 충분히 피할 수 있는 사고였다. 여객기의 설계에는 아무런 문제가 없었다.[4]

비극적인 사고가 일어난 뒤에는 언제나 모든 종류의 공학 구조물과 첨단기술 시스템의 본질과 신뢰도가 다시금 주목을 받게 된다. 최근 수십 년간 이런 일은 계속됐다. 한 우주왕복선이 발사 직후 폭발했다. 또 다른 우주왕복선은 대기권으로 재돌입하다가 산산조각이 났다. 한때 세계 최고의 높이를 자랑하던 건물들이 항공기와 충돌한 후 걷잡을 수 없는 불길에 휩싸여 순식간에 무너졌다. 허리케인이 한 도시의 대부분을 침수시켜 1,300명 이상이 목숨을 잃고 수만 명의 이재민이 발생했다. 지구상에서 가장 가난한 나라 중 한 곳에서 지진이 일어나 약 25만 명이 사망했다. 세계 최대 규모의 자동차회사가 수백만 대의 차를 리콜했다. 가속 페달이 가속 모드에서 눌린 채 제자리로 돌아오지 않고 브레이크도 제대로 작동하지 않았기 때문이다. 멕시코 만에서는 석유 시추시설 폭발로 원유 유출이 수개월 동안 계속되어 어마어마한 환경 재해를 초래했다.

비극적인 사고나 당혹스러운 실패는 지금까지 수도 없이 일어났으며, 이 책이 쓰이고 읽히는 동안에도 계속 일어날 것이다. 사실상 이런 사고들은 계속해서 드러나고 있는 공학과 기술의 오점 중 최신 목록일 뿐이다. 이런 사고들이 백 년 사이에 갑자기 시작된 것도 아니고 앞으로 백 년 사이에 끝나지도 않을 것이다. 작든 크든 실패는 언제나 공학이라 불리는 인간의 시도와 기술이라 불리는 성과의 한 부분이었다. 게다가 인간은 본래 실수를 범할 수 있는 존재이므로, 우리가 예상치 못한 순간에도 나쁜 일들은 계속 일어날 수 있다. 우리가 할 수 있는 최선은 실패를 막을 수 있는 능력을 최대화해서 실패 가능성을 최소화하는 일이다. 그러기 위해서는 실패가 계속 발생하는 이유뿐만 아니라 실패 자체의 본질도 이해해야 한다.

고대로부터 현대에 이르기까지 선박의 규모, 방첨탑의 하중, 대성당의 높이, 다리의 길이, 고층 건물의 높이, 우주선의 이동 거리, 컴퓨터의 기능 등 모든 것의 한계는 실패를 바탕으로 정해졌다. 점점 더 큰 혹은 점점 더 작은 것들을 만들다 보면 위험 신호가 울리거나 퓨즈가 끊기거나 교착 상태에 빠지곤 한다. 그러나 문제의 원인이 크기에만 있는 것은 아니다.

우리는 공학과 기술의 한계를 뛰어넘는 시도를 하지 않았음에도 예상 밖의 문제에 부딪힌 일이 많다. 제2차 세계대전 중 바다 위에서 균열로 부서진 함선이 세계에서 가장 큰 함선은 아니었다. 1940년에 강풍으로 무너진 다리가 세계에서 가장 긴 다리는 아니었다. 그리고 평소처럼 메일 확인을 하던 중에 갑자기 고장 난 컴퓨터가 꼭 세계에서 가장 빠른 컴퓨터라는 법도 없다. 실패는 어디에서나 일어날 수 있는 흔한 일이며, 예상 밖의 일인 동시에 늘 예상할 수 있는 일이기도 하다.

눈에 띄는 실패가 발생하면 사람들은 우선 구조나 시스템의 설계에서 원인을 찾으려 한다. 설계와 설계자에게 책임을 물으려 하는 것은 특히 언론의 경우 거의 반사적인 반응이다. 물론 어떤 실패들은 설계상의 오류로 인해 발생하기도 하지만 그 오류가 유일한 원인인 것은 아니다. 설계는 기술적 구상을 현실화하는 일이지만, 설계된 물건이나 시스템을 소유자나 관리자, 사용자가 소홀히 다루거나 잘못 사용하는 경우도 있다. 실패의 근본 원인은 미묘하고 감지하기 어려울 수 있어서 찾아내는 데 몇 년이 걸릴 수도 있다.

사고는 갑자기 일어나기도 하지만 대개는 아무런 문제가 없어 보이는 장기간의 잠복기를 거쳐 일어난다. "미국 역사상 가장 복잡하고 논란이 많은 기반시설 개발 사업"으로 알려진 20세기 후반 보스턴의 대규모 건설 사업은, 도심을 관통하는 동맥을 보기 흉하고 늘 붐비는 고가도로에서 지하 터널로 옮겨 기존의 고가도로에 새롭게 도시공원을 조성하는 것이 주목적이었다. 이 사업이 완성되면 눈에 덜 띄는 곳에서 더 원활한 차량 통행이 이루어질 수 있었다. 그리고 주목적 외에도 보스턴 항을 가로질러 도시의 중심부와 공항을 연결하는 차량용 터널을 구축한다는 또 하나의 목적이 있었다. 빅딕이라 불리는 이 사업은 1970년대에 처음으로 구상되었다. 공사 기간은 약 15년에 달했다. 150억 달러의 비용이 들어간 이 사업은 2006년에 마침내 완성되었지만, 여기서 끝이 아니었다. 터널들이 공식적으로 개통되기 전부터 문제들이 발생하기 시작했다.[5]

다차선 지하 터널의 콘크리트 벽에서 다량의 물이 새어 나왔다. 벽은 물이 스며들지 않도록 만들어졌기 때문에 누수는 전혀 예상치 못한 일이었다. 벽의 설계에 문제가 있었던 것이 아니라 콘크리트의 성질과 배합 방식에 문제가 있었다. 두꺼운 벽을 만들어야 하므로 많은 양의 콘크리트가 필요했고 한 회사가 트럭 13만 대 분량의 콘크리트를 공급했는데, 후에 밝혀진 바에 따르면 그중 상당 부분이 질 낮은 콘크리트였다. 게다가 모래, 자갈, 점토, 쓰레기 위에 콘크리트를 덮은 예도 있었다. 이런 것들이 포함되어 있으니 벽은 약하고 구멍투성이일 수밖에 없었다. 2004년 9월에는 벽의 한 구역이 부서져 터널 한 부분에서 벽이 막아줬어야 할 지하수가 넘쳐 나왔다. 원인은 여러 가지였지만 그중에서도 잘못된 철근 설치가 문제였다. 결국 약 3,600곳의 크고 작은 누수 지

점에 보수 작업이 필요해졌고 예상 작업 기간은 십 년에 달했다.[6]

콘크리트를 사용한 방식뿐만 아니라 사용한 시점도 문제였다. 지정한 대로라면 공사에 쓰인 콘크리트는 배합 후 1시간 30분 이내에 사용되었어야 했다. 그러나 한 공급자는 "오래되고 불순물이 섞인 콘크리트"에 물과 기타 성분들을 첨가해 "오래된 콘크리트를 새것처럼 보이게" 만들어 재사용했다고 시인했다. 게다가 배합된 시점을 표기한 기록도 위조되었다. 위반의 규모가 어마어마했기 때문에 결국 뉴잉글랜드에서 가장 큰 콘크리트 업체는 5천만 달러를 지급하게 되었다. 이렇게까지 위반의 정도가 심각하면 설계를 어떻게 한다 해도 의도하지 않은 결함이 나타나거나 완전히 실패로 돌아갈 수밖에 없다.[7]

터널의 누수는 생명을 위협한다기보다는 미관을 해치고 교통을 불편하게 하는 문제였지만, 공항으로 연결되는 터널에 숨어 있던 문제는 훨씬 더 치명적이었다. 터널 안에 유독 가스가 축적되는 일을 막기 위해서는 많은 양의 신선한 공기가 유입되고 마찬가지로 많은 양의 오염된 공기가 배출되어야 하는데, 그러려면 충분히 큰 플레넘plenum이 필요하다. 플레넘은 집이나 건물의 통풍관과 같은 역할을 한다. 보스턴 중심가와 로건국제공항을 연결하는 테드윌리엄스 터널에는 무거운(3톤) 콘크리트 패널들이 터널 천장에 달린 형태로 배기 플레넘이 설치되었다. 위험해 보일 정도로 무거운 패널들이 천장에 달린 구조는 설계에 따른 것이었다. 기류로 인해 패널들이 지나치게 흔들려 차량 통행으로 이미 시끄러운 터널에 소음을 더하지 않도록 설계한 것이다. 콘크리트 패널들이 이렇게 설치된 또 다른 이유는 재설계 때문이었다. 애초에는 좀 더 가벼운 금속 패널을 자기로 마감해 사용할 계획이었다. 그러나 이렇게 하려면 비용을 더 많이 들여야 했고 사업 관계자들은 비용을 절감할 방법을 찾고 있었다. 어쨌든 패널들을 고정하기 위해 인부들은 터널의 콘크리트 천장에 박혀 있는 강철 나사봉에 끼워 매달았다. 각각의 나사봉을 설치하기 위해서는 콘크리트 천장에 구멍을 뚫고, 와이어 브러시로 구멍의 표면을 털어내고, 에폭시 접착제를 주입하고, 나사봉을 에폭시에 끼운 후, 에폭시가 굳을 때까지 나사봉을 고정하고 있어야 했다. 나사봉이 단단히 고정된 후 인부들은 무거운 패널들을 들어 올려 나사봉에 끼웠다. 그런데 어느 날 밤 천장의 패널 4개가 헐거워져 그중 하나가 지나가던 자동차 위로 떨어졌다. 공항으로 향하던 부부가 타고 있던 이 차는 패널에 깔려 심하게 파손되었다. 남편은 중상을 입었고 부인은 사망했다.[8]

　사고 직후 NTSB는 원인을 조사하기 시작했다. 처음에는 터널 내의 기온 때문에 에폭시가 물러졌을 가능성, 주변 공사 현장의 진동으로 인해 볼트가 헐거워졌을 가능성 등이 제기되었다. 패널을 지지하는 장치의 설계도 전체적으로 철저하게 검토되었다. 그러나 패널 지지 장치는 이미 검증된 기술이었으므로 조사의 초점은 나사봉의 설치 방식으로 옮겨 갔다. 조사 위원들은 끝에 다이아몬드가 박힌 드릴비트가 사용된 것은 아닌지 의심했다. 다이아몬드 드릴비트를 사용해서 구멍을 뚫으면 구멍 표면이 매끄러워지기 때문이다. 카바이드 드릴비트로 구멍을 뚫었을 때처럼 구멍 표면이 거칠어야 나사봉이 더 단단히 고정된다. 드릴로 뚫은 구멍에 에폭시를 주입하기 전에 콘크리트 찌꺼기를 제대로 털어내지 않았을 가능성도 있었다. 이 작업을 제대로 하지 않으면 접착력이 약해져 결국 나사봉이 헐거워질 수 있기 때문이다.[9]

여러 가지 추측이 이어진 끝에 마침내 진짜 원인이 밝혀졌다. 시중에서 제조되고 판매되는 에폭시는 두 종류였다. 하나는 빨리 굳는 에폭시였고 다른 하나는 일반 에폭시였다. 두 종류 모두 비슷한 용기에 담겨 있어서 대개 라벨의 색깔로 구별되었다. 빨리 굳는 에폭시는 작업 시간이 짧아진다는 장점이 있었지만 일반 에폭시만큼 접착력이 오래가지 않았다. 천장에 달린 육중한 패널의 무게는 시간이 흐르면서 나사봉을 아주 서서히 구멍에서 빠져나오게 만들었다. 이런 현상을 "크리프creep"라 한다. 처음에 빠져나온 것은 떨어진 패널을 고정하고 있던 나사봉이었지만, 터널을 점검해 보니 이 현상은 다른 곳에서도 진행되고 있었다. 원인이 분명하게 확인된 것이다. 용도에 맞는 에폭시가 공급되고 사용되었는지를 두고 논쟁이 벌어지기는 했지만, 이 실패로 인해 사람들은 두 종류의 에폭시가 혼동될 수 있고 어느 쪽을 사용하느냐에 따라 무거운 하중을 견디는 힘이 달라질 수 있다는 사실을 알게 되었다. 많은 비방을 받았던 터널 천장 구조 설계에는 기본적으로 아무런 문제가 없었다.[10]

터널이나 건물, 다리 등의 구조 설계 작업은 비교적 깨끗하고 조용한 사무실에서 이루어진다. 먼지라고 해 봐야 정전기로 인해 컴퓨터 모니터에 달라붙은 먼지 정도다. 컴퓨터 앞에서 일하는 설계자들은 디지털 기기로 설계한 벽이나 기둥, 나사봉 등의 내구력이 건설 현장의 분진이나 파편들 때문에 손상되는 경우를 예상하고 설계를 하지는 않는다. 실제 현장의 환경이 청결하지 않고 방해 요인이나 실수의 영향을 받지 않을 수 없다는 사실을 모두가 알고 있다 해도, 우리는 현장 관계자들이 충분한 주의를 기울여 콘크리트를 준비하고 나사봉을 설치할 것이라는 기대를 하고 있다. 콘크리트는 너무나 흔한 재료여서 중요하게 여기지지 않는 경향이 있다. 콘크리트는 시멘트와 같은 결합재에 모래, 자갈, 물 등을 배합해서 만들어지며, 배합 후 1시간 30분 이내에 건설 현장에 공급되어야 한다. 이렇게 설치된 콘크리트 위에서 우리는 걸어 다니고 차를 운전한다. 신발 밑창에 붙어 있던 이물질이 콘크리트에 긁혀 떨어져 나가기도 하고, 콘크리트 위에 떨어져 있던 자동차 기름이 신발 밑창에 묻기도 한다. 콘크리트는 어디에나 있으므로, 균열이나 누수나 변색이 발생하기 전까지는 우리의 관심을 받지 못한다.[11]

그러나 콘크리트는 세계에서 가장 아름다운 건축물들을 짓는 데 사용되기도 했다. 그 유명한 2세기 로마 판테온의 돔은 콘크리트로 만들어졌다. 1930년 스위스 시골에 세워진 로베르 마이야르Robert Maillart의 살지나토벨Salginatobel 다리는 얇은 아치형의 걸작으로 손꼽힌다. 핀란드계 미국인 건축가 에로 사리넨Eero Saarinen이 설계하고 1962년에 완공된 워싱턴 덜레스 공항의 메인 터미널과 뉴욕 JFK 공항의 TWA 터미널은 콘크리트 셸 건축의 본보기가 되고 있다. 이렇게 건축 예술로 탄생할 수 있음에도 콘크리트는 강철보다 열등한 재료로 여겨져 왔다. 초고층 건물들은 전통적으로 콘크리트보다는 강철 구조로 지어졌다. 하지만 이런 경향은 조금씩 변하고 있다. 말레이시아는 세계에서 가장 높은 건물을 지을 때 강철보다 콘크리트를 선호했다. 개발도상국인 말레이시아에는 강철 산업이 토착 산업으로 자리 잡고 있지 않았기 때문이다. 대담하게 콘크리트 구조를 선택한 쿠알라룸푸르의 페트로나스 타워Petronas Towers 설계자들은, 고강도 콘크리트를 개발하고 이 콘크리트를 사상 최고 높이까지 수직 압송할 수단을 고안하는 과정을 감독했다.

10년 후 두바이에서는 여러 가지 종류의 대담한 건축물들이 지어졌다. 2010년에 개관된 부르즈 할리파Burj Khalifa는 기본적으로 콘크리트 구조물이다. 콘크리트를 약 609m 높이까지 수직 압송하고 강철을 약 823m 높이까지 끌어올리는 과정을 거쳐 지구상에서 가장 높은 건물이 완성되었다.[12]

콘크리트와 콘크리트 블록은 빈곤국에서 다용도로 사용되는 건축자재다. 페루의 수도 리마에서 시골 지역으로 이어지는 도로변에는 완성되지 않은 콘크리트 건물들이 늘어서 있다. 건물 소유주들이 층을 하나 더 올리는 데 필요한 자재와 자금을 아직 마련하지 못해 버려 둔 경우가 많다. 1층짜리 상점이나 주택 꼭대기에 콘크리트 기둥들이 세워져 있고 보강용 철근들이 비죽비죽 솟아 있는 모습들이 많이 눈에 띈다. 이런 구조물들은 너무 작고 단순해서, 정식으로 설계도를 그려 짓기보다는 거주자가 머릿속으로 구상하거나 지역 전통에 따라 짓는 경우가 대부분이다.

이보다 더 빈곤한 아이티 같은 국가에서는 보강용 철근을 사용하기도 어렵다. 아이티에서는 콘크리트 블록을 흙벽돌처럼 "집 마당에서 만들고 햇볕에 말려" 사용한다. 콘크리트 배합에 꼭 필요한 시멘트는 비교적 비싸서 콘크리트를 바를 때는 물을 타서 얇게 펴 바른다. 게다가 콘크리트 배합에 흔히 사용되는 채석장 모래는 강모래보다 질이 떨어진다. 이런 재료로 만든 블록은 무르고 약해 긁히거나 부서지기 쉽다. 아이티에 지진이 일어나기 전에 지어진 건물들의 벽은 대부분 콘크리트 기둥 사이에 콘크리트 블록들이 헐겁게 쌓여 있고 접합 부분에 아주 적은 양의 모르타르가 발라져 있는 형태였다. 마감 역시 묽은 콘크리트를 얇게 바른 정도였다. 이렇게 지은 건물들은 땅이 옆으로 흔들릴 때 제대로 견뎌내지 못했다. 게다가 1층을 주차장으로 활용하기 위해 기둥 위에 건물을 짓고 그 기둥들 사이에 벽도 세우지 않은 경우가 많았다. 이런 건물들이 땅의 흔들림을 견뎌낼 수 있을 리 없었다. 사실상 아이티 국민은 부실한 카드 테이블 위에 세운 카드로 만든 집에서 살고 있었던 셈이다.[13]

2010년 지진이 일어났을 때 아이티의 이런 건물들은 대부분 무너졌다. 지진 발생 6개월 후에도 수도 포르토프랭스에는 약 20km²의 땅을 뒤덮은 잔해들이 남아 있었고 전문가들은 이 잔해들을 치우는 데 3년이 걸릴 것이라고 내다봤다. 아이티의 생존자들은 부서지지 않은 블록들을 최대한 모으고 콘크리트 더미에서 뽑아낼 수 있는 철근들은 모두 뽑아냈다. 그들은 이 철근들을 펴서 새로운 건물을 짓는 현장에 되팔았다. 구부러진 철근을 펴면 그 전보다 약해질 수밖에 없었다. 전문가들은 오래된 자재와 방식으로 건물을 다시 지으면 다음번에 지진이 일어났을 때 훨씬 더 위험할 수 있다고 경고했다. 너무 서둘러 건물을 다시 지으면 안 된다는 주장과 제대로 된 설계를 위해 건축 규정을 정해야 한다는 주장이 제기되었다. 콘크리트 블록을 만들 때 채석장 모래를 사용하는 일은 금지되었다. 그러나 수많은 사람이 천막 속에서 사는 상황에 이런 주장들은 사치스럽게 여겨질 수 있었다.[14]

구조적으로 잘 설계된 건물이라 해도 설계 자체의 결함이 아닌 다른 원인으로 인해 무너질 수 있다. 중국의 모델 도시 중 하나인 상하이에는 세계 최고 수준의 초고층 건물들이 즐비하다. 자연히 이곳에는 많은 사람이 있고 그들은 모두 살 곳이 필요하다. 상하이 중심가에서 지하철로 불과 다섯 역 떨어진 곳에 13층짜리 아파트 단지가 지어지고 있었다. 직장인들은 비싼 집값을 지급해서라도 교통이 편리한 이곳에 살고 싶어 했다. 그런데 2009년 여름의 어느 날 아침, 공사 중이던 건물 중 하나가 기울어지기 시작하더니 이내 통째로 넘어졌다. 콘크리트 벽의 균열들만이 이 건물에 가해졌던 충격을 보여주고 있었다. 건물이 넘어지면서 땅이 흔들리자 인근 아파트 주민들은 지진이 났다고 생각했다. 1년 전 쓰촨 지역에서 지진이 일어나 약 7천 개 교실이 무너지고 5천 명 이상의 학생들과 교사들이 사망한 사고가 있었기 때문이다. 한 언론은 이렇게 보도했다. "안전하지 못한 건축은 중국의 만성적인 문제이며 이 문제의 원인은 대개 허술한 계획이나 날림 공사, 자재 절도 등이다."[15]

상하이 사고의 경우, 당시 지진은 일어나지 않았고 건물 자체의 기본적인 설계나 건축 방식에서도 결함이 발견되지 않았다. 문제는 공사 과정 중 흙을 옮기는 작업에 있었다. 공사의 주요 단계가 진행되는 동안 건물 주위의 땅은 편의상 편평한 상태로 유지되었다. 그런데 아파트 건물이 완성된 후 인부들은 한쪽 땅에 깊은 구덩이를 파기 시작했다. 지하주차장을 만들기 위해서였다. 그들은 파낸 흙을 운반해 반대쪽 땅에 쌓아 두었다. 약 9m 높이의 무거운 흙더미를 한쪽에 쌓아두고 반대쪽에 큰 구덩이를 파 놓았기 때문에, 건물 밑의 지반에 불균등한 압력이 옆으로 가해질 수밖에 없었다. 그런 와중에 폭우가 쏟아져 흙을 적셨고, 당연히 건물 밑에 있는 흙도 젖었다. 그 결과 건물의 콘크리트에 불균등한 측압이 가해졌다. 설계 시에 이런 압력이 고려되지는 않았다. 건물의 토대는 건물이 구덩이 쪽으로 미끄러져 넘어지지 않도록 막아

주기에는 역부족이었다. 사고의 원인은 건물 자체의 설계가 아닌 굴착 과정의 설계에 있었다. 설계자들이 측압 발생 가능성을 알고 있었다면 콘크리트 구조를 더 크게 만들어 압력에 더 잘 견디도록 설계했을 것이다. 그러나 안타깝게도 설계자들은 건물과 주차장의 설계 및 건축을 하나의 연결된 시스템으로 보지 않았던 것 같다.[16]

아무리 흠 잡을 곳 없는 설계라 해도, 질 좋은 자재가 사용되고 그 설계를 지키기 위해 세심한 주의가 기울여져야만 진가를 발휘할 수 있다. 빅딕 사례에서 분명하게 드러난 것처럼, 질 좋은 콘크리트도 제대로 다뤄지지 않으면 실패를 부를 수 있다. 그러니 질 낮은 콘크리트는 말할 것도 없다. 질 낮은 자재가 건설 현장으로 흘러들어 가지 못하도록 막기 위해 관례로 현장 검사원이 공급되는 자재들을 면밀히 검사한다. 콘크리트 배합물을 실은 트럭이 현장에 도착하면 샘플 검사를 하게 되어 있다. 검사원은 원뿔대 모양의 틀에 콘크리트를 채워 다진 후 틀을 제거했을 때 얼마나 내려앉는지를 관찰한다. 이 검사를 통해 콘크리트의 점도와 적합성을 미리 알 수 있다. 검사원은 또 소량의 콘크리트를 원통형 틀에 부어 보통 14일, 28일, 56일 간격으로 강도를 측정한다. 일주일 이내에는 대부분 콘크리트가 높은 강도를 보이므로 이렇게 장기간에 걸쳐 검사하면 콘크리트의 강도가 어떤 수준으로 계속 유지될지를 알 수 있다. 그런데 콘크리트의 샘플을 검사하는 기본적인 절차조차도, 설계와 건설 사이를 잇는 인간의 시스템 속에서 악용될 수 있다.[17]

의사들이 적절한 검사 장비와 기술진이 갖춰진 실험실로 환자의 혈액 샘플을 보내는 것처럼 건축기사도 콘크리트의 강도를 측정할 수 있는 기기와 기술진이 갖춰진 실험실로 콘크리트 샘플을 보낸다. 샘플을 검사하는 절차는 당연히 제대로 수행되어야 한다. 그러나 몇 년 전 뉴욕 시에서 벌어졌던 사건은 실험실로 샘플을 보내는 일이 반드시 좋은 결과만 가져오지는 않는다는 사실을 보여주었다. 뉴욕에서 가장 큰 자재 검사 기업인 테스트웰 랩스Testwell Laboratories는 무려 5년 동안 "검사를 제대로 진행하지 않고, 기록을 위조하고, 현장 검사 비용을 이중 청구했다." 게다가 이 회사는 검사원들의 자격을 속이기도 했다. 이 사건은 스캔들 이상의 파장을 불러왔다. 이 회사를 거쳐 간 콘크리트가 프리덤타워Freedom Tower(후에 원월드트레이드센터1WTC로 명명) 건설에도 사용되었고 2001년 9·11 테러 공격을 받은 현장인 그라운드제로Ground Zero 공사에도 사용되었기 때문이다. 테스트웰은 현장에 공급된 콘크리트가 견딜 수 있는 압력이 설계도서에 명시된 대로 12,000psi(제곱인치 당 파운드)라고 기록했다. 그러나 건물 소유주인 뉴욕뉴저지항만관리청이 독자적으로 검사한 결과 콘크리트의 강도는 9,000psi에 불과했다. 아마도 설계자들은 건물의 강도를 실제보다 1/3 정도 높게 산정했을 것이다. 건물을 설계할 때는 보통 이런 오차 발생을 고려해서 안전율을 적용해 건물을 더 튼튼하게 설계한다.[18]

    검사 결과가 조작된 콘크리트는 맨해튼 2번가 지하철 공사와 양키스 타디움 신축 공사에도 사용되었다. 당시 이 구장은 브롱크스의 기존 구장 옆에 새로 건설되고 있었다. 테스트웰은 "배합 설계 검사, 현장 검사, 압축 강도 검사, 강철 품질 검사 등"과 관련해 기업 부패 혐의로 기소되었다. 공갈 혐의나 다름없었다. 재판 중에 드러난 비윤리적이고 불법적인 행위들 가운데는 6건 내외의 배합 설계 검사를 실행한 후 이를 바탕으로 수백 건의 허위 기록을 발행한 행위도 있었다. 이 회사의 대표 V.

레디 칸찰라Reddy Kancharla는 사업 기록 위조 등의 혐의에 대해 7~21년의 징역형을 선고받았다.[19]

　새로운 양키스타디움 건설 공사 과정에서 보스턴 레드삭스 구단의 팬인 인부들이 콘크리트 타설 작업 중에 레드삭스의 유니폼을 던져 넣은 일이 있었다. 신축 구장에 일종의 저주를 걸려 했다. 다행히 뉴욕 양키스팀을 더 지지했던 다른 인부들이 나중에 그 위치를 폭로했고, 약 76cm 두께의 굳은 콘크리트를 드릴로 뚫어 유니폼을 꺼낼 수 있었다. 새 구장에서의 첫 시즌이 끝나갈 무렵, 더욱 심각할 수 있는 문제가 나타났다. 관람객들이 층에서 층으로 이동할 때 이용하는 경사로에 많은 균열이 생긴 것이다. 어떤 균열들은 길이가 1m 정도 되고 폭이 2~3cm 정도여서 여성용 구두 굽이 빠지기에 충분했다. 경사로의 균열을 문제 삼고 싶어 하지 않은 사람들은 이 문제를 "외관상"의 문제일 뿐이라고 말했지만, 또 다른 사람들은 경사로에 사용된 콘크리트 배합물을 테스트웰이 검사하고 인증했다는 사실을 지적했다. 균열들이 생긴 이유가 "설치나 설계, 콘크리트 때문인지 아니면 다른 요인 때문인지" 밝혀내기 위해 조사가 시행되었다.[20]

　건설 산업을 좀먹는 부도덕한 공급자들과 검사원들은 오래전부터 있었다. 브루클린교Brooklyn Bridge 건설 당시 이사회는 사업에 관여하고 있는 자금관리자들이나 엔지니어들과 관계된 업체는 계약에서 제외하기로 결정했다. 이 결정으로 인해 로블링Roebling 사는 현수 케이블을 만드는 데 사용될 강철선을 공급할 수 없게 되었다. 이 다리를 설계한 사람이 존 로블링이었고 그가 사망한 후 그의 아들 워싱턴 로블링이 이 사업의 수석 엔지니어가 되었기 때문이다. 워싱턴 로블링은 자금관리자들에게, 현수 케이블에 사용될 강철선 공급을 J. 로이드 하이Lloyd Haigh의 회사에 맡겨선 안 된다고 경고했다. 하이는 신뢰할 수 없는 인물로 유명했기 때문이다. 그러나 하이는 계약을 따냈고, 나중에 밝혀진 바에 의하면 그의 회사는 실제로 어마어마한 사기를 저질렀다. 로블링은 이렇게 말했다. "스파이나 수사관 교육을 받지 않은 엔지니어는 악당을 당해낼 수 없다."21

로블링은 하이가 공급하는 강철선의 내구성을 믿을 수 없었기 때문에, 모든 강철선의 강도를 검사한 후에 사용 허가를 내리도록 했다. 검사를 통과해 승인을 받은 강철선은 건설 현장으로 보내졌고, 질 낮은 강철선은 승인을 받지 못하고 돌려보내졌다. 그런데 얼마 후, 질 낮은 강철선이 현장으로 흘러들어와 현수 케이블 자재로 사용되고 있다는 의혹이 불거졌다. 로블링은 의혹을 규명하기 위해, 승인된 강철선에 비밀 표시를 해 둔 후 자재를 사용하기 전에 표시를 확인하게 했다. 그 후 표시가 없는 강철선이 현장에서 발견되기 시작하면서 의혹은 사실로 확인되었다. 표시가 없는 강철선의 양은 실로 어마어마했다. 검사를 거친 후 수송되는 과정 중에 질 낮은 강철선들이 승인된 강철선들과 바꿔치기 되어 승인서와 함께 수송된 것으로 밝혀졌다. 현장에서 아직 사용되지 않은 강철선 80릴을 검사한 결과, 기준을 통과한 릴은 고작 다섯 릴뿐이었다. 이런 사기 행각이 드러나기 전에 이미 사용된 질 낮은 강철선은 총 221톤에 달했다. 자연히 케이블의 내구력이 떨어졌을 터였고 로블링은 결단을 내려야 했다. 기준에 못 미치는 강철선들을 일일이 찾아낸다는 것은 매우 어렵고 시간이 오래 걸리는 일이었다. 다행히 로블링은 "케이블 제조 과정에서 발생할 수 있는 결함"에 대비해 안전율 6을 적용해 케이블을 설계했다. 즉 필요한 강도보다 6배 더 튼튼하게 설계한 것이다. 로블링은 케이블 제조에 사용된 질 낮은 강철선들을 그대로 두기로 했다. 안전율은 5로 떨어지겠지만 이런 강철선들을 더 이상 사용하지만 않는다면 허용할 수 있는 수준이었기 때문이다. 안전성을 좀 더 높이기 위해 로블링은 당초 계획했던 강철선 수량에 약 150릴의 질 좋은 강철선을 추가했다. 그의 결정이 틀리지 않았다는 사실은 125년이 넘도록 굳건히 서 있는 브루클린교가 증명해 보인다. 설계가 훌륭하면 도중에 발견된 결함도 극복할 수 있다. 그러나 공급망이 제대로 통제되지 않으면 완성물의 질이 손상되어 결국 실패로 이어질 수 있다는 것 또한 분명한 사실이다.[22]

종류를 불문하고 질이 떨어지는 자재는 나무랄 데 없는 설계를 망칠 수 있다. 스포츠 경기장이든, 현수교든, 개인 주택이든 마찬가지다. 2008년 버블 붕괴가 체감되기 시작하기 전 미국에서는 주택 건축 붐이 절정기를 맞이하고 있었다. 너무 많은 집이 지어지고 있었기 때문에 건설업자들과 도급업자들은 국내에서 생산된 건식벽체drywall를 구하기가 어려웠다. 공급이 부족하니 자연히 중국에서 생산된 벽체를 사용하는 경우가 많아졌다. 약 7백만 장의 중국산 벽판이 미국으로 수입되었다. 수만 채의 집 건축에 수입 자재가 사용되고 나서야 문제들이 속속 드러나기 시작했다. 주택 소유주들은 코피, 두통, 호흡곤란, 금속 부식, 가전제품 고장, 그리고 집에서 나는 악취 등에 대해 불만을 토로했다. 결국 중국산 벽체에서 발산되는 황 화합물이 원인으로 지적되었고 엄청난 건수의 소송이 제기되었다. 그런데 수입 벽판 대부분의 제조사를 추적할 수가 없었기 때문에 책임 당사자를 찾아내는 일도 불가능했다. [38]

개 주에 있는 수천 채의 주택이 이런 문제를 겪고 있었는데, 주택 소유주들 대다수가 집의 설계는 마음에 들어 했지만 그 집 안에서 생활하는 일은 도저히 견딜 수 없었다. 불량 벽체를 모두 뜯어내고 질 좋은 새 벽체로 교체하는 것이 유일한 해결책으로 보였다. 그러나 이렇게 하면 가구당 10만 달러 이상의 비용이 발생할 수 있었다. 전미 주택건설업자협회의 대변인은 "건설업계로서는 최악의 상황에" 이런 딜레마에 봉착하게 되었다고 말했다. 주택 가격은 곤두박질쳤고 보험회사들은 불량 건식 벽체에 대한 보험금을 지급하지 않았고 중국의 제조사들은 협조하지 않았다.[23]

평생 유지되어야 할 구조물을 망치는 범인은 완성된 수입 제품뿐만이 아니다. 폴리염화비닐관은 수도 시설에 일반적으로 사용되고 있다. PVC라 불리는 이 플라스틱 소재는 상대적으로 가볍고, 잘라서 설치하기 쉽고, 잘 부식되지 않는다는 이점을 지니고 있다. 그러나 1990년대 중반부터 이미 수준 미달의 PVC관이 공급망으로 흘러들었고, 일부 시설에서 50년은 끄떡없으리라 기대했던 PVC관들이 1년도 채 되지 않아 터지는 사고가 발생했다. 네바다에서는 교도소에 물을 공급하는 수도 본관이 여러 차례 수압을 이기지 못하고 파열되었다. 수도관이 파열될 때마다 수도를 차단한 후 파손된 부분을 들어내 새 수도관으로 교체해야 했고 이 작업에는 상당한 비용이 들었다. 불량 수도관을 공급한 제조사는 한 곳이었는데, 한 내부 고발자는 회사가 "품질 검사 결과들을 위조"했다고 폭로했다. 이 회사에 근무한 적이 있는 그는 문제 발생의 원인이 회사의 비용 절감 조치에 있다고 말했다. 그의 말에 따르면 이 제조사는 수입한 "더 저급한 원료"를 사용해 생산율을 높였다. 업계의

"자율시행제도"에 따라 이 제조사는 미국 보험업자안전시험소UL로 새로운 샘플들을 보내 다시 인증을 받고 UL 품질 인증 마크를 계속 부착할 수 있는 자격을 얻어야 했다. 제조사는 품질의 결함을 부인하면서, 네바다 등지에서 발생한 수도관 파열 사고가 수도 시설의 설계와 설치에서 비롯된 것이라고 주장했다. 그러나 법적인 난관에 부딪히자 제조사는 PVC관의 품질보증 기간을 기존의 1년이 아닌 50년으로 늘리겠다고 발표했다.[24]

내부 고발자는 또 회사가 비용을 줄이기 위해 "대학을 갓 졸업한 사람들을 고용"했고 자신도 그중 한 사람이라고 주장했다. 그가 처음으로 맡은 업무 중에는 고객 불만을 처리하는 일도 있었는데, 그는 "누수와 파열의 책임을 정부와 수도관 설치 및 유지관리 업체로 돌릴 수단을 취하도록" 훈련받았다고 말했다. 이 젊은 엔지니어는 품질 검사를 감독하는 책임도 지고 있었다. 고객 불만과 품질 검사 결과를 모두 접하다 보니 그는 양쪽 모두를 생각하지 않을 수 없었다. 그는 "고객들에게 문제가 고객 과실로 인해 발생한 것이라고 말하기가" 점점 힘들어졌다. 실제로 네바다 공공사업국 책임자가 교도소의 수도 본관이 계속 파열되는 이유를 찾아내기 위해 제조사에 도움을 요청했을 때 들은 답변도 이런 내용이었다. 공공사업국 책임자의 말에 따르면, 상황 평가를 위해 네바다를 방문한 제조사의 전문가들은 수도관이 제대로 지탱되고 있지 않다면서 설치 업체가 수도관의 설계상 견딜 수 있는 범위 이상의 압박을 일으켰을 수 있다고 추측했다. 수도관 문제와 관련해서는 그 후로도 수년간 법정 공방이 계속되었다.[25]

사고가 발생하면 어떤 식으로든 설계가 그 원인으로 지목되는 경우가 대부분이다. 인간의 실수나 의도적인 테러 행위가 사고나 재해의 근본 원인으로 밝혀진 경우에도 필연적으로 설계가 도마 위에 오르곤 한다. 항공기 사고가 일어날 때마다 그 항공기의 설계나 제어 시스템에 대한 의심이 제기된다. 그리고 때로는 그런 의심이 타당할 때도 있다. 만약 사고를 일으킨 기종에 특유의 결함이 있다면 비슷하게 설계된 다른 항공기들도 사고를 일으킬 가능성이 있으므로 먼저 점검되어야 하기 때문이다.

2001년 뉴욕 월드트레이드센터가 받은 공격은 명백히 테러 행위였지만 이때도 트윈타워의 설계에 대한 의문이 제기되었다. 오래 계속된 화재를 견디기에는 바닥 구조 시스템이 충분히 튼튼하지 않았다는 것이었다. 또 만약 건물 구조가 다르게 설계되었다면 건물 위쪽에 갇혀 있던 많은 사람이 주요 피해 지점에서 멀리 떨어져 있는 계단을 통해 탈출할 수 있었을지 모른다는 주장도 나왔다.

그러나 설계는 기술이나 정치와 무관하게 이루어지는 것이 아니다. 구조나 시스템의 기본 방향과 세부사항들을 구상하고 평가하고 비교하여 제안하는 전반적인 책임은 엔지니어들에게 있지만, 최종 결정이나 선택을 내리는 사람은 엔지니어들뿐만이 아니다. 기술적인 요인들만을 고려해서 최종 결정이 내려지는 것은 아니기 때문이다. 비용과 리스크, 그 밖의 경제적 사회적 정치적 고려 사항들이 의사결정 과정을 지배해 기술적인 세부사항에 영향을 끼칠 수 있고, 사업의 최종적인 성공이나 실패는 이런 세부사항들에 좌우될 수 있다. 허리케인 카트리나는 분명히 자연재해였지만, 뉴올리언스 일대의 제방을 비롯한 태풍 대비 시스템의 설계와 유지관리가 부족했던 것도 사실이다. 허리케인 피해 발생 후 뉴올리언스의 긴급 피난 계획 설계에 대해서도 문제가 제기되었다. 제방과 치수 설비가 좀 더 엄격한 기준으로 설계되고 구축되고 관리되었다면 뉴올리언스 전체가 카트리나로 인해 심각한 피해를 입지 않았을 수도 있다. 그리고 적절한 피난 계획이 시행되었다면 엄청난 수의 사망자가 발생하지 않았을 수도 있다. 재해 대비 시스템의 기술 설계는 허리케인에 맞서기에 역부족이었고 비상 대책 설계 또한 마찬가지였다. 두 설계 모두 기술적인 고려 사항들만 바탕으로 한 것이 아니었고 바로 여기에 막대한 피해의 근본 원인이 있었다.

2010년 동계올림픽에서도 많은 기술 외적인 요소들이 루지와 봅슬레이 공용코스 설계에 영향을 미쳤다. 밴쿠버가 동계올림픽 개최지 후보에 오르기 전부터 지역 조직위원회는 트랙 규정을 담당하는 국제루지연맹, 국제봅슬레이스켈레톤연맹과 의견을 주고받았다. 코스를 만들기에 가장 알맞은 장소는 밴쿠버 북부의 그라우스Grouse 산에 있었고 처음에는 이곳이 선택되었다. 그러나 이곳은 때때로 "겨울이 온난하고 습해 빙질이 물러질 수 있어서" 주행 속도가 느려질 가능성이 있었다. 캐나다 로키산맥 고지대에 있는 휘슬러Whistler 스키 리조트로 코스를 옮기면 1년 내내 이용객을 모을 수 있어서 "올림픽 후에도 재정적으로 시설 운영이 가능"하다는 추가 이점이 있었다. 그러나 휘슬러에서는 이상적인 지대를 찾을 수 없어서 조직위원회는 가파르고 좁은 지대를 코스 예정지로 정해야 했다. 이곳에 어떤 코스를 설계하더라도 "속도가 심하게 빠른 어려운 코스"가 될 것이 뻔했다.[26]

얼음 밑에 깔릴 콘크리트 구조물을 포함한 코스의 구체적인 배치와 윤곽은 독일의 전문 설계자에게 맡겨졌다. 세계 전역에서 40년 넘게 루지 코스를 설계해 온 우도 구르겔Udo Gurgel은 휘슬러의 지형이 코스를 설계하기에 특히 어려움과 제약이 많다는 사실을 잘 알고 있었다. 지대가 너무 좁았기 때문에, 선수들의 주행 속도를 줄여 궤도 조정을 가능하게 해줄 긴 궁형 곡선 구간을 설치할 공간이 없었다. 휘슬러 슬라이딩센터의 곡선 구간들은 짧고 급격해질 수밖에 없었기 때문에 이 커브들을 따라 주행하다 보면 높은 구심가속도가 붙을 수밖에 없었다. 속도가 극도로 높아지는 트랙 맨 아래쪽에 가까워지면 선수들이 곡선 구간에서 받는 관성력이 너무 향상되므로 휘슬러 슬라이딩센터 코스의 아래쪽에는 곡선 구간이 거의 없었고, 이 코스에서 루지 선수들은 기록을 경신할 가능성이 컸다. 구르겔은 최고 속도를 시속 90마일 이상으로 추산했고 이 속도는 올림픽 개최 2년 전에 행해진 시험 주행에서 확인되었다. 그는 선수들이 트랙에 적응하고 나면 최고 속도가 더 높아질 것이라고 예상했기 때문에 곧 추산치를 시속 95마일 이상으로 수정했고 나중에 다시 시속 100마일 이상으로 수정했다. 관례상 콘크리트 트랙뿐만 아니라 코스의 안전 설비도 구르겔이 설계해야 했지만 밴쿠버 올림픽 조직위원회는 두 설계를 따로따로 맡겼다.27

일찍부터 트랙의 안전성에 대한 우려의 목소리가 높았기 때문에 봅슬레이연맹은 코스를 승인하면서 조건을 내걸었다. 안전벽을 설치해야 한다는 조건과 경험이 부족한 선수들은 좀 더 낮은 곳에서 출발하게 해서 최고 속도를 제한해야 한다는 조건이었다. 프로 루지 선수들도 곡선 구간 부족으로 인한 궤도 수정의 어려움과 지나치게 높은 속도를 걱정했다. 이런 의견들을 받아들여 루지연맹은 차후에 트랙을 설계할 때 최고 속도를 시속 87마일로 제한하도록 권고했다. 그러나 이 이론상의 속도 제한은 휘슬러를 비롯한 현존하는 코스에는 적용되지 않았다. 그리고 만약 휘슬러 슬라이딩센터에 이런 속도 제한을 적용했다면 밴쿠버 올림픽 출전 선수들은 틀림없이 반발했을 것이다. 속도는 이 스포츠의 위험 요소이기도 하지만 한편으로는 커다란 매력이기도 하기 때문이다. 휘슬러 슬라이딩센터의 경우 "코스의 위험성은 오히려 마케팅 일부가 되었다."[28]

휘슬러 슬라이딩센터를 루지 경기장으로 선정하는 데 관여한 여러 올림픽 위원회들은 그곳 날씨와 올림픽 출전 선수들을 그곳으로 이동시키는 방법, 올림픽 기간과 그 이후의 재정적 견실성 등을 고려했다. 국제 연맹들은 어느 곳의 어느 경기장이든 기준에 부합하는지를 고려했을 것이다. 구르겔은 자신이 의뢰받은 설계가 매우 어려운 작업이라는 사실을 잘 알고 있었다. 하지만 전문가들은 어려운 문제에 부딪히는 데 익숙하다. 그는 컴퓨터 시뮬레이션 결과 이 코스에서의 주행 속도가 매우 빠를 것이라고 예상했지만, 시험 주행을 통해 주행 속도가 시뮬레이션 결과보다 훨씬 빠르다는 사실이 확인되자 대책이 필요했다. 이 코스, 특히 12번 곡선 구간에서 고속으로 인한 사고가 몇 차례 발생하자 2009년 월드컵 전에 빙질이 수정되었다. 그러나 트랙은 여전히 "세계 어느 곳의 경기장보다 빠르고 어려웠다." 국제부지연맹은 추가 수정을 요구했고 그 결과 더 많은 안전벽이 설치되었다.[29]

안타깝게도 16번 곡선 구간에는 이런 수정 사항들이 적용되지 않았다. 그루지야의 젊은 루지 대표 선수 노다르 쿠마리타시빌리Nodar Kumaritashvili는 올림픽 개막식을 몇 시간 앞두고 공식 훈련 도중 바로 이

16번 곡선 구간에서 무게중심을 잃고 썰매에서 튕겨 나와 강철 기둥에 부딪혔다. 그의 죽음이 트랙의 설계 때문인지를 두고 의견이 분분했다. 사고의 원인이 설계에 있었다면, 설계의 책임은 누구에게 있었을까?[30]

봅슬레이연맹 회장은 사고에 대해 이렇게 말했다. "캐나다 연방 경찰은 사고의 원인이 설계상의 결함도 속도도 아니라고 발표했다." 전직 봅슬레이 선수인 그는 또 이렇게 말했다. "그들이 이 사건을 사고라 부르는 이유는 실제로 누구도 원인을 밝혀낼 수 없기 때문이다." 사고 직후까지는 그의 말이 맞았을지도 모른다. 그러나 이런 심각한 사고가 발생하면 대개 추가 조사가 진행된다. 원인을 밝히기 위해서이기도 하고, 이런 사고에서 얻은 교훈을 통해 앞으로 비슷한 사고가 일어나지 않도록 막기 위해서이기도 하다. 밴쿠버 올림픽위원회를 비롯한 이해관계자들은 이런 비극적인 사고 때문에 자신들이 오랜 기간 준비한 올림픽에 먹구름이 드리우는 모습을 보고 싶지 않았을 것이다. 그래서 최초 조사에서는 코스에 설계상의 결함이 있다고 보고되었다 해도 무시했을 것이다. 그러나 철저한 조사를 거치더라도 한 가지 분명한 사실은, 올림픽 조직위원들과 규제 담당자들, 설계자들이 젊은 그루지야 선수를 개막식 몇 시간 전에 죽이려고 의도적으로 모의하지는 않았다는 사실이다.[31]

악천후 속에 항공기가 추락한 사고든, 빈곤국에서 지진이 일어나 온 나라가 황폐해진 사고든, 한 운동선수가 강철 기둥에 부딪혀 사망한 사고든, 큰 사건이 일어나면 그 원인을 밝히기 위해 철저한 조사가 행해진다. 조사가 편견 없이 자연스럽게 진행된다면 마지막에는 가장 신빙

성 높은 원인과 가장 책임이 큰 당사자가 밝혀질 것이다. 그러나 늘 이런 결과가 도출되는 것은 아니다. 어느 한 가지 결정이나 어느 한 사람에게 책임을 물을 수 없는 사고들도 있기 때문이다. 하지만 아무리 참혹한 실패라 해도, 그 실패에서 얻은 교훈을 깊이 새기지 않는다면 결과는 훨씬 더 참혹해질 수 있다.

어떤 사고 조사에서도 얻을 수 있었던 공통적인 교훈 한 가지는, 어떤 식으로든 인간에게 책임이 있었다는 사실이다. 비난받을 이유가 없다고 여겨졌던 사람들에게도 직접적으로든 간접적으로든 책임이 있었다. 책임이 있는가와 비난받을 만한가의 차이는 관여했는가와 의도했는가의 차이다.

모든 기술적 개체는 근본적으로 인간이 자연 질서에 개입해서 만들어낸 산물이다. 아무리 자율적인 시스템이라 해도 그 시스템을 처음 구상하고 설계한 것은 인간이며, 그 시스템에는 우리가 의도치 않게 포함한 인간의 한계가 내장되어 있다.

세계를 정복하려 하는 정신 나간 과학자나 생명을 말살하려 하는 테러리스트를 제외하고, 우리가 발명가, 설계자, 엔지니어라 부르는 사람들은 모두 그들이 생각하는 좋은 결과를 달성하기 위해 최대한 주의를 기울이고 노력을 쏟는다. 기술을 만드는 사람들, 유지 관리하는 사람들, 운용하는 사람들은 대체로 능력 있고 열성적인 개인이나 팀이며, 그들은 자신이 만들거나 계획하거나 담당하고 있는 것들이 성공하기를 바란다. 때때로 그런 계획이나 임무가 실패로 돌아가기도 하는 것은 그 일에 관여하고 있는 사람들이 인간이라는 증거일 뿐이다.

기술은 설계에 뿌리를 두고 있다. 우리는 지구에 존재하는 원료들을 가지고 오랜 시간 축적된 학문적 지식과 기술적 성과들에 의지해 선조들은 거의 꿈도 꾸지 못했던 것들을 만들어낸다. 현대 기술의 놀라운 산물들은 시시각각 변화하는 신선함을 우리에게 선사한다. 그러나 이러한 신선함은 오래가지 못하고 끊임없이 새로운 도구나 장치가 등장한다.

새로운 도구나 장치는 개발도상국들이 모방하고 싶어 하는 선진국의 특징이 되었다. 이렇게 급속히 변화하는 기술의 역사 속에서는 수십 년이나 수백 년의 경과도 눈 깜짝할 사이처럼 느껴질 수 있다. 그리고 자연히 우리는 목적을 혼동하고 기술적인 목표, 즉 성공에 대한 집중력을 잃어버릴 수 있다. 그렇게 되면 실패가 눈앞에 닥칠 수도 있다.

실패는 부주의나 판단 착오, 결단력 부족으로 인해 일어나는 불가피한 결과일 수도 있다. 성실한 사람들은 자신이 자기만족이나 자기기만이라는 함정에 빠지리라고 상상할 수 없겠지만 그런 일은 생각보다 자주 일어난다.

특히 우리가 집단의 일원으로서 일하게 되었을 때, 개인의 윤리 기준은 다수의 기개에 밀려 방향이 바뀌기도 한다. 조금씩 눈에 띄지 않는 영향들을 받다 보면 엔지니어는 자신의 본성과 정반대로 행동하게 될 수도 있다. 이런 일탈이 의도적으로 일어나는 경우는 거의 없다.

설계상의 목표를 추구하는 과정에서 벌어지는 의도치 않은 결과이다. 본래의 목표를 달성하기란 매우 어려운 일이어서, 그 과정 중에 팀 전체의 창조적 에너지가 소모되기도 하고 목표와 무관한 일들에 주의를 빼앗기기도 한다. 이런 함정을 피할 수 있는 가장 확실한 방법은 전임자들이 어떤 함정에 빠졌었는지를 잘 알아두는 것이다.

이 책에서는 먼 과거로부터 최근까지 발생했던 중요하고 교훈적인 실패들을 돌아보고, 다시는 비슷한 일들이 반복되지 않도록 그 실패들이 일어난 과정과 원인을 파헤쳐 보려 한다.

THINGS HAPPEN

CHAPTER 02
실패는 일어난다

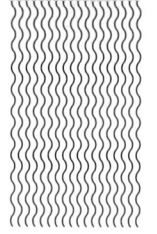

　실패가 발생한다는 것은 놀라운 일이 아니다. 현대 세계의 구조물이나 기계, 시스템들은 그 설계와 운용이 매우 복잡할 수 있다. 그리고 이런 복잡한 것들을 구상하고 설계하고 만들고 다루는 사람들은 실수를 범하기 쉬운 존재들이다. 그들은 때때로 잘못된 논리를 적용하기도 하고, 수치 계산 중에 숫자를 뒤바꿔 쓰기도 하고, 볼트를 너무 꽉 조이거나 나사를 느슨하게 조이기도 하고, 눈금을 잘못 읽기도 하고, 당겨야 하는 레버를 반대로 밀기도 한다. 또 그들은 중요한 순간에 집중하지 못하거나, 예측을 잘못하거나, 정보 전달을 잘못하기도 한다. 그런가 하면 사람들이 정직하지 않게, 윤리적이지 않게, 혹은 전문가답지 않게 행동해서 사고가 발생하는 경우도 있다. 어떤 이유에서든 사고는 일어나며, 사고는 늘 무언가 혹은 누군가의 실패로 이어지거나 그 실패로 인해 일어난다. 오히려 놀라운 점은 실패가 발생한다는 사실이 아니라 좀 더 자주 발생하지 않는다는 사실이다. 눈앞에서 실패가 발생하면 우리는 비난으로부터 자신을 보호하기 위해 책임을 다른 곳으로 돌리곤 한다. 우리가 설계하고 만들고 팔고 운용하는 것들에 우리의 책임을 전가하는 경우가 너무 많다.

　기술 산업에는 언제나 위험 요소가 내재해 있었다. 그러나 엔지니어들과 관리자들이 위험을 구체적으로 수치화하여 예측하기 시작한 것은 그리 오래되지 않았다. 그리고 지금도 그 예측은 완전하지 못하다. 우주왕복선이 임무를 달성하기 위해서는 많은 엔지니어와 관리자들이 필요했다. 그리고 목표를 계획하기 위해서는 성공 가능성이 얼마나 되는지를 알아야 했다. 우주왕복선 한 대는 수백만 개의 부품들로 이루어져 있다. 그러니 전체 시스템의 하드웨어, 소프트웨어, 기능들이 얼마나 복잡할지는 짐작하기도 어렵다. 1980년대 초에 NASA의 관리자들은 우주왕복선 비행이 99.999% 신뢰할 만하다고 예측했다. 실패 확률이 10만 분의 1이라는 의미다. 1986년 1월 챌린저Challenger호가 발사 직후 폭발해 우주비행사 7명 전원이 사망한 사고가 일어났을 때 사고 조사위원 중 한 명이었던 물리학자 리처드 파인만Richard Feynman은 NASA의 예측에 대해, "우주왕복선을 300년 동안 매일 쏘아 올리면 그중 단 한 번만 실패한다는 의미"라고 말했다. 파인만은 또 이렇게 덧붙였다. "그 기계에 대한 관리자들의 엄청난 믿음은 도대체 어디에서 비롯되었는가?" 우주왕복선을 좀 더 잘 알고 전반적으로 기계에 익숙한 엔지니어들은 성공 확률을 99%로 예측했다. 100번 중에 1번 실패한다고 예측한 셈이다. 로켓 엔진 개발 단계 중에 시험 발사를 계속 지켜본 지역 안전관은 실패 확률을 25분의 1로 예측했다. 챌린저호 폭발 사고로 그가 예측한 25분의 1은 실제 실패율이 되었고, 정확히 25번의 발사 후 성공률은 96%가 되었다.[1]

챌린저호의 폭발 사고 이후 관계자들은 우주왕복선의 세부 설계와 운용에 대해 재고하면서 사고를 통해 얻은 교훈을 바탕으로 변화를 보색했다. 20개월간의 공백기를 거친 후 임무는 재개되었고, 우주왕복선들의 비행은 113번째까지 순조롭게 진행되었다. 그러다가 2003년, 컬럼비아Columbia호가 임무를 마치고 대기권으로 재진입하던 중 폭발하는 사고가 일어났다. 그 전까지 99.11%였던 성공률은 컬럼비아호의 사고로 98.23%가 되었다. 성공률은 2010년 5월 아틀란티스Atlantis호가 예정되었던 마지막 비행을 마치고 돌아오면서 98.48%로 상승했다. 남은 비행은 두 번이었고, 이 두 번의 임무가 성공적으로 완수되면서 성공률은 98.51%가 되었다. 엔지니어들이 예측한 것보다도 낮은 성공률이었다. 컬럼비아호 폭발 사고 이후 우주왕복선의 안전성이 어떻게 개선되고 있는지 감시하던 한 단체는 NASA의 관리자들에 대해, "그들의 결정에 수반되는 위험성이 어느 정도인지 정확히 판단하는 중대한 능력"이 결여되어 있다고 비판했다. 어떤 기술을 다룰 때든 우리는 결과를 지나치게 낙관하는 경향이 있다.[2]

실제로 NASA는 2011년 초에 우주왕복선 계획을 돌아보고 위험성을 평가한 결과를 발표하면서 "운이 좋았다"고 시인했다. 처음 9번의 비행에서 실패 확률은 무려 9분의 1이었던 것으로 밝혀졌다. 성공 확률이 89% 미만이었다. 1986년 챌린저호의 비행을 포함한 다음 16번의 비행에서는 실패 확률이 10분의 1이었다. 우주왕복선 계획이 진행되는 동안 확률이 계속 변한 것은 시스템이 계속 수정되었기 때문이다. 일례로 미국 환경보호국EPA이 프레온 사용을 금지하면서 NASA는 외부 연료 탱크의 발포 단열재에 프레온 가스를 사용할 수 없게 되었다. 프레온을 대체한 화합물의 사용으로 발사 시와 비행 중에 단열재가 더 많이 떨어져 나가게 되어 사고 위험이 커졌고 결국 컬럼비아호 폭발 사고로 이어졌다. 프레온 사용이 금지된 후에 진행된 9번의 비행에서는 실패 확률이 38분의 1에서 21분의 1까지 높아졌다.[3]

물론 공학과 기술은 최종 점수에 의해 평가되는 운동 경기와는 다르다. 우주왕복선을 만들고 발사하기까지의 과정에는 많은 팀이 참여하고 있었다. 그들은 경쟁자가 아닌 협력자로서, 매 임무의 성공적인 완수라는 단 하나의 목표를 추구하고 있었다. 그들이 싸워야 할 상대는 다른 팀들이 아니라 자연과 자연법칙이었다. 18세기의 시인 알렉산더 포프Alexander Pope는 아이작 뉴턴Isaac Newton에게 바치는 시에서 이렇게 말했다.

> 자연과 자연법칙은 어둠에 묻혀 있었다.
> 신께서 뉴턴이 있으라! 하시니 온 세상이 밝아졌다.[4]

포프가 이렇게까지 극찬한 뉴턴도, 자신이 우주의 수수께끼를 탐구하는 동시대인들과 선조들로 이루어진 한 팀의 일원이라는 사실을 잘 알고 있었다. 뉴턴은 동료 과학자 로버트 훅Robert Hooke에게 보낸 편지에 이렇게 쓴 적이 있다. "내가 좀 더 멀리 볼 수 있다 해도 그것은 거인들의 어깨 위에 있기에 가능한 일이네." 우리는 모두 우리 이전에 지평선 너머를 탐구했던 거인들의 어깨 위에서 끝없는 탐구를 계속하고 있다. 공학에서 우리가 달성하고자 하는 궁극적인 목표는, 언제나 의도한 그대로 기능하고 조금도 개선할 필요 없는 완벽한 설계다. 그런 일이 가능하기만 하다면, 완벽한 설계가 실패하는 일은 절대 일어나지 않을 것이다.[5]

케이프 커내버럴Cape Canaveral에서 우주왕복선이 발사될 때마다 괴로울 정도로 더딘 발사 순간의 모습을 보면 중력과의 싸움이 얼마나 힘겨운지 짐작할 수 있다. 물론 이 싸움을 이겨내기만 하면 그 후에는 중력이 오히려 협력자가 되어 우주왕복선이 지구의 저궤도를 벗어나지 않도록 도와준다. 20세기 중후반에 우주 시대가 열리면서, 우주선을 설계하고 발사하는 데 필요한 기본적인 물리 법칙은 거의 다 밝혀진 것으로 여겨졌다. 그렇지 않았다면 유인 우주 비행은 허황된 꿈까지는 아니더라도 지금보다 훨씬 더 위험한 시도가 되었을 것이다. 핵심은 그 물리 법칙들을 적절히 활용하는 것이었다. 그러나 단지 자연법칙을 이해한다고 해서 자연법칙을 이길 수 있는 것은 아니다. 우주왕복선이 성공적으로 발사되어 지구의 궤도를 돈 후 대기권에 재진입해 무사히 착륙할 수 있도록 설계하기 위해서는 공학적인 창의력이 필요하다. 우주왕복선 계획은 로켓, 연소, 구조, 공기역학, 생명유지 장치, 열전달, 컴퓨터 제어 등 여러 분야의 엔지니어들로 구성된 팀들이 방대한 전문 지식과 성과를 한데 모아야 성공할 수 있는 프로젝트였다. 각 팀의 구성원 각자가 전체 과정에 기여해야 했고, 각 팀에서 추구하는 바가 서로 엇갈리지 않도록 팀과 팀 사이에서도 원활한 협조가 이루어져야 했다.

규모와 상관없이 어떤 프로젝트에서든 엔지니어 각자의 작업은 일관적이고 투명해야 한다. 그래야 다른 엔지니어가 (가정, 논리, 계산 등을 살펴보고) 작업을 검토해 의도치 않은 오류를 찾아낼 수 있기 때문이다. 이것이 합동 작업의 전형이며, 하나의 프로젝트를 위해 일하는 엔지니어들이 각자의 생각과 계산을 활발히 주고받아야 프로젝트가 성공할 수 있다. 물론 때때로 논리상의 오류가 발생하거나 실수가 벌어져 설계에 결함이 생기기도 하고 이런 결함이 때로는 즉각적인 실패로 이어지기도 한다. 예컨대 건물을 짓는 경우, 공사 중에 눈에 띄게 휘어진 기둥이 발견되면 숙련된 현장 엔지니어가 이상을 감지해 설계자에게 알릴 것이고, 설계자가 설계를 재검토해 오류를 찾아낼 수 있을 것이다.

그러나 안타깝게도 설계 사무실이나 공사 현장에서 모든 오류가 발견되는 것은 아니며, 이렇게 발견되지 않은 오류들이 실패를 불러올 수도 있다.

다층 주차장에서 이따금 붕괴 사고가 일어나곤 하는데 그 원인을 찾다 보면 설계나 시공에서 특이점이 발견되는 경우가 많다. 오랜 세월 동안 건재한 다층 주차장들을 그대로 본떠서 지었다면 붕괴 사고들은 전혀 일어나지 않았을지도 모를 일이지만, 반복된 성공이 미래의 실패를 반드시 막아주는 것은 아니다. 우주왕복선 계획에서든 주차장 설계와 건설에서든 성공이 오래 계속되다 보면 현실에 안주하거나 변화를 꾀하게 되는데, 두 가지 길 모두 실패로 이어질 수 있다. 한 엔지니어는 이렇게 말했다. "모든 성공은 실패의 씨를 뿌린다. 성공은 우리를 자만하게 만든다." 자만하고 현실에 안주하면서 지금까지 실패한 적이 없으니 모든 일이 다 잘 되고 있는 거라고 만족해버리면, 우리는 부주의하고 경솔해지기 쉽다. 그래서 결함이 있는 O-링을 설치한 채로 우주왕복선을 발사한 것과 같은 중대한 실수가 벌어지기도 한다. 다층 주차장 건설의 경우, 성공이 거듭되면 우리는 좀 더 가벼운 철근을 사용하거나 좀 더 효율적인 건축 기술을 도입해 경쟁력을 높여 보려고 생각하게 된다. 그러다 보면 눈에 띄지 않는 곳에 숨어 있던 구조적 결함들이 결국 붕괴라는 결과에 이르러서야 징체를 드러낼 수도 있다.[6]

2010년 봄 석유시추선 딥워터 호라이즌호가 폭발해 멕시코 만에 대량의 원유가 유출된 사고는 전 세계를 충격에 빠뜨렸다. 대부분의 사람은 이 지역에서 이런 사고가 일어난 것이 처음이라고 생각했다. 그러나 30년 전인 1979년, 약 45m 깊이의 바닷속에서 반잠수식 해양 굴착장치로 굴착 중이던 익스톡Ixtoc I 유정이 폭발해 거의 1년 동안 원유가 유출된 사고가 있었다. 이 사고로 총 3백만 배럴 이상의 원유가 멕시코 만으로 유출되어 주변 지역까지 피해를 줬다. 사고 직후 석유 업계는 유정 폭발 가능성을 깊이 인식하고 작업에 각별한 주의를 기울였다. 그러나 시간이 흐르고 멕시코 만에서 순조로운 굴착 작업이 계속되자 주의는 점점 느슨해졌고, 이런 분위기가 결국 딥워터 호라이즌호 사고의 밑바탕이 되었다. 이 두 번의 불행한 사고가 약 30년의 간격을 두고 일어난 것은 우연이 아니었다. 엔지니어 한 세대의 수명, 그리고 어떤 업계에서든 기술적인 기억의 수명이 약 30년이기 때문이다. 그 안에서 성공이 지속되는 기간은 실패가 발생하면 끊기게 되고, 젊은 엔지니어가 어느 시점에 업계에 입문하느냐에 따라 그 엔지니어는 성공에 더 민감해지거나 실패에 더 민감해질 수 있다. 이런 민감성이 한동안 설계나 작업에 임하는 태도를 지배하겠지만, 이내 성공 패러다임이 실패 패러다임을 누르게 되고, 이때부터 과신, 안주, 방심, 자만심의 기운이 만연하다가 새로운 실패가 발생하고 나서야 비로소 다시 주의가 환기된다.[7]

성공과 실패의 순환성은 현대의 다리 설계 및 건설 분야에서 분명하게 드러난다. 이 분야에서 경험이 축적된 기간은 약 2백 년이다. 그러나 실패를 통해 얻은 교훈은 기술의 발전으로 다시 성공이 지속되는 사이에 너무 쉽게 잊혀버린다. 우리는 현재의 설계 과정이 30년 전이나 300년 전, 심지어는 3000년 전의 설계 과정과 근본적으로 같다는 사실을 깨닫지 못한다. 모든 기술 발전의 기반인 설계라는 과정은 창의적이고 인간적인 과정이며, 사실상 세월이 흘러도 변하지 않는다. 3000년 전, 300년 전, 혹은 30년 전에 일어난 것과 똑같은 인지적 실수가 오늘 다

시 일어날 수 있고 앞으로도 언제든 일어날 수 있다는 것이다. 실패는 기술적인 환경의 한 부분이다.[8]

발명과 혁신의 중단이 선언된다면 우리는 보다 실패가 적은 세계에서 살 수 있을지도 모른다. 그렇게 되면 기술은 현재 단계에 머물 수밖에 없다. 이후에 만들어지는 모든 것들은 이미 성공적이라고 입증된 것과 똑같이 설계되고 생산되어야 할 것이다. 자동차는 해가 바뀌어도 나아지는 게 없을 것이다. 컴퓨터나 개인용 전자 기기는 기능도 가격도 달라지지 않을 것이다. 이런 환경에서라면 세상은 확실히 더 안전한 곳이 되겠지만 삶의 즐거움은 다소 줄어들 것이다. 기술적인 변화가 없으면 사람들은 겨울 날씨가 장기간 계속될 때 생기는 밀실공포증과 비슷한 기분을 느끼게 될 수 있다. 그러면 어떤 사람들은 단지 변화를 맛보기 위해 고속도로에서 위험한 행동을 하거나, 단지 변화를 맛보기 위해 컴퓨터 해킹을 시도할지도 모른다.

기술 혁신의 중단은 경제에도 큰 영향을 끼칠 수 있다. 혁신이 일어나지 않으면 새로운 상품을 위한 시장이 존재할 수 없다. 사람들은 타던 차를 새것으로 바꾸지 않고 계속 몰게 될 것이다. 새로 나오는 차들도 기능이나 안전성 등이 향상되지 않고 기본적으로 그대로이기 때문이다. 주택 매매도 같은 이유로 난항을 겪게 될 것이다. 새로운 소비재의 매력이 사라지면, 적어도 일부 사람들은 새로운 TV나 오락거리를 위해 열심히 일하고 저축하려는 의욕을 가질 수 없을 것이다. 그러면 사회는 침체될 수밖에 없다.

변화는 인간 생활의 필수적인 한 부분이며, 문명과 문화의 발전은 변화 없이는 절대로 이루어질 수 없다. 스핑크스가 "아침에는 네 발, 점심에는 두 발, 저녁에는 세 발로 걷는 생물은 무엇인가?"라는 수수께끼를 던졌던 먼 옛날부터 이 사실은 명백히 인지되어 왔다. 이 수수께끼를 푼 사람은 오이디푸스였고, 답은 물론 인간이었다. 우리는 기어 다니다가 걷게 되고, 두 다리로 몸을 지탱할 수 없을 만큼 나이가 들면 지팡이를 짚게 된다. 나이를 먹고 변하는 것은 인간이라는 존재의 한 부분일 뿐이다.[9]

기술의 역사는 변화의 역사다. 이 변화는 반드시 급속도로 진행되지는 않는다. 현존하는 가장 오래된 건축 서적인 기원전 1세기의 《건축10서 The Ten Books on Architecture》에서 비트루비우스는 건물의 설계, 방향, 비율에 관한 원칙들을 규정하고 있다. 이런 원칙들이 창의성을 완전히 묵살하지는 않았지만 그 범위를 엄격하게 제한한 것은 사실이다. 그렇다고 해서 당대의 건축가들이 후대에 길이 남을 걸작을 만들지 못한 것은 아니다. 오히려 고전 건축 양식의 엄격함 때문에 그 걸작들이 살아남을 수 있었던 것인지도 모른다. 비트루비우스 시대에 건축과 공학은 동전의 양면과도 같았다. 미학과 건축은 떼려야 뗄 수 없는 관계였다. 좁은 간격으로 세워진 기둥들이 그리스 신전의 특징이 된 이유 중 하나는, 기둥과 기둥 사이를 잇는 수평 대들보인 아키트레이브architrave가, 기둥 위로 설치되는 과정 중에 혹은 그 위로 프리즈(frieze, 아키트레이브 위에 그림이나 부조를 띠 모양으로 장식한 것-옮긴이)와 페디먼트(pediment, 건물 입구 위의 삼각형 장식-옮긴이)가 올려진 후에 무게를 이기지 못하고 금이 가 부서질 수 있기 때문이었다.[10]

《건축10서》에서 비트루비우스는 고전 건축뿐만 아니라 당대의 건축공학 분야에서 나타난 점진적인 변화도 이야기하고 있다. 특히 그는 성공적인 방법을 따라 해도 실패할 수 있다는 사실을 구체적인 예를 들어 보여준다. 그는 무거운 석재를 채석장에서 건설 현장으로 운반한 방법을 소개하면서, 새로운 환경과 새로운 제약에 맞추기 위해 운반 도구가 조금씩 변형된 과정을 설명하고 있다. 둥근 대리석 기둥은 목제 틀에 끼워 넣어 땅에 굴릴 수 있게 한 뒤에 황소들이 끌게 하면 되었지만 각진 아키트레이브는 그런 식으로 운반할 수가 없었다. 이 무거운 직사각형의 석재를 옮기기 위해 일꾼들은 양 끝에 목제 바퀴를 끼워서 굴려야 했다. 비트루비우스의 말에 따르면 이 방법은 오래된 조각상의 새 받침대로 쓰일 입방체의 석재를 운반하기 위해 한 번 더 변형된 일이 있었다. 조각상은 중심가에 있었는데 그 주변에 좁고 구불구불한 길들이 생겨 채석장에서 목적지까지 석재를 운반하기가 어려웠다. 일꾼들은 릴처럼 생긴 목제 틀 안에 석재를 넣고 이 릴에 밧줄을 감아서 황소들이 끌게 했다. 이렇게 하면 운반 도구의 폭이 석재 자체의 폭보다 넓지 않아서 건물과 건물 사이의 좁은 길도 통과할 수 있었다. 그러나 이 방법은 결국 성공하지 못했다. 황소들이 밧줄을 끌고 앞으로 나아갈수록 황소들과 릴 사이의 거리가 점점 멀어져 릴의 경로를 제어할 수 없었기 때문이다. 대리석 기둥을 굴릴 때 효과적이었던 방법을 변형해 입방체의 석재를 운반하는 데 적용했지만 결국 실패한 것이다.[11]

르네상스 시대에도 건축은 계속 기하학적인 고려사항들의 지배를 받았다. 갈릴레오는 그의 유명한 저서 《신과학대화 Dialogues Concerning Two New Sciences》에서, 커다란 석재를 운반해 방첨탑과 같은 거대한 구조물을 세우거나 기존의 선박보다 훨씬 큰 목제 선박을 띄우다가 실패한 당대의 사례들을 검토했다. 그는 동물의 종류에 따라 같은 부위의 뼈도 기하학적으로 비율이 서로 다르다는 점에서 힌트를 얻어, 성공한 구조물의 크기를 확대할 때 기하학 외적인 요소를 고려해야 한다는 사실을 깨달았다. 그는 이 요소가 자재의 강도일 것이라 생각하고, 기둥을 설계할 때 그리고 나아가 구조물을 설계할 때 자재의 강도를 어떻게 고려할 수 있는지 설명해 나갔다. 현대 구조공학에서 사용하는 해석적 방법의 기초가 된 갈릴레오의 접근법은, 실패를 통해 제기된 물음의 해답을 찾아 새로운 성공을 끌어내는 방식의 고전적인 본보기라 할 수 있다.[12]

갈릴레오의 설명에서 분명히 밝혀졌듯이, 목제 선박이든 석제 대성당이든 더욱더 큰 구조물을 설계할 때 성공한 구조물을 기하학적으로 확대하는 방식은 어느 정도까지만 효과가 있었다. 구조물의 무게가 그 구조물을 지탱하는 자재의 강도를 넘어서는 순간부터 더는 효과를 기대할 수 없었다. 갈릴레오의 식견이 등장하기 전까지, 성공한 구조물에서 이끌어낼 수 있는 결론은 그 구조가 성공적이라는 사실뿐이었다. 실패할 가능성이 얼마나 큰지를 판단할 방법은 전혀 없었다. 갈릴레오는 강도와 크기를 함께 고려함으로써 구조물의 성공이나 실패를 추론하는 방법을 마련했다. 그런데 갈릴레오가 송수관을 설계할 때 어떤 관의 배치를 잘못 정한 일이 있었다. 그의 잘못된 가정으로 인한 오류는 송수관에 문제가 발생하고 나서야 드러났다. 문제가 발생했다는 것은 무언가가 잘못되었다는 명백한 증거였다. 실패가 분명해지자 그는 오류를 찾아내 바로잡을 수 있었다. 이것이 바로 실패 분석이라는 과정이다.[13]

오늘날 우리는 구조물의 기하학 외적인 요소들이 얼마나 중요한지 잘 알고 있다. 우리는 구조물의 재료가 목재인지, 강철이나 콘크리트,

혹은 다른 재료인지를 반드시 고려해야 한다는 사실을 잘 알고 있다. 재료는 기하학적 구조 못지않게 중요한 요소다. 그러나 모든 기술적인 시스템들이 구조공학만으로 만들어지는 것은 아니다. 예컨대 항공기의 구조는 매우 중요하지만 이는 전체적인 설계를 성공적으로 만들기 위해 반드시 고려해야 하는 시스템의 한 요소일 뿐이다. 항공기가 성공적으로 이륙하고 비행하고 착륙하기 위해서는 구조뿐만 아니라 엔진, 계기, 제어장치, 그리고 승무원들도 충분히 신뢰할 수 있어야 한다. 그리고 어떤 항공기가 사고 없이 비행한 횟수가 아무리 많다 해도 그 사실만 가지고는 다음번 비행 역시 성공적일 것이라고 보장할 수 없다. 따라서 비행 전 점검과 정기 점검은 물론, 이상 징후에 대한 조사도 매우 중요하다. 평소와 다른 점이 하나라도 발견된다면 시스템이 가장 최근에 성공적으로 비행했던 때의 상태가 아니라는 신호일 수 있다.

항공기의 경우든 다른 시스템의 경우든 실패가 발생하면 우리는 다른 어떤 방법으로도 얻을 수 없는 지식을 얻을 수 있다. 비트루비우스의 이야기에서 석재 운반법의 실패는 추론이 잘못되었다는 사실을 확인시켜주었다. 단지 예상만 했을 때는 알 수 없었던 사실이다. 공학 설계는 과거의 경험을 현재의 방법이라는 렌즈에 투과시켜 미래로 보내는 작업이다. 기록된 실패는 가장 귀중한 경험의 일부다. 추론과 지식, 실행에 어떤 결함이 있었는지를 보여주기 때문이다. 성공한 설계에서는 결코 얻을 수 없는 경험이다. 성공적인 엔지니어란 과거에 무엇이 효과적이었는지를 아는 데서 그치지 않고 무엇이 왜 실패했는지도 아는 사람이다.

수십 년, 수백 년, 수천 년 전에 일어난 실패들도 오늘날의 설계에 교훈을 줄 수 있고 우리를 실패의 길로 들어서지 않게 막아줄 수 있다. 《신과학대화》에서 갈릴레오는 길고 가는 대리석 기둥을 보관한 방법에 대해 이야기한다. 기둥은 두 개의 지지대 위에 가로로 놓여 있었고 두 지지대는 각각 기둥의 양 끝에 가까운 부분을 받치고 있었다. 오늘날 엔지니어들이 단순보라 부르는 구조였다. 이 구조를 보고 한 관찰력 뛰어난 일꾼은 과거에 방첨탑을 옮기고 배를 띄우다가 실패한 일을 떠올렸다. 방첨탑이나 배처럼 기둥이 둘로 쪼개지는 일을 막기 위해 그는 기둥 중간에 지지대를 하나 더 받치자고 제안했다. 다른 일꾼들도 그의 제안에 동의해 기둥 중간에 세 번째 지지대가 조심스럽게 설치되었다. 작업에 참여한 모든 사람들은 세 번째 지지대를 추가함으로써 기둥이 부러질 위험이 없어졌다고 믿었고 이 새로운 구조에 대해서는 깊이 생각하지 않았다. 그런데 이 예방 조치를 취하고 얼마 후 대리석 기둥은 둘로 쪼개지고 말았다. 우려했던 것처럼 두 지지대 사이에서 ∨ 형태로 부러진 것이 아니라, 새 지지대를 중심으로 ∧ 형태로 부러져 있었다. 기둥의 양 끝을 받치는 기존의 두 지지대가 연약한 지반 위에 설치된 탓에, 꼼꼼하게 설치된 중간 지지대에 대리석 기둥의 무게중심이 실려 있었다. 대리석의 강도가 이런 상태를 충분히 견뎌낼 만큼 높지 않았기 때문에 기둥은 중간에서 부러졌고 양 끝부분은 내려앉았다.[14]

갈릴레오의 대리석 기둥 이야기는 시스템에 조금이라도 변화를 주면 새로운 방식으로 실패가 발생할 수 있다는 보편적인 설계 원칙을 생생하게 보여주고 있다. 원래대로 기둥의 양 끝에 조금 못 미치는 지점을 두 지지대가 각각 받치고 있었다면 두 지지대가 조금씩 내려앉았다 해도 기둥은 부러지지 않았을 것이다. 그러나 세 번째 지지대를 정확히 기둥의 중간 지점 바로 밑에 설치하자 기존의 지지대 중 하나 혹은 양쪽 모두가 내려앉으면서 하중에 저항하려는 대리석의 응력이 최대치에 이르러 결국 기둥이 부러지고 말았다. 기둥이 부러졌을 때, 둘로 쪼개진 기둥은 세 번째 지지대가 추가되지 않았다면 결코 나타날 수 없었던 형태를 취하고 있었다. 세 번째 지지대의 추가라는 설계상의 변화로 인해 새로운 실패의 가능성이 생겨난 것이다.

17세기에 갈릴레오가 이야기한 설계상의 변화와 그로 인한 실패를 우리가 잘 알고 있었다면, 114명의 목숨을 앗아간 1981년 캔자스시티 하얏트리젠시Hyatt Regency 호텔 고가 통로 붕괴 사고는 일어나지 않았을지도 모른다. 천장에서부터 내려오는 하나의 강철 버팀대가 2층으로 된 두 개의 고가 통로를 고정해주는 구조였던 기존의 설계를 수정해 하나의 버팀대가 위층 통로를 고정해주고 위층 바닥에서 내려오는 또 하나의 버팀대가 아래층 통로를 고정해주는 구조로 바꾼 것이 참사의 원인이었다. 통로를 설치한 엔지니어들이 갈릴레오의 대리석 기둥 이야기를 알고 있었다면, 그들은 하나의 버팀대를 둘로 변경함으로 인해 새로운 실패 가능성이 생겨날 수 있음을 고려하고 변경된 구조가 적절한지를 다시 검토했을 것이다. 그리고 변경된 구조가 옳지 않음을 깨닫고 설치 전에 설계를 바꿀 수도 있었을 것이다. 그랬다면 고가 통로들은 여전히 그 자리에 있을지도 모르고, 희생된 수많은 사람은 지금까지 살아 있을지도 모른다.[15]

비트루비우스가 이야기한 석재 운반법 실패 사례는 무려 2천 년 전에 있었던 일이지만 오늘날의 엔지니어들은 그 사례를 통해 성공적인 시스템에 가해진 약간의 변화가 위험한 결과를 불러올 수도 있다는 교훈을 얻을 수 있다. 고민 끝에 생각해낸 변화가 아무리 발전적으로 보인다 할지라도 그 변화에는 새로운 실패의 가능성이 내재되어 있다. 결코 잊어서는 안 될 중요한 교훈은, 설계에 조금이라도 변화를 주면 전체 맥락에 변화가 생겨 기존의 설계에서는 발생하지 않았을 새로운 실패의 가능성이 생겨날 수 있다는 것이다. 단 하나의 변화가 모든 것을 바꿔 놓을 수 있다.

여러 번의 실패를 경험한 엔지니어는 끔찍한 상황들을 많이 접했기 때문에 동료가 조금이라도 변경을 제안했을 때 반박할 논거들을 풍부하게 갖추고 있는 셈이다. 제안한 엔지니어가 보기에는 자신이 내놓은 변경 사항이 전혀 위험하지 않고 오히려 더 나아 보이겠지만 실패 사례를 많이 접한 엔지니어의 눈에는 적신호로 보일 수 있다. 수천 년, 수백 년, 수십 년 전에 있었던 유사한 사례들을 설명할 때는 변경을 제안한 엔지니어가 최소한 실패 가능성을 고려해 보거나 간단한 계산이라도 해 볼 마음이 들도록 설득력 있게 말해야 한다. 제안한 엔지니어는 그 변경 사항이 부정적인 영향을 줄 수 있다는 의견을 이해하지 못할 수도 있지만, 그 자리에 있는 좀 더 경험 많은 동료는 납득할 수도 있다. 그리고 제안한 당사자도 처음에는 인정하지 않을지 모르지만 자신이 제안한 변경 사항을 다시 생각해 볼 수도 있고 어쩌면 다음 번 설계 회의 때는 수정안을 내놓을 수도 있다.

확신과 의심은 성공과 실패처럼 인간의 한 부분이다. 인간은 누구나 실패를 피하려 하고 성공하기를 원한다. 전문 엔지니어가 아니더라도 도구를 사용하는 호모 파베르 Homo faber라면 누구나 그렇다. 부싯돌을 치든 원자를 분열시키든, 인간은 주어진 세계에서 발견한 것들을 변형시켜 업무 수행에 도움이 되는 것, 자연 질서에 속해 있지 않은 지식을 얻게 해주는 것으로 만들려 애쓴다. 호모 파베르는 자연 질서를 변화시키고 싶어 하며 그 과정에서 실패가 발생하지 않기를, 그리고 성공하리라는 확신을 할 수 있기를 바란다.

　유용한 기술을 얻고 완성하는 데 성공한 사람을 우리는 거장이라 부르며 존경한다. 거장이 사용하는 방법은 우리가 모방하는 본보기가 된다. 과학 기술은 이런 식으로 전해져 내려왔다. 성능 좋은 화살촉도 이런 식으로 계속해서 무수히 만들어졌다. 지금도 많은 화살촉이 초원과 평원에서 고고학자들이나 수집가들에게 발견되기를 기다리고 있다. 화살촉들은 제각기 특유의 형태를 지니고 있지만 그 형태에는 설계한 사람의 의도가 담겨 있다.

　우리는 더 이상 돌을 깨서 화살촉을 만들지는 않지만 여전히 갖가지 것들을 설계하고 만들어낸다. 그중에는 컴퓨터 소프트웨어도 있고 고층 건물도 있다. 우리가 무엇을 만들든 그 결과물은 어떤 식으로든 실패할 가능성이 있다. 성공과 실패는 상대적이다. 일반적으로 성공이라 평가되는 설계도 창의적인 비평가의 눈에는 실패로 보일 수도 있다. 뉴욕 시티코프Citicorp(현재의 시티그룹Citigroup) 센터가 설계 단계에 있던 1970년대에는 환경의식이 높아지고 있었기 때문에 태양에너지가 바람직한 전력 생산 수단으로 여겨졌다. 건물 꼭대기의 남향으로 경사진 면에 눈에 띄는 태양 전지판을 설치한다는 구상은 에너지 생산 측면에서도 홍보 측면에서도 훌륭한 아이디어였다. 그리고 건물의 아랫부분은 또 다른 이유로 눈에 띄게 되었다. 시티코프 사가 본사 건물을 지을 부지를 구하던 당시 이스트 54번가와 렉싱턴애비뉴 사이에 있던 세인트

피터스St. Peter's 교회는 땅을 팔지 않겠다고 했지만 공중권은 양도할 의향이 있다고 밝혔다. 시티코프 사는 사각형 건물의 북서쪽 귀퉁이를 캔틸레버(cantilever, 한쪽 끝만 고정되고 다른 한쪽은 열려 있는 외팔보-옮긴이)로 설계하고 그 밑에 세인트피터스 교회의 새 건물을 지어주는 조건으로 본사 건물을 지을 수 있게 되었다. 실제로 시티코프 센터의 네 귀퉁이 모두가 캔틸레버로 설계되었는데 그러다 보니 건물의 골격이 특이한 구조를 띠게 되었다. 통상적으로 사각형의 네 꼭짓점에 기둥이 위치하는 것과 달리 네 변의 중심에 하나씩 세워진 기둥들이 약 280m 높이의 건물을 지탱하는 구조가 된 것이다. 사각 테이블의 네 다리가 사람이 앉는 위치로 옮겨 가고 네 귀퉁이의 밑은 비어 있는 것과 같은 형태였다. 이런 테이블은 전통적인 형태의 테이블보다 넘어지기 쉬울 수밖에 없다.[16]

이런 구조로 세워진다면 시티코프 센터가 무너지리라는 것은 거의 불 보듯 뻔한 일이었다. 고층 건물은 아주 튼튼하지 않으면 강풍에 흔들릴 수 있다. 이 문제를 해결하기 위해 시티코프 센터의 꼭대기 근처에는 동조질량감쇠기tuned-mass damper라는 장치가 설치되었다. 그리고 특이한 구조의 건물을 좀 더 튼튼하게 만들기 위해 연결 부위들을 용접하도록 설계되었다. 그런데 최초의 설계와 시공 사이의 어느 시점에 용접이 아닌 볼트를 사용하는 것으로 설계가 변경되었다. 연결 부위들을 볼트로 결합시킬 경우 건물이 더 잘 휘게 되어 허리케인에 무너질 가능성이 더 커진다. 이 잠재적 참사를 막은 사람은 건물의 구조공학자 윌리엄 르메쉬리에William LeMessurier였다. 설계가 변경되었다는 소식을 듣자마자 그는 빠르게 계산을 해 본 후 막 완성된 이 건물의 소유주를 설득해, 허리케인이 발생하는 철이 시작되기 전에 볼트로 결합된 부위에 보강판을 용접해 붙이도록 했다. 이런 조치가 취해진 덕분에 시티코프 센터는 1977년부터 지금까지 무사히 서 있을 수 있게 되었다.[17]

　모든 설계상의 오류나 변화가 신속하게 감지되어 해결되는 것은 아니다. 소프트웨어는 버그로 악명이 높다. 버그는 업데이트를 통해 제거되는 경우도 있고 제거되지 않는 경우도 있다. 때로는 업데이트로 인해 새로운 버그가 생겨나기도 한다. 설계상의 변화가 새로운 실패를 불러올 수 있는 것과 마찬가지다. 전체 프로그램과 별개로 소프트웨어만을 검사해 버그가 해결되었는지 확인하는 것은 기둥과 별개로 기둥 지지대만을 검사하는 것만큼이나 무의미한 일이다. 어쨌든, 소프트웨어 개발과 베타테스트 과정을 거치고서도 살아남은 컴퓨터 버그들은 거의 문제될 것이 없는 무해한 버그인 경우가 많다. 그렇기 때문에 그런 버그들은 일반적으로 감지되지 않는 것이다. 하지만 특수한 상황에서는 얘기가 달라질 수도 있다. 1990년대 중반에 한 수학자는 당시 새로 출시된 펜티엄 마이크로칩이 때때로 아주 큰 값들을 곱할 때 잘못된 계산 결과를 산출한다는 사실을 발견했다. 일반적인 사용자들은 발견하기 어려운 오류였다. 처음에 이 수학자는 자신의 계산에서 오류를 찾아보려 했지만 그를 포함해 다른 과학자들과 공학자들도 오류를 찾아내지 못했다. 칩의 제조사인 인텔은 결국 소프트웨어의 "미묘한 결함"이 칩에 포함되었다고 시인했다. 이 사례를 통해 우리는 다음과 같은 삼단논법을 떠올려 볼 수 있다. "과학기술은 인간에 의해 만들어진다. 인간은 오류를 범한다. 따라서 과학기술은 오류로 만들어진다." 다시 말해, 모든 과학기술 시스템은 버그와 그렘린으로 가득 차 있을 가능성이 크다는 것이다. 잠재된 오류나 결함들이 무해하거나 시스템의 전체적인 기능에 지장을 주지 않는다면 그 오류나 결함들은 시스템의 수명이 다할 때까지 감지되지 않을 수도 있다. 아무리 근본적으로 결함이 많다 해도 시스템이 제대로 작동하면 우리는 그 시스템이 성공적이라고 간주한다. 시스템 내의 결함들이 전이되어 시스템이 오작동하거나 더 나아가 완전히 작동하지 못하게 되면 우리는 그 시스템을 실패작이라고 부른다. 실패의 책임은 설계에 있을지도 모른다. 그러나 만화 속의 주머니쥐 포고Pogo의 말을 조금 바꿔서 표현하자면, 설계는 곧 우리 자신이다.[18]

애플사의 아이폰은 일부 사용자들 사이에서 수신 불량과 통화 끊김 현상으로 비난을 받았다. 그리고 2010년 6월 23일 아이폰4가 출시되었을 때 사태는 정점에 이르렀다. 신호 강도를 표시해주는 막대의 개수가 아이폰4를 특정한 방식으로 손에 쥐었을 때 눈에 띄게 줄어든다는 불만이 여기저기서 빗발치기 시작했다. 애플사가 광고에서 강조한 아이폰4의 특징 중 하나가 개선된 안테나였다. 아이폰4의 안테나는 기기의 가장자리를 감싸고 있는 베젤bezel이라는 금속 띠에 내장되었다. 그런데 일부 사용자들이 기기의 왼쪽 아랫부분에 손가락이나 손바닥이 닿으면 신호 강도 표시 막대가 줄어든다고 불만을 토로한 것이다. 문제 발생 초기에 애플사가 이 사용자들에게 권한 방법은 기기를 다른 방식으로 쥐라는 것뿐이었다. 그리고 나서 7월 2일 아이폰4 사용자들에게 보내는 공개서한을 통해 애플사는 수신 문제에 대한 불만들이 접수되어 놀랐다고 밝혔다. (한 사회학자는 놀랐다는 표현에 대해, "실수를 범했다는 의미를 내포하는 실패라는 단어의 부정적인 어감을 피하기 위해" 사용하는 표현이라고 말한 바 있다.) 공개서한에서 애플사는 아이폰4를 "애플 역사상 가장 성공적인 제품"이며 "사상 최고의 스마트폰"이라고 강조한 후, 불만이 접수되자마자 조사에 착수했다고 전했다. 서한에 따르면 조사 결과 "단순하고 놀라운" 사실이 밝혀졌다. 애플사는 "신호 강도에 따라 표시할 막대 개수를 계산하는 데 사용된 방식이 완전히 잘못되었음을 발견하고 놀랐다"고 시인했다. 예를 들어 막대가 두 개 표시되어야 하는 상황에 화면에는 막대가 네 개 표시되었다는 것이다. 따라서 사용자는 화면을 보고 신호가 강한 줄 알고 있었겠지만 실제로는 신호가 매우 약했던 셈이다. 애플 측은 이 결함 있는 소프트웨어가 처음부터 아이폰의 모든 기종에 사용되었다고 밝혔다. 그러나 한 사용자는 애플사가 "이미 오래전부터 포함되어 있던 부분이므로 결함처럼 보이지만 결함이 아니라고 말하면서 책임을 회피하려 한다"고 비난했다. 공개서한을 통해 애플사는 AT&T가 권장하는 계산 방식을 적용해 버그를 수정하겠다고 발표했다.[19]

화면에 표시할 막대 개수를 계산하는 알고리즘에 결함이 있다는 사실을 어째서 애플사가 아이폰4 출시 전까지 발견하지 못했는지는 알 수 없지만, 이 결함을 발견하지 못했다는 것은 충분히 놀라운 사실이다. 어쩌면 수신 불량에 대한 실패 분석을 할 때 안테나 성능 개선에만 초점을 맞추다 보니 더 근본적인 문제인 신호 강도 표시 문제를 미처 살피지 못했을 수도 있다. 〈컨슈머리포트 Consumer Reports〉지는 애플 측의 해명을 받아들이지 않고 아이폰4의 문제는 사실 하드웨어의 결함이라고 주장했다. 애플사가 급히 내놓은 해결책은 문제가 된 금속 안테나의 틈에 절연테이프를 붙이는 것이었다. 그러나 비전도성의 테이프를 붙이면 안테나 문제는 해결되겠지만 많은 찬사를 받은 기기의 외관이 크게 훼손된다는 또 다른 문제가 있었다. 이후 애플사는 사용자의 손가락이나 손바닥이 안테나에 직접 닿지 않도록 기기의 테두리를 감싸주는 고무나 플라스틱 재질의 부분 케이스인 "범퍼 케이스"를 추천했다. 그러나 〈컨슈머리포트〉지의 상품 비평가는 애플사가 문제의 안테나에 대해 영구적인 무료 해결책을 내놓기 전까지는 아이폰4를 추천하지 않겠다고 밝혔다. 이에 애플사는 "어떤 아이폰4에도 멋을 더해주는" 무료 범퍼 케이스를 제공하겠다고 발표했다.[20]

아이폰4에 대한 논란은 여기서 끝나지 않았다. 애플의 "안테나 전문가"가 안테나의 설계 단계에서 이미 스티브 잡스에게 수신 불량과 통화 끊김 가능성을 경고했다는 제보가 보도되면서 문제는 더욱 복잡해졌다. 보도에 따르면 루벤 카발레로Ruben Caballero라는 이름의 이 안테나 전문가는 애플 경영진에게 테두리를 감싸는 안테나를 설계하려면 "공학적으로 심각한 문제"가 따른다고 보고했다. 여러 무선 네트워크들이 사용하는 다양한 주파수 대역에서 안테나가 제대로 기능하기 위해서는 금속 띠가 하나로 이어져 있지 않고 중간에 절연된 부분이 있어야 했다. 아이폰4의 베젤 왼쪽 아랫부분에 있는 가느다란 틈이 바로 이 부분이었는데, 이 부분에 전도체인 손가락이 닿으면 쉽게 다시 연결되어 통화 끊김 현상이 발생할 수 있었다. 스티브 잡스의 말에 따르면 애플사는 "기기를 특정한 방식으로 손에 쥐면 수신 강도 표시 막대가 약간 줄어든다는 사실을 알고 있었지만 모든 스마트폰이 이런 문제를 안고 있으므로 그렇게 큰 문제가 되리라고는 생각지 않았다." 즉, 안테나 설계에 대한 엔지니어의 우려는 충분히 근거가 있었다. 안테나 문제에 대한 경고는 이 밖에도 더 있었지만, 애플 경영진은 안테나 설계의 결함 없이 제품을 출시하는 일보다, 놀라울 만큼 매끈한 디자인으로 "더 가볍고 더 얇은 단말기"를 만들어 공표된 날짜에 출시하는 일을 더 우선시했던 것으로 보인다. 애플의 아이폰4 사태에서 볼 수 있었던 결함을 묵과하는 문화와 엔지니어-경영자 사이의 의견 불일치 등은 우주왕복선 챌린저호 폭발 사고나 석유시추선 딥워터 호라이즌호 폭발로 인한 멕시코 만 원유 유출 사고에서도 드러났던 문제들이었다. 이 사고들은 모두 피할 수 있었던 참사였다.[21]

어떤 실패가 발생했든지 간에, 더 큰 비극은 실패가 발생했다는 사실이 아니라 그 실패에서 올바른 교훈을 배우지 못하는 것이다. 모든 실패는 무지에서 비롯된다. 자료를 분석해 보면 원인의 실마리를 찾을 수 있고 나아가 설계, 제조, 사용 과정에서 있었을 실수를 찾아낼 수 있다. 실패의 원인을 추적하지 않는 것은 기술의 본질, 그리고 기술과 인간의 상호작용에 대해 더 잘 이해할 기회를 버리는 일이나 다름없다. 성공적인 설계란 실패를 예측하고 사전에 방지하는 일이므로, 아무리 사소해 보이는 실패라도 그 실패를 분석하면 어떻게 해야 더 완전한 성공을 이룰 수 있는지 알게 된다. 과거의 실수를 되풀이하지 않는다 해도 새로운 실수를 저지를 가능성은 얼마든지 있다. 하드웨어나 소프트웨어와 관련된 실수뿐만 아니라 엔지니어들과 경영진 사이의 소통 단절로 인한 실수도 일어날 수 있다.[22]

실패를 장려해야 한다는 얘기는 아니다. 시스템이나 기기가 설계에 맞게 제대로 기능하기를 바라지 않는 사람은 아무도 없다. 그러나 우리는 모두 인간이고 오류를 범할 수 있는 존재이기 때문에, 우리가 설계한 모든 것들에 전혀 결함이 없을 것이라는 주제넘은 생각을 해서는 안 된다. 《프린키피아 Principia Mathematica》의 서문에서 뉴턴은 "오류는 기술에 있지 않고 기술자에게 있다"고 말했다. 명백한 실패에서 오류와 결함이 드러나면 우리는 자신이 설계에 실패의 씨앗을 뿌렸음을 자인하고 최대한 꼼꼼하게 사고를 분석한 후 그 과정에서 얻은 교훈을 널리 알려야 한다. 그렇게 해야만 우리는 조금이나마 용서받을 수 있고 우리 자신과 동료들이 다시는 같은 실수를 되풀이하지 않게 할 수 있다. "한 번 속으면 남의 잘못이지만 두 번 속으면 내 잘못"이라는 격언을 설계자의 경우에 대입해 조금 바꿔서 말하자면, "한 번 실패하면 남의 잘못일 수 있지만 두 번 실패하면 내 잘못이다."[23]

실패를 피하는 가장 확실한 방법은 지혜롭게 설계하는 것이다. 그리고 지혜와 성공에 이르려면 실패를 제대로 이해해야 한다. 실패에 관해 구체적으로 그리고 일반적으로 더 많이 알면 알수록 우리는 실패를 더 잘 이해할 수 있다. 실패로 이어지는 오류나 실수들은 인간이 세상을 더 나은 곳으로 만들기 위해 구상하고 설계하기 시작한 이래로 계속 발생해 왔다. 우리는 여전히 오류를 범하고 있고, 앞으로 계속 오류를 범하지 않으리라는 보장도 없다. 우리는 인간인 동시에 기술적인 동물이며 우리 주변에는 우리가 완전히 이해하지 못하는 것들도 많이 있다. 먼 과거에는 기계적인 것들만 있었지만 현대에는 화학, 전기, 전자, 원자, 소프트웨어 등 다양한 것들이 우리 주변을 둘러싸고 있다. 우리의 일상생활을 향상시키기 위해, 그리고 지각이 있는 존재로서 우리의 열망을 성취하기 위해, 우리는 점점 더 복잡한 것들을 고안하고 설계하고 있다. 우리의 목표는 우리가 설계한 것들을 최대한 실패 없이 현실화하는 것이다.

    안타깝게도 실패 가능성은 거의 모든 설계에 숨어 있다. 머피의 법칙에 따르면 잘못될 가능성이 있는 것은 결국 잘못된다. 기술적인 시스템의 경우에 이 법칙은 절대 진리와 불안한 농담 사이의 어딘가에 위치한다. 설계 회의나 중요한 검사 중에 머피의 법칙을 언급하면 분위기가 가벼워질 수 있지만 웃음 뒤에는 이 법칙이 정말 사실일지도 모른다는 두려움이 존재한다. 머피의 법칙이 사실이라면 실패는 불가피한 셈이 된다. 이런 관점이 지나치게 비관적이라고 느껴질 수도 있다. 기술의 역사에는 성공적인 기계, 구조물, 시스템의 사례들이 넘쳐나기 때문이다. 그러나 성공은 교훈적인 실패를 겪은 후에 이루어질 가능성이 높다는 것 또한 틀림없는 사실이다.

CHAPTER 03

의도된 실패

삶에서의 실패와 마찬가지로 공학에서의 실패도 어떻게든 피하고 싶은 나쁜 일로 여겨지기 마련이다. 기기가 고장 나거나 시스템이 장애를 일으켰다는 소식을 들으면 우리는 희생자를 찾고 잔해를 치우는 도중에도 원인과 범인을 밝히기 위해 조사를 벌인다. 실패가 발생한 과정과 이유를 알아내 비슷한 참사를 막고 싶기 때문이다. 설계에 결함이 있었는가? 질 나쁜 재료가 사용되었는가? 공사나 제조 과정에 부주의가 있었는가? 부품이 불량했는가? 유지관리가 등한시되었는가? 과도하게 사용되었는가? 방해나 테러 공작이 있었는가? 실패를 분석할 때는 이런 문제들을 중점적으로 살펴봐야 한다. 그래야 책임 소재를 제대로 밝히고 기기나 시스템을 제대로 다시 설계해서 제공할 수 있다. 설계나 설계자에게 책임이 없으면 그 무죄를 입증하기 위해서라도 실패 분석은 정확히 이루어져야 한다.

실패라는 단어는 대개 부정적인 의미로 쓰인다. 하지만 실패에는 좀 더 긍정적인 측면도 있다. 어떤 것들은 존재 자체만으로 우리를 불편하게 하거나 심지어 해를 입히기 때문에 오히려 실패가 발생해야 우리에게 도움이 된다. 때로는 더 큰 시스템의 성공을 위해 어느 한 요소가 반드시 실패해야 하는 경우도 있다. 이럴 때 엔지니어는 붕괴나 균열과 같은 물리적 현상이 정해진 때에 정해진 방식으로 일어나도록 시스템이나 기기를 설계해야 한다. 야외무대의 캔버스 지붕이 여기에 해당한다. 이런 지붕은 바람이 너무 강하게 불면 풀리도록(버티는 데 실패하도록) 설계되어 있다. 구조물에 가해지는 공기의 압력이 구조물이 견딜 수 있는 압력보다 더 커지지 않도록 하기 위해서다. 2011년 여름 인디애나 주 박람회에서 공연 시작 전에 캔버스 지붕이 느슨해지자 시속 70마일의 바람에도 견딜 수 있도록 단단히 정비되었다. 원래 이 지붕은 시속 20마일 이상의 바람이 불면 풀리도록 설계되어 있었다. 결국 무대 전체가 날아갔다. 의도된 실패가 일어나지 않은 탓에 5명이 사망하고 45명이 부상을 당했다.[1]

설계대로 작동한 것에 **실패**라는 단어를 붙여서는 안 된다고 주장하는 엔지니어들도 있다. 그러나 실제로 어떤 것이 실패하도록 설계되었고 때맞춰 실패했다면 이 성과는 실패인 동시에 성공으로 인정되어야 한다. 실패를 성공이라고 혹은 성공을 실패라고 부르는 것이 모순적이라고 느껴질 수도 있겠지만 때로는 그런 일들이 실제로 일어난다. 아폴로 13호가 달 착륙 계획을 도중에 취소하고 돌아왔을 때 이 사건은 "성공적인 실패"라고 불렸다. 아폴로 13호가 궤도를 따라 이틀째 비행하던 중에 폭발이 일어났지만 비행사들은 시스템을 지키고 지구로 무사히 돌아왔기 때문이다. 이 이야기는 〈아폴로 13〉이라는 제목의 영화로 제작되었고, 극중 톰 행크스의 대사는 이제는 너무나 유명한 대사가 되었다. "휴스턴, 문제가 발생했다."[2]

"관리된 실패"라는 표현은 튼튼한 시스템이 "성공적으로 오용될 수 있도록" 시스템 내에 특정한 실패 모드가 설계된 경우를 설명하는 데 사용됐다. 예를 들어 자동차의 앞유리는 꽤 큰 돌이나 탑승자의 머리와 부딪치는 등 의도치 않은 상황이 발생하면 깨지게 되어 있다. 자동차 앞유리는 돌과의 충돌을 견딜 수 있을 만큼 튼튼해야 하지만 사람의 머리와 충돌해도 끄떡없을 만큼 튼튼해서는 안 된다. 자동차 앞 유리를 잘게 조각나지 않도록 설계하는 것은 희생 시스템을 통해 실패를 관리하는 한 가지 방법이다. 자동차 사고가 일어났을 때 탑승자의 두개골이 골절되는 것보다는 깨진 (그러나 잘게 부서지지는 않은) 앞유리를 교체하는 것이 훨씬 더 낫기 때문이다.[3]

바람직한 결과를 낳는 실패 사례들은 자연계에서도 흔히 찾아볼 수 있다. 달걀 껍데기는 닭이 알을 낳는 과정 중에 알이 외부의 압력을 견딜 수 있도록 만들어진 놀라운 구조물이다. 그런데 일단 알이 세상 밖으로 나온 뒤에는, 만약 알 속에 있는 약한 병아리가 부리로 껍데기를 쪼아 쉽게 깰 수 없다면 달걀 껍데기는 오히려 병아리를 죽게 할 것이다. 진화의 원인에 의해서든 결과에 의해서든 달걀 껍데기는 제대로 된 임무를 수행하고 있다. 한편 의도된 것인지 우연의 일치인지는 알 수 없지만 달걀 껍데기는 포식자가 부리나 발톱으로 찍거나 프라이팬 모서리에 내리치면 쉽게 깨져서 다른 종에게 영양분을 제공하게 되어 있다. 성공과 실패, 좋은 설계와 나쁜 설계 사이의 경계선은 달걀 껍데기에 생긴 거의 눈에 보이지 않는 금만큼이나 가느다랄 수 있다. 우리는 슈퍼마켓에서 온전한 달걀들을 꼼꼼하게 골라 장바구니에 담고 조심스럽게 집으로 돌아오지만, 누구나 한 번쯤은 달걀들을 냉장고에 넣다가 금이 간 달걀 한두 개를 발견한 적이 있을 것이다. 이런 경험은 짜증스러울 수는 있지만 참사라고는 할 수 없다.

그러나 항공기의 동체에 생긴 균열을 미리 발견하지 못하면 비극적인 결과가 초래될 수 있다. 1988년 힐로 공항에서 이륙해 호놀룰루로 향하던 알로하Aloha 항공 243편의 사고가 바로 이런 경우였다. 보잉 737

기종인 이 항공기가 24,000 피트 상공에 도달했을 때 갑자기 굉음이 울리면서 벽체 일부가 뜯겨 나갔고, 이때 발생한 감압으로 인해 승무원 한 명이 항공기 밖으로 빨려 나가면서 천장과 벽체의 상당 부분도 함께 떨어져 나갔다. 이 비극적인 실패는 동체에 생긴 균열이 부식과 반복된 승하기로 인해 넓은 영역으로 확장되어 일어난 것으로 보인다. 이런 현상을 금속 피로라고 부른다. 승객 중 한 명은 탑승할 때 동체의 한 부분에 균열이 있는 것을 목격했지만 대수롭지 않은 문제라서 점검을 통과한 것으로 생각하고 아무에게도 말하지 않았다고 한다. 천장과 벽체의 상당 부분을 잃었음에도 이 항공기는 마우이 공항에 무사히 착륙했고, 이 사고로 항공 업계는 균열 탐지와 보고의 중요성을 다시 한 번 되새기게 되었다.[4]

2011년 봄에도 비슷한 사고가 일어났지만 사상자는 발생하지 않았다. 사우스웨스트Southwest 항공 812편이 피닉스에서 새크라멘토로 향하던 중 굉음과 함께 감압 현상이 발생했고 항공기는 급히 낮은 고도로 강하해 유마 공항에 비상 착륙했다. 약 1.5m의 균열이 발생한 것은 동체의 금속 피로 때문이었다. 보잉 737기종이었던 이 항공기의 비행 횟수는 약 4만 회였는데, 동체에 구멍이 뚫릴 정도의 균열은 비행 횟수가 약 6만 회에 이르기 전까지는 발생하지 않았어야 했다. 조사 결과, 균열이 생기고 뒤이어 벽체가 뜯어진 것은 리벳(rivet, 강철판 등을 영구적으로 결합하는 데 사용되는 막대 모양의 못—옮긴이)으로 결합된 부분에 제조상의 결함이 있었기 때문이었다. 결합 부위의 리벳 구멍들이 "원형이 아닌 달걀형"이었던 탓에 결합 지점들이 나란히 정렬되지 않아 항공기의 설계자들이 예상했던 것보다 힘이 더 많이 집중되었다. 알로하 항공의 사고와 사우스웨스트 항공의 사고 모두 항공기 폭발 및 탑승자 전원 사망으로 이어지지 않은 것을 보면 1950년대 드 하빌랜드 코멧de Havilland Comet 여객기들이 여러 차례 사고를 일으킨 이래로 항공기 설계가 얼마나 크게 발전했는지를 알 수 있다. 최초의 제트여객기였던 드 하빌랜드 코멧 여객기들은 사각형의 창이 금속 피로로 인한 균열을 유발해 대형 사고로 이어지면서 전 세계를 충격에 빠뜨렸다. 이런 실패들을 통해 얻은 교훈이 오늘날 항공기들의 놀라운 성공을 가능케 한 것이다.[5]

달걀 껍데기와 달리 견과류의 껍데기는 매우 단단하다. 아주 강한 압력을 가하거나 전용 기구를 이용해야만 껍데기가 깨지는 것들도 있다. 실제로 "깨기 힘든 견과류 껍데기"라는 표현은 쉽게 답이 나오지 않는 어려운 문제나 퍼즐을 가리키는 말로 사용되기도 한다. 어떤 호두는 크기가 맞지 않아 호두까기로도 깨기 힘든 경우도 있다. 그런데 호두 두 개를 한꺼번에 손으로 꽉 쥐면 둘 중 하나가 깨지기도 한다. 즉, 설계가 똑같은 두 개의 물체가 반드시 똑같은 저항력을 지니는 것은 아니다. 어느 호두가 깨질지는 다양한 설계 외적 조건들에 달려 있다. 둘 중 하나가 다른 하나보다 손안에서 좀 더 깨지기 쉬운 위치에 놓일 수도 있고, 이미 다른 호두와의 싸움에서 살짝 금이 가 있을 수도 있다.

먼 옛날부터 물질문명은 자연계에 존재하는 한계점에 의지해 왔다. 돌에 힘이나 열을 가해 조각낸 뒤 그 조각들을 우리는 도구와 무기, 석재로 이용했다. 흙의 잘 부서지는 성질, 돌의 잘 깨지는 성질 덕분에 우리의 고대 농업과 광업은 발전할 수 있었다. 자연의 모든 것에는 한계점이 있다. 가장 단단한 다이아몬드도 쪼개질 수 있다. 원자는 더 이상 쪼갤 수 없다고 여겨졌었지만, 원자의 분열을 통해 인간이 사용할 수 있는 새로운 에너지원이 생겨났다.

생물계에서도 실패는 유용하게 사용된다. 열대 지방의 어떤 거미는 방사상의 거미줄을 치고 그 밑으로 끈끈한 거미줄들을 약간 늘어지게 쳐 놓는다. 나방 등의 곤충이 이 끈끈한 거미줄에 닿으면 줄의 한쪽 끝부분이 끊어져 곤충은 거미줄 밑에 매달려 있게 된다. 거미줄이 약간 늘어져 있을 때보다 한쪽이 끊어져 매달려 있을 때 더 빠져나가기가 어렵기 때문에 곤충이 탈출할 가능성은 거의 없다. 거미줄이 끊어진 것을 감지한 거미는 그쪽으로 가서 먹이가 매달려 있는 줄을 끌어당기기만 하면 된다.[6]

주로 공학적 설계의 산물들로 이루어진 인공 환경의 성공을 가능하게 하는 것은 원자재의 관리된 균열, 절단, 붕괴, 그리고 바람직한 실패 모드의 발동이다. 이런 과정을 거쳐 나온 결과물을 정제하고 개조하고 재조합해 우리는 유용한 것들을 만들 수 있다. 예를 들어 나무는 우선 도끼나 톱 혹은 바람에 의해 쓰러지고, 그다음에는 잘려서 땔감이나 재목이 되고, 마지막으로 불을 피우는 데 사용되거나 도구, 가구, 집을 만드는 데 사용된다. 오랜 세월에 걸쳐 엔지니어들은 자연계와 인공계의 모든 것들이 어째서 그리고 어떻게 실패하는지를 이해하고 어떻게 하면 그 지식과 경험을 활용해 실패하지 않는 것을 고안해낼 수 있을지 고민해 왔다. 물론 실패 자체가 의도된 경우는 예외다.

성공과 실패, 의도된 사용과 잘못된 사용 사이의 경계선은 날카로운 칼날만큼이나 가늘 수 있다. 예를 들어 과도는 사과를 깎는 데 유용하게 사용될 수 있다. 껍질이 과육에 계속 붙어 있는 데 실패하게 하는 것이 과도의 의도된 목적 중 하나이기 때문이다. 과도는 오렌지 껍질을 벗기거나 당근을 채 썰 때도 사용할 수 있다. 그러나 코코넛과 같이 좀 더 단단한 껍질을 벗기는 데는 유용하지 않을 것이다. 과도로 코코넛 껍질을 벗기려 했다가는 칼날 자체가 부러지거나 무뎌져서 못쓰게 될 수 있다. 무뎌진 칼날도 숫돌에 비스듬히 대고 문지르면 날카롭게 만들 수 있다. 그러나 똑같은 숫돌에 칼날을 수직으로 대고 문지르면 칼날은 금세 못쓰게 될 것이다. 또 다른 의도적인 오용의 예로, 캔 뚜껑을 칼로 따려 한다면 날이 휘거나 부러질 수 있고, 후자의 경우 이런 무모한 행동을 한 사람이 다칠 수도 있다. 특정 목적을 위한 전용 도구나 인공물들은 점점 더 많아지고 있다. 의도한 대로의 안전하고 성공적인 사용 범위가 좁기 때문이다. 범위 외의 사용은 실패를 부를 수 있다.

도구와 관련 장치들을 설계하고 재설계하는 일은 관리된 실패를 유발하는 방법을 개선하는 작업이라고 볼 수 있다. 또한 이 작업은 도구가 얼마나 적절하게 효과적으로 기능을 멈추는가에 대한 반응이라고도 볼 수 있다. 다양한 전동 공구들이 수동 공구들을 대체하게 된 이유는 수동 공구보다 더 쉽고 빠르고 깔끔하게 원하는 목적을 달성할 수 있기 때문이다. 그 목적은 대개 자재나 부품에 실패를 유발하는 것이다. 예컨대 목공에서 회전 톱은 나무 섬유의 연속성을 방해해 목재가 하나로 이어져 있는 데 실패하게 만든다. 그리고 드라이버는 나무를 나사에 저항하는 데 실패하게 만든다.

가장 흔하고 평범한 것들 사이에서도 효과적인 사용을 위해서는 의도되고 관리된 실패가 꼭 필요한 경우가 있다. 1840년 영국에서 세계 최초의 접착식 우표가 도입되었다. 페니 블랙Penny Black이라 불리는 이 1페니짜리 우표에는 빅토리아 여왕의 옆모습이 그려져 있는데 발행 국가가 표기되어 있지는 않다. (선불 우편 서비스의 혁신을 일으켰다는 공을 인정받아 영국은 지금까지도 만국우편연합의 허가 하에 국가 이름 대신 군주의 초상을 넣은 우표를 발행할 수 있는 유일한 국가다.) 페니 블랙을 비롯한 초기의 우표들은 여러 장의 우표가 한 장의 종이에 인쇄되었는데 절취용 구멍이 뚫려 있지 않았다. 따라서 우표를 한 장씩 분리하기 위해서는 가위로 잘라야 했고, 자칫하면 일직선으로 자르는 데 실패해서 다른 우표를 망칠 위험이 있었다. 절취용 구멍이라는 눈부신 발전 덕분에 우리는 관리된 바람직한 실패를 통해 우표를 깔끔하게 분리할 수 있게 되었다. 그런데 흥미롭게도, 침이나 물을 바를 필요 없는 현대의 스티커형 우표 중에는 톱니 모양의 테두리가 더 이상 필요치 않은데도 여전히 남아 있는 것들도 있다. 우표라고 하면 아무래도 울퉁불퉁한 테두리가 떠오르기 때문에, 이미 레이저커팅이 되어 있어 쉽고 깔끔하게 우표를 떼어낼 수 있는 데도 테두리에 가짜 절취 구멍이 있는 것이다.

구멍 뚫린 절취선은 다른 여러 분야에서도 찾아볼 수 있으며, 한때 인쇄 과정의 한 부분을 차지하기도 했다. 예를 들어 활판인쇄기로 카드나 쿠폰을 인쇄할 때, 종이에 글자가 인쇄되는 동안 점선 자가 종이에 일렬로 칼집을 냈다. 광고회사가 이런 구멍 뚫린 절취선을 사용하지 않았다면, 광고를 읽은 사람이 가위가 없어 주문용지를 사용하지 않거나 주문용지를 손으로 뜯어내려 하다가 못쓰게 되는 경우도 있었을 것이다. 작은 절개선들이 일렬로 나 있으면 정해진 선을 따라 쉽게 종이를 뜯어낼 수 있기 때문에, 고객들이 단지 불편해서 주문용지를 사용하지 않거나 카드에 회신하지 않을 일은 거의 없었다. 수표책의 경우도 마찬가지다.

활자로 종이를 누르는 방식이 아닌 오프셋 인쇄가 출현하면서, 절취용 구멍을 뚫기가 쉽지 않아졌고 별도의 작업이 필요한 경우가 대부분이었다. 그 결과 쿠폰이나 회신 용지의 절취선을 나타내기 위해 (절개되지 않은) 점선이 인쇄되었고 가위를 사용해야 한다는 표시로 작은 가위 그림이 더해지기도 했다. 이런 변화에 따라 잡지나 신문, 광고지를 읽는 사람들은 손이 닿는 곳에 가위를 구비해 두게 되었는데, 가위는 이런 용도로 쓰기에 그리 편리한 도구는 아니었다. 그래서 쿠폰 등을 오려내는데 쓰는 클립잇Clip-it이라는 새로운 도구가 개발되었고 높은 판매량을 올렸다. 플라스틱 손잡이가 달린 이 작은 곡면 날을 사용하면 쿠폰이나 신문 기사 등을 쉽게 오려낼 수 있었다. 구독 신청 엽서는 지금도 신문이나 잡지에 끼워져 있지만 구멍 뚫린 절취선이나 작은 가위 그림이 없는 경우도 많다. 이제는 절취선이 레이저커팅 되어 있어서 그 선을 따라 뜯어내면 마치 칼로 자른 것처럼 깔끔하게 떼어낼 수 있기 때문이다.

관심이 가는 신문 기사나 재미있는 잡지 만화를 오리고 싶을 때가 있을 것이다. 하지만 기사나 만화에는 구멍 뚫린 절취선이나 레이저커팅 된 선이 없다. 양면에 인쇄되는 이런 발행물의 경우 독자가 어느 쪽에 관심을 가질지 알 수 없기 때문에 제조 과정에서 어느 한 쪽에 절취선을 그어 놓기가 어렵다. 따라서 우리는 스스로 방법을 찾아야 한다. 일반적으로 가위나 클립잇을 주머니나 지갑 속에 넣고 다니지는 않을 것이고, 결을 가로질러 신문지를 찢으려 하다 보면 원하는 기사가 망가질 수 있다. 이런 문제를 피하기 위해 대부분의 사람은 자르고 싶은 선을 따라 신문지를 깔끔하게 접은 후 손톱으로 확실하게 눌러주고 다시 그 선을 따라 반대로 꺾어 눌러준다. 신문지를 찢기 전에 이런 과정을 몇 번 반복하면 칼로 자른 듯 매끈하지는 않아도 꽤 깔끔하게 기사를 오려낼 수 있다. 이 작업은 원하는 선에 수직 방향으로 누운 종이 섬유들을 끊는 작업이다. 종이를 앞뒤로 접는 것은 금속 종이 클립을 앞뒤로 구부리는 것과 비슷하다고 볼 수 있다. 말하자면 성공적인 피로파괴를 유발하는 셈이다. 종이 자체는 파괴되도록 설계되어 있지 않지만, 선택된 부분이 우리의 행위로 인해 파괴되도록 재설계되는 것이다.

이렇게 공을 들이지 않고도 원하는 부분을 잘라낼 수 있는 것들도 있다. 초콜릿이나 크래커 등의 식품은 한입에 먹을 수 있는 것보다 훨씬 큰 형태로 제공되는 경우가 많다. 초콜릿은 대개 판의 형태로 되어 있지만 한입 크기의 조각들 사이에 좀 더 얇은 부분들이 있어서 쉽게 자를 수 있다. 크래커들 중에는 두 조각, 네 조각, 혹은 여러 조각으로 나눌 수 있도록 절취선처럼 구멍이 뚫려 있는 것들도 있다. 크래커를 이렇게 여러 개가 이어져 있는 형태로 생산하면 생산 및 포장 과정을 더 간소화하고 효율화할 수 있다는 장점이 있다. 그러나 소비자들은 조각들이 깔끔하게 분리되지 않으면 그 제품을 다시 사고 싶지 않을 수도 있다. 중요한 저녁 식사에 전채 요리로 내놓는 경우라면 더욱 그렇다. 우리는 기계나 구조물, 시스템에서 의도하지 않은 실패가 일어나기를 바라지 않는 만큼, 의도한 실패가 정확히 의도한 대로 일어나기를 바란다. 그러나 깔끔하게 조각이 분리되는 일은 기술보다는 운에 좌우되는 경우가 많다. 어떤 크래커는 크기가 큰데도 구멍이 뚫려 있지 않아서, 크래커를 깔끔하게 쪼개어 치즈와 함께 내놓고 싶은 소비자를 딜레마에 빠지게 한다. 깔끔하게 쪼개지지 않은 크래커를 내놓아도 맛은 떨어지지 않겠지만 보는 즐거움은 떨어질 수 있다.

실패가 의도된 설계를 할 때 종종 마주치게 되는 문제 중 하나는, 상품의 포장을 (수송 중이나 취급 중에) 우연히 열리지 않도록 만들되 최종 사용자가 내용물을 꺼낼 때는 쉽게 열 수 있도록 만드는 일이다. 이런 양극성 문제를 해결하다 보면 사용자에게 매우 만족스러운 결과물이 나올 수도 있고 매우 불만족스러운 결과물이 나올 수도 있다. 1893년에 휘트컴 저드슨Whitcomb Judson이 신발용 지퍼를 고안한 이후 수십 년에 걸쳐 "완성된" 지퍼는 수많은 제품을 열고 닫는 작업을 쉽게 만들어주었다. 20세기 중반에는 이빨 없는 지퍼가 달린 비닐 봉투가 개발되어 지금까지 널리 사용되고 있는데, 그중에는 성공적으로 열기보다 성공적으로 닫기가 더 어려운 것들도 있다.[7]

그런가 하면 정반대의 경우도 있다. 항공기 기내에서 무료로 나눠주는 땅콩은 포장을 뜯기가 불편하기로 유명하다. 이런 종류의 과자 봉투는 내용물을 보호하기 위해 채워져 있는 공기가 빠져나가지 않도록 확실하게 밀봉되어 있는데, 내용물을 꺼내 먹기 위해 뜯기지 않는 봉투를 뜯으려 끙끙대다 보면 짜증이 날 수밖에 없다. "뜯는 곳"이라고 표시된 부분을 있는 힘껏 잡아당기고 비틀어 찢다 보면 포장지가 구겨지기만 하고 뜯기지는 않거나 봉투가 터져서 내용물이 쏟아질 때가 너무 많다. 땅콩이나 감자 칩을 즐기는 사람들은 칼이나 가위, 손톱깎이, 치아를 이용해 포장지를 뜯는 방법에 의지해야 할 것이다. 포장 디자이너는 내용물을 안전하게 보호하는 일에 중점을 두고 있는지 모르지만, 쉽게 뜯기지 않는 포장은 내용물을 안전하게 보호해주지 못하는 포장 못지않게 형편없다. 처방 약은 아이들이 쉽게 열 수 없도록 포장되어 있는데,

아이들뿐만 아니라 어른들도 쉽게 열 수 없다는 단점이 있다. 그리고 공구를 감싸고 있는 플라스틱 포장을 뜯으려면 그 포장 속에 들어 있는 공구를 써야만 할 것 같은 경우도 많다.

많은 부모와 아이들이 크리스마스 날 아침에 알록달록한 장난감을 꺼내기 위해 플라스틱이나 판지 상자를 붙잡고 끙끙댄 경험이 있을 것이다. 현대의 포장은 진열과 제품 보호에 너무 초점을 맞추고 있어서, 그 금고와도 같은 포장을 열고 제품을 손에 넣으려면 도구나 기술, 혹은 금고털이의 수법이라도 사용해야 할 것만 같다. 포장 디자이너들의 입장에서 변호를 하자면, 운송 과정을 무사히 거치고 상점에 보기 좋게 진열된 제품을 소비자가 구매하여 쉽게 꺼낼 수 있도록 포장을 디자인하는 일은 결코 쉬운 작업이 아니다. 이런 여러 가지 목표를 한꺼번에 달성한다는 것은 애초에 모순이다. 상점에서는 제품에 쉽게 손댈 수 없지만 집에서는 제품을 손쉽게 꺼낼 수 있도록 만드는 일은 그리 간단한 문제가 아니다.

병을 밀폐하는 기술은 병이라는 물건이 탄생한 이래로 줄곧 발명가들의 중요한 관심사였다. 19세기 말에는 온갖 종류의 액체가 들어 있는 병 입구를 막는 기술과 관련해 특허 등록이 줄을 이었다. 가장 널리 이용된 형태는 코르크가 달린 금속 병뚜껑이었는데, 병의 입구를 막을 때는 금속 뚜껑에 주름이 잡히게 하고(의도되고 관리된 실패의 한 형태) 뚜껑을 열 때는 지렛대의 원리를 이용해 주름 부분을 펴는(또 다른 형태의 관리된 실패) 방식이었다. 물론 병을 밀폐하고 나서 뚜껑을 제거하기 전까지는 압력이 발생해도 뚜껑이 병 입구를 꽉 쥐고 있는 데 실패해서는 안 되었다. 처음에는 내용물을 취할 수 있게 해주는 관리된 실패 모드의 기능보다 쉽게 열리지 않는 밀폐 기능이 더 중요시되었다. 그래서 뚜껑을 열고 싶을 때는 실패를 도와줄 수 있도록 병따개가 고안되었다. 그러나 병과 병따개가 늘 동시에 같은 곳에 놓여 있는 것은 아니었다.

갈증은 즉흥적인 대처법을 낳는다.《병따개 없이 맥주병을 여는 99가지 방법99Ways to Open a Beer Bottle without a Bottle Opener》이라는 책에는 여러 가지 영리한 (그리고 다소 의심스러운) 대처법들이 실려 있다. 그러나 자전거 바퀴살이나 문틀의 금속 홈을 이용하면 뚜껑이 열릴 수는 있지만 아까운 내용물이 쏟아질 수도 있다. 용도에 맞춰 고안된 도구를 사용하지 않고 가까이에 있는 적당한 물건을 사용하다 보면 맥주를 쏟는 정도에서 그치지 않고 더 큰 피해가 발생할 수도 있다.《병따개 없이 맥주병을 여는 99가지 방법》의 서문에서는 돌려 따는 뚜껑의 경우 병따개가 필요 없다고 말하고 있지만, 우리는 때때로 병따개가 필요 없는 상황에도 병따개를 찾곤 한다. 수입 맥주를 즐겨 마시는 사람들은 익숙지 않은 국산 맥주의 뚜껑이 돌려 따는 뚜껑일 것이라고는 예상하지 못하고 병따개로 따려 하다가 병의 목을 부러뜨리기도 한다. 반대로 돌려 따는 뚜껑을 사용하는 브랜드에 익숙한 사람들은 무의식적으로 어떤 병뚜껑이든 돌려 따려 한다. 우리는 무언가가 어떻게 설계되어 있는지, 어떻게 작용하는지, 어떻게 실패하도록 혹은 실패하지 않게 되어 있는지를 추정하고 그 추정에 따라 행동하는 경향이 있다.[8]

뚜껑을 여는 방식과 상관없이, 모든 유리병에는 달갑지 않은 실패 모드가 내재되어 있다. 떨어져 깨지는 경우도 여기에 포함된다. 그래서 어떤 상황에는 병이 아닌 캔이 선택되기도 한다. 하지만 나들이를 갔다가 캔 따개가 없어서 캔을 따지 못하면 모처럼의 분위기를 망칠 수 있기 때문에, 발명가 어멀 프레이즈Ermal Fraze는 고리가 달린 캔 뚜껑을 고안하게 되었다. 최초의 고리 달린 캔 뚜껑은 캔에서 완전히 분리되는 형태여서 뚜껑은 열리지 않고 고리만 떨어져나가는 일도 잦았다. 환경에 민감했던 1970년대에 고리 달린 캔 뚜껑 금지법이 시행되지 않을 수 있었던 것은 개봉 후에도 캔에서 분리되지 않는 캔 뚜껑이 개발된 덕분이었다. 그런데 고리가 캔의 윗부분에 너무 딱 붙어 있어서 손가락을 고리 밑으로 넣기가 쉽지 않았고, 고리를 들어 올리다가 손톱이 부러지는 경우도 있었다. 이런 문제를 해결하기 위해 손톱을 사용하지 않고도 캔 뚜껑을 딸 수 있는 열쇠고리가 개발되기도 했다. 아마도 가장 용납할 수 없는 실패는 단점을 예상하지 못해 좋은 디자인을 망치는 경우일 것이다.[9]

의도되고 관리된 실패 모드는 우리의 안전을 지켜주기도 한다. 때로는 시스템이 온전하게 유지되기 위해 그 시스템의 일부분에 반드시 실패가 발생해야 할 때도 있다. 퓨즈의 관리된 실패는 과열로 인한 화재를 유발할 수 있는 전기 회로 과부하를 막아준다. 스프링클러 시스템은 화재가 발생하면 작동하도록(물을 가둬두는 데 실패하도록) 설계되어 있다. 이런 시스템의 핵심 장치는 대개 열 감지 퓨즈인데, 화재가 발생해 열이 감지되면 압력이 채워진 살수관의 밸브를 누르고 있던 퓨즈가 녹으면서 밸브가 열리게 된다. 온수기의 압력 방출 밸브는 또 다른 종류의 퓨즈라 할 수 있다. 이 밸브는 압력이 정해진 수치에 도달하면 압력을 방출하도록 설계되어 있어서, 온수기가 안전하게 작동할 수 있는 수준으로 압력을 유지해주되 온수기 자체가 폭발할 정도로 압력이 높아지지는 않도록 막아준다.

3장. 의도된 실패

2013년 개축 완료 예정인 샌프란시스코-오클랜드베이교San Francisco-Oakland Bay Bridge 동쪽 구간의 설계에도 일종의 퓨즈가 필수적인 요소로 포함되어 있다. 이 다리는 지진이 일어나기 쉬운 지역에 있고, 실제로 1989년 로마 프리에타Loma Prieta 지진 발생 당시 파손되었다. 그리하여 반세기 동안 서 있던 구조물을 장장 20여 년에 걸쳐 개축하는 프로젝트가 시작되었다. 신축 구간은 탑이 하나뿐인 자체정착식self-anchored 현수교로, 이 하나의 탑을 이루고 있는 4개의 강철 기둥은 '전단링크보shear link beam'라는 강철 버팀대들로 연결되어 있다. 앞으로 지진이 일어나도 회복불가능한 손상이 발생하지 않게 하려고 탑의 강철 버팀대들은 지진 에너지를 흡수하는 구조적 퓨즈 역할을 수행하게 된다. 그 과정에서 퓨즈들은 영구적으로 손상되겠지만 탑의 주요 부분들(강철 기둥들)은 손상을 피하게 된다. 다리의 기다란 진입용 콘크리트 고가교에도 강철로 된 퓨즈들이 내장되어 있다. 이 퓨즈들도 큰 지진이 일어나면 영구적으로 손상되겠지만, 고가교의 퓨즈들도 탑의 퓨즈들도 비교적 빠르고 쉽게 제거해 새것으로 교체할 수 있다.[10]

재물로 바쳐질 약한 부분을 포함하고 있는 기술 시스템들은 이 외에도 많다. 화재경보기의 표면은 대개 유리로 되어 있다. 실수로 경보를 울리지 못하도록 막기 위해서다. 그런데 급박한 상황에는 화재경보기의 유리판을 깨기가 쉽지 않을 수도 있고, 주먹으로 유리판을 깨려 애쓰는 동안 귀중한 시간을 잃을 수도 있다. 또 주먹으로 깨는 데 성공하더라도 손에 상처를 입을 수도 있다. 이런 신체적 피해를 막기 위해, 유리판으로 덮여 있는 화재경보기에는 최대한 빠르고 깔끔하게 유리판을 깰 수 있도록 작은 망치가 설비되어 있다. 경보를 울리기 위해서는 약간의 기물 파손 행위가 필요하다.

우리는 때때로 실패를 유발함으로써 덜 바람직한 실패를 방지하곤 한다. 콘크리트 차도는 굳는 과정 중에 균열이 발생한다. 콘크리트는 차가워지면 수축하는데 차도의 길이나 폭은 그대로 있기 때문이다. 그래서 콘크리트 차도를 마감할 때는 표면에 적당한 간격으로 홈을 판다. 이렇게 파인 홈을 따라 콘크리트가 굳으면서 수축해 균열이 생기면 콘크리트 내부에 축적되는 압력이 완화된다. 균열은 홈의 맨 아랫부분에 생기기 때문에 거의 눈에 띄지 않아 들쭉날쭉한 균열로 차도의 외관이 망가질 일은 없다.

대형 구조물에 사용된 콘크리트도 굳는 과정 중에 균열을 일으키는데, 이런 균열이 낳는 결과는 미적 손상에 그치지 않는다. 댐에 균열이 생기면 누수가 발생할 수도 있다. 후버Hoover 댐은 콘크리트를 커다란 블록 단위로 타설하고 냉각관을 심어 수화열水和熱을 제어한 공법으로 유명하다. 콘크리트가 충분히 냉각된 후 블록들 사이의 틈을 시멘트 충전재로 메워 하나의 거대한 덩어리처럼 보이는 구조물이 만들어졌고 이 구조물은 저수된 물에 의해 더욱 단단히 하나로 뭉쳐졌다.[11]

더 해로운 실패를 방지하기 위해 의도된 실패 모드는 고속도로에서도 찾아볼 수 있다. 현대의 자동차를 구성하고 있는 후드, 펜더, 프레임 등은 충돌 시에 구겨지면서 에너지를 흡수하도록 설계되어 있다. 자동차의 차체 부품에 충격흡수구역crumple zone을 설계해 더 바람직한 실패를 유도하는 방식을 도입한 것은 볼보Volvo와 같은 제조사들이었다. 이런 차량의 내충격성은 원치 않는 에너지를 승객이 있는 곳 이외의 부분으로 최대한 몰리게 한다. 그리고 잘 설계된 가드레일은 달려오는 차량과 충돌했을 때 스스로 희생물이 되어, 승객을 다치게 할 수 있는 에너지를 대신 흡수한다. 가드레일의 양 끝은 설계하기가 특히 어렵다. 가드레일의 끝부분은 차량과 충돌했을 때 차량을 뚫고 들어가지 않고 에너지를 흡수하도록 설계되어야 한다. 이런 충격흡수장치가 고안되기 전까지는 가드레일의 끝에 모래와 물이 채워진 노란 플라스틱 통들이 설치되어 있었다. 지금도 곳곳에서 볼 수 있는 이 플라스틱 통들은 궤도를 벗어난 차량과 충돌했을 때 에너지를 흡수해 차량이 속도를 잃고 꽤 안전하게 멈출 수 있도록 도와준다.

어떤 것들은 실패가 발생하지 않도록 너무 공들여 설계되어서, 더 이상 쓸모가 없어졌을 때 문제가 되기도 한다. 원자력발전소는 방사능이 유출되면 어마어마한 피해가 발생할 수 있기 때문에 극도로 견고하게 지어진다. 항공기와 충돌해도 끄떡없을 만큼 견고한 경우도 있다. 이런 실패저항력은 폐원자로의 잔류 방사능과 함께 엔지니어들과 사회에 새로운 어려움을 안겨준다. 더 이상 필요 없는 발전소를 어떻게 해체할 것인가 하는 문제가 바로 그것이다. 그러나 철근콘크리트 벽체로 둘러싸인 원자력 격납 구조물에도, 제대로 설계된 해체 장비를 사용하면 굴복시킬 수 있는 취약 지점들이 있다. 물론 원자력발전소를 해체하려면 로봇의 힘을 빌려야 한다.

고층건물이나 장대교량, 대형 경기장 등도 시간이 흐르면 유용성이 다해 제거되어야 할 때가 온다. 뉴욕처럼 땅이 부족한 도시에서는 그리 높지 않은 멀쩡한 건물이 철거되어 더 높은 건물에 자리를 내주는 일들이 심심치 않게 일어난다. 텔레비전이 보편화된 시대에 유서 깊은 경기장을 허무는 이유는 더 많은 관람객을 수용하기 위해서라기보다는 스카이박스와 같은 고급 관람시설을 늘리기 위해서인 경우가 많다. 그리고 때로는 안전상의 이유로 경기장이 철거되기도 한다.

"루스Ruth가 지은 집"이라 불리던 양키스타디움이 바로 이런 경우였다. 1923년에 지어진 양키스타디움은 1976년에 대대적으로 보수되었다. 그런데 1980년대에 양키스의 구단주 조지 스타인브레너George Steinbrenner가 기존 구장이 안전하지 못하다고 주장하면서 새로운 구장 건설의 필요성이 논의되기 시작했다. 실제로 1998년, 75주년 기념일을 며칠 앞두고 갑자기 200kg이 넘는 구조물 일부가 3층 바닥 밑에서 2층 관람석으로 떨어졌다. 다행히 당시에는 경기가 진행되고 있지 않았기 때문에 인명 피해는 발생하지 않았다. 그러나 이 사건으로 노후한 경기장의 안전성 문제가 다시 도마 위에 올랐다. 양키스의 홈구장을 계속 뉴욕에 두기 위해 오랜 시간 정치적인 작업이 계속된 끝에 마침내 2006년에 새 구장의 건설이 시작되었다. 새 구장의 건축 부지는 기존 구장의 바로 길 건너에 있는 녹지였다. 기존 구장에서는 양키스의 경기가 계속 진행되었다. 2009년, 의도적으로 기존 구장과 비슷하게 설계한 새 구장이 완공되자 기존 구장의 철거가 시작되었다.[12]

새 구장이 기존 구장과 매우 가까운 곳에 있었고 교통 시설을 이용하는 관람객들이 기존 구장 입구 앞을 지나다녔기 때문에 해체 작업은 엄격한 통제에 위험을 최소화하는 방식으로 진행되어야 했다. 구장 안에서 중장비가 구조물의 큰 구획들을 허물어 새 구장과 고가 기차역에서 멀리 떨어진 곳으로 끌고 갔다. 철거 작업이 빨리 마무리되어 공원을 다시 이용할 수 있게 되기를 기다리던 지역 주민들은 더딘 작업에 속이 탔다. 철거 작업은 2010년까지 계속되었다. 폭약을 사용하면 작업

속도는 확실히 빨라졌겠지만 주변 지역이 상당히 위험해질 수 있었다. 물론 대부분은 위험도가 그리 높지 않아서 좀 더 극적인 (더 빠른) 철거 수단을 쓸 수 있다.[13]

오래된 다리가 너무 좁거나 너무 약해서 교통량을 감당하기 어렵다고 판단되면 안전 문제 등을 고려해 철거가 결정된다. 다리가 세워질 당시 설계가 잘못되어서가 아니다. 기존의 설계로는 내구력 면에서나 규모 면에서 현재의 요구에 부응하기 어렵기 때문에 철거되는 것이다. 그런데 상당한 규모의 강철 교량을 철거하는 일은 꽤 어렵고 위험한 작업이며, 시간과 비용이 많이 소요될 수도 있다. 다리를 최대한 빠르고 경제적이고 안전하게 철거하기 위해 흔히 사용되는 방법은, 다리가 무너져 물속으로 떨어지도록 만든 후 조각들을 물속에서 끌어올려 고철로 팔아 처분하는 것이다. 대개는 구조적으로 취약한 부분에 폭약을 설치해 다리를 무너뜨린다.

1929년 존피그레이스기념교John P. Grace Memorial Bridge와 1966년 사일러스엔피어먼교Silas N. Pearman Bridge를 철거할 때 바로 이런 방식이 사용되었다. 2005년, 사우스캐롤라이나 주 찰스턴의 시민들과 오랜 세월을 함께 한 쿠퍼Cooper 강의 이 두 다리 옆에 아서라베널주니어교Arthur Ravenel Jr. Bridge라는 사장교cable-stayed bridge가 새로 건설된 후 두 다리에는 폭약이 설치되었다. 취약한 지점들에 실패를 유발해 다리를 처리하기 쉬운 조각들로 절단해줄 폭약이었다. 폭약의 위치와 크기, 폭발 순서를 정해 관리된 실패를 제대로 이끌어내는 일은, 다리가 무너지지 않도록 설계하고 건설하는 일 못지않게 공학적으로 어려운 문제였다. 따라서 전문 엔지니어가 서명 날인한 구체적인 계획도가 준비되어야 했다. 먼저 도로에 설치되어 있던 표지판과 신호등을 비롯한 부속 구조물들이 철거되었고 그 다음에 도로가 철거되었다. 드럼^{Drum} 섬 위를 가로지르던 철근들은 거대한 입을 가진 기계에 의해 절단되어 바로 밑의 무인도로 떨어진 후 다른 곳으로 옮겨졌다. 거주 지역 위에 있던 콘크리트 기둥들과 재활용 가능한 강철 대들보들은 크레인으로 조심스럽게 옮겨져 트럭에 실렸다. 폭약 사용이 가능한 곳에 있던 높은 콘크리트 기둥들은 다이너마이트로 폭파된 후 땅 위에서 분해되었다. 물 위와 물 속의 지지구조물들을 철거할 때도 폭약이 사용되었다.[14]

두 다리의 주요 구간들을 철거하기 위해 인부들은 먼저 콘크리트 바닥을 제거하고 그다음에 대들보들 사이에 있는 가로보들을 제거했다. 그리고 이렇게 뼈만 남은 다리 상부를 절단해 물속으로 떨어뜨려 줄 원통형 폭약이 설치되었다. 20~40톤에 달하는 파편들을 좀 더 쉽게 회수하기 위해 폭약 설치 전에 케이블과 부표가 설치되었다. 가장 먼저 폭파되어 물속으로 떨어질 구간은 타운크릭$^{Town Creek}$ 위에 걸쳐 있는 구간이었는데, 이 마을에는 강에서 갈라져 나온 수로가 흐르고 있었다. 덕분에 강의 주 항로에서 계획을 실행하기 전에 사전 시험을 해 볼 기회가 생겼다. 이 항로를 정해진 때에 열지 않으면 시간당 15,000달러, 하루당 360,000달러의 벌금을 지급해야 했기 때문에 더없이 귀중한 기회였다. 사전 시험을 해 볼 수 있었던 것은 천만다행이었다. 모든 과정이 순조롭지는 않았기 때문이다. 계획된 실패 전략은 계획대로 진행되지 않았다. 폭약을 터뜨린 후에도 다리 상부의 커다란 일부분이 그대로 남아 있었고, 강철 파편들을 타운크릭에서 모두 회수하는 데 무려 3주가 걸렸다. 두 번째 시험에는 개선된 방법이 적용되었다. 그 결과 철근들이 좀 더 크게 절단되어서 회수 작업이 한결 빠르게 진행되었다. 폭약 사용의 결과가 실망스러웠기 때문에 쿠퍼 강의 주 항로 위를 지나는 다리에는 완전히 다른 방법이 사용되었다. 다리를 폭파해서 물속으로 떨어지게 만드는 대신 인부들은 다리를 제자리에서 절단한 후 이 절단된 부분들을 끌어내려 바지선에 실었다. 절단된 철근들의 무게가 600톤에 달했기 때문에 바지선에 특수 장비를 싣고 작업해야 했는데, 비용은 더 많이 들지만 더 믿을 만한 방법이었다. 강철 버팀대들은 바지선에 실려 강의 상류로 옮겨진 후 절단되어 재활용되었다. 해체된 콘크리트 구조물들은 바지선에 실려 바다로 옮겨진 후 사전에 승인받은 장소에 인공어초 용도로 투하되었다. 모든 철거 작업이 이렇게 어렵고 복잡한 것은 아니다.[15]

80년 된 크라운포인트교Crown Point Bridge는 샹플랭Champlain 호수를 가로질러 뉴욕 주의 크라운포인트와 버몬트 주의 침니포인트Chimney Point를 연결하는 중요한 연결로였다. 이 다리의 상태가 악화되고 있다는 주장은 2006년부터 이미 제기되었다. 그러다가 2009년, 연 2회 실시되는 정기점검 결과 앞선 점검 때보다 훨씬 더 큰 균열들이 콘크리트 교각에서 발견되었다. 다리의 노후화 속도가 빨라지고 있다는 조짐이었고, 잠수사들의 긴급 수중 점검을 통해 이 조짐은 사실로 확인되었다. 1920년대의 기준에 맞춰 설계되고 건설된 콘크리트 교각들은 현대의 교각들과 달리 철근으로 보강되지 않았기 때문에 얼음의 압력에 저항하는 힘이 떨어졌다. 얼음은 호수의 중심보다 물이 얕은 호수의 가장자리에서부터 형성되면서 교각에 불균등하게 압력을 가해 휘게 만든다. 건설 당시의 설계자들은 이런 시나리오를 예상하지 못했고, 철근으로 보강되지 않은 교각들이 점점 심해지는 균열의 징후를 보이기 전까지는 이런 현상이 겉으로 드러나지 않았다. 장비를 설치해서 관찰한 결과 교각들의 상태는 사실상 보수할 수 있는 수준을 넘어선 것으로 확인되었다.[16]

균열로 인해 교각들이 너무 약해져 있었기 때문에 다리 자체가 호수로 추락할 위험이 있다는 판단이 내려졌다. 몇 주 사이에 긴급 점검이 실시되어 보고서가 제출되었고 다리는 통행이 차단되었다. 교각들이 붕괴될 가능성도 있었고, 노후한 강철 상부구조의 축받이들도 녹슬어 있었기 때문이다. 나이 든 사람에게 관절염이 생긴 것과 비슷한 상태였다. 크라운포인트교가 폐쇄되자 호수를 건너 통근하기 위해 이 다리를 이용하던 사람들은 상당히 곤란해졌다. 이 다리를 이용하지 않고 통근하려면 편도로만 100km 이상을 더 이동해야 했기 때문이다. 새 다리가 완공되기 전까지 시민들의 불편을 조금이나마 덜어주기 위해 임시 연락선 운행에 필요한 진입로, 주차장 등이 설치되기 시작했다. 연락선 운행은 2012년까지 계속될 예정이었다.[17]

약하거나 결함이 있는 다리는 자연히 이용객들에게 상당한 위험을 초래한다. 이런 위험은 다리를 폐쇄함으로써 완전히 제거할 수 있다. 그러나 샹플랭 호수처럼 레저 공간으로 활용되는 수로 위를 지나는 다리의 경우, 약해진 구조물이 뱃놀이하는 사람들 위로 떨어질 위험도 있다. 크라운포인트교의 2차선 도로 위를 이동하는 차들을 통제하는 일보다 다리 밑을 지나는 배들을 통제하는 일이 더 어렵기 때문에 다리를 최대한 빨리 철거해야 한다는 결정이 내려졌다. 되도록 날씨가 따뜻해져서 배들이 몰려나오기 전에 철거되어야 했다. 2009년 12월, 크라운포인트교는 총 360kg의 폭약으로 채워진 500개의 폭탄에 의해 무너져 내렸다. 이렇게 순식간에 구조물이 붕괴되는 장면은 TV 저녁 뉴스에서 큰 주목을 받곤 한다. 유튜브YouTube에서도 이런 영상들을 쉽게 찾아볼 수 있다. 샹플랭 호수로 떨어진 잔해들은 새 다리 건설이 시작되는 봄까지는 모두 제거될 예정이었다. 새 다리의 설계상 기대 수명은 75년으로, 기존의 다리가 서 있던 기간과 놀라울 만큼 가까웠다.[18]

쿠퍼 강의 다리들이 그랬던 것처럼, 땅에 기반을 둔 구조물의 계획된 실패는 그 자체가 실패로 이어질 수도 있다. 한때는 랜드마크였을 높은 굴뚝이 새로운 구조물 건설을 위해 철거되는 것은 흔히 있는 일이다. 이 높고 가느다란 구조물을 넘어뜨리려면 맨 아랫부분에 폭탄을 설치하기만 하면 된다. 폭발을 제대로 일으키기만 하면 전기톱으로 나무를 쓰러뜨리는 것처럼 효과적이고 정확하게 굴뚝을 무너뜨릴 수 있다. 그러나 톱으로 자른 나무는 쓰러져도 몸통이 그대로 있지만 벽돌 굴뚝은 땅에 닿기도 전에 부서질 때가 많다. 벽돌 굴뚝은 서 있을 때는 한 덩어리의 구조물이지만 넘어질 때는 가속력이 너무 커져서 회반죽이 이 힘을 견뎌내지 못한다. 따라서 굴뚝은 가속력이 처음으로 회반죽의 접착력을 넘어서는 지점에서 쪼개지게 된다. 이 지점은 굴뚝의 형태에 따라, 그리고 회반죽이 벽돌들을 얼마나 강력하게 붙들고 있느냐에 따라 달라진다. 굴뚝이 일반적인 형태이고 회반죽의 접착력이 약해져 있다면 벽돌들은 굴뚝이 넘어지기 시작하자마자 중간에 가까운 지점에서 분리되기 시작할 것이다. 회반죽의 접착력이 강한 굴뚝의 경우 벽돌들은 굴뚝이 넘어지기 시작하고 조금 지나서 밑에서부터 3분의 1 정도 되는 지점에서 분리되기 시작할 가능성이 크다.[19]

높은 굴뚝 중에는 철근콘크리트로 만들어진 것들도 있다. 이런 경우 일반적으로 구조물이 넘어지는 동안 콘크리트가 분리될 만큼 가속력이 커질 수 없다. 바로 그래서 콘크리트에 보강용 철근을 심는 것이다. 철근콘크리트는 강풍에도 굴뚝에 균열이 생기지 않도록 도와준다. 이런 굴뚝이 철거될 때는 한 덩어리로 넘어져서 아마도 땅에 닿고 나서야 부서질 것이다. 철거를 위해 폭탄을 설치할 때는 굴뚝이 적절한 방향으로 쓰러지도록 설치해야 한다. 2010년 가을 오하이오 주 스프링필드의 90년 된 매드Mad 강 발전소에서는 약 80m 높이의 콘크리트 굴뚝이 철거될 때 적절한 방향으로 쓰러지지 않았다. 계획대로라면 동쪽으로 쓰러져야 했을 굴뚝이 남동쪽으로 쓰러지면서 고압전선 두 개가 끊어졌고 발전소의 터빈들이 고장 나 약 4천 가구가 정전되었다. 추측에 따르면 굴뚝에 미처 발견하지 못한 균열들이 있었고 철거반이 약 8kg의 폭약을 설치할 때 이 균열들을 고려하지 못했다고 한다. 철거반의 책임자는 철거 작업 경력이 31년이었는데 작업이 계획대로 진행되지 않은 것은 이때가 네 번째라고 말했다. 실제로 그가 지난 25년간 철거 작업을 하면서 이런 일이 발생한 것은 두 번뿐이었다. 그는 자신의 전문성을 입증하기 위해 이렇게 덧붙였다. "나는 얼마 전 그리스 아테네에서도 25m 높이의 건물을 성공적으로 철거했다. 여유 공간이 두 방향으로 4.5m, 나머지 두 방향으로 9m밖에 안 되었다." 철거 작업은 이처럼 정확하게 이루어져야 한다. 그리고 대개는 정확하게 이루어진다.[20]

오래된 건물이나 결함이 있는 건물들은 계획된 실패의 대상이 되곤 한다. 텍사스 주 사우스파드레아일랜드에 건설된 115m 높이의 콘도미니엄 오션타워Ocean Tower에는 투숙객이 머문 적이 한 번도 없었다. 완공되기 전부터 건물이 기울기 시작했기 때문이다. 모래가 많은 해안 지대에 고층건물을 세우다 보니 지반이 고르지 않게 내려앉은 것이었다. 건물주는 결국 건물을 허물기로 했다. 그는 컨트롤드데몰리션Controlled Demolition이라는 업체에 철거를 맡기면서, 건물을 그 자리에 그대로 허물어 주변의 집들과 사구, 공원 등에 손상이 가지 않게 해 달라고 요구했다. 철거 업체는 폭약으로 철거한 철근콘크리트 건물의 최고 기록을 세우게 될 이 작업에 대해 "폭약을 사용한 철거 작업 중 가장 어려운 작업으로 손꼽힌다"고 말했다. 실제로 업체는 이 작업을 "시애틀의 킹돔Kingdome 다음으로 가장 어려운 폭파 작업"이라고 평가했다. 킹돔은 2000년에 2톤이 넘는 다이너마이트를 사용해 철거된 경기장이다.[21]

텍사스 오션타워 철거는 여러 가지 이유로 복잡한 작업이었다. 우선 건물이 너무 높고 가늘어서, 건물의 면들이 중력에 끌려 내려가기 전에 안쪽으로 향하도록 만들기가 어려웠다. 그리고 삼각기둥 형태의 이 콘도미니엄은 사각기둥 형태의 다층 주차장 위에 세워졌기 때문에, 건설 과정에서 타워크레인의 아랫부분이 들어갈 수 있도록 철골 구조가 약하게 세워진 부분이 있었다. 게다가 콘도미니엄이 모래 위에 세워졌기 때문에 주변 건물들까지 진동이 전달되어 피해를 입힐 수 있었다. 이 모든 문제점을 해결하고 건물의 파편이 제한된 영역을 벗어나 주변 건물이나 사람들 위로 떨어지지 않게 하도록 철거 업체는 작업을 철두철미하게 설계하고 계획해야 했다. 다행히 2009년 오션타워 철거 작업은 관리된 실패의 설계, 계획, 실행 등 모든 면에서 훌륭한 본보기가 되었다. 철거반은 파편들이 밖으로 튀지 않도록 토목 섬유로 만든 막을 치고 세심하게 폭탄을 설치해 정확한 순서에 맞춰 12.5초 간격으로 터지게 함으로써, 건물이 똑바로 섰다가 멕시코 만 쪽으로 약 15도 기울어진 뒤 곧장 땅으로 떨어지게 했다. 결과적으로 부서진 콘크리트와 휘어진 철근들은 제한된 영역 안에만 쌓이게 되었다. 그야말로 성공적인 실패였다.[22]

1993년 뉴욕 월드트레이드센터 지하 공공 주차장 폭파 사건에서 확인되었듯이, 한 트럭 분량의 폭탄으로는 건물을 무너뜨릴 수 없다. 물론 한 트럭 분량의 폭탄은 건물에 막대한 손상을 입혔다. 지하 여러 층의 상당 부분이 커다란 구멍만 남기고 사라졌다. 그러나 건물 자체는 테러리스트들이 의도한 대로 무너지지 않았다. 관리된 실패 모드를 통해 건물을 무너뜨리기 위해서는 트럭 한 대 분량보다 훨씬 더 많은 폭탄이 필요하다. 여러 가지 사전 작업을 거쳐야 하며, 계획적으로 폭탄을 설치해 적절한 순서에 따라 터지게 해야 한다. 다시 말해서, 구조물을 특정한 방식으로 무너지게 만드는 일은 건물을 제대로 서 있게 설계하는 일만큼이나 설계상의 노력이 필요한 작업이다.

2001년 뉴욕 월드트레이드센터 트윈타워가 납치된 여객기와의 충돌로 한두 시간 사이에 붕괴되는 모습을 보고 어떤 이들은 계획적으로 건물을 폭파할 때의 모습과 매우 흡사하다고 생각했다. 실제로 음모론자들은 정교하게 설치된 폭탄들이 터져 건물들이 붕괴된 것이라 주장했다. 쌍둥이 빌딩의 붕괴 장면은 확실히 계획적인 건물 폭파 장면을 연상시켰지만, 그렇다고 해서 이 건물들이 실제로 폭탄에 의해 붕괴된 것은 아니다. 오히려 쌍둥이 빌딩이 무너지는 층들의 무게로 인해 점차적으로 붕괴되는 모습을 보면 건물 해체 작업이 왜 그렇게 성공적으로 이루어질 수 있는지를 알 수 있다. 무너지는 건물은 스스로를 무너뜨린다. 따라서 관리된 실패를 설계하는 엔지니어는 가장 효율적이고 효과적인 방법으로 붕괴를 시작시키고 대부분의 일은 중력에 맡기게 된다.

폭파 설계에는 단지 규모와 위치를 정하고 폭탄들을 차례대로 터뜨리는 일만 포함되는 것이 아니다. 점차적인 붕괴에 방해되는 기둥들을 제거하거나 약화시키는 등의 사전 작업이 필요한 경우가 많다. 어떤 기둥들은 건물이 무너질 때 옆으로 치워지도록 (그래서 바닥들이 무너져 내릴 때 방해가 되지 않도록) 사전에 부분적으로 혹은 완전히 절단된다. 지지벽들도 붕괴에 방해되지 않도록 제거된다. 말하자면 폭탄이 설치되기도 전에 건물은 약해진 구조 골격만 남아 있게 되는 셈이다. 9·11 테러의 경우, 불타는 제트 연료로 인해 점화된 불이 사무실의 가구와 비품 등에 옮겨붙어 커지면서 여객기의 충돌로는 손상되지 않았던 기둥들을 약화시켰다. 불길의 온도가 자연히 강철 기둥들을 달궜고 시간이 흐름에 따라 강철 기둥들은 무게를 지탱할 수 없을 정도로 약해졌다. 기둥 하나가 무너지자 다른 기둥들이 더 큰 무게를 지탱해야 했는데 이미 가열되고 약해진 탓에 그럴 수가 없었다. 충돌로 손상된 층에 있던 기둥들이 위층들의 무게를 견디지 못해 위층들이 무너져 내리자 열로 인해 약해진 아래층의 기둥들이 그 무게를 견디지 못해 무너지고 이런 식으로 건물들은 점차적으로 붕괴되었다. 층들이 무너져 내릴수록 점점 더 무게가 더해지자 상당한 충격압력이 그사이에 있던 모든 것들을 으스러뜨렸고 빠르게 압축된 공기 때문에 먼지와 미세한 파편들이 밖으로 밀려나갔다. 폭탄은 필요치 않았다. 불길로 인한 열이 중요한 지지 기둥들을 약화시켰고, 층들이 점점 기세를 더해 무너져 내리면서 콘크리트를 가루로 만들고 강철 기둥들을 밀쳐내기에 충분한 에너지를 발생시켰기 때문이다.

2001년 월드트레이드센터 공격을 계획하고 실행한 테러리스트들이 전문 철거반처럼 철저하게 폭파를 계획했는지는 알 수 없다. 그러나 그들도 과거의 실패를 통해 배운 것이 있는 것 같다. 1993년 트럭에 실은 폭탄으로 지하 주차장을 폭파해 북쪽 타워를 남쪽 타워 쪽으로 쓰러뜨리려던 계획이 실패로 돌아가자 테러리스트들은 다른 전략이 필요하다고 생각했을 것이다. 그들은 여객기를 충돌시켜 건물들을 무너뜨리는 계획을 세웠지만 성공 확률을 최대로 높이기 위해 정확히 어디를 공격해야 하는지는 몰랐던 것으로 보인다. 첫 번째 여객기가 충돌했을 때 건물이 곧바로 무너져 내리지 않는 것을 보고 두 번째 여객기를 조종하던 납치범은 좀 더 낮은 층을 공격해야 손상된 기둥들이 훨씬 더 큰 하중을 받게 되리라 판단했을 것이다. 이 결정이 끔찍하게 효과적이었다는 것은 두 번째로 공격당한 건물이 먼저 붕괴되었다는 사실에서 알 수 있다.

  좋은 의도에서든 나쁜 의도에서든 실패는 계획에 의해 일어날 수 있다. 실패는 테러리스트가 아니라면 누구에게도 달갑지 않은 (그리고 아마도 생각지 못한) 결과일 수 있다. 그러나 실패는 반갑고 유익한 결과가 될 수도 있다. 오믈렛 재료를 준비할 때, 혹은 버려지거나 필요 없는 구조물을 처리할 때, 실패는 우리에게 이롭게 작용한다. 우리는 온갖 종류의 바람직한 실패에 의시하고 있다. 우리가 일상적으로 사용하는 많은 제품에 실패 모드가 내장되어 있으며, 우리는 적절한 때에 실패를 일으켜 우리의 건강과 안전을 지켜주는 것들에 의존하게 되었다. 실패는 상대적인 개념이며, 날마다 우리는 일반적으로 인식되는 것보다 더 빈번하고 광범위하게 실패를 접하고 있다. 이것은 결코 나쁜 일이 아니다. 어떤 바람직한 실패들은 엔지니어들이 성공적으로 일으키고 싶어 하는 결과이기 때문이다.

그러나 대개 공학 분야에서 실패는 피해야 할 결과이며 공학 설계의 목표는 원치 않는 때나 장소에서 실패가 발생하지 않도록 방지하는 일이다. 따라서 다리나 건물과 같은 구조물은 예상되는 어떤 자연적 인공적 시련도 견뎌낼 수 있을 만큼 튼튼하게 만들어져야 한다. 그 시련은 폭설이 될 수도 있고, 강풍, 강진, 대규모 홍수, 과밀 거주, 혹은 테러 공격이 될 수도 있다. 이런 시련들이 모든 곳에서 일어날 가능성은 거의 없다. 그러나 캘리포니아에서는 지진을 무시할 수 없고 멕시코 만 주변 지역에서는 허리케인을 고려하지 않을 수 없다. 각각의 경우에 닥칠 가능성이 있는 시련이 무엇인지를 알고 그에 따라 구조물을 설계하는 일이 바로 엔지니어가 해야 할 일이다.

발생 가능한 모든 시련을 이겨낼 수 있도록 구조물을 설계할 수는 있지만 과연 그 설계가 실현 가능한지, 그에 대한 비용을 감당할 수 있는지도 생각해 봐야 한다. 자연재해는 완벽하게 예측할 수 없다. 뉴올리언스와 같은 도시는 늘 허리케인의 위협을 받아왔다. 몇십 년 후에든 언제든 또 다른 대형 허리케인이 도시를 덮칠 수 있다. 마찬가지로 샌프란시스코는 지진의 위협을 받고 있다. 그러나 다음번의 중대한 시련이 언제 닥쳐올지 얼마나 강력할지는 과학적으로 정확하게 예측할 수 있는 문제가 아니다. 그러므로 제방이나 건물, 다리 등의 구조물을 설계하는 엔지니어들은 확실성이 아닌 가능성을 바탕으로 설계에 임해야 한다. 그들은 예상되는 위험과 이익과 결과를 계산해서, 무너지지 않을 구조물을 설계하고 건설하는 데 드는 막대한 비용을 승인해줄 수 있는 정부 기관이나 위원회에 제출해야 한다. 그러기 위해서는 안전한 구조물을 만드는 데 드는 비용과 생명의 가치를 늘 비교해서 따져봐야 한다.

감수할 만하다고 판단되는 위험의 정도는 정치적 문화적 요인들에 크게 좌우된다. 네덜란드는 오랜 세월 동안 바다로부터 육지를 지켜왔기에 제방 등의 방어 시설이 철저하기로 유명하다. 1953년 폭풍 해일로 인해 대규모 홍수가 발생한 후 네덜란드는 이런 피해가 다시 발생하지 않도록 막기 위해, 혹은 피해 발생 가능성을 10,000년에 한 번 수준으로 낮추기 위해 30개년 계획에 착수했다. 무엇을 어느 정도까지 보호할 것인가에 대한 결정은, 시설 붕괴 가능성뿐만 아니라 붕괴로 인한 예상 손해 비용까지 고려한 위험 분석을 바탕으로 내려졌다. 이 예상 손해 비용에는 재건설 비용은 물론 국가에 미칠 경제적 영향도 포함되었다.[23]

지구 온난화나 해수면 상승과 같은 새로운 문제들이 떠오르자 네덜란드는 대규모 홍수에 대비한 기존의 방어 수준이 충분치 못할 수도 있다고 판단했다. 2007년, 네덜란드 의회는 전문가들로 구성된 델타위원회Delta Committee를 꾸려 "향후 200년간 기후의 피해를 입지 않기 위한" 대책을 마련하게 했다. 이전까지는 위험 수준이 10,000분의 1이면 허용 가능하다고 여겨졌지만, 적어도 유럽 최대의 항구 도시이자 국내 총생산의 65%를 책임지고 있는 로테르담 주변 지역에 대해서는 위험 수준을 100,000분의 1까지 낮춰야 한다는 것이 네덜란드의 판단이었다.

전국의 위험 수준을 이 정도까지 낮추려면 감당할 수 없을 만큼 엄청난 비용이 발생하기 때문에 시골 지역의 방어 수준은 1,250분의 1 이

하로 낮춰야 했다. 미국에서는 이런 가치 판단적인 결정이 정치적으로 수용되기 어려울 것이다. 미국 의회는 허리케인 카트리나로 인한 피해가 발생한 후에야 공병대에 지시를 내려 뉴올리언스의 홍수 방어 수준을 100분의 1까지 높이게 했다. 이에 대해 통계학자들은 100년에 한 번 일어날 수 있는 홍수를 30년 만기의 주택 마련 대출금을 갚는 동안 만날 확률이 25% 이상인 셈이라고 말했다. 허용 가능한 실패와 비용의 수준, 즉 위험 수준은 문화적 가치와 정치적 의지에 크게 좌우된다. 그리고 실제 피해 발생은 이런 문화적 가치와 정치적 의지에 큰 영향을 미칠 수 있다.[24]

실패의 성질과 원인과 결과를 확실히 파악하지 못하면 위험과 그 위험이 미칠 수 있는 영향을 제대로 이해할 수 없다. 무엇이든 지나치면 독이 된다는 의미에서 볼 때 성공과 연관된 위험도 있을 수 있겠지만, 대부분의 경우 위험은 실패와 연관되어 있다. 그리고 쟁점이 되는 것은 미래의 실패이기 때문에, 미래에 발생 가능한 실패의 성질과 규모에 대한 우리의 가설을 시험해 볼 수 있는 확실한 방법은 과거에 발생했던 실패들을 되짚어 보는 것뿐이다. 실제로 우리는 100년에 한 번쯤 일어나는 거대한 폭풍의 발생 확률을 대략 몇 %라고 예측한다. 다른 모든 조건이 같다면 이런 사건의 발생 확률은 과거의 기상학적 기록에 남아있는 실제 경험을 토대로 예측할 수 있기 때문이다. 다시 말해, 과거에 발생한 사건들의 기록은 미래에 비슷한 종류의 사건이 발생할 확률을 계산하는 데 도움을 주는 길잡이 역할을 한다. 마찬가지로 과거의 실패들에 관한 지식은 비슷한 상황에서 비슷한 종류의 실패가 발생할 확률을 추정하는 데 있어서 매우 귀중한 도움이 된다.

완전히 새로운 기술이 도입된 경우와 같이 과거의 직접적인 실패 경험이 없을 때는 유추를 통해 위험을 예측할 수 있다. 1950년대에 상업적인 원자력발전소는 해군이 개발한 핵 추진 기술의 자연스러운 연장이라고 여겨지고 있었지만, 차츰 이런 원자력발전소들이 대중에게 안겨줄 수 있는 위험에 대해 의문이 제기되기 시작했다. 육지에 세워질 원자력 발전소들은 핵반응을 통해 발생하는 열로 증기를 만들어내고 이 증기로 발전기에 연결된 터빈을 작동시키는 방식으로 운영될 예정이었다. 주 에너지원은 새로운 것이었지만 전기를 발생시키는 구성 요소들은 오래전부터 석탄 화력발전소에서 사용됐던 것들과 크게 다르지 않았다. 따라서 원자로를 둘러싸는 압력 용기 등의 부품들과 관련된 전통적인 경험은 유사한 장비가 원자력발전소에서 얼마나 제대로 기능할 수 있을지를 보여주는 신뢰할 만한 지표가 되었다. 전통적인 부품들의 실패에 관한 기록을 바탕으로 원자력발전소에 사용될 부품들의 실패 확률을 예측할 수 있었다. 그리고 이런 예측을 통해 전력회사는 사업 진행 여부가 달린 신기술의 위험도와 신뢰도를 파악할 수 있었다.

또한 원자력발전소에 사용될 다양한 기계적 전기적 부품과 시스템의 실패 기록은 비슷한 실패가 발생해 방사능 유출 등의 끔찍한 사고로 이어질 위험을 예측하는 데 도움이 될 수 있었다. 전력회사들에게 이런 위험 예측은 매우 중요한 일이었다. 그래야 사고가 발생하면 회사가 지게 될 책임을 파악할 수 있기 때문이었다. 예상되는 재정 손실이 어마어마하고 보험회사가 원전 사고와 관련해 아직 알려지지 않은 피해들까지 모두 보상해주지는 않는다는 사실을 알게 되자 전력회사들은 상업적 원자력발전소 사업 진행을 주저하게 되었다. 이에 민간 원자력 개발을 장려하고 있던 정부는 1957년 프라이스앤더슨 법Price-Anderson Act을 통과시켜 사고 발생 시 원자력발전소를 운영하는 회사가 지게 될 재정적 책임을 제한했다. 재정적 책임의 한도가 명확하게 정해져 있지 않으면 전력회사들이 원자력 발전 사업을 추진하려 하지 않았기 때문이다. 프라이스앤더슨 법은 그 후로 몇 차례 조항들이 개정되고 확대되었으며 현재까지도 계속 시행되고 있다.[25]

현명한 기술적 경제적 의사결정을 내리기 위해서는 기술 시스템이 실패할 수 있는 조건들과 실패로 인해 입게 될 영향들을 반드시 잘 알아야 한다. 이런 지식은 대부분 과거의 실패 경험에서 나오며, 그렇기 때문에 실패 사례 연구와 그 연구를 통해 얻는 교훈이 중요한 것이다. 실패를 통해 교훈을 얻은 누군가는 "엔지니어들은 그들과 전임자들이 쌓아 온 경험의 총합만큼만 유능할 수 있다"고 말하기도 했다. 그러나 실패와 그 원인 및 결과에 관한 수많은 현재와 과거의 기록들을 자세히 알아야 한다는 것은 최신 기술을 개발하는 엔지니어나 설계자에게 엄청난 부담이 될 수 있다. 실패를 좀 더 일반적이고 기본적인 측면에서 이해한다면 신기술의 실패를 예측하는 데 큰 도움이 될 것이다. 이런 이해를 갖출 방법은 경험을 토대로 한 사례 연구밖에 없다.[26]

실패에 관한 설계자나 엔지니어의 개인적이고 직관적인 이해는 그들 자신의 인생 경험에서 비롯되기도 한다. 이런 인생 경험에는 자연히 인간적인 요소들도 필수적으로 포함된다. 어떤 경험들은 성장 과정과 연관되어 있으며, 그중에는 어린 시절 코피가 나거나 뼈가 부러진 경험도 있을 것이다. 우리는 이런 경험들을 통해 불운한 실수나 경솔한 장난의 결과를 직접 배우게 된다. 아이들이 자라면서 서투른 행동을 점점 덜 하게 되는 것은 결코 우연이 아니다. 성인이 된 후에도 우리는 덜 직접적이지만 못지않게 효과적으로 경험을 통한 교훈을 얻게 된다. 이런 경험들은 매우 개인적일 수 있어서, 우리는 실패의 본질과 결과에 대해 자신만의 견해를 갖게 되기도 한다. 나의 가장 잊지 못할 경험은 4년 동안 공학을 공부하고 난 후에야 찾아왔다. 학부생 시절에 **실패**는 단지 성적을 떠올리게 하는 단어일 뿐이었다. 다음 장에서 이야기하겠지만, 내가 공학적인 측면에서 실패의 상징적 본질과 실제적 본질을 처음으로 인식하게 된 것은 대학원생 때의 일이었다. 당시 나는 온갖 것들의 상징적 실패와 실제적 실패를 중점적으로 연구하는 문화에 둘러싸여 있었다.

MECHANICS OF FAILURE

CHAPTER 04
실패의 역학

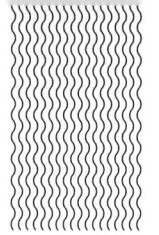

처음 실패라는 개념을 본격적으로 접하게 되었을 때 나는 이 개념의 의미를 완전히 파악하지는 못하고 있었다. 다만 이 개념이 풍기는 압도적인 분위기는 내 일상생활 곳곳에 어렴풋이 존재하고 있었다. 당시 나는 일리노이대학교에서 공부하고 있었고 처음 몇 년 동안 탤벗 연구소 Talbot Laboratory는 내 집이나 다름없었다. 이 커다란 붉은 벽돌 건물은 어배너 시 경계 바로 안쪽에 있었다. 건물의 서쪽 면이 바로 옆 도시인 샴페인의 라이트 가 Wright Street를 바로 내려다보는 이 연구소는 1928년에 설립되었다. 당시에는 재료 시험을 전문으로 하는 연구소였고 실제로 입구 위의 인방돌에 "재료 시험"이라는 문구가 새겨져 있었다. 10년 후 이 건물은 아서 뉴얼 탤벗 연구소 Arthur Newell Talbot Laboratory로 이름이 바뀌었고 입구 위의 석조 명패에도 이 이름이 새겨졌다. 탤벗은 도시공학 및 위생공학 교수로, 1890년에 일리노이대학교에서 이론 및 응용 역학 theoretical and applied mechanics을 가르쳤다. 탤벗 연구소 건물을 사용하던 이 학과는 머리글자를 따서 TAM이라 불렸다.[1]

재료 시험은 구조 공학적 분석 및 종합에서 매우 중요한 부분을 차지한다. 다리나 건물을 설계할 때 엔지니어들은 보와 기둥에 자재로 사용될 강철이나 콘크리트의 강도를 알아야 한다. 자재의 극한강도는 사실상 자재의 한계점이라 할 수 있다. 사용될 자재가 지침서에 명시된 표준적인 자재가 아니라면 그 속성을 확실히 알아낼 방법은 샘플 검사뿐이다. 즉, 자재를 끊어질 때까지 잡아당기거나 부서질 때까지 짓누르는 등 압력을 가해 강도를 시험하는 것이다. 시험을 거쳐 결과가 기록되고 나면 엔지니어는 이론 및 응용 역학의 이론, 방정식, 계산법을 활용해 실제 구조물이 얼마만큼의 압력을 견딜 수 있을지, 얼마만큼의 하중을 지탱할 수 있을지 꽤 정확하게 예측할 수 있다. 이런 사전 실패 분석을 통해 임시 계획은 최종 계획이 된다.

구조물이 갑자기 붕괴되었을 때도 이론 및 응용 역학의 분석 도구들을 활용해 구조 설계가 제대로 되었는지 확인함으로써 사후 실패 분석을 통해 원인을 알아낼 수 있다. 이런 분석 도구들과 적절한 검사 장비가 결합되면, 잔해 속에 흩어져 있는 휘어지고 일그러지고 부서진 부품들의 샘플을 분석해서 자재의 실제 강도가 사전에 예측된 강도와 일치하는지 확인할 수 있다.

과학철학자 에른스트 마흐Ernst Mach는 역학을 가르쳐 물리학에서 "가장 오래되고 가장 단순한" 분야라고 말했다. 전통적으로 역학에서는 힘에 관해, 그리고 힘이 질량의 평형이나 운동에 미치는 영향에 관해 다루어 왔다. 지금까지도 의아하게 생각되는 점은, 공학도들이 처음으로 역학이 포함된 대학 과정을 접하게 되는 물리학과가 일리노이대학교에서는 행정상 공과대학에 속해 있다는 사실이다. 탤벗 연구소를 비롯한 물리학과 건물은 그린 가Green Street 북쪽에 있는 공대 교정에 자리 잡고 있다. 그렇다고 해서 일리노이대학교의 자랑스러운 물리학자들이 보편적인 물리학의 목적의식이나 공학자들에 대한 우월감을 다른 곳의 물리학자들보다 덜 가지고 있는 것은 아니다. 그런데도 학과 건물을 문리과대학으로 옮기는 문제에 대해 투표를 실시했을 때 이곳의 물리학자들은 계속 공학자들과 함께하는 쪽을 택했다. 일리노이대학교에서는 이렇게 균형적인 불균형이 유지되어 왔고, 지금도 화학공학이나 생명화학공학 프로그램이 문리과 프로그램과 가깝게 교류하고 있다. 학과의 행정상 분류보다 더 중요한 것은 그곳에서 그들이 하는 일이다. 일리노이대학교에서도 물리학자들 대다수가 하는 일은 다른 모든 물리학과에서 하는 일과 다르지 않다.[2]

현대의 물리학(그리고 천문학)에는 매우 다양한 역학 분야가 존재하기 때문에 이들을 각각 구별할 필요가 있다. 대표적인 역학 분야로는 양자 역학, 통계 역학, 고전 역학, 상대론적 역학, 천체 역학 등이 있는데, 이론 및 응용 역학TAM은 일리노이대학교뿐만 아니라 다른 곳에서도 물리학이 아닌 공학의 한 부분으로 간주된다. TAM의 연구 대상은 있는 그대로의 세계에서 발견되는 것들이 아니라 설계되고 만들어진 것들로 이루어진 세계, 즉 공학의 세계에서 발견되는 것들이다. 그렇기 때문에 내가 아는 TAM 학과의 교수진과 학생들은 자재들과 그 자재들로 만든 것들(보와 기둥을 비롯한 대체로 큰 부품들)에 관한 이론을 연구했다. 또한 그들은 공학적 인공물과 상호작용하는 물이나 흙 등의 환경에 관해, 그리고 건물이나 다리의 성질과 같은 공학적 문제에 이론을 어떻게 적용할 것인가에 관해서도 연구했다. 공학적 역학에 속하는 여러 하위 분야들의 명칭을 보면 이 분야들의 관심사가 현실적인 것들임을 알 수 있다. 대표적으로 구조 역학, 토질 역학, 유체 역학, 고체 역학, 생체 역학 등이 있다. 물리학의 역학과 공학의 역학은 공통된 뿌리를 가지고 있지만 물리학자들과 공학자들의 관심사와 목표는 서로 다르다. (물론 자동차 역학은 물리학의 역학에도 공학의 역학에도 속하지 않는다.)

내가 탤벗 연구소에서 공부하던 1960년대에는 탤벗을 비롯해 물리학과 수리학(물에 관한 역학) 분야에서 역사적인 업적을 남긴 인물들의 사진이 복도에 걸려 있었다. 그러나 내가 이 연구소 건물에 처음 발을 들였을 때 내 눈을 사로잡은 것은 위대한 학자들의 사진이 아니었다. 당시의 내게는 매우 독특해 보였던 이 건물에는 복도의 한쪽에만 연구실과 강의실들이 있었다. 1층의 복도를 따라 걸으면 연구실과 강의실 반대편에는 벽이 없어 지하층의 커다란 기계실이 내려다보였는데 이 기계실은 지하층에서부터 지붕틀이 노출된 꼭대기까지 하나로 이어져 있었다. 2층과 3층의 복도에는 기계실과의 경계에 문 없는 벽이 있었고 중간중간 창문들이 있어서 기계실을 내려다볼 수 있었다. 마치 구경꾼들이 지하의 거대한 파괴 현장에서 일어나는 일들을 지켜볼 수 있도록 창문들을 만들어 놓은 것처럼 보였다. 커다란 안마당과도 같은 기계실의 삼면에 이런 복도들이 있었고 나머지 한 면을 이루고 있는 외벽에는 남향의 창문들이 많이 나 있었다. 이 건물은 호텔의 개방된 중앙 홀과 같은 건축 양식이 유행하기 훨씬 전에 지어졌으며, 탤벗 연구소의 커다란 개방 공간에는 분수대나 관엽식물이 아니라 실물 크기의 강철이나 콘크리트 부품들을 시험하기 위한 육중한 기계장치들이 자리 잡고 있었다. 부품들을 기계장치에 넣고 빼기 위해서는 거대한 천장 크레인의 힘을 빌려야 했다. 탤벗 연구소 건물은 사실상 거대한 크레인을 위한 공간이었고 실제로 우리는 그곳을 그렇게 불렀다.

탤벗 연구소가 완공되자마자, 볼드윈-사우스워크 코퍼레이션Baldwin-Southwark Corporation과 A. H. 에머리 컴퍼니Emery Company의 합작으로 1,360톤의 힘을 가할 수 있는 사우스워크-에머리 만능 시험기Southwark-Emery Universal Testing Machine가 건물의 지하층에 설치되었다. 거의 모든 대형 산

1,360톤의 힘을 가해 콘크리트와 강철로 만들어진 대형 부품을 부술 수 있는 거대한 시험기는 오래전부터 일리노이대학교 탤벗 연구소의 가장 눈에 띄는 상징물이었다. 탑처럼 우뚝 서서 조작하는 사람들을 난쟁이로 만들어버리는 이 거대한 기계는 엔지니어들에게 그들이 설계한 구조물에서 언제든 실패가 발생할 수 있다는 사실을 상기시켜주었다.(James W. Phillips 제공 사진)

업체가 그렇듯 이 만능 시험기 제조업체에도 창립 뒷얘기가 있다. 간추려서 말하자면, 1831년 필라델피아에 설립된 볼드윈 로코모티브웍스 Baldwin Locomotive Works가 마침내 증기기관차에 쓰일 큰 부품들을 시험하는 기계를 개발했고, 이후 볼드윈-사우스워크가 재료 시험 분야의 혁

신자인 에머리와 함께 외부에 판매할 시험 기계를 만들기 시작했다.³

 탤벗 연구소에 설치된 사우스워크-에머리 만능 시험기는 워싱턴 D.C. 국립 건축박물관 건물의 코린트 양식 기둥들처럼 내부 공간을 지배하고 있었다. 이 거대한 기계는 마치 대규모 산업박람회의 대표적인 전시물처럼 4층 높이까지 우뚝 솟아 있었고, 어떤 각도에서 보면 연구소의 약간 뾰족한 지붕을 받치고 있는 노출된 지붕틀과 연결된 것처럼 보이기도 했다. 만능 시험기는 대개는 고정된 구조물처럼 그곳에 가만히 자리하고 있었는데, 힘을 가하는 입 부분, 기술자들이 타고 오르내리는 작업용 승강기, 모든 구성 요소들을 지탱하는 구조 골격이 각각 밝은 노랑, 밝은 빨강, 옅은 회색이었다. 기계 주변에서 무언가 작업이 이루어지고 있는 모습을 지켜보고 있자면, 기술자들이 용도에 맞게 기계를 조작한다기보다는 기계의 요구에 따르고 있는 것처럼 보였다. 엔지니어는 자신이 설계하고 만드는 구조물에 쓰일 전용 부품들의 강도를 반드시 알아야 한다. 자재 샘플의 강도를 알면 부품의 강도를 이론적으로 예측할 수 있지만, 형태가 너무 복잡하거나 구조가 너무 혁신적일 경우 부품의 강도를 확실히 알기 위해서는 물리적으로 부숴 보는 수밖에 없다. 컴퓨터 모형이 보편화된 지금도 복잡한 부품들로 이루어진 복잡한 구조물을 만들려면 대형 부품 시험을 거쳐 모형을 승인하거나 수정해야 한다.⁴

 탤벗 연구소의, 그리고 나아가 TAM 학과의 가장 큰 특징 중 하나는, 이 분야에서 실패가 얼마나 중요한 역할을 하는지를 깊이 상기시켜준다는 것이었다. 거대한 시험기는 자재의 강도에 대한 이론적 예측이 맞는지 확인시켜주기 위해 힘을 가할 태세를 갖추고 서 있었다. 기계실을 내려다보는 저명한 과학자들과 엔지니어들의 사진 곁에는 그들이 이룩한 위대한 업적들이 나열되어 있었지만, 이따금씩 움직이는 이 고정된 구조물은 늘 그곳에 서서 유명한 학자들과 유명해질 학자들의 의견이 엇갈릴 때마다 평결을 내려주었다. 실패는 추정상의 성공을 반증해주는 반박할 수 없는 증거였고 TAM 학과에서 빼놓을 수 없는 중요한 부분이었다. 나는 어배너를 떠난 후 수년이 지날 때까지 그 의미를 실감하지 못했다. 당시 나와 같은 이론가들은 방정식으로 무장하고 실험주의자들에게 덤벼들면 그들의 실험을 전부 무의미하게 만들 수 있다고 믿었다. 그러나 사실은 실험주의자들이 우리의 무례함을 눈감아준 것뿐이었다. 그들은 실제 현장의 자재들을 뒤져 보면 우리가 예측하지 못하는 실패를 발견할 수 있다는 사실을 알고 있었다. 과학과 기술을 공부하는 어떤 학생은 이렇게 말했다. "과학적 이해는 진리 탐구를 통해 발전하는 것이 아니라 오류 탐구를 통해 발전한다." 마찬가지로 공학적 이해는 성공 연구를 통해 발전하는 것이 아니라 실패 연구를 통해 발전한다. 한 기업 간부도 기술 혁신을 주제로 한 연설에서 비슷한 말을 한 적이 있다. "이해는 실패에서 나온다. 성공은 실패를 이해하고 그렇게 얻은 지식에 따라 행동할 때 가능해진다." 이 말은 "실패는 성공의 어머니"라는 옛 중국 속담을 떠올리게 한다.[5]

공학에서는 축소 모형을 이용한 강도 시험이 자주 활용되지만 경우에 따라서는 실물 시험을 해야만 할 때도 있다. 기계실에서 무언가 큰 부품 샘플의 시험이 준비되고 있으면 자연히 눈에 띄게 마련이었다. 그러나 그저 보기만 해서는 극도로 느리게 움직이는 기계의 아래턱이 샘플을 자르고 있는지 아니면 준비 태세만 갖추고 있는지 분간하기가 쉽지 않았다. 탤벗 연구소에 있는 사람들에게 무언가를 부수는 작업이 곧 시작된다는 사실을 알리기 위해, 시험이 진행될 때마다 경보음이 울렸다. TAM 학과 전체가 강도 시험의 영향을 받았지만 이론 역학 대학원생들은 대부분 소음에 귀를 막고 있었고 3층의 응용 역학 대학원생들은 소음의 근원지인 거대한 기계를 내려다보고 있었다.

거대한 기계는 때때로 제 몸집보다 훨씬 작은 샘플을 부수는 데 이용되기도 했지만 기계가 부수는 샘플이 항상 작은 것은 아니었다. 으스러질 운명에 처한 샘플은 기계의 움직이는 압력판과 단단한 바닥 사이에 놓였다. 기계가 이런 식으로 사용되는 경우는 대개 대형 콘크리트 기둥의 강도를 시험할 때였다. 기둥형 샘플은 콘크리트 강도 시험에 가장 많이 사용되는 형태다. 원통형 틀에 콘크리트를 부어 적당한 시간 동안 굳히는 작업이 비교적 쉽기 때문이다. (또한 콘크리트가 주로 구조물의 기둥에 사용되기 때문이기도 하다.) 콘크리트 기둥을 기계에 넣고 부서질 때까지 압력을 가함으로써 엔지니어들은 기둥의 강도와 그 기둥에 사용된 자재의 강도를 파악할 수 있다. 현대의 콘크리트 혼합물은 성분과 비율, 그리고 샘플이 얼마나 오래되었는지에 따라 극한 강도가 1제곱인치당 약 1톤에서부터 4.5톤 이상까지 다양하다.

아파트나 주차장과 같은 일반적인 건설 사업의 경우, 강도 시험에 사용되는 기둥 샘플의 표준규격은 지름 15cm에 높이 30cm로, 토마토 주스 캔보다 조금 크다. 이런 샘플을 부수는 데 필요한 힘은 약 30톤에서 135톤 정도다. 이런 시험은 작은 연구실에 설치할 수 있는 소형 기계로도 가능하다. 기둥 샘플들은 건설 중인 구조물에 쓰이는 것과 동일한 콘크리트로 만들어진다. 이 샘플들은 통제된 조건에 보관되면서 시간 간격을 두고 강도 시험에 투입된다. 실제 구조물에 사용될 콘크리트의 강도가 시간 경과에 따라 어떻게 달라지는지 점검하기 위해서다.

수력발전 댐과 같은 대규모 건설 사업의 경우 콘크리트 강도 시험용 기둥 샘플은 지름이 15cm보다 훨씬 커야 한다. 콘크리트 혼합물에 들어가는 쇄석의 크기 때문이다. 쇄석은 대개 돌멩이나 자갈 형태로 시멘트, 모래, 물의 혼합물에 첨가된다. 이렇게 하면 가장 비싼 재료인 시멘트의 필요량을 줄일 수 있다. 쇄석의 재료로는 강의 둥근 돌도 쓰일 수 있고 채석장의 각진 자갈도 쓰일 수 있으며 크기는 구조물의 규모에 따라 달라진다. 일반적인 건설 현장에서 쓰이는 쇄석은 최대 크기가 약 1.3cm이지만 대규모 댐 건설에 쓰이는 쇄석의 크기는 15~20cm 이상이다.

시험용 콘크리트 기둥의 지름은 최소한 최대 크기 쇄석 지름의 세 배는 되어야 한다. 후버 댐에 사용된 쇄석의 지름은 약 20~23cm였기 때문에 시험용 콘크리트 기둥의 지름은 약 60cm가 넘어야 했다. 하나당 3톤 이상의 무게가 나가는 이 기둥들을 옮기는 데만도 많은 노동력이 들었다. 일반 콘크리트로 만들어진 이만한 크기의 기둥을 부수려면 450톤 이상의 힘이 필요하다. 바로 이런 이유 때문에 탤벗 연구소의 시험기와 같은 대형 기계가 때때로 필요한 것이다. 만약 시험용 기둥이 1제곱인치당 4.5톤 정도를 견딜 수 있는 고강도 콘크리트로 만들어졌다면 이 기둥을 부수기 위해 1,800톤 이상의 힘이 필요할 것이다. 탤벗 연구소의 시험기로도 이렇게 큰 힘은 가할 수 없다. 후버 댐에 쓰인 콘크리트로 만들어진 보관용 기둥들이 60년 정도 되었을 때 강도 시험을 실시했는데 그 결과 이 기둥들의 강도는 1제곱인치당 4톤 이상이었다.

즉, 이 시험을 위해서는 1,360톤이 훨씬 넘는 힘이 필요했을 것이다. 그래서 미국 개간국Bureau of Reclamation 연구소에는 1,800~2,260톤의 힘을 가할 수 있는 기계가 설치되어 있었다. 콘크리트를 직접 다루지 않았던 우리 대학원생들은 이런 사실을 전혀 알지 못했다. 우리에게는 기계실에 있는 시험기가 최강의 기계였다.[6]

우리는 기계실에 있는 1,360톤의 위력을 지닌 기계에 대해 이야기하는 일이 거의 없었지만, 가족이나 친구들에게 탤벗 연구소를 견학시켜 줄 준비를 하면서 봤던 기계의 인상적인 사양에 대해서는 가끔 이야기를 나누기도 했다. 방문객들에게는 기계실에 우뚝 서 있는 탑에 비하면 우리가 줄줄이 꿰고 있는 방정식 따위는 아무것도 아니었다. 우리 대학원생들은 이 거대한 기계에 익숙해져서 아무렇지 않게 무시하고 지나칠 수 있었지만 기계를 처음 보는 방문객들은 그러지 못했다. 그들은 기계의 이름이 무엇인지, 무게가 얼마나 나가는지, 얼마나 강력한 힘을 지니고 있는지 알고 싶어 했다. 그러나 우리가 그들에게 말해줄 수 있는 것은 기계의 이름이 사우스워크-에머리 만능시험기라는 것과 말 1만 마리가 끄는 힘을 발휘할 수 있다는 것뿐이었다. 적어도 기계가 낡기 전에는 그런 힘을 발휘할 수 있었다. 소문에 따르면 어떤 유난히 많은 힘이 드는 시험 도중에 앵커볼트가 파손되어서 기계가 예전만큼의 능력을 발휘할 수 없게 되었다고 했다. 만능시험기는 우리에 갇힌 괴물처럼 사람들의 구경거리가 되고 있었지만 이 기계의 진정한 중요성을 아는 사람은 많지 않았다. 과거와 미래의 실패를 보여주는 이 기계는 탤벗 연구소와 TAM 학과, 이곳의 교수진과 학생들, 그리고 그들이 연구하고 개발하는 모든 것들의 존재 이유였다. 이 위대한 기계의 능력이 없었다면, 성공적인 구조물이 시간의 흐름에 따라 실패하게 되는 이유와 과정을 연구하게 될 우리들은 우리가 세운 이론의 상당 부분을 입증할 수 없었을 것이다. 그러나 이 위대한 기계는 대부분 그곳에 그저 음침하게 서 있을 뿐이었기 때문에, 당시 우리는 이 기계에 큰 관심을 두지 않았다.

탤벗 연구소에서 내 첫 연구실은 3층의 북동쪽 구석에 있었다. 이곳은 시험기와는 멀리 떨어져 있었지만 나는 강철이 갈라지는 소리와 건물에 울리는 진동을 듣고 느낄 수 있었다. 칸막이로 나뉘어 있는 이 연구실에는 나 외에도 조교로 일하는 다른 대학원생 세 명과 다른 곳에 공간이 없어서 이 구석방으로 떠밀려 온 신입 조교수 한 명이 있었다. 우리 대학원생들은 대부분 아침부터 밤까지 책상에 앉아 공부하거나 강의 준비를 하거나 시험지를 채점했다. 같은 연구실을 사용하지 않더라도 탤벗 연구소에서 생활하는 많은 대학원생과 일부 교수들은 자주 함께 어울리며 라이트 가에서 커피를 마시거나 점심을 먹거나 밤늦게 맥주를 마시곤 했다. 이론 역학을 공부하는 우리가 응용 역학에 관해 약간의 지식을 얻을 수 있었던 것은 주로 이런 친목 활동을 통해서였다. 그린 가 모퉁이에 있는 캐피톨 바앤그릴Capitol Bar and Grill에서 우리와 가장 자주 어울렸던 교수 중에 조딘 모로JoDean Morrow라는 이름의 교수가 있었는데, 대학원생들은 그를 조딘이나 조모, 혹은 간단하게 조라고 불렀다. TAM 학과의 다른 많은 교수와 마찬가지로 조딘 교수도 중서부에서 태어나 교육받은 사람이었다. 그는 아이오와 주 출신이었는데 열 살쯤 그의 가족 모두가 인디애나 주로 이사했다. 조딘은 테러호트Terre Haute에 있는 당시 로즈공과대학Rose Polytechnic Institute이라 불리던 학교에서 토목공학을 공부했다. 그는 1950년에 로즈공과대학에서 학사 학위를 취득하고 약 1년 동안 인디애나 주 고속도로위원회에서 일하다가 1951년부터 1953년까지 육군에 복무한 후 TAM 학과의 대학원에 입학했다. 석사 학위 논문을 위해 그는 기계실의 거대한 시험기를 사용해 실물 크기의 철근콘크리트 골조에 관한 자료를 수집했고, 박사 학위를 취득할 때는 좀 더 작은 시험기를 사용해 작은 샘플들의 반복 하중cyclic loading에 관한 논문을 썼다. 1957년에 박사 학위를 취득한 뒤 그는 TAM 학과의 조교수가 되었다. 내가 대학원생이었던 1963~1968년에는 적어도 교수진의 절반이 TAM 학과에서 대학원 과정을 마치고 탤벗 연구소에 남아 연구하면서 학생들을 가르쳤던 것 같다.[7]

연구소 밖에서 조딘은 어린 대학원생들을 놀라게 하거나 겁주기를 즐겼다. 어느 날 밤늦게 캐피톨에서 모임을 한 후 그는 스포츠카(나중에 알고 보니 MGA였다)로 나를 집에 데려다주겠다고 했다. 그때까지 나는 스포츠카를 한 번도 타 본 적이 없었다. 상상했던 대로 차는 시끄러운 소리를 내며 왼쪽으로 오른쪽으로 코너링했고 원심력 때문에 내 몸은 좌우로 흔들리면서 운전자 쪽으로 기울었다가 차 문에 부딪히기를 반복했다. 조딘은 점점 더 빠르게 코너를 돌면서 내게 계속 항복하라고 말했다. 차에는 안전벨트도 없었고 나는 차 문이 내 몸에 밀려 열리지 않을까 걱정스러웠다.

그러나 스포츠카는커녕 차를 몰거나 타 본 적도 없는 뉴욕 출신의 겁쟁이로 보이기는 죽도록 싫었기 때문에, 나는 그에게 내 한계점을 보이지 않기로 결심하고 계속 아무렇지 않다고 대답했다. 그러자 그는 비어 있는 넓은 주차장으로 들어가더니 차를 급가속하고 이리저리 돌리기 시작했다. 나는 차가 뒤집히거나 경찰이 달려오지 않기만을 바라면서 꿋꿋하게 버텼다. 아마도 나는 그의 시험을 통과한 모양이었다. 그날 이후 조는 나를 좀 더 친근하게 대했고 나 역시 그와 그의 생활방식에 좀 더 매력을 느끼게 되었다.

어느 날 밤 그는 차를 태워주겠다고 말하는 대신 나를 그의 연구실로 불러 그곳에서 어떤 연구가 진행되고 있는지 보여주었다. 재료공학 연구소는 탤벗 연구소 3층의 북서쪽 구석에 있었다. 내가 생활하는 곳에서 그곳까지의 거리는 물리적으로는 그리 멀지 않았지만 정신적으로는 아주 멀었다. 내 연구실은 말하자면 이론역학동에 속해 있었다. 나는 탤벗 연구소에서 연속체 역학이나 셸 이론 수업을 듣지 않을 때는 그린 가 건너에 있는 수학과 건물 알트겔드 홀Altgeld Hall에서 편미분방정식이나 복소변수 수업을 들었다. 나와 내 동료들은 실험기술이나 재료공학에 관한 수업을 듣지도 않았고 당시에는 이 분야에 관심도 없었다.

이론주의자들이 대개 그렇듯 우리는 실험주의자들에게 우월감을 갖고 있었고 그들은 단지 우리의 이론을 적용할 뿐이라고 생각했다. 그러나 사실은 반대로 실험이 이론에 영향을 줄 때가 많을 것이다. 인간의 심리와 사회적 행동에 대해 이야기하기를 좋아했던 조딘은 이런 사실을 잘 알고 있었고, 우리의 편견을 없애주고 싶어 하는 것 같았다. 그는 우리에게 "이론 역학은 대략적인 문제에 대한 정확한 답을 찾는 학문인 반면 응용 역학은 정확한 문제에 대한 대략적인 답을 찾는 학문"이라는 사실을 이해시키려 애썼다. 그 말을 완전히 이해하지는 못했지만 나는 조딘이 연구실에서 하는 일에 조금씩 존경심을 갖게 되었다. 연구

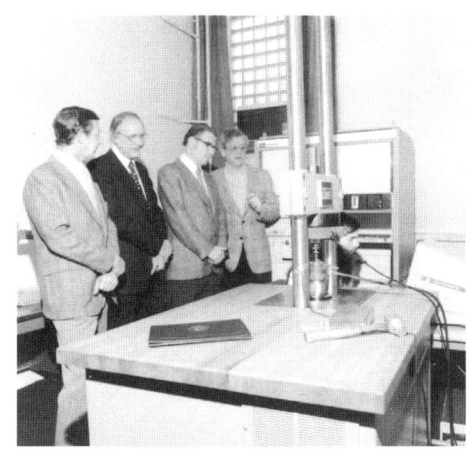

탤벗 연구소 3층에 있는 시험기는 기계실의 거대한 시험기와는 규모와 민첩성 면에서 완전히 대조적이었다. 1974년경에 촬영된 이 사진 속에서 조딘 모로(1929-2008) 교수는 탁자 위에 설치할 수 있고 컴퓨터로 제어되는 최신 시험기를 소개하고 있다. 시험기를 보고 있는 사람들은 (왼쪽에서부터) 일리노이대학교 이론 및 응용 역학과 장 리처드 쉴드Richard Shield, 이 기계의 제조사인 MTS시스템스코퍼레이션 대표 허브 존슨Herb Johnson, 공학 대학장 다니엘 드러커Daniel Drucker다. 시험기를 제어하는 컴퓨터 앞에 앉아 있는 사람은 대학원생 켈리 도널드슨Kelly Donaldson이다. (James W. Phillips 제공 사진)

실에서 그가 내게 보여준 것은, 컴퓨터 제어를 통해 시험용 샘플에 복잡한 부하 패턴을 적용할 수 있고 저주기 피로low-cycle fatigue라는 과정에서 샘플이 파손되는 주기를 자동으로 계산할 수 있는 최첨단 기계였다. 탁자 위에 놓인 이 기계는 기계실의 거대한 시험기에 비하면 아주 작았는데, 내게는 이 기계의 정교함뿐만 아니라 실험에 관한 조딘의 친절한 설명도 매우 인상적이었다. 그는 재료의 성질과 그 재료로 만들어진 샘플의 실패 과정에 관해 해박한 지식을 갖추고 있는 것이 분명했지만 겸손하게도 아직 더 공부해야 할 것이 너무 많다고 말했다. 그렇기 때문에 그와 그의 학생들이 이 실험 프로그램에 몰두하고 있고 전 세계의

학자들이 이 프로그램을 배우기 위해 어배너까지 찾아온다는 것이었다.[8]

TAM 학과 내에서 대학원생들의 연구실과 연구실 동료는 자주 재배치되었다. 우리는 TAM을 "탬"이라고 발음했다. 일부 고참 교수들은 T&AM이라는 약칭 사용을 고집했는데, T&AM은 한 단어로 발음할 수 없기 때문에 진정한 의미의 약칭이라 할 수 없었다. 어쨌든 재배치가 실시되면 기존의 연구실 동료들은 뿔뿔이 흩어져 건물의 이곳저곳으로 옮겨가게 되었다. (그러나 대개 교수들은 예외였다. 더 큰 방을 배정해 달라고 요구하지 않는 한 그들에게는 기존의 연구실을 계속 점유할 수 있는 권리가 있는 듯했다.) 내 두 번째 연구실은 3층의 남동쪽 구석에 있었고 연구실 동료들은 기계진동을 연구하는 프로그램에 어느 정도 관여하고 있는 사람들이었다. 이 연구실 주변에서는 정치에 관한 토론이 자주 벌어졌고, 특히 당시 대통령 후보였던 배리 골드워터의 열렬한 지지자로 유명한 한 대학원생이 토론에 참여하는 일이 많았다. 이 연구실에 머문 기간이 짧았던 것은 참 다행스러운 일이었다. 내 책상이 중앙의 넓게 트인 공간에 있어서 조용히 연구에 집중하기가 어려웠기 때문이다.

내 다음 연구실은 좀 더 마음에 드는 곳이었다. 이 연구실은 탤벗 연구소 남동쪽 구석의 콘크리트 연구소 구역에 있었다. 새 연구실로 가려면 접객원과 비서가 사용하는 대기실을 지나야 했는데, 그들의 봉급을 조달하던 연구 프로그램의 지원금이 충분치 않아 그들의 책상은 비어 있었다. 교수 연구실들은 이 대기실에서 멀리 떨어져 있었고 대학원생들이 사용하는 칸막이 있는 넓은 연구실은 뒤쪽 구석에 있었다. 가장 좋은 칸은 1인용으로 꾸며져 있었는데 이미 상급생이 차지하고 있었다. 나는 세 명이 사용할 수 있는 넓은 칸에 책상을 배정받았다. 나는 다른 두 대학원생과 이 칸을 함께 썼는데 두 사람 역시 조교였기 때문에 함께 배치될 소속 연구팀이 없었다. 둘 중 한 명인 이탈리아인은 신문사와 잡지사에 종종 투고 했었고 그중 한 원고가 〈타임〉 지에 실렸다는 사실을 무척 자랑스러워했다. 그는 얇은 원통 셸에 관한 논문을 썼는데, 당시에는 알루미늄 음료수 캔이나 로켓 케이스가 개발된 지 얼마 되지 않아 이 소재의 성질에 관해 많은 연구가 진행되지 않은 상태였다. 그는 능력을 인정받아 비엔나의 국제원자력기구에서 일하게 되었다. 다른 한 명은 웨스트버지니아 출신이었는데 결혼도 했고 아이들도 있어서 저녁에는 대개 집에서 시간을 보냈다. 그는 변형된 탄성 셸(예를 들면 알루미늄 캔의 반구형 바닥)의 안정성에 관해 논문을 썼고 메릴랜드 대학교 교수가 되었다. 우리는 각기 다르면서도 서로 잘 맞았다. 연구실에 있는 시간이 별로 겹치지 않았고 세 사람 모두 연구실에 있을 때는 주로 등을 맞대고 각자 조용히 연구에 몰두했기 때문이다.[9]

많은 연구소가 그렇듯 우리 연구소에도 커피를 마시며 잡담하는 모임이 자주 있어서 대학원생들과 교수들이 함께 어울리며 서로의 생각을 나누곤 했다. 콘크리트 연구소의 커피 모임은 화학 실험 장비들이 가득한 실험실에서 열렸는데, 시험관과 원심분리기가 늘어선 이 실험실에서 나는 이론 역학과 응용 역학의 차이에 대해 동료들과 자주 논쟁을 벌였다. 나는 학부생 시절에 과학사와 과학철학을 처음 접했고 대학원생이 되어서도 여가 시간에 이 분야에 관한 책들을 즐겨 읽었다. 그러던 중 연속체 역학에 대한 공리적 접근법에도 관심이 생겨 자연스레 나의 지도 교수 돈 칼슨Don Carlson을 만나게 되었다. 로널드 레이건의 출생지이기도 한 일리노이 주 북서부의 작은 마을 탐피코Tampico에서 태어난 돈은 일리노이대학교에서 학부생 시절을 보내고 공학역학 학사 학위를 취득했다. TAM의 학부 과정이 공학역학이었다. 공학과 응용 수학이 밀접하게 연계된 브라운대학교에서 박사 학위를 취득하자마자 그는 아주 젊은 조교수로서 TAM 학과로 돌아왔다.

돈이 배우고 가르친 연속체 역학은 수학과 거의 다르지 않았다. 이름이 말해주듯 연속체 역학은 원자들이나 당구공들, 행성들처럼 개별적인 부분들로 이루어진 물리적 시스템과는 달리 연속하는 부분들로 이루어져 있다고 간주되는 물체의 힘, 운동, 형태 변화 사이의 상호관계를 연구하는 학문이다. 내가 대학원에 다니던 당시 연속체 역학 분야에서는 그 기초를 수학적 구조로 설명하는 작업이 내내 유행했다. 돈은 이 주제에 관해 설명할 때 칠판에 공리, 정리, 보조정리, 따름정리 등을 적어 내려간 후 마치 수학 강의를 하는 것처럼 증명식을 세우고 마지막에는 수학자들이 하듯 QED라고 적었다. QED는 "증명 끝"이라는 의미의 라틴어 quod erat demonstrandum의 줄임말이다. 증명은 엄격한 수학적 논리에 따라 전개되었고 우리는 QED에 도달할 때까지 그 증명을 그대로 따라갔다. 이런 접근법은 실험 증거에 근거를 둔 접근법은 아니었다.

나는 연속체 역학에 관한 강의나 논문, 책에서 **실패**라는 단어가 사용되는 것을 좀처럼 본 기억이 없다. 수학 정리는 실패하는 법이 없었다. 교수가 칠판에 수학 정리를 적으면 학생들은 미리 정해져 있는 정확하고 완전하고 확정적인 이 정리를 그대로 받아 적었다. 가설에서 증명을 거쳐 결론에 이르는 모든 과정이 실로 아름다웠다. 연속체 역학 강의와

도널드 E. 칼슨(1938-2010), 일리노이대학교에서 42년간 이론 및 응용 역학을 가르친 그는 저자의 논문 지도 교수였다. 그의 관심과 재능은 일리노이대학교에서 TAM이 다루는 범위의 이론적인 최 극단에 집중되어 있었고, 그의 직업 사전에서 **실패**라는 단어는 거의 찾아볼 수 없었다. (James W. Phillips 제공 사진)

    필기 노트는 연구소나 강도 시험, 강철 부품이 으스러지는 기계실과는 완전히 다른 세계였다. 실패라는 개념에 가장 가까운 것이라면 가설의 반증 정도였다. 이런 문제 풀이에도 물리학과 공학에서 사용되는 것과 같은 힘, 질량, 가속도, 에너지 등의 단어들이 사용되었지만 내게는 이 단어들이 개념을 가리키는 말이라기보다는 기호에 가까웠다.

    연속체 역학을 연구하는 우리는 자신을 뭐라고 불러야 할지 혼란스러웠다. 메커닉mechanic이라고 하면 육체노동자나 기능공, 기계 기술자, 정비공 등으로 오해받을 가능성이 있었다. 메커니션mechanician이라고 불리기를 선호하는 사람들도 있었지만, 메커니션은 메커닉을 좀 더 멋지게 표현한 말일 뿐이었다. 역사에 관심이 많은 어떤 이들은 우리를 기하학자라고 했지만, 그렇게 말하면 우리가 시간을 배제하고 공간에만 초점을 두고 있는 것처럼 느껴졌다. 게다가 단어 자체가 역학보다는 기하학을 떠올리게 하는 단어였다. 우리는 스스로를 엔지니어라고 부를 수도 있었다. 그러나 (복잡하지만 모호하지 않게 표현하자면) 연속체 역학자들은 엔지니어라는 단어를 들으면 파란색과 흰색 띠가 둘러진 모자를 쓴 철도기관사의 이미지가 떠오른다며 가능한 한 이 단어를 멀리하고 싶어 하는 것 같았다.

일부 이론 역학자들은 스스로를 그냥 과학자라고 부르기도 했다. 실제로 학사 체계에서는 많은 공학 분야의 학위를 이학사(Bachelor of Science)라고 뭉뚱그리고 있기 때문에, 이렇게 부르는 것도 무리는 아니었다. 또 다른 이론 역학자들은 스스로를 연구 엔지니어라고 부름으로써 철도기관사나 설계 엔지니어와 구분 지었다. 그들은 자신들이 연구 및 개발의 선두에 서 있다고 믿었고, 아마도 설계에 가까울수록 맨 뒤쪽으로 밀려난다고 생각하는 것 같았다. 연구는 일반적으로 성공한 시도를 의미하는 말이었다. 성공하지 못한 시도는 언급되지 않고 사라졌다. 개발하다 보면 새로운 정리가 실제적인 의미를 가질 수 있느냐 없느냐가 판가름 나는 결정의 순간을 마주하게 된다. 과학자는 성공하고 엔지니어는 실패한다. 그러나 당시 우리는 켈빈 경(Lord Kelvin)이 말한 것처럼 "과학이 증기기관에 공헌한 것보다 증기기관이 과학에 공헌한 바가 훨씬 더 크다"는 사실을 알지 못했다.[10]

대학원생 시절 내내 나는 생계를 위해 조교로 일했다. 다시 말해서 나는 특정한 연구팀에 소속되어 있지도 않았고 특정 연구를 중심으로 구성된 연구실에 소속되어 있지도 않았다. 어느 연구실에 있든 나는 일시적으로 체류 중인 외국인 같았다. 그래도 콘크리트 연구소에 있는 연구실에서 생활하는 동안에는 주변 사람들이 커피를 마시며 나누는 대화에 자연스레 참여하곤 했다. 화학 기구와 각종 장비가 가득한 실험실에서 우리는 힘의 본질이나 뉴턴의 법칙의 중요성 등에 대해 논쟁을 벌였다. 대부분 우리는 서로 다른 말을 했다. 우리는 의사소통에 실패했다. 우리가 실패에 관해 대화를 나눌 때는 주로 자격시험이나 예비 시험, 기말시험에 실패하지 않을까 걱정할 때였다. 사실 이런 시험에 실패하는 일은 말처럼 자주 일어나는 일은 아니었다.

하지만 콘크리트 연구소에서 생활하면서 나는 응용 역학의 또 다른 측면을 엿보게 되었고 역학과는 다른 공학도 접하게 되었다. 콘크리트 연구는 토목공학자들에게도 커다란 관심사였기 때문에, 콘크리트 연구에 관여하고 있는 학생들과 교수 중에는 역학자도 있었고 공학자도 있었다. 일리노이대학교의 토목공학과는 뛰어난 교수진과 성공한 졸업생들 덕분에 널리 알려졌었고 높은 평가를 받고 있었다. 역학과 공학의 차이는 학교 안에서는 미묘할 때도 있었지만 학교 밖에서는 어마어마했다. 그렇기 때문에 TAM 학과와 토목공학과 학생들은 기술적인 대화를 나눌 때 같은 용어를 사용하기도 했지만 주제 안에서 그들의 궁극적인 관심사는 전혀 달랐다. 역학자들은 스스로를 엔지니어라고 부르는 일이 거의 없고 자신은 과학자라고, 혹은 적어도 공학 과학자라고 생각하는 것처럼 보일 때가 많았다. 반면 공학자들은 엔지니어라고 불리는 데 자부심을 느끼고 이 호칭을 마음에 들어 했다.

TAM 학과가 성장하면서 새로운 교수들이 들어오자 탤벗 연구소에는 공간이 극도로 부족해졌고, 나처럼 당장 실험 장비를 쓰지 않아도 되는 대학원생들은 길 건너의 "목공장"이라 불리는 건물로 쫓겨 가게 되었다. "목공장"이라는 이름은 이 건물이 과거에 실제로 맡고 있던 역할에서 유래되었지만, 전후의 공학 교육과정이 보다 과학에 기반을 둔 과정으로 변화하면서 건물 전체를 목공 작업에 활용할 필요가 없어졌다. "목공장"의 정면에 있는 방들은 강의실과 대학원생 연구실로 용도가 바뀌었다. 나는 일리노이대학교를 떠나기 전까지 이곳에서 생활했고 탤벗 연구소에는 우편함을 확인하거나, 세미나에 참석하거나, 지도교수와 면담하거나, 라이트 가에 커피나 술을 마시러 함께 갈 사람을 만날 때만 잠깐씩 들렀다.

일리노이대학교에서 재료의 피로 연구와 콘크리트 연구를 비공식적으로 접했지만 그 후로도 나는 거의 십 년 동안 이론주의자 진영에 머무르면서, 명성이 높다고 생각되는 학술지에 내 수학적 조작의 결과들을 싣기도 했고 내 딴에는 부끄럽지 않은 이력서를 써 나갔다. 그러나 학문으로서의 공학은 이해하고 있을지 몰라도 실제적인 공학은 충분히 이해하고 있지 못하다는 생각이 마음 한구석에서 계속 나를 괴롭혔다. 당시 나는 오스틴에 있는 텍사스대학교에서 공학에 관한 강의를 맡고 있었다.

내가 방정식에만 집착하던 태도를 버리게 된 것은 아르곤국립연구소Argonne National Laboratory에서 얻은 깨달음 덕분이었다. 나는 이곳에 초대되어 재료과학부의 연구원들 앞에서 내 연구를 주제로 발표했다. 그들은 내 수학적 설명을 이해했지만 나는 실제 재료에 관한 깊은 이해를 바탕으로 한 그들의 질문에 충분한 답변을 내놓을 수 없었다. 그들은 내가 짐짓 간단하게 조작해 보이는 수학적 양들이, 방정식의 인수처럼 간단하게 조작할 수 없는 실제 재료들과 어떻게 연관되는지 알고 싶어 했다. 연구소에서도 실제 현장에서도 경험이 없었던 나는 만족스러운 대답을 하지 못했다. 적어도 나 자신에게는 만족스러운 대답이 아니었다.

 당시 아르곤국립연구소의 주요 임무 중 하나는, 운전 중에 소비되는 연료보다 더 많은 연료를 생산할 수 있는 액체금속냉각 원자로를 개발하는 일이었다. 이 실제적인 공학 문제를 풀기 위해서는 연구소 내 순환도로 주변의 여러 건물에서 일하는 핵물리학자들과 재료과학자들, 유체역학자들, 구조공학자들, 그 외에도 많은 전문가의 협력이 필요했다. 교수들과 대학원생들로 구성된 개개의 팀들이 각각 독립된 연구에 몰두하고 서로 거의 교류하지 않는 대학에서와는 달리, 임무 위주로 운영되는 연구소에서는 여러 분야 간의 상호작용이 반드시 이루어져야 했다. 성공도 실패도 팀 전체가 함께 경험하는 일이었다.

 다양한 분야의 과학자들과 엔지니어들이 공통의 문제를 해결하기 위해 협력한다는 것이 내게는 무척 매력적으로 느껴졌다. 특히 과학과 공학이 어떻게 서로 연관되는지를 눈으로 확인할 기회가 생긴다는 점에서 더욱 그랬다. 원자로 연구 개발 계획은 이론 역학과 응용 역학이 하나로 결합되는 장을 마련해줄 것 같았다. 이 연구소에서 일해 달라는 제의를 받았을 때 나는 곧바로 수락했다. 대학에서는 배우지 못한 것들을 배울 기회라고 생각되었기 때문이다.

 아르곤국립연구소에서 내 공식적인 직함은 역학 엔지니어였고 나는 원자로 분석 및 안전관리 부서에 소속되었다. 내가 이해하기로 이 부서가 맡은 임무는 원자로 중심부에서 일어나는 핵 활동을 분석하고, 운전 중인 원자로에서 발생할 수 있는 다양한 변칙(실패)들이 안전에 어떤 영향을 미칠 수 있는지 파악하는 일이었다. (NASA와 마찬가지로 원자력산업에서도 "실패"라는 단어를 대신하는 완곡한 표현들이 많이 사용되었다.) 이런 변칙들 중에는 제어봉 낙하도 있을 수 있고, 냉각수 공급 중단에 따른 갑작스런 온도 상승도 있을 수 있다. 주 냉각수공급관들 중 하나에 생긴 작은 결함이 균열로 발전해 결국 관의 상당 부분이 파손되고 냉각수의 공급 속도가 유출 속도를 따라가지 못하게 되면 이런 최악의 사태가 벌어질 수 있다. 가장 무서운 실패 시나리오는 가상노심붕괴사고HCDA였다. 일련의 실패로 인해 용융된 핵연료가 액체 소듐과 상호작용해 유해 기포를 발생시키면 이런 사고가 벌어질 수 있다. 유해 기포 발생은 일종의 "폭발"이지만 이 단어는 사용되지 않았다. 가상노심붕괴사고라는 개념은 이론과 실제 양쪽 모두에 걸쳐 있는 개념이었다. 가설적 구성 개념인 동시에 실제로 피해를 일으킬 수 있는 사고이기도 했기 때문이다. 중요한 문제 중 하나는, 노심이 들어 있는 강철 압력용기가 이런 사고 발생 시에 파손되느냐 하는 것이었다. 아르곤국립연구소에서는 모두가 실패와 그 실패로 인해 발생하는 문제에 초점을 맞추고 있었다.

부서의 직원 중에는 금이 가거나 부서진 도관을 전문적으로 분석할 수 있는 사람이 없었기 때문에 내가 파괴 역학 전문가들로 새로운 팀을 꾸리고 이끌게 되었다. 내가 아르곤국립연구소에서 일하기 시작한 1975년에는 파괴 역학이 비교적 새로운 분야였고 이 분야에 관해 가르치는 대학도 아직 그리 많지 않았다. 1950년대부터 이 분야의 연구가 시작되었고 1952년에 창간된 〈고체역학 및 고체물리학 저널*Journal of the Mechanics and Physics of Solids*〉에 이론적인 연구가 실리기도 했지만, 좀 더 응용적인 부분을 다룬 〈공학 파괴역학*Engineering Fracture Mechanics*〉 지는 1969년이 되어서야 창간되었고 〈국제 파괴역학 저널*International Journal of Fracture*〉은 1973년에 창간되었다. 파괴 역학에 관한 논문과 교재는

1970년대 중반에 처음으로 등장하기 시작했다. 대학원에서는 들어 본 적조차 없었던 주제를 공부하게 된 내게는 이 문헌들이 없어서는 안 될 귀중한 자원이었다.[11]

파괴 역학에 관한 초기의 논문들과 교재들의 특징 중 하나는, 마치 의무이기라도 한 것처럼 역사적 배경에 관한 서문이나 장이 실려 있었다는 것이다. 역사적 배경에 관한 설명은 매우 인상적이었다. 오래전부터 실패가 공학의 골칫거리였고 파괴라는 개념이 이론에서 유래된 것이 아니라 오히려 그 반대라는 점을 강조하고 있었기 때문이다. 1977년에 처음 출판된 롤프Rolfe와 바섬Barsom 공저 《구조물의 파괴 및 피로 제어Fracture and Fatigue Control in Structures》 첫 장은 취성파괴brittle fracture로 인해 발생한 대표적인 실패들의 역사적 개관으로 시작하고 있었다. 취성파괴란 구조물이나 기계의 어떤 부분이 거의 예고도 없이 갑자기 부러지거나 부서지는 현상을 말한다. 1919년에는 보스턴의 당밀 저장 탱크가 터져 7백만 리터 이상의 끈적끈적한 시럽이 쏟아져 나오면서 12명이 사망하고 40명이 부상당했다. 제2차 세계대전 중에 용접 방식으로 급조된 2백 척 이상의 리버티Liberty 수송함에서는 심각한 취성파괴가 발생해 결국 배가 갑자기 둘로 쪼개지기도 했다. 1950년대 중반에는 드 하빌랜드 코멧 제트 여객기들이 공중에서 갑자기 폭발해 탑승자 전원이 사망하는 사고가 이어졌다. 1967년에는 포인트플레전트Point Pleasant에서 다리가 갑자기 무너져 수많은 통근자들이 오하이오 강으로 추락하고 46명이 사망했다. 이런 비극적인 실패들은 피로와 파괴가 단지 학문적인 주제에 그치지 않는다는 사실을 말해주고 있었다.[12]

이론 및 응용 역학 연구가 구조적 실패 발생 요인에 대한 우리의 이해를 발전시키는 데 중요한 역할을 하지 않았다는 얘기는 아니다. 실제로 강철 수송함에서 취성파괴가 발생한 이후 구조재의 화학적 구성에 관한 연구와 용접이 파괴 저항성에 미치는 영향에 관한 연구가 활발히 진행되었다. 1970년대 중반에 파괴 역학을 막 접하기 시작한 내가 보기에 가장 눈에 띄는 이 분야의 전문가들은 미국재료시험학회ASTM의 회원들이었다. ASTM은 19세기 말에 만성적인 철도와 차축 파손 문제를 해결하기 위해 설립된 기관이다. 내가 ASTM을 알게 된 것은 롤프와 바섬의 책에 이 학회의 논문STP이 자주 언급되었기 때문이다. STP는 ASTM의 회의에서 발표된 논문들을 회원들이 검토해 책으로 출판한 간행물이다. 현재는 ASTM 인터내셔널이라는 이름으로 불리는 이 학회는 스스로를 "세계 최대의 임의 표준 개발 기관 중 하나"라고 소개한다. 연필심에서부터 구조용 강재에 이르기까지 다양한 제품 및 재료들을 다루고 있는 ASTM 표준집은 매년 발행되어 도서관의 기술 자료 서가에서 익숙하게 찾아볼 수 있었지만 이제는 디지털 자료로 많이 대체되었다. 그러나 3만 명에 달하는 ASTM 회원들의 연구는 대부분 대면 회의를 통해 진행된다. "피로 및 파괴에 관한 E08 위원회"의 회의도 그 중 하나다.[13]

1979년 펜실베이니아 주 스리마일Three Mile 섬 원자력발전소 사고 이후 아르곤국립연구소의 원자로 연구 및 개발은 지지 기반을 잃어버렸고 많은 연구자가 연구소를 떠났다. 1980년에 듀크대학교로 옮겨 갔을 때 나는 직업 인생의 기로에 서 있었다. 나는 이론적인 연속체 역학 분야의 공석을 채우기 위해 고용되었지만 이미 내 관심은 응용적인 파괴 역학에 가 있었다. 내가 일하게 된 구조공학 연구소는 1960년경에 실물 크기의 철근콘크리트 기둥 강도 시험을 위해 설계되고 지어진 건물이었다. 연구소에는 "튼튼한 바닥"이 있었다. 거대한 기계들을 설치해서 시험 샘플에 엄청난 힘을 가할 수 있도록 설계된 것이었다. (사실상 바닥은 거대한 시험기의 한 부분인 셈이었다.) 연구소가 지어진 후 20년이 지나자 대규모 시험은 듀크대학교에서 관심을 잃게 되었다. (화려한 전통을 자랑하는 일리노이대학교에서도 결국에는 그렇게 되었다.) 튼튼한 바닥 위에 설치된 훨씬 작아진 시험기들은 컴퓨터로 제어되었고 높은 하중속도로 충격 시험과 피로 시험을 수행할 수 있었다. 15년 전에 조던 모로가 내게 보여주었던 장비의 후손이라 할 수 있는 이 기계들 중 일부는 생명공학과 교수들과 대학원생들이 인체 조직의 역학적 성질을 연구하는 데 사용하고 있었다. 내가 가르치는 대학원생들도 비슷한 기계들을 콘크리트의 균열과 파괴 실험에 사용했다.

나는 좀 더 일반적인 의미의 실패에 관심을 갖게 되었다. 많은 사람에게 알려진 실패들은 오래전부터 엔지니어들뿐만 아니라 일반인들에게도 주목을 받아 왔다. 자재의 피로나 파괴로 인한 실패들도 있었지만 설계상의 문제로 인한 실패들도 있었다. 1940년의 타코마해협교 붕괴 사고와 1981년의 캔자스시티 하얏트리젠시 호텔 고가 통로 붕괴 사고는 기술적 요인뿐만 아니라 인적 요인에 대해서도 설명을 요하는 실패들이었다. 이런 다양한 실패들을 설명하기 위해서는 새로운 접근이 필요했다.

이런 실패들과 그 발생 원인을 설명하기 위해 나는 장난감의 고장이나 다리의 붕괴 등 다양한 사례 연구를 거쳐 《인간과 공학이야기》를 썼다. 부러진 연필심에서부터, 형태는 기능을 따른다기보다는 실패한다는 개념에 이르기까지, 실패에 관한 모든 것들이 계속 내 관심을 사로잡았다. 이런 주제들은 내가 《연필The Pencil》과 《포크는 왜 네 갈퀴를 달게 되었나The Evolution of Useful Things》를 쓰는 데 중요한 동기를 제공했다. 몇 년 후 이 책들이 좋은 평가를 받아 나는 기쁘게도 일리노이대학교에 초대되어 성공한 동문에게 주는 상을 받았다. 학교 측은 내게 탤벗 연구소에서 연설해달라고 요청했다. 나는 처음으로 학생들을 가르쳤던 건물에서 다시 한 번 강연할 기회를 흔쾌히 수락했고, 대학원생 시절 그토록 몰두했던 수학적 이론에 관해서가 아니라, 실패를 동력으로 발전하는 인공물의 한 가지 사례로서 클립에 관해 이야기하기로 했다. 이 강연을 통해 나는 과거의 스승들 앞에서 내 관심사가 이론 역학에서 응용 역학으로 바뀌었음을 선언한 셈이었다.[14]

기쁘면서도 씁쓸한 순간이었다. 기계실이 있던 자리에는 더 많은 연구실과 실험실, 강의실을 제공하기 위한 일종의 건물 안의 건물이 자리하고 있었다. 1,360톤의 힘을 자랑하던 만능시험기는 이제 새로 세워진 벽에 난 작은 창문을 통해서만 볼 수 있었다. 탤벗 연구소의 복도는 드디어 양쪽 벽을 모두 갖게 되었다. 내가 강연을 한 방은 근사하고 쾌적해 보였다. 그러나 한때는 이제 곧 강철이나 콘크리트로 된 아주 큰 부품이 부서져 건물이 진동할 것임을 알리는 경보가 울려 퍼지던 열린 공간이었던 곳이 이제는 아늑한 방이 되었다고 생각하니 조금 어리둥절한 기분이었다. 그 후로 약 20년이 지난 지금은 이론 및 응용 역학과 자체가 존재하지 않는다. 2006년에 일리노이대학교의 TAM 학과는 기계공학과와 통합되어 역학공학과가 되었다. 나는 이 새로운 학과의 대학원생들이 학과 명칭에 들어 있는 두 단어의 순서와 차이에 대해 논쟁을 벌이는지 궁금하다. 그리고 그들이 실패의 의미를 개인적으로 어떻게 인식하고 있는지도 궁금하다.

A REPEATING PROBLEM

CHAPTER 05
반복되는 문제

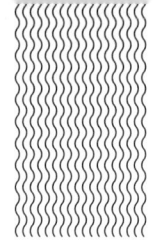

최근에 치아 검진을 받기 위해 치과에 갔다가 나는 치과의사와 엔지니어의 기술적인 관심사가 얼마나 많이 겹치는지 다시 한 번 실감했다. 의사는 내게 직업이 뭐냐고 물었고 나는 공학을 가르친다고 대답했다. 그러자 그는 치의학이 일종의 구강공학이라고 말했다. 나는 고개를 살짝 끄덕이면서 동의한다는 의미로 소리를 냈다. 그는 자신의 아들이 대학에서 공학을 전공할 뻔했는데 마지막에 치과의사가 되기로 마음을 바꿨다고 말했다. 이 얘기를 듣고 나는 예전에 가르쳤던 한 학생이 떠올랐다. 그는 사우스캐롤라이나 주 찰스턴의 쿠퍼 강에 있던 유명한 두 다리를 주제로 학기말 리포트를 썼고 나중에는 철거된 두 다리에 관한 책을 공동 집필하기도 했는데, 엔지니어로 몇 년간 일하다가 그만두고 치과대학에 입학했다. 하지만 내가 아는 사람 중에 치과의사로 일하다가 그만두고 공학을 공부한 사람은 한 명도 없다.[1]

직업적인 뿌리와 관계없이 치과의사와 엔지니어 모두 역학, 재료, 유지관리에 관해 많이 알아야 한다. 그들은 다리에 작용하는 힘을 이해해야 한다. 여기서 다리는 치아 사이를 잇는 다리가 될 수도 있고 강둑 사이를 잇는 다리가 될 수도 있다. 치과의사는 아말감과 에폭시의 유지력을 알아야 하고 엔지니어는 강철과 콘크리트의 유지력을 알아야 한다. 또한 그들은 악화를 막는 일이 얼마나 중요한지도 잘 이해하고 있어야 한다. 치과의사는 충치의 악화를 막기 위해 예방 조치를 취해야 하고 엔지니어는 강철의 부식을 막기 위해 페인트를 칠해야 한다. 그러나 충치나 부식의 악화는 은밀히 진행된다. 그렇기 때문에 치과의사들은 정기 검진을 권장한다. 빈틈없는 정기 검진이 치아 건강에 얼마나 중요한지는 일반인들도 너무나 잘 알고 있다. 따라서 국가 기반시설을 안전하게 유지하는 데도 철저한 정기 점검이 중요하다는 사실은 쉽게 유추할 수 있다. 정기 검진 시에 치과의사는 우리 입속의 구조물들을 샅샅이 살펴 조금이라도 이상이 없는지 확인하고, 그냥 내버려 두면 치아 전체를 상하게 할 수 있는 구멍을 찾아 메운다. 1년에 한 번 정도는 정기 검진을 통해 엑스레이 촬영을 하고 의심스러운 부분을 이전의 촬영 기록과 비교해 봐야 한다. 우리는 모두 치아를 가지고 있기 때문에 (혹은 가져 본 적이 있기 때문에) 정기 검진과 예방 조치의 중요성을 잘 알고 있다.

실제로 우리는 치아를 관리하지 않고 방치하면 치료할 수 없을 정도로 상할 수 있다는 사실을 알고 있다. 그러나 다리나 도로를 비롯한 공공시설도 마찬가지라는 사실은 아직 충분히 인지하지 못하고 있는 것 같다. 치과에 가면 치아 외에도 많은 것들에 대해 생각해 보게 된다. 치과에서의 경험은 우리가 잊고 있던 지식과 교훈을 상기시켜준다. 이가 깨져서 치과를 찾으면 의사로부터 이미 예전에 금이 가 있었을 것이라는 말을 듣게 되는 경우가 많다. 이 균열은 아주 오래전에 시작되었을 수도 있다. 아마도 맞닿는 치아에 부딪혀 법랑질이 손상되었지만 정도가 너무 미미해서 의사도 쉽게 발견하지 못했을 것이다. 하루 세끼의 식사를 하고 간식을 먹으면서 시간이 흐르는 사이, 처음에는 작았던 균열이 아주 서서히 커졌을 것이다. 역학적으로 설명하자면, 음식을 씹을 때 치아에 가해진 힘이 균열을 반복해서 벌어졌다가 닫히게 했고 그 과정에서 균열이 아주 서서히 확장된 것이다. 균열이 확장되는 동안에도 치아를 심하게 맞부딪치거나 펜치처럼 사용하지 않는 한은 문제가 없었겠지만 결국에는 아주 작은 힘만 가해도 금방 깨질 수 있는 상태까지 발전했을 것이다. 금이 간 창유리를 손가락으로 살짝만 두드려도 깨질 수 있는 것과 같은 원리다.

건강한 치아도 뜨거운 음료나 차가운 음료를 마실 때 반복적으로 열응력을 받게 되고, 음식을 씹을 때 반복적으로 충격을 받게 된다. 잠자는 동안 이를 가는 사람은 치아에 더 큰 충격을 받는다. 이런 여러 가지 운동은 치아에 가느다란 균열을 발생시킬 수도 있고, 시간이 흐름에 따라 균열이 확장되어 약해진 치아는 햄버거 속에 섞여 들어간 아주 작은 뼈나 스튜 속의 작은 굴 껍데기 조각을 씹는 것만으로도 깨질 수 있다. 이 과정은 차량 통행으로 인해 반복적으로 충격을 받는 다리나 도로를 설계할 때 엔지니어들이 고려해야 하는 피로균열의 발생 및 진행 과정과도 같다. 계절이 바뀔 때마다 기온 변화의 영향을 받고 늘 차량 통행에 시달리는 콘크리트와 아스팔트 도로에는 오랜 시간이 지나면 균열이 생기고 이 균열이 점점 벌어져 나중에는 포트홀porhole이라는 구멍이 파인다.

어느 날 보스턴의 로건 공항에서 점심을 먹다가 나는 앞니 하나가 흔들리는 것을 느꼈다. 십대 시절 사고로 부러져 크라운을 씌운 치아였다. 바로 옆의 치아 세 개도 마찬가지였다. 나는 이 치아들로 단단한 사과를 깨물거나 딱딱한 프레첼을 씹지 않도록 늘 조심했었다. 집으로 돌아와서 치과에 갔더니 의사는 문제의 흔들리는 앞니를 구제할 수 없다고 말했다. 엑스레이 사진상에는 진짜 치아의 남은 부분에 크라운을 고정하기 위한 스테인리스스틸 기둥이 박혀 있는 모습이 보였는데, 이 기둥이 박힌 지점에서부터 치아의 뿌리가 시작되는 곳까지 일직선을 따라 치아가 둘로 쪼개져 있었다. 왜 다른 치아들은 멀쩡한데 이 치아만 쪼개진 것이냐고 묻자 의사는 엑스레이 사진을 보여주면서, 기둥을 박을 때 드릴이 비스듬하게 들어가서 구멍이 뿌리의 경계에 더 가깝게 뚫렸고 그래서 처음부터 이 치아가 다른 치아들보다 약할 수밖에 없었다고 설명했다.

그래도 나는 치아들을 정말 조심히 사용했기 때문에 왜 이렇게 된 것인지 여전히 의아했다. 그렇게 곰곰이 생각해 보다가 마침내 의문이 풀렸다. 몇 년 전 내 아들이 아직 어렸을 때 나는 우리 집 간이 차고 위에 농구 골대를 설치하고 있었다. 골대를 설치하기 위해서는 백보드의 틀을 볼트로 접합해야 했는데, 나는 래칫 렌치로 볼트를 조이다가 그만 렌치를 놓쳐버렸고 렌치는 내 윗입술 바로 윗부분을 강타했다. 상처를 몇 바늘 꿰매고 흉터가 남았지만 어떻게 보면 또 하나의 훈장이 생긴 것 같기도 했다. 나는 렌치가 크라운을 씌운 치아를 때리지 않은 것이 천만다행이라고 생각했다. 그러나 사실은 그렇지 않았다. 렌치에 맞았을 때 충격이 피부와 잇몸을 지나 치아의 뿌리 부분까지 전해졌었던 것이다. 아마도 이때의 충격이나 혹은 또 다른 충격으로 인해 치아에 살짝 금이 갔고 시간이 흐르면서 이 균열이 점점 커져 결국 보스턴 공항에서 점심을 먹던 시점에는 이미 치아가 더 이상 버틸 수 없을 만큼 약해져 있었던 것이 아닌가 싶다.

수년간 매일 수백 번씩 반복된 씹는 행위는 내 취약한 치아에 끊임없이 압력을 가했다. 균열이 점점 확장되기에 더없이 좋은 환경이었다. 하루에 10만 회, 열흘에 1백만 회에 달하는 심장 박동도 몸속에 삽입된

심박조율기나 제세동기의 전극선에 비슷한 영향을 미칠 수 있다. 이 작은 전극선은 심장이 뛸 때마다 구부러지는데, 삽입 수술 중에 부주의로 수술 도구에 긁혀 미세한 균열이 발생했을 경우 이 균열이 아주 서서히 커져서 나중에는 결국 전극선이 파손될 수도 있다. 혈액의 부식성도 몸속에 삽입된 카테터나 스텐트의 피로와 파괴 문제를 심화시킬 수 있다. 실패는 우리 주변에서 흔히 일어나는 현상이다.2

무언가가 부서지는 일은 늘 있었다. 막대나 돌에 맞아 뼈가 부러지는 사고는 자주 일어나는 일이고, 우리의 선조들은 이미 오래전부터 작은 돌을 깨서 칼이나 화살촉을 만들었다. 르네상스 시대에 갈릴레오는 커다란 석제 방첨탑과 목제 선박들이 알 수 없는 이유로 파손되는 것을 보고 재료의 강도를 연구하기 시작했다. 그러나 많은 엔지니어가 부품의 균열이나 파괴의 확장에 관심을 기울이기 시작한 것은 철도 개발에 철이 널리 사용되기 시작하면서부터였다. 철로 만든 차축이나 철도, 바퀴, 들보, 다리가 예고 없이 파손되면 대형 사고로 이어지는 경우가 많았고 때로는 사망자가 발생하기도 했기 때문이다. 이런 실패들을 방지해 믿을 수 있는 철도 시스템을 건설하기 위해서는 그 실패들의 근본 원인을 제대로 알아야 했다.3

철도 차축의 파괴에 관해 연구한 초기의 연구자들 가운데 한 사람은 스코틀랜드의 토목엔지니어이자 물리학자인 윌리엄 랭킨William John Macquorn Rankine이었다. 1843년에 아직 이십대 초반이었던 그는 영국 토목학회ICE의 회의에서 논문을 발표했는데, 제목은 "철도의 차축 저널이 예기치 않게 파손되는 원인과, 연속법칙 준수로 이런 사고를 방지하는 방법"이었다. 이 논문에서 랭킨은, 금속이 반복 사용으로 약화되는 이유는 "가단주철malleable iron의 섬유 구조가 점차 결정 구조로 변해 종 방향으로 약해지면 섬유 상태에서는 견딜 수 있었던 충격을 견딜 수 없어지기 때문"이라는 일반적인 가설을 언급했다. 랭킨은 처음부터 차축에 결정 구조가 존재했을 수도 있기 때문에 이 가설을 입증하기 어렵다고 인정했다. 그러면서도 그는 차축을 만들 때 기존의 방식대로 지름을 급격하게 변화시키지 않고 서서히 변화시키면 금속의 섬유 구조가 죽 이어지게 될 것이라고 제안했다. 즉, 급격한 기하학적 변화는 해로운 영향을 미칠 수 있다는 것이었다. 실제로 이런 원리는 우리의 일상생활에서도 흔히 접할 수 있다. 신문지를 찢을 때 접혀 있는 선을 따라 찢으면 쉽게 찢어진다. 좋은 설계를 위해서는 이처럼 해로운 기하학적 변화를 피해야 한다.[4]

랭킨은 입증하기 어렵다고 말했지만 반복된 하중으로 인해 철의 구조가 결정화된다는 가설은 취성파괴를 설명해주는 기술적인 통념으로서 19세기 말까지 널리 받아들여졌다. 취성파괴란 재료가 주변부의 심한 변형 없이 파괴되는 경우를 말한다. 도자기가 깨져도 조각들을 전부 찾기만 한다면 다시 붙여서 원래 형태로 되돌릴 수 있다. 유리나 분필이 깨질 때도 취성파괴가 일어난다. 분리된 부분들을 잘 끼워 맞추면 깨진 위치를 보여주는 가느다란 금만 있을 뿐 형태는 원래대로 되돌릴 수 있다.

1847년, 영국 체스터의 디Dee 강 위를 지나는 철교에서 열차의 하중으로 인한 취성파괴로 붕괴 사고가 일어났다. 런던과 홀리헤드를 연결하는 이 중요한 다리는 웨일스와 아일랜드 해를 경유해 잉글랜드와 아일랜드를 이어주는 중요한 연결 통로였다. 디 강의 철교는 주철cast-iron

로 만든 구간들을 연철wrought-iron로 된 지지대들이 받치고 있는 트러스 구조(trussed structure, 구조물이 받는 힘을 분산하기 위해 단재를 삼각형으로 구성해 연결한 구조—옮긴이)였다. 주철은 잘 부러지는 재료이기 때문에 주철로 만든 들보는 엔지니어의 판단에 따라 10~18m 이상 길면 안 된다. 디 강의 다리는 지주와 지주 사이의 거리, 즉 경간이 거의 30m였기 때문에, 주철 들보 세 개가 끝과 끝이 맞붙게 배열되고 연철 지지대들이 각 접합 부위를 단단히 고정해 들보 사이가 벌어지지 않도록 설계되었다. 연철 지지대들은 주철 들보가 파손될 경우 다리 전체가 무너지지 않도록 막아주는 역할도 하고 있었다. 비슷하게 설계된 다리들이 1831년부터 철도에 사용되었고 오랜 세월 동안 신뢰도에 문제가 없었기 때문에 점점 더 긴 경간에 이런 설계가 사용되었고 안전율은 점점 더 낮아졌다. 디 강의 철교는 비슷한 설계의 다리들 가운데 경간이 가장 길었다.[5]

5명의 사망자가 발생한 디 강 철교 붕괴 사고 직후 철도위원들은 조사를 요구했다. 조사 결과 접합된 들보들 중 하나가 파손된 곳이 몇 군데 있었다. 원인을 좀 더 제대로 파악하기 위해, 똑같이 설계된 남아 있는 경간 위로 기관차를 지나가게 하고 들보가 얼마나 눌리는지 확인하는 시험이 몇 차례 실시되었다. 기차가 들보 위에 가만히 서 있을 때는 들보가 많이 내려앉지 않았지만 기차가 지나가자 그 밑을 받치고 있는 구조물이 눈에 띄게 흔들렸다. 조사관들이 내린 결론 중 하나는 무거운 하중이 반복적으로 작용하면 "주철 들보들이 손상되고 강도가 떨어진다"는 것이었다. 오늘날 우리가 금속 피로라 부르는 현상을 당시에는 이렇게 설명한 것이다.[6]

무너진 경간과 함께 객차들이 추락해 사망자가 발생했기 때문에 관계자들에 대한 심문이 진행되었다. 다리에서 일했던 도장공들은 실제로 열차가 지나갈 때 들보가 꽤 많이 내려앉았고 그 정도는 열차의 속도에 따라 달랐다고 증언했다. 한 도장공은 자로 쟀을 때 들보가 10cm까지 내려앉은 적이 있다고 말했고, 또 다른 도장공은 나중에 부러져 교체된 들보가 약 13cm까지 내려앉은 적이 있다고 말했다. 몇 명의 엔지니어들도 심문을 받았는데, 그중에는 이 철교의 설계자인 로버트 스티븐슨Robert Stephenson도 있었다. 그는 같은 구조의 좀 더 짧은 다리들을 성공적으로 설계해 왔고, 그렇기 때문에 다리의 설계에는 문제가 없다고 주장했다. 스티븐슨은 디 강 철교의 붕괴가 탈선으로 인해 시작되었다고 주장했다. 열차가 탈선하면서 들보를 옆으로 때려 부러뜨렸다는 것이었다. 이 설명은 목격자들의 증언과 일치하지 않았다.[7]

검시관은 배심원들에게 스티븐슨의 직무 태만이 원인은 아니라고 미리 못 박으면서도 그들에게 무너진 다리의 설계에 대한 의견을 물었다. 배심원단은 "들보가 엔진이나 탄수차, 객차, 수하물 차에 맞아 부러진 것도 아니고, 교각이나 교대에 결함이 있어 부러진 것도 아니며, 단지 빠르게 지나가는 열차의 하중을 견디기에 충분한 강도로 만들어지지 않아 부러진 것"이라고 주장했다. 또 배심원단은 "향후 들보를 주철과 같은 부러지기 쉽고 신뢰할 수 없는 금속으로 만들어서는 안 된다"고 주장했다. "연철 지지대로 받친다 하더라도 빠른 열차나 여객 열차가 지나는 철교에 사용하기에는 안전하지 못하다"는 것이었다. 배심원단은 디 강 철교와 비슷하게 설계된 1백여 개의 다리가 "모두 위험할 수 있다"고 우려했다. 그들은 정부가 나서서 이런 다리들이 안전한지 조사하고 결과를 시민들에게 공개해야 한다고 권고했다. 그리하여 철도 구조물에 사용된 철의 안전성을 조사하는 왕립 위원회가 구성되었다. 위원회는 실물 크기 주철 들보의 강도를 시험한 결과 반복적인 하중이 실제로 들보의 강도를 저하시켰다고 밝혔다. 1849년에 발표된 위원회의 보고서에 따르면 부러진 들보들은 "결정형으로 파손되어 있었고 강도가 약해져 있었다." 이 보고는 6년 전에 랭킨이 언급한 가설에 힘을 실어주었다.[8]

엄밀히 말해서 실패 분석은 가정의 연속이다. 다리가 설계되고 건설되고 유지 관리되고 사용된 방식이 다리를 실패에 취약하게 만들었을 수 있고, 공식적인 기록들과 개인적인 진술들이 모여 가상의 시나리오가 탄생할 수 있다. 일반적으로 파손된 부품의 파단면을 살펴보면 파손이 어떻게 진행되었는지를 짐작할 수 있지만, 이는 단지 한 조사관의 해석에 지나지 않을 수 있다. 실패에 대한 가정을 확실하게 입증할 수 있는 경우는 드물다. 해당 구조물이 더 이상 그 자리에 서 있지 않기 때문에 가정된 조건에서 시험을 해 볼 수 없고, 증거가 있다 해도 불완전하거나 훼손된 경우가 많기 때문이다. 디 강 철교의 부러진 들보들은 강물 속으로 떨어졌다. 모든 조각들을 찾아 복원한다 해도, 파손이 진행되는 과정 중에 혹은 복원 과정 중에 파단면이 변했을 수 있으므로 여기서 얻어낸 결론을 완전히 신뢰하기는 어렵다. 디 강 철교 붕괴와 같은 사고는 수년, 수십 년, 혹은 수백 년 후에도 재검토되고 재해석될 수 있다. 그리고 우리는 이런 재검토를 통해 끊임없이 새로운 교훈을 얻을 수 있다.

때로는 실패가 발생하기 전의 상황에 관심이 집중되기도 한다. 디 강

철교가 붕괴되기 직전 철로에는 약 13cm 두께의 자갈이 깔렸다. 증기기관차가 지나갈 때 튀는 불씨가 나무 판에 옮겨붙어 화재로 번지는 것을 방지하기 위해서였다. 무거운 자갈들이 추가되었다는 사실을 바탕으로 어떤 이들은 열차의 하중이 들보를 부러뜨렸을 것이라고 가정했다. 또 어떤 이들은 주철 들보의 안쪽 플랜지들이 받치고 있는 나무판자가 들보 구조물에 비대칭 부하를 일으켜 열차가 지나갈 때 구조물이 뒤틀리게 만들었을 것이라고 가정했다. 이 뒤틀림으로 인해 구조물이 불안정해지고 들보가 휘어져 결국 부러졌다는 것이었다. 수십 년 동안은 이 설명이 가장 지배적이었다.[9]

사고 발생 후 150년이 지난 후에 《재료공학과 법공학Forensic Materials Engineering》의 공저자 피터 루이스Peter Lewis와 콜린 개그Colin Gagg가 새로운 가정을 내놓았다. 루이스와 개그는 디 강 철교 참사의 근본 원인이 들보 구조물의 지나친 미적 설계에 있다고 지적했다. 미관에 치중하다 보니 한 구역에 급격한 기하학적 변화가 적용되었고 여기에 응력이 집중되어 주철 들보에 아주 작은 흠만 생겨도 균열이 커질 수 있었다는 설명이었다. 기능적인 구조물을 조금 더 아름답게 만들고 싶다는 악의 없는 욕심이 실패의 근본 원인일 수 있다는 이 주장은 전혀 설득력 없는 말은 아니다. 악명 높은 타코마해협교의 설계에는 1930년대의 유행에 맞는 길고 날씬한 구조물을 만들겠다는 미적 목표도 부분적으로나마 분명히 영향을 끼쳤다. 타코마해협교의 날씬한 상판은 사실상 이 다리의 아킬레스건이었다.[10]

루이스와 개그가 디 강 철교 붕괴 사고의 원인을 추정한 시나리오는 다음과 같다. 철제 들보들을 주조할 때 세로의 기둥이 가로의 바닥 플랜지와 만나는 곳에 카베토cavetto 몰딩이라는 세부 장식이 포함되었다. 집을 지을 때 벽과 천장이 만나는 곳에도 비슷한 마감 장식이 흔히 사용된다. 주철 들보의 형틀을 만들 때 목수들이 관여했을 것이고 그들이 이 세부 장식을 넣었을 것이다. 어쩌면 그들은 이 카베토 몰딩이 들보를 더 아름답게 해줄 뿐만 아니라 기능도 향상시켜줄 것으로 생각했는지도 모른다. 그러나 안타깝게도 카베토 몰딩의 날카로운 모퉁이들은 응력이 집중되는 장소가 되었다. 주철 들보에 작은 흠이라도 있었다면 열차가 지나갈 때마다 여기서부터 조금씩 균열이 커져 피로 균열 현상이 나타났을 것이다. 시간이 흐름에 따라 균열은 위험한 수준까지 확장되었을 것이고 열차의 하중을 견디지 못해 결국 부러졌을 것이다. 요약하자면 루이스와 개그는 디 강 철교가 미관을 위한 장식에서 시작된 피로 균열의 확장으로 인해 붕괴되었다고 가정했다. 무언가를 만들 때 안

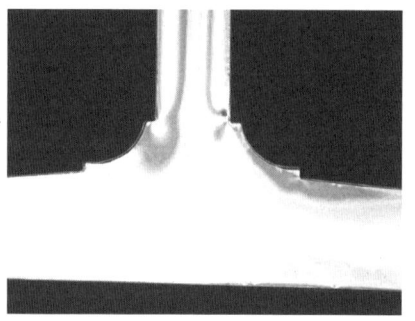

디 강 철교에 사용된 들보의 단면을 보여주는 투명 플라스틱 모형. 세로 기둥과 가로 플랜지가 만나는 부분에 카베토 몰딩이라는 장식이 포함되어 있다. 열차가 지날 때 발생한 비대칭 하중으로 인해 플랜지가 기울어져 있고, 밝은 부분과 어두운 부분이 응력 차이를 보여준다. 카베토 장식의 날카로운 모퉁이가 응력을 집중시켜, 주조 과정 중에 생긴 의도치 않은 결함에서 시작된 피로 균열의 확장을 촉진했다. 균열이 위험할 정도로 확장되자 들보가 갑자기 부러졌고 결국 다리의 경간 전체가 무너졌다.(Peter R. Lewis 제공 사진)

전성보다 미관이 더 우선시되어서는 안 된다.[11]

디 강 철교 붕괴의 책임이 설계자에게 있는지 아닌지는, 실패 예측에 대한 엔지니어의 책임을 어디까지로 볼 것이냐에 달려 있다. 이 철교가 건설되던 당시에는 비슷한 트러스보 설계가 거의 20년째 사용되고 있었고 로버트 스티븐슨도 10년 이상 같은 형태의 들보를 사용하고 있었다. 스티븐슨을 비롯한 엔지니어들은 주철의 강도가 약하다는 사실에 중점을 두고 있었기 때문에 트러스 구조를 사용했다. 현재 우리가 금속 피로라고 부르는 현상이 당시에 알려지지 않았던 것은 아니지만, 결함으로부터 금속 피로가 시작되고 진행되는 메커니즘에 관한 이해는 부족했다. 트러스보 설계로 성공을 경험한 엔지니어들은 트러스 구조에 확신하게 되었고 이 구조를 잘 안다고 믿게 되었다. 피로fatigue라는 단어는 인간이 느끼는 피곤함이라는 의미로는 17세기부터 사용되었지만, 반복된 하중으로 인한 금속 부품의 강도 저하라는 의미로는 19세기 중반에 들어서야 통용되기 시작했다. 금속 피로라는 개념이 널리 알려지기 전에 활동한 엔지니어들은 그들의 무지를 이해받을 수 있었을지 모르지만, 금속 피로가 설계자의 과실로 판명된 이후에도 금속 피로의 발생 가능성을 고려하지 않은 엔지니어는 책임을 피할 수 없었다.[12]

철도 사고의 역사는 철도 자체의 역사만큼이나 오래되었다. 리버풀 맨체스터 철도의 정기 운행이 시작된 1830년 9월 15일, 한 국회의원은 자신이 탈 남행 기념 열차가 물을 싣는 동안 열차 밖에 나와 있다가 북행으로 운행 중이던 다른 열차에 치여 치명상을 입었다.

초기의 철도망이 확장됨에 따라 사고도 늘어났다. 동물들이 철로 위를 배회하다가 치이기도 했고, 술 취한 승객이 철로 위로 떨어지기도 했고, 철도 노동자들이 철로 위에 서 있다가 사고를 당하기도 했다. 그러나 철도 차량의 운행 횟수가 많아지면서 점점 더 많은 사고가 기기 고장으로 인해 발생하기 시작했다. 그중에서도 특히 끔찍했던 사고는 1842년 프랑스에서 일어난 사고였다. 루이 필리프 왕 생일 기념식의 목적으로 유람 열차들이 지지자들을 태우고 베르사유로 운행했다. 파리로 돌아가는 마지막 열차 중 하나에는 2개의 기관차와 17개의 객차가 있었고 총 768명의 승객이 타고 있었다. 그런데 도중에 다리를 건너자마자 선두의 기관차가 탈선하면서 뒤집혔고 승객들을 가속도가 붙은 충돌로 몸이 짓눌렸다. 그리고 뒤이은 화재로 인해 수많은 사람이 얼굴을 알아볼 수 없을 정도로 화상을 입었다. 이 사고로 56명이 목숨을 잃었고 비슷한 수의 사람들이 부상을 당했다. 전문가들에 따르면 이 사고의 원인은 선두 기관차의 차축 파손이었다.[13]

19세기 중반에 자연 파손된 구조 부품은 철도 차축과 교량 들보뿐만이 아니었다. 1854년 〈영국토목학회 회의록 Minutes of the Proceedings of the Institution of Civil Engineers〉에는 프레더릭 브레이스웨이트 Frederick Braithwaite 가 쓴 "금속의 피로와 그로 인한 파괴에 관하여"라는 제목의 논문이 실렸는데, 각 페이지의 상단에는 "금속의 피로"라는 표제가 붙어 있었다. 이 논문에서 브레이스웨이트는 "피로는 반복적인 압력이나 충격, 비틀림, 장력 등 다양한 원인에서 비롯될 수 있다"고 말했다. 그는 원인을 이해하기 어려운 사고들 중에 금속 피로로 인해 발생한 사고가 많다고 주장하면서 몇 가지 예를 들었다. 한 양조장에서는 반복적으로 채워지고 비워지는 맥주 통을 받치고 있던 주철 들보가 부러졌고, 다른 양조장에서는 구리관의 납땜 접합부에서 맥주가 새어 쏟아졌고, 또 다른 양조장에서는 양수기의 주철 크랭크가 반복적으로 파손되었다. 논문 발표에 뒤이어 토론이 벌어졌는데, 여기서 브레이스웨이트는 선박 기관 전문가인 조슈아 필드Joshua Field가 "금속의 여러 가지 품질 저하"를 "피로"라는 단어로 표현했다고 밝혔다. 토론자 중에는 랭킨도 있었다. 그는 자신이 십 년 전에 발표한 논문에서 펼쳤던 주장이 다시 한 번 확인되는 것을 볼 수 있었다. ("피로"라는 단어를 구조적인 저하의 의미로 처음 사용한 사람은 프랑스의 기계공학자 장-빅토르 퐁슬레Jean-Victor Poncelet라고 전해진다. 그는 메츠의 군사공학 학교에서 강의할 때 이 단어를 사용했고 1839년에는 "가장 완벽한 용수철도 시간이 흐르면 피로의 영향을 받는다"고 썼다.)[14]

디 강 철교 붕괴 사고 후 150년이 지나서 피터 루이스와 그의 동료인 금속공학자 켄 레이놀즈Ken Reynolds는 19세기에 있었던 또 다른 다리의 붕괴 사고를 재검토했다. 이 사고는 오랜 세월 동안 시와 이야기의 주제였고, 조사와 재조사의 대상이기도 했다. 영국북부철도North British Railway는 스코틀랜드 던디의 테이Tay 강어귀에 다리를 놓고 싶어 했다. 내륙을 이동하는 철도를 건설함으로써 연안 항로의 경쟁력을 높일 수 있다고 생각했기 때문이다. 테이 강은 매우 넓었지만 비교적 얕았기 때문에, 토머스 바우치Thomas Bouch라는 엔지니어가 교각과 경간이 많은 긴 다리의 건설을 제안하고 설계를 맡았다. 완공된 테이철도교는 끝에서 끝까지 거리가 약 3.2km로, 1878년 5월 개통 당시 세계에서 가장 긴 다리가 되었다.[15]

다리가 매우 길기는 했지만 각각의 트러스 경간이 특별히 긴 것은 아니었다. 가장 긴 경간이 약 74.7m였는데 당시에는 이 정도 길이의 경간이 드물지 않았다. 가장 긴 경간들은 높은 돛대가 달린 배들이 밑으로 지나다닐 수 있도록 교각 바로 위에 설치된 높은 들보들이었다. 이 다리를 통과하는 열차들은 중앙부를 지나기 전후에는 트러스 구조 위를 이동했지만 중앙부에서는 높은 들보 위를 지나야 했다. 테이철도교는 약 1년 반 동안 강을 가로지르는 철도의 역할을 수행했지만, 1879년 12월 28일 밤 열차가 다리의 중앙부를 통과하던 도중 높은 들보들(총 800m 이상)이 한꺼번에 무너져 내렸다. 이 사고로 열차에 타고 있던 75명이 목숨을 잃었다.[16]

영국 상무부는 조사 위원회를 구성해 사고의 원인을 밝히고 책임 소재를 파악하도록 지시했다. 위원회의 구성원은 세 명이었다. 윌리엄 헨리 발로우William Henry Barlow는 영국 토목학회의 회장이었고, 윌리엄 욜랜드William Yolland는 엔지니어이자 철도 감독 책임자였다. 그리고 위원장인 헨리 카도건 로더리Henry Cadogan Rothery는 정부에 소속된 사고 조사 위원이었지만 엔지니어는 아니었다. 많은 증언들을 통해 다리의 설계와 기능에 관한 자세한 정보들이 수집되었다. 증언에 따르면 주철 교각들은 수많은 결함을 지니고 있었고, 들보들과 교각들은 강풍을 견딜 수 있도록 단단히 고정되어 있지 않았다. 그리고 열차가 지날 때 다리에서 상당한 진동이 관찰되었다. 그러나 조사 위원들은 사고의 정확한 원인과 책임 소재에 대해 합의를 이루지 못했다.[17]

발로우와 욜랜드, 로더리는 위의 요인들이 실패에 원인을 제공했다는 데 동의했다. 세 위원들은 다리가 잘못 설계되고 건설되고 관리되었으며, 처음부터 가지고 있던 결함들로 인해 언젠가는 무너질 수밖에 없었다고 결론을 내렸다. 그러나 최종적인 문서를 작성하기 직전에 두 엔지니어는 "구조물이 붕괴된 과정을 정확히 알 수 없다"고 주장했다. 조사 위원장인 로더리는 다리가 붕괴된 과정에 대해 다른 두 위원과 의견의 일치를 보지 못했기 때문에, 조사 위원회의 최종 보고서에는 발로우와 욜랜드의 온건한 시각과 로더리의 좀 더 공격적인 태도가 둘 다 포함되었다. 하지만 세 사람 모두 주저 없이 사고의 책임은 다리의 설계자인 토머스 바우치에게 있다고 입을 모았다. "설계상의 결함에 대해서는 전적으로 그에게 책임이 있다. 건설상의 결함에 대해서도, 건설 과정을 엄격히 감독하지 않았으므로 그에게 중대한 책임이 있다. 감독에 충실했다면 결함을 발견하고 조치를 취할 수 있었을 것이다. 관리상의 결함에 대해서도, 구조물의 특성상 반드시 이루어져야 하는 점검을 게을리 했으므로 전적인 책임까지는 아니더라도 상당한 책임이 그에게 있다." 테이철도교의 완공으로 기사 작위까지 받았던 바우치는 사람들의 눈을 피해 은둔 생활을 하다가 4개월 후 58세의 나이로 세상을 떠났다.[18]

테이철도교 붕괴 사고에 대해 100년 이상 이어진 통설은, 열차가 지날 때 객차들의 크고 평평한 면이 바람과 맞부딪혀 높은 들보들을 무너지게 했다는 것이었다. 사고가 일어난 밤에 강풍이 불었다는 보고도 있었다. 그러나 무너진 다리를 촬영한 당시의 사진을 보면 배경에 높은 굴뚝들이 파손되지 않고 멀쩡하게 서 있는 것을 확인할 수 있다. 보퍼트 풍력 세급에 따르면 9급의 강풍이 불면 굴뚝 꼭대기의 통풍관이 부러지는 등 약간의 구조적 피해가 발생한다. 실제로 사고 당일 밤에 이런 피해가 몇 건 보고되었다. 9급 강풍은 약 7.7psf(평방피트당 파운드)의 평균 압력을 발휘한다. 절대치로 본다면 약 10psf까지 압력을 발휘할 수 있다. 전문가 증인 중 한 사람이었던 벤저민 베이커Benjamin Baker는

1880년 초에 촬영된 이 사진 속의 배경을 보면, 테이철도교의 높은 들보들과 그 위를 지나가던 열차가 강물 속으로 추락한 1879년 12월 밤 스코틀랜드 던디의 높은 굴뚝들이 적어도 일부는 강풍의 피해를 입지 않았음을 확인할 수 있다. 굴뚝들이 파손되지 않았다는 사실은, 바람이 그렇게까지 강하지는 않았고 따라서 붕괴의 원인이 강풍만은 아니라는 점을 암시한다.(Peter R. Lewis 제공 디지털 이미지. Dundee City Library에 소장된 당시 사진을 변환한 것)

사고 지역의 피해 상황을 조사한 후 당시의 풍압이 15psf를 넘지 않았을 것이라고 결론 내렸다. 다리를 무너뜨리기에는 한참 부족한 압력이다.[19]

멀쩡한 굴뚝들의 모습을 보여주고 있는 이 사진은 사고 발생 일주일 후 지역의 전문 사진가가 찍은 여러 장의 사진 중 한 장이다. 조사 위원회는 사고 현장을 사진으로 기록해 목격자들의 기억을 돕기 위해 그에게 촬영을 요청했다. 그가 찍은 사진 중에는, 높은 들보 구간을 지탱하고 있던 탑들과 그 사이에 있던 12개의 교각이 파손된 모습을 담은 사진들도 있었다. 사실상 상부구조 대부분이 들보들과 함께 무너졌다. 사진가는 교각 하나하나와 그 위에 남아 있는 철제부의 상태를 여러 각도에서 촬영했다. 인접한 교각에서 찍은 원거리 사진도 있었고 파손된 교

각의 클로즈업 사진도 있었다.[20]

피터 루이스는 조사 보고서를 읽고 테이철도교의 잔해 사진 기록이 존재한다는 사실을 확인하게 되었다. 그는 당시 〈엔지니어〉 지에 사고 현장을 꽤 자세하게 묘사한 삽화들이 실렸다는 사실과 당시에 판화들이 흔히 사진을 토대로 제작되었다는 사실을 알고 있었다. 사진들이 실제로 존재한다는 사실을 확인한 그는 원본을 찾아 나섰고 던디 시립도서관에서 몇 장을 찾을 수 있었다. 그는 고해상도 디지털 스캔을 통해 이 사진들을 디지털화한 후 이미지들을 자세히 분석했다. 사진들 속에서 그는 부러진 주철 조각들을 발견했는데, 이 조각들은 높은 들보를 받치도록 설계되고 주조된 기둥들의 돌출부에서 떨어져 나온 조각으로 보였다. 또 루이스는 볼트 구멍들이 드릴로 뚫린 것이 아니라 돌출부가 주조될 때 이미 포함되어 있었다는 증거도 발견했다. 드릴로 구멍을 뚫었다면 구멍이 원통형으로 뚫려서 볼트축의 베어링 면이 비교적 길고 평행했을 것이다. 그러나 사진 속의 볼트 구멍들은 주조 과정 중에 폭이 점점 가늘어졌다. 그 결과 볼트들이 헐겁게 끼워졌고 볼트가 기둥 돌출부에 가하는 힘이 더 작은 면에 집중되어 돌출부의 응력이 증가했다. 열차가 다리 위를 지날 때마다 증가된 응력이 가해졌고, 높은 들보 구간의 무게중심이 높았기 때문에 상부가 상당히 무거울 수밖에 없었다. 높은 응력은 돌출부에 생긴 균열의 확장을 가속화했고 균열이 점점 커져 결국 돌출부들이 부러졌다. 다시 말해서 피로 균열의 확장으로 기둥들의 돌출부가 부러진 것이다. 사진 속 파단면에서 관찰된 균열 확장 패턴들이 이 사실을 확인시켜주었다.[21]

기둥의 돌출부들은 기둥 사이에 사선으로 설치된 연철 버팀대들을 고정하기 위해 설계되었다. 기둥의 돌출부가 부러져 있는 교각들이 무수히 발견되었기 때문에, 높은 들보 구간을 지탱하던 탑의 버팀대들이 시간이 흐르면서 상당수 떨어져 나가 탑들을 철로의 횡 방향으로 휘어지고 뒤틀리기 쉽게 만들었음을 짐작할 수 있었다. 이런 뒤틀림은 시간이 흐를수록 심해져 점점 더 많은 기둥 돌출부들을 파손시키고 버팀대들을 떨어져 나가게 하였을 것이다. 다리 위를 지나는 열차가 일으킨 진동은 피로 균열의 확장을 촉진해 기둥의 돌출부들을 부러뜨렸고, 버팀대들이 떨어져 나가자 횡 방향의 흔들림이 더욱 커져 다리의 구조가 점점 더 빠르게 약화되었다. 루이스는 무거운 열차가 강풍 속을 빠른 속도로 달리자 이미 위태로운 상태였던 탑들과 높은 들보들이 옆으로 기울어져 결국 무너졌을 것이라고 결론 내렸다.[22]

1870년대에는 금속의 피로와 파괴라는 개념이 널리 알려지지 않았고 **피로**fatigue라는 단어 자체도 아직 익숙하지 않았다. 1873년에 발표된 경간이 긴 철교에 관한 논문에서는 **피로**라는 단어가 따옴표와 함께 사용되었다. 지금까지 이론적으로도 실무적으로도 큰 발전이 있었지만 구조물의 반복 하중이 초래하는 위험은 아직 사라지지 않았다. 1998년 100명의 목숨을 앗아간 독일 고속 열차 사고의 원인은 바퀴의 피로 파괴였다. 2000년 영국의 열차 탈선 사고는 강철 선로가 피로 파괴로 인해 산산조각나면서 일어났다. 2005년에 있었던 50년 된 수상 비행기의 추락 사고도 금속 피로가 원인으로 지적되었으며, 2008년에는 샌프란시스코-오클랜드베이교가 아이바(eyebar, 양쪽 끝에 구멍이 뚫린 강철봉—옮긴이)의 균열과 보수 실패 등으로 고초를 겪었다.[23]

다리는 서로 연관되어 움직이는 부품들의 집합이라는 점에서 기계와 다르지 않다. 다리의 부품들은 매우 크기 때문에 그 움직임이 상대적으로 미미해서 일반인의 육안으로는 알아채기가 어렵다. 하지만 모든 다리는 차량이 지나갈 때마다 움직인다. 베이교의 경우 하루에 이 다리를 이용하는 차량이 25만 대 이상이었다. 다리를 움직이는 더 큰 힘들도 있다. 돌풍이 불면 항공기가 난기류에 흔들리듯이 다리도 흔들릴 수 있다. 1989년에는 로마 프리에타 지진으로 베이교가 심하게 흔들려 위층 바닥판이 아래층 도로 위로 떨어졌고 한 사람이 목숨을 잃었다. 이 사고로 다리의 동쪽 경간들을 개축하게 되었고 이 작업에는 거의 20년이 소요되었다.[24]

앞에서도 말했듯이, 오랫동안 반복되는 움직임은 강철 부품의 균열 확장을 유발할 수 있다. 다리의 점진적인 손상은 균열이 크게 확장되기 전까지는 잘 발견되지 않지만 금속 피로로 인한 붕괴는 언제든 일어날 수 있다. 그렇기 때문에 정기적인 점검과 관리가 중요한 것이다. 나는 한때 매일 폭스바겐 비틀을 몰고 출퇴근을 했었다. 자동차 한 대가 베이교만큼 중요하다고 할 수는 없겠지만, 모든 기계가 그렇듯 작은 자동차도 움직이고 진동하는 부품들로 이루어져 있다. 이 차에 타고 있을 때는 좀 더 육중한 가족용 스테이션왜건에 탔을 때보다 돌풍이나 포트홀로 인한 충격이 더 잘 느껴졌다.

어느 날 아침 평소보다 훨씬 더 큰 소음과 진동을 느낀 나는 무슨 문제가 있는지 보려고 차를 세웠다. 엔진룸을 열어 보니 발전기가 단단히 고정되어 있지 않았다. 발전기를 엔진 블록에 고정해주는 강철 스트랩이 거의 둘로 쪼개져 있었다. 금속 피로의 전형적인 예였다. 스트랩을 교체해야 하는데 근처에 자동차 부품 가게가 없었기 때문에 나는 임시로 쓸 만한 도구를 찾기 위해 가까운 철물점으로 들어갔다. 그곳에서 의류 건조기 배기 덕트용 스트랩을 몇 개 구입해 그중 하나로 발전기를 고정한 후 나는 차를 몰고 일터로 갔다. 그 후 이 일에 관해서는 까맣게 잊고 있었는데 얼마 지나지 않아 다시 맹렬한 소음이 들리기 시작했다. 임시방편으로 설치한 가벼운 스트랩은 단 2주 만에 부러져버렸다. 내가 사용한 스트랩이 자동차 발전기용 스트랩보다 얇았기 때문에 응력이 더 커져서 피로 균열이 훨씬 빠르게 확장된 것이다. 나는 부러진 스트랩을 새것으로 갈아 끼운 후 주말에 자동차 부품 전문점에 가서 제대로 된 부품으로 교체했다.

노동절이 낀 주말에 베이교의 한 부분에서 피로 균열이 발견되었을 때도 임시 조치가 취해졌다. 이용자가 많은 다리를 최대한 빨리 다시 개통하기 위해서였다. 균열이 발생한 부분에 일종의 멜빵과도 같은 보조 장치가 설치되었는데, 불과 2개월 후 이 5톤짜리 멜빵이 끊어져 혼잡한 도로 위로 떨어졌다. 차량 몇 대가 피해를 입었지만 다행히 다친 사람은 없었다. 이번에는 거의 일주일 동안 차량 통행이 금지되었고 그 사이에 더 철저한 보수 작업이 진행되었다. 그리고 새로운 고정 장치를 매일 점검하도록 조치가 내려졌다. 뒤이은 조사 결과 다리의 아이바 곳곳에서 조금씩 긁히고 팬 부분들이 발견되었는데 여기에서 균열이 확장될 위험을 최소화하기 위해 다리의 진동을 줄여줄 제동장치도 고안되었다. 먼 과거에 철제 철도교들을 손상시켰던 피로 균열은 현대에도 강철 도로교들의 안전을 위협하고 있다. 문제를 이해한다고 해서 반드시 그 문제가 해결되는 것은 아니다.[25]

우리가 모두 가끔은 손쉬운 방법으로 자신의 기계를 관리하고 운용하고 수리하며 때로는 그로 인해 우리의 몸이나 목숨, 혹은 우리에게 의지하는 사람들의 목숨을 위태롭게 만들기도 한다. 그러나 우리는 대규모 공공 기반시설의 책임자들이 손쉬운 방법을 택함으로써 그 시설이 제대로 운용되고 있다고 믿는 사람들을 위험에 빠뜨리기를 바라지는 않는다. 우리는 공공 기반시설의 관리자들에게서 그보다는 더 나은 대우를 기대하고 또 그렇게 대우받고 있다고 믿는다. 우리는 그들이 실패를 돌아보기보다는 내다보기를 바란다.

실패를 내다본다는 것은 시스템이 실패할 수 있는 모든 가능성을 확인한다는 것이다. 테이철도교 참사의 경우 부실한 설계, 부실한 건설, 부실한 관리가 모두 작용했기 때문에 셋 중 어느 하나든 원인으로 지목되기 쉬웠다. 세 가지 모두가 원인이라고 발표되었다면 파장이 어마어마했을 것이다. 바우치가 설계자로서 활동하던 당시 피로의 근본적인 역학은 충분히 알려지지 않았지만 피로라는 현상은 널리 알려져 있었고 우려의 대상이었다. 변덕스런 바람뿐만 아니라 지나가는 열차들이 일으키는 진동에도 노출되는 앙상한 지지대에 높은 들보들이 의지하고 있었는데, 이런 구조물에서 그 우려하는 현상이 발생할 리 없다고 생각했다는 것은 변명의 여지가 없는 과실이었다. 루이스가 사진 속에서 발견한, 적어도 일부는 사고가 일어나기 훨씬 전에 부러진 것으로 의심되는 기둥 돌출부 잔해들은 최초의 조사팀에게도 단서로 활용되었어야 했다. 파손된 기둥 돌출부들은 분명 "부실한 관리"를 보여주는 단서가 될 수 있었을 것이다. 그러나 그보다 더 심각하게 고려되었어야 했던 것은 기둥 돌출부들이 파손된 원인과 그로 인한 영향이었다. 기록을 바로잡는 데 100년이 넘는 시간이 걸려서는 안 되는 일이었다.

THE OLD AND THE NEW

CHAPTER 06

역사적 유물과 흉물의 경계

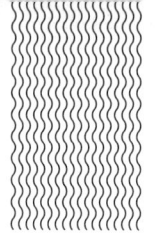

　나는 종종 "다리의 수명이 얼마나 되느냐"는 질문을 받는다. 바꿔 말하면 "지은 지 얼마나 되면 다리가 무너지느냐(실패하느냐)"는 질문이다. 설계, 건설, 자재, 관리 등 여러 가지 서로 관련된 요인들에 따라 그 답은 수일에서 수개월, 수십 년이 될 수도 있고, 수백 년이나 수천 년, 혹은 그보다 훨씬 길어질 수도 있다. 이 요인들은 모두 경제, 정치, 부패, 날씨, 사용 방식, 그리고 운의 영향을 받는다. 또한 우리가 말하는 "실패"의 의미가 무엇이냐에 따라서도 답은 달라진다. 1907년 퀘벡교Quebec Bridge는 완공되기도 전에 세인트로렌스 강으로 추락했다. 런던의 밀레니엄교Millennium Bridge는 2000년에 완공되었는데 개통된 지 3일 만에 폐쇄되었다. 심하게 흔들리는 이유를 조사해야 했기 때문이다. 1940년 타코마해협교는 불과 4개월 만에 바람의 영향으로 뒤틀려 붕괴되었다. 1967년에는 오하이오 강 위를 40년 동안 지키던 도로교가 교통이 혼잡한 시간에 갑자기 무너졌다. 2007년에는 40년 동안 미니애폴리스의 미시시피 강 위에 서 있던 주간 고속도로교가 강물 속으로 추락했다. 그러나 훨씬 오래된 다리들이 여전히 건재한 예도 많다. 세계적으로 유명한 브루클린교는 이제 개통된 지 125년이 넘었다. 영국에서는 1779년에 완공된 세계 최초의 철제 다리가 지금도 세번 강에서 보행자용 다리로 이용되고 있다. 프랑스 남부에서는 가르교Pont du Gard가 로마 시대 공학의 기념물로서 2천 년이 넘도록 굳건히 자리를 지키고 있다. 엔지니어들은 제대로 건설되고 관리된다면 다리의 수명이 끝없이 이

어질 수 있다고 말한다.

다리가 처음에 얼마나 빈틈없이 설계되느냐에 따라 그 다리의 수명이 달라진다. 다리를 설계할 때 가장 중요한 사항 중 하나는 재료의 결정이다. 과거에는 목재나 석재가 사용되었는데, 당연히 석재가 목재보다 내구성이 높다. 수로교인 가르교가 목재로 만들어졌다면 지금까지 서 있는 모습은 상상조차 할 수 없었을 것이다. 그렇다면 왜 목재가 다리의 재료로 사용된 것일까? 주로 편의성과 속도, 경제성 때문이다. 일반적으로 목재를 사용하면 구조물을 더욱 쉽고 빠르고 저렴하게 지을 수 있다. 그러나 목재는 썩거나 불에 탈 수 있으므로, 다리가 제 기능을 유지하려면 주기적으로 개축되어야 한다. 날씨의 영향을 줄여 수명을 늘리기 위해 지붕이 설치된 오래된 목제 다리들은 처음에 사용된 목재들을 전부 그대로 가지고 있는 경우가 드물다.

석제 다리는 짓는 데 훨씬 더 많은 시간과 노력이 들었다. 일반적인 석제 아치 구조물을 짓기 위해서는 먼저 목재로 비계를 세워야 했다. 홍예석voussoir이라는 쐐기 모양의 석재들이 모두 제자리에 끼워져 서로를 밀어냄으로써 스스로 설 수 있는 아치를 이루기 전까지는 임시 구조물이 이 석재들을 받쳐줘야 했기 때문이다. 석제 아치 구조물이 완성되고 나면, 더 이상 쓸모가 없어진 비계는 철거되었고 목재는 회수되어 다른 건설 현장에서 재사용되었다. 석제 다리가 세워지는 동안 그 밑으로는 통행이 완전히 차단되지는 않더라도 상당히 제한되었기 때문에, 대개 중요한 수로 위에는 석제 아치교가 세워지지 않았다. 그래도 일단 제대로 자리를 잡고 나면 석제 다리는 오래오래 유지될 수 있었다.

다리 건설에 철이 사용되기 시작하고 마침내 강철까지 도입되면서 대체로 건설에 드는 시간이 훨씬 짧아졌고 구조물의 무게도 가벼워졌다. 물론 강철도 시간이 흐르면 부식될 수 있기 때문에 보호 조치가 필요하다. 그래서 강철로 만든 다리, 특히 염분과 같은 부식성 물질에 노출되기 쉬운 곳에 세워진 다리에는 정기적으로 페인트를 칠해야 한다. 석재의 후계자라고 볼 수 있는 콘크리트도 염분으로 인해 손상될 수 있다. 염분은 콘크리트 표면에 생긴 균열을 통해 철근을 공격한다. 그러면 녹슨 철근이 콘크리트를 밀어내고, 콘크리트가 깨지면 다리가 무너지지는 않더라도 미적으로나 구조적으로 질이 저하된다.

어떤 재료로 다리를 만들든 정기적인 점검과 유지관리가 확실하게 이루어져야 한다. 다리 신축 비용의 약 1.5~2%가 매년 유지관리 예산으로 책정되어야 한다는 주장도 있다. 그렇게 되면 50년만 지나도 유지관리에 쓰인 비용이 처음 다리를 건설할 때 든 비용과 거의 같아진다. 관리를 너무 자주 실시하다 보면 특히 재정 위기가 닥쳤을 때는 예산 부족으로 관리가 미뤄질 수 있다. 정기 점검이나 페인트칠과 같은 보수 작업이 미뤄지면 비극적인 결과가 초래될 수도 있다. 1970년대 뉴욕에 재정 위기가 닥쳤을 때 이 도시의 역사적인 다리들이 바로 그런 이유로 손상되었다. 손상의 정도가 위험한 수준에까지 이르러서야 미뤄졌던 보수 작업이 진행되었고 손상된 부분을 복구하느라 상당히 많은 비용이 들었다.[1]

왈도-핸콕교Waldo-Hancock Bridge는 한때 걸작으로 유명했다가 시간이 흐를수록 부식으로 인해 보기 흉하고 위험해진 구조물의 대표적인 사례로 꼽을 만하다. 부식은 다리의 내구력을 떨어뜨려 점점 붕괴의 위기로 몰고 갔다. 메인 주에 있는 두 지역의 이름을 따온 왈도-핸콕교는 페놉스코트 강을 사이에 두고 있는 이 두 지역을 연결해주는 다리로, 해안 고속도로인 미국 국도 제1호선이 이 다리를 경유한다. 1927년에 이곳에서 남쪽으로 약 130km 떨어진 곳에 케네벡 강을 가로지르는 칼튼교Carlton Bridge가 완공되면서, 연안 항로에서 다리가 놓이지 않은 주요 강은 페놉스코트 강 하나만 남게 되었다. 1929년 메인 주 의회에 이곳의 다리 건설과 관련된 네 개의 의안이 제출되었는데, 세 개는 각기 다른 민간 기업들이 다리를 건설하고 운영할 수 있도록 허가하는 안이었고, 하나는 주 정부가 소유하고 운영하면서 통행료를 받는 다리를 건설하는 안이었다. 통과된 것은 마지막 안이었다. 그러나 1931년 왈도-핸콕교가 완공되기 전까지 운전자들은 45분 더 걸려서 뱅거Bangor에 있는 다리를 통해 강을 건너거나, 연락선을 이용해야 했다. 배를 기다리는 것보다 우회로를 이용하는 편이 더 빠를 수도 있었다.

왈도 카운티와 핸콕 카운티를 잇는 다리의 설계 업체로 선정된 곳은 뉴욕에 근거를 둔 컨설팅 회사 로빈슨앤드스타인먼Robinson & Steinman이었다. 두 명의 엔지니어로 구성된 이 회사는 1920년에 설립되었다. 사장인 홀튼 로빈슨이 당시 데이비드 스타인먼에게 브라질 남부의 산타카타리나 섬과 본토를 연결하는 다리의 국제 설계 공모에 함께 참가하자고 제안한 것이 이 회사의 시작이었다. 중앙경간의 보강 트러스에 현수 체인을 결합한 획기적인 구조의 플로리아노폴리스교Florianópolis Bridge가 이 회사의 첫 주요 작업이었다. 왈도-핸콕교의 설계 책임은 데이비드 스타인먼이 맡았다. 그는 강철선을 꼰 가닥들로 주케이블을 만드는 방식을 도입했다. 이 방식은 존 로블링이 장려했던, 그리고 현재까지 대다수의 장경간long-span 현수교 건설에 사용되고 있는 시스템과는 전혀 달랐다. 로블링의 방식은 주케이블을 이루고 있는 평행한 강철선들이 주탑과 양끝의 앵커리지(anchorage, 정착부)에 정착되어 각각 하중을 지탱하는 방식이었다. 스타인먼은 전체 길이가 457m를 넘지 않는 현수교를 건설할 때는 자신의 설계가 비용 면에서도 시간 면에서도 더 경제적이라고 주장했다. 왈도-핸콕교는 앵커리지에서 앵커리지까지 총 길이가 457m, 중앙경간의 길이가 약 244m였다.

강철 주탑들도 기존의 방식과는 다르게 설계되었다. 당시의 주탑들은 대개 구조재들이 아치형이나 교차된 사선으로 짜여 있었다. 고층 건물처럼 높은 주탑에 강도를 더하기 위해서였다. 스타인먼은 "주변의 화강암 절벽과 포트 녹스Fort Knox의 삭막한 경관, 그리고 배경에 보이는 인접 마을의 식민지 시대 풍 건축물들을 고려할 때 다리의 외형은 단순해야 한다"고 생각했다. 그래서 그는 구조재들을 주로 수직선과 수평선으로 구성한 이른바 비렌딜Vierendeel 트러스를 주탑에 채용했다. 1930년대에 이런 구조로 지어진 대형 현수교들 중에는 골든게이트교Golden Gate Bridge(금문교)도 있다. 골든게이트교의 주탑 상부 구조는 본질적으로 비렌딜 트러스라고 볼 수 있다.[2]

왈도-핸콕교 건설은 모범이 될 만한 건설 사업이었다. 총 기간이 16개월 밖에 걸리지 않았고(1930년 8월~1931년 11월), 비용은 처음에 책정했던 120만 달러의 약 70% 밖에 들지 않았다. 절감된 비용 덕분에, 왈도-핸콕교의 동쪽 끝에 있는 버로나 섬과 본토에 있는 이웃 마을 벅스포트를 연결하고 있던 다리를 다시 건설할 수 있었다. 나머지 돈은 인근 도로 건설에 사용되었다. 1932년 6월 11일에 왈도-핸콕교의 개통식이 열렸는데 이 자리에서 메인 주 고속도로위원회의 수석 엔지니어가 다리 건설에 사용된 비용을 발표하기도 했다. 측량, 설계, 건설 등 모든 책임을 맡고 있던 업체의 책임 엔지니어로서 데이비드 스타인먼이 메인 주의 주지사 윌리엄 튜더 가디너William Tudor Gardiner에게 다리에 대한 모든 책임을 인계했다. 현수탑 꼭대기에는 국기가 게양되었고 포트 녹스에 운집한 사람들이 차려자세로 그 모습을 지켜봤다. (포트 녹스는 1844년 영국령 캐나다와의 국경 분쟁 중에 강의 상류 지역을 영국 해군으로부터 지키기 위해 만든 요새였다.) 개통식은 **아메리카** 합창과 축복 기도로 마무리되고 밴드 공연과 야구 경기 등의 기념행사가 이어졌다.

왈도-핸콕교는 공식적으로 개통되기 전부터 많은 호평을 받았다. 1931년 미국 철강건설협회AISC는 연례 주어지는 '가장 아름다운 강교' 상을 이 다리에 수여했다. 메인 주에 처음으로 세워진 장경간 현수교인 왈도-핸콕교는 국도 제1호선을 타고 북쪽으로 향하는 운전자들과 페놉스코트 강을 따라 북쪽으로 배를 타고 이동하는 사람들의 눈에 긴 시간 동안 멋진 광경을 선사해주었다. (차를 타고 남쪽으로 이동하는 사람들은 급하게 꺾이는 길을 따라 돈 후에 갑자기 정면에 나타나는 다리를 잠깐만 볼 수 있었다. 배를 타고 내려오는 사람들도 포트 녹스에서 강이 급하게 꺾이기 때문에 마찬가지로 다리를 볼 수 있는 시간이 짧았다.) 왈도-핸콕교는 1985년에 미국 국가 사적지로 등록되었고 이어서 역사적인 미국 건축 기록에도 등재되었다. 이 기록들은 미국 의회도서관에 보관되어 있다. 2002년에 미국 토목엔지니어협회ASCE는 이 다리를 미국 토목 사적으로 지정했다.

그러나 이 다리가 역사적인 걸작으로 추앙받고 있는 동안에도 현수 케이블의 강철선들은 부식되어 끊어지고 있었다. 이런 손상은 오랫동안 눈에 띄지 않은 채 계속 진행될 수 있다. 현수교의 케이블은 수많은 강철선으로 이루어져 있는데 이 강철선 다발들은 비바람의 피해를 입지 않도록 보호재로 싸여 있고 페인트칠이 되어 있기 때문이다. 왈도-핸콕교에서 문제의 조짐이 처음 발견된 때는 1992년이었다. 60년 된 케이블들 중 중앙경간 가까이에 있는 케이블의 아랫부분을 벗겨 보니 그 속에 있는 강철선 13개가 끊어져 있었다. (이 부분은 침투한 물이 고여 부식을 일으키기 쉬운 곳이었다.) 각각의 케이블은 총 1,369개의 강철선으로 이루어져 있어서, 끊어진 강철선 13개가 다리의 내구력에 미치는 영향이 그렇게 크지는 않았다. 문제의 강철선들이 끊어지기 전에 지탱하고 있던 하중은 끊어지지 않은 강철선들이 자연스럽게 분담하게 되었고 따라서 각각의 강철선이 추가로 부담하게 된 하중은 크지 않았다. 모든 다리 건설에는 안전율이 적용된다. 안전율은 재료가 견딜 수 있는 극한 하중을 재료가 실제로 받게 될 설계상의 하중으로 나눈 값이다. 왈도-핸콕교에 적용된 안전율은 3 정도였기 때문에, 전체 강철선들 중 1% 미만이 지지력을 잃었다고 해서 케이블의 지지력이 크게 떨어진 것은 아니었다. 그러나 강철선이 하나라도 끊어졌다는 사실은 매우 중대한 문제였기 때문에 모든 케이블의 상태를 점검할 필요가 있었다.

 미국에서는 "factor of safety"와 "safety factor"가 "안전율" 혹은 "안전 계수"라는 의미로 사용되며, 그 값이 1보다 크면 잉여 강도를 의미한다. 그러나 어떤 문화권에서는 "safety factor"가 "안전 요인"이라는 정반대의 의미로 사용된다. 예를 들어 호주에서 "안전 요인"이라는 용어는 "안전상의 위험을 높이는 사건이나 조건"을 의미한다. 다시 말해 "안전 요인"이 발생하면 사고 위험이 증가하는 것이다. 2010년 시드니 행 에어버스 A380 여객기가 싱가포르 공항에서 이륙한 후 얼마 지나지 않아 엔진이 폭발했는데, 호주 교통안전국은 보고서에서 "안전 요인"이라는 표현을 사용했다. 기술적인 문제를 다룰 때도 우리는 언어나 관습 등의 문화적 차이를 항상 유념해야 한다. **실패**라는 단어가 맥락에 따라 다른 의미를 나타낼 수 있는 것처럼 **안전**이라는 단어의 의미도 맥락에 따라 달라질 수 있다. A380 여객기의 엔진이 폭발한 원인은 터빈부의 결함으로 인한 피로 균열 확장이었다. 즉, 피로 균열이 "안전 요인"이었던 것이다.[3]

 이런 요인은 다리와 같은 고정된 구조물에도 숨어 있을 수 있다. 2002년 왈도-행콕교의 보수를 위해 북쪽 케이블 전체의 보호재를 벗기는 작업이 진행되었다. 엔지니어들은 1992년에 발견된 것보다 훨씬 많은 강철선이 끊어져 있는 것을 보고 놀라지 않을 수 없었다. 남쪽 케이블 일부도 점검되었고, 조사관들은 10년 전의 자료와 비교해 봄으로써 케이블의 질이 얼마나 빠르게 저하되고 있는지 확인할 수 있었다. (10년 전에는 끊어진 강철선이 13개였지만 2002년에는 무려 87개의 강철선이 끊어져 있었다.) 계산에 따르면 케이블 일부에서 안전율이 2.4로 떨어져 있었고 4~6년 사이에 2.2라는 위험한 수준까지 떨어질 수 있다는 예측도 나왔다. 강철선이 끊어진 원인 중 하나는 금속 피로였다. 철교의 주철들보나 기차의 연철 차축에 반복적인 하중이 가해진 경우와 마찬가지로, 다리 위를 지나가는 차량들로 인해 케이블의 강철선에 반복적으로 힘이 가해질 때마다 작은 결함들이 균열로 발전했고 이 균열들이 확장되어 강철선의 잔류 강도를 떨어뜨린 것이다. 결국 균열이 생긴 각각의 강철선에 가해지는 힘이 강철선의 잔류 강도보다 커지자 강철선은 끊어지고 말았다.

대형 트럭들이 다리 위로 지나가면 피로 균열의 확장이 가속화되기 때문에, 모든 트럭의 통행을 금지해야 한다는 우려의 목소리가 나왔다. 그러나 이 다리를 이용하지 못하면 생계에 지장이 생기는 트럭 운전사들의 반발 때문인지 관계 당국은 트럭 통행을 전면 금지하는 대신 일부 제한하고 12톤 이상의 차량은 다리를 이용하지 못하도록 조치했다. 2002년 가을 주정부는 대형 트럭 간의 거리를 최소 152m 이상으로 유지해야 한다는 내용의 표지판을 설치했다. 너무 많은 대형 트럭들이 동시에 중앙경간을 통과하지 못하도록 막기 위해서였다. 곧 허용 거리는 244m 이상으로 늘어났다. 다리 위를 동시에 지나는 대형 트럭 수를 제한하고 중앙경간 위로는 동시에 2대 이상의 대형 트럭이 지나가지 못하도록 조치한 것이다. 메인 주 교통부는 중량 초과 트럭들도 균열을 확장시킨다고 판단했다. 안타깝게도 이 다리가 설계된 시대에는 10톤 트럭도 대형 트럭으로 여겨졌었다. 그러나 이제는 50톤 트럭도 고속도로 통행이 허가되어 있었고 실제로는 그 이상의 무게가 나가는 트럭들도 있었다. 설계 당시 예상한 하중을 훨씬 뛰어넘는 하중이 반복적으로 가해져 다리의 내구력이 빠르게 저하되고 있었지만, 주 케이블을 완전히 교체하는 방안은 합리적이지 않다는 의견이 지배적이었다.[4]

2003년 여름이 되자 트럭 통행을 제한해도 왈도-핸콕교의 예상 유효 수명은 4~6년 밖에 남지 않았다는 사실이 분명해졌다. 새로운 다리를 설계하고 건설하는 데에도 그 정도의 시간이 필요했으므로, 페놉스코트 강어귀의 다리를 이용하는 사람들에게 불편을 주지 않기 위해서는 하루빨리 필요한 결정들이 내려지고 행동이 개시되어야 했다. 당국의 계획자들은 신속하게 사업을 진행하면 아마도 3년 안에 새로운 다리를 개통할 수 있다고 예상했다. 메인 주 교통부의 다리 신축 사업에 참여하게 된 업체들은 피그 엔지니어링그룹Figg Engineering Group의 설계팀과, 북아메리카 전역을 사업 무대로 하는 시안브로Cianbro의 건설 합작 벤처, 그리고 메인 주에 근거를 두고 주로 뉴잉글랜드 북부에서 사업을 맡아 하는 비교적 규모가 작은 리드앤드리드Reed & Reed였다.

새로운 다리를 설계하려면 우선 어느 곳에 어떤 다리를 건설할 것인지가 결정되어야 한다. 왈도-핸콕교가 서 있는 위치가 이상적이라고 여겨졌지만 당연히 이곳에는 새로운 다리를 세울 수 없었다. 일반적으로는 기존의 다리 바로 옆에 새 다리를 놓는 것도 좋은 방법이다. 기존의 진입로들을 조금만 옮기면 되기 때문이다. 그러나 왈도-핸콕교의 북행 진입로는 강둑에 바짝 붙어 있었기 때문에 운전자들은 다리로 들어설 때나 다리에서 빠져나갈 때 급하게 우회전을 해야 했다. 기존의 다리보다 조금 하류 쪽에 새 다리를 놓고 주변의 바위들을 제거해 진입로를 내면 커브를 좀 더 완만하게 만들 수 있었다. 다리의 종류는 지세와 운항 조건 등을 고려해 세 가지로 좁혀졌다. 현수교, 아치교, 그리고 사장교였다.

인근 지역 주민들은 익숙한 왈도-핸콕교에 강한 애착이 있었기 때문에, 새로운 다리가 교통과 미관에 어떤 영향을 끼칠지에 대해 우려를 보이기도 했다. 왈도-핸콕교의 설계자인 데이비드 스타인민은 생전에 몇 권의 시집을 발표하기도 했을 만큼 아름다움에 관심이 많았고, 주변 경관과 조화를 이루어 미적으로 즐거움을 주는 다리를 만드는 데 자부심을 느꼈다. 그래서 그는 왈도-핸콕교의 주탑들을 비렌딜 트러스로 설계할 때 부드러운 곡선을 피하고 주변의 화강암 절벽과 바위들을 연상시키는 뚜렷한 수직선과 수평선들을 택했다. 또 그는 다리를 마감할 때 초록색 페인트를 칠해 주변의 소나무를 비롯한 상록수들과 어우러지게 했다. 스타인먼은 다리를 독립적인 구조물로 보지 않고 지역 환경의 한 부분으로 본 것이다. (지금도 메인 주의 주요 강교들은 자연스러운 초록색으로 칠해져 있다.)[5]

오랫동안 자리를 지켜온 익숙한 다리를 새것으로 교체한다는 결정이 내려지자 군정위원들과 환경 운동가들, 사적 보존 운동가들, 그리고 관심 있는 지역 주민들은 주변의 경관과 생활의 질에 영향을 끼칠 수 있는 사항들에 관해 충분히 정보를 제공받고 결정에 참여할 수 있기를 원했다. 이해관계자들 대다수는 역사적으로 중요한 기존의 다리를 그대로 남겨 두어 보행자도로나 자전거도로로 활용하고 싶어 했다. 또 그들은 새로 지어질 다리가 너무 튀어서 유명한 사진엽서 속의 풍경을 해치지 않을까 우려해, 새로운 다리가 기존의 다리와 조화를 이루도록 설계되어야 한다고 요구했다. 새로운 다리를 건설하고 기존의 다리를 보수하려면 만만치 않은 비용이 들 수밖에 없었다. 이 문제들이 법적인 분쟁으로 발전하게 되면 새 다리의 건설이 늦어질 뿐만 아니라, 빠르게 악화되고 있는 기존의 다리에 차량 통행을 한층 더 제한해야 될 터였다. 그런 사태를 사전에 방지하기 위해 사업 계획자들은 다리 건설 관련 자문위원회를 구성해 주민들과 주 정부, 특히 교통부가 소통할 수 있는 장치를 마련했다.[6]

케이블의 상태가 빠르게 악화되어 새로운 다리가 완공되기 훨씬 전에 기존의 다리를 폐쇄해야 한다는 진단이 내려지자 교통부는 대책 마련에 나섰다. 새 다리가 건설되는 동안 트럭 통행을 전면 금지해야 하는 사태가 벌어지지 않도록 교통부는 기존의 케이블 위에 추가로 케이블을 설치하는 방안을 제시했다. 이 독특한 방법을 취하게 되면 당연히 추가 비용이 발생할 수밖에 없었지만, 트럭 운전사들의 우려를 가라앉힐 수 있음은 물론, 새 다리의 설계와 건설이 예정보다 지연될 경우에 대비해 시간을 벌 수도 있었다. 케이블이 추가로 설치되면 다리 자체 중량의 약 50%를 이 추가 케이블들이 부담하게 되고, 40톤 이하의 트럭까지만 통행한다고 가정할 때 안전율이 1.8에서 3.2로 오를 수 있었다. 2005년 말, 추가 케이블이 설치된 후 두 번의 겨울이 지나고 새 다리의 완공이 눈앞으로 다가오자 기존의 다리에는 50톤 트럭의 통행이 다시 허용되었다.[7]

지역 신문들은 새로운 다리의 완공이 얼마 남지 않았음을 알리는 기사들을 쏟아냈다. 한때 깔끔한 외관을 자랑하던 스타인먼의 왈도-핸콕 교에는 생명 유지 장치가 주렁주렁 달려 있었고, 사적으로 추앙받던 이 다리의 상태에 관한 기사는 새로운 다리의 완공 임박을 축하하는 기사에 몇 줄 덧붙여질 뿐이었다. 완공을 앞둔 다리는 지역을 대표하는 구조물이 될 것이라는 기대를 한몸에 받고 있었다. 한때는 많은 비용을 들여서라도 기존의 다리를 보수해 보행자용 다리로 활용하자는 의견들이 있었지만 지역 주민들은 점점 다리의 해체라는 운명을 받아들이는 것 같았다. 해체 비용은 약 1500만 달러로 추산되었다. 미국 토목 사적으로 지정된 이 다리는 케이블 문제 때문에 아직 명판도 한 번 내걸지 못한 채 해체될 운명에 처했다.

새로운 다리의 종류는 사장교로 결정되었다. 이제는 외형적으로 주탑들을 어떤 형태로 만들고 케이블들을 어떻게 배열할 것인지, 그리고 기술적으로 케이블들을 어떻게 설치하고 고정하고 비바람으로부터 보호할 것인지를 결정해야 했다. 사장 케이블은 사장교의 약점이라고도 볼 수 있다. 피로 파괴를 유발하는 진동에 시달릴 수 있고, 왈도-행콕교의 케이블이 그랬던 것처럼 해안 지역의 거칠고 공격적인 환경에 노출되면 부식될 수도 있기 때문이다. 새로운 다리의 케이블들을 설치하고 보호하는 데 도입될 방식은 상당히 획기적이었다. 설계팀은 각각의 케이블이 주탑의 특정 지점에서 시작되어 다리 상판의 특정 지점에서 끝나는 보편적인 방식을 따르지 않고, 각각의 케이블이 주탑을 중심으로 한쪽 상판의 특정 지점에서 시작되어 주탑 속의 관을 통과한 후 반대쪽 상판의 같은 지점에서 끝나도록 설계하기로 했다.[8]

이 다리의 케이블 시스템을 자세히 들여다보면, 설계상의 결정들이 실패를 예상하고 내려졌음을 짐작할 수 있다. 전형적인 사장교에서는 짝을 이룬 케이블들이 주탑에 아래로 힘을 가하지만 횡방향으로 작용하는 힘이나 굽힘력은 크지 않아서 콘크리트 구조에 균열이 발생할 수 있다. 새로운 다리의 엔지니어들은 케이블을 구성하고 있는 스트랜드(strand, 여러 가닥의 강철선을 꼬아 만든 줄-옮긴이)들을 각각 다리의 상판에 고정하고 주탑 속에 설치된 각각의 스테인리스스틸 관으로 통과시키는 특허 기술을 도입했다. 이렇게 하면 부식되거나 끊어진 스트랜드만 따로 교체할 수 있고 다리 위의 차량 통행에도 큰 영향을 주지 않을 수 있다. 또 이 시스템을 사용하면 아직 검증되지 않은 신소재의 스트랜드를 실제 다리에 일부 포함시켜 실제로 하중을 받는 상황에서 강도 시험을 해 볼 수도 있다. 케이블 하나가 수십 개의 스트랜드로 이루어져 있기 때문에 검증되지 않은 스트랜드를 일부 포함시킨다 해도 안전상의 문제가 발생할 위험은 없다. 페놉스코트 강의 사장교는 세계에서 두 번째로 이런 케이블 시스템을 도입한 다리였다. 첫 번째는 오하이오 주 털리도의 글래스시티스카이웨이교Veterans' Glass City Skyway Bridge였다.9

왈도-행콕교의 현수 케이블 손상에 기여한 해안가 환경에서 사장 케이블이 부식되지 않도록 보호하기 위해, 새 다리의 케이블을 구성하는 각각의 스트랜드는 틈새를 메우는 에폭시로 코팅 처리되었다. 이렇게 코팅 처리를 하면 수분이나 해로운 물질이 강철에 닿지 않게 막아줄 수 있다. 코팅 처리된 스트랜드 집합에는 물, 눈, 얼음 등의 해로운 환경적 요소들을 차단하기 위해 고밀도 폴리에틸렌HDPE으로 만든 외피가 씌워졌다. 그리고 이 케이블 시스템이 제대로 기능하는지 확인하기 위해 각각의 HDPE 튜브에는 질소 가스가 채워졌고 컴퓨터로 시시각각 압력을 측정하는 장치가 설치되었다. 질소 가스는 부식을 촉진하는 산소를 차단해줄 뿐만 아니라 누설 검출기 역할도 한다. 압력이 떨어지면 컴퓨터가 곧바로 이를 감지해 튜브에 생긴 균열이나 구멍 등의 결함을 찾아낼 수 있다.10

새 다리의 기공식은 2003년 12월에 열렸다. 당시에는 공사가 2년 안에 완료되고 총 5천만 달러 정도의 비용이 들 것으로 예상되었다. 그러나 2005년 가을이 되고 보니 완공일은 예정보다 1년 정도 미뤄지게 되었고 예상 비용도 8천4백만 달러로 늘어났다. 사재 가격의 상승도 비용 증가의 원인 중 하나였다. 2006년 초에 관계 당국은 새 다리의 이름을 다운이스트게이트웨이교Downeast Gateway Bridge로 정했다고 발표했지만 지역의 여러 가지 정치적 요인들로 인해 이름을 다시 짓게 되었고, 주 의회가 최종적으로 승인한 이름은 페놉스코트교와 전망대Penobscot

Narrows Bridge and Observatory였다. 이름의 마지막 단어가 의미하는 것은 서쪽 주탑 꼭대기에 있는 128m 높이의 전망대였다. 어떤 주 상원의원은 다리의 이름을 놓고 이처럼 소란을 피우는 것을 이해할 수 없었다. 그녀는 지역 주민들은 이 다리를 단순히 "새 다리"라고 부르거나, 아니면 기존의 다리를 왈도-핸콕교라고 불렀던 것처럼 벅스포트교Bucksport Bridge라고 부를 것이라 말했다.[11]

페놉스코트교와 전망대가 도입한 가장 눈에 띄는 혁신은 이 긴 이름의 마지막 단어에 반영되어 있다. 높은 곳에 서서 주변 전체를 내려다볼 수 있다는 것은 고소공포증이 있는 사람을 제외하고 거의 모든 사람에게 즐거운 경험일 것이다. 걷거나 차를 타거나 케이블카를 타고 언덕이나 산을 오른 후 정상에서 주변의 경치를 감상하지 않고 그냥 내려오는 사람이 과연 있을까? 18세기에 모험가들은 열기구를 타고 훨씬 더 높은 고도에서 세상을 내려다보기도 했다. 관광객들은 예로부터 높은 곳을 찾아다녔고 관광업계는 이런 점을 활용해 돈을 벌어왔다. 페놉스코트교 주탑의 모델이 되기도 한 워싱턴 기념탑은 전망대로 인기를 끌었다. 자유의 여신상도 마찬가지다. 최초로 300m 높이에 도달한 구조물인 에펠탑의 명성에는 유명한 전망대도 큰 몫을 했다. 1893년 시카고에서 열린 컬럼비아 세계박람회를 위해 만들어진 페리스Ferris 관람차(직경 약 75m)의 매력 중 하나는, 이를테면 움직이는 전망대에서 주변을 관망할 수 있다는 것이었다.[12]

19세기 말에 강철의 유용성이 높아지면서 사무용 건물들도 전례 없이 높게 세워지기 시작했고 그래서 이런 건물들은 마천루라 불리게 되었다. 그리고 이런 건물의 꼭대기에 전망을 위한 층을 마련하는 것이

심하게 부식된 왈도-행콕교의 강철 주탑은 새로 지어진 페놉스코트교와 전망대의 콘크리트 주탑에 비하면 아주 작아 보인다. 페놉스코트 강을 가로질러 국도 제1호선이 지나는 다리가 각각 현수교와 사장교로 설계되었고 각기 다른 재료와 형태가 사용되었다는 사실은, 본질적으로 같은 공학적 문제에 전혀 다른 해결책이 적용될 수 있음을 보여주고 있다.(Catherine Petroski 촬영 사진)

자연스러운 일이 되었다. 40년 동안 세계에서 가장 높은 건물의 자리를 지켰던 엠파이어스테이트빌딩의 전망대는 가장 유명한 전망대 중 하나다. 도시에서 가장 높은 건물들은 높이와 최고층의 전망을 서로 겨루곤 한다. 초고층 건물에 관광객을 끌어들이기 위한 전망대를 설치하는 것은 어느 정도 당연한 일이 되었다. 시어스타워(현재의 윌리스타워)와 존핸콕타워에서는 시카고의 멋진 전경을 감상할 수 있다. 보스턴의 존핸콕빌딩에서는 도시와 그 주변의 경관을 한눈에 내려다볼 수 있다. 2001년 월드트레이드센터가 붕괴되기 전에 북쪽 타워의 최고층에서는 뉴욕항의 장관과 자유의 여신상이 내려다보였다. 그 후 테러 공격에 대한 우려로 초고층 건물의 전망대에 출입이 제한되고 검문이 강화되었다. 그래도 꽤 오랜 시간이 흐르고 나자 다리의 주탑 꼭대기에 전망대가 등장하기 시작했다. 페놉스코트교의 전망대는 서반구에서 최초로

만들어진 주탑 전망대라고 전해진다.13

급속도로 약화되는 왈도-핸콕교를 대체할 다리의 설계를 맡게 된 사람들은 처음에는 전망대와 부대시설을 만들 계획이 없었다. 그런데 교통부의 조사원들이 주탑의 모델로 삼을 만한 역사적인 구조물을 찾던 중 인근의 왈도 산에서 채석한 화강암이 워싱턴 기념탑에 사용되었다는 사실을 알게 되었다. 설계자들은 방첨탑 형태의 워싱턴 기념탑을 본떠 다리의 주탑을 설계하기로 결정했고, 주탑 중 하나의 꼭대기에 전망대를 설치하자는 제안도 자연스럽게 나오게 되었다. 이 제안은 지역 사업가들과 유력 인사들의 호응을 얻었다. 그들은 새로 건설될 다리를 수익성 있는 관광 명소로 발전시키고 싶어 했다. 다리의 설계에 대해 지역 사회가 찬성하지 않으면 공사가 지연될 수 있기 때문에, 전망대는 이 다리 건설 사업에서 매우 중요한 부분이 되었다.

새 다리의 전망대에서 내려다볼 때 내 개인적으로 가장 흥미로운 풍경 중 하나는 북쪽에 바로 보이는 녹슨 왈도-핸콕교의 모습이다. 새 다리의 높은 주탑들에 비해 왈도-핸콕교의 주탑들은 아주 작아 보인다. 내가 2007년에 처음으로 이곳을 방문했을 때 기존의 다리에 설치된 추가 케이블들은 그대로 있었지만 다리 위에는 차가 한 대도 없었다. 2006년 12월 30일에 차량 통행이 완전히 차단되었기 때문이다. 낡고 약해진 이 다리를 마지막으로 건넌 차량은 1915년형 포드 자동차였다. 진입로들도 그대로 있었지만 입구는 쇠사슬로 차단되어 있었고 "진입금지" 팻말이 서 있었다. (3년 후에 다시 찾아갔을 때도 다리가 더 녹슬었다는 것 외에는 달라진 점이 없어 보였다.)14

물론 왈도-핸콕교를 원래 상태로 복원해 (추가 케이블을 제거하고) 보행자도로나 자전거도로로 다시 활용하기를 바라는 사람들도 있었지만 그러려면 많은 비용을 들여야 했다. 주 정부의 계획은 다리를 해체하는 것이었다. 그러나 해체하는 데만도 수백만 달러가 필요하기 때문에 자금이 확보되지 않으면 해체 일정도 확실히 정할 수가 없었다. 기존의 다리를 해체하게 되면 새로운 다리 한쪽에 차도와 분리된 보행자도로가 건설될 것이라는 얘기가 나오기도 했다. 그 전까지는 새 다리의 차로 옆에 있는 일종의 갓길이 보행자들과 자전거 이용자들을 위한 통행로로 쓰일 예정이었다. 차로와 보행자도로를 구분해줄 장치는 하얀 차선밖에 없었다.[15]

전망대에서 내려다보면 주탑에서 일정 간격으로 두 줄씩 나온 케이블들이 다리 상판에 일렬로 고정된 모습을 볼 수 있다. 케이블들은 도로의 척추와도 같은 높이 올라온 중앙분리대에 고정되어 있다. 이 다리에는 왕복 1차로밖에 없어서 병목현상을 피하기 어려워 보인다. 어떤 사람이 전망대 안내인에게 왜 다리가 왕복 2차로 이상으로 지어지지 않았느냐고 묻자 안내인은 "비용 때문"이라고 대답했다. 그는 이 다리의 상판이 필요에 따라서는 (차로의 폭이 3m밖에 안 되고 갓길도 없겠지만) 왕복 2차로까지 수용 가능하다고 말했다. 교통부의 기술자는 인접 마을인 남쪽의 시어스포트와 북쪽의 벅스포트에 국도 제1호선을 4차로로 확장할 공간이 없어서 다리가 왕복 1차로로 설계된 것이라고 설명했다. 다리의 차로를 늘리면 다른 곳에서 병목현상이 발생할 수 있다는 것이었다.[16]

어떤 조치가 취해지지 않아 참사까지는 아니더라도 설계상 오점이 남게 된 경우에 그 주된 원인으로 비용 문제가 자주 언급되곤 한다. 비용 때문이었는지 빡빡한 일정 때문이었는지는 알 수 없으나, 새로 지어진 다리에는 기능적으로도 미적으로도 아쉬운 부분들이 있다. 다리 위를 지나는 차량들과 중앙분리대 사이에는 갓길이 없다. 이 중앙분리대는 인구밀도가 높은 도시의 유료 고속도로에서 볼 수 있는 끊어지지 않고 하나로 죽 이어진 콘크리트 분리대인데, 메인 주의 이 분리대 꼭대기에는 일렬로 늘어선 굵은 케이블 외피들이 곡사포처럼 일제히 위를 향해 주탑을 겨냥하고 있고 외피에서 나온 케이블들이 주탑까지 팽팽하게 이어져 있다. 차선을 따라 운행하려면 모든 차량들은 중앙분리대 쪽으로 바짝 붙어서 이동해야 한다. 이렇게 운행하면 도로의 뒤틀림을 최소화할 수 있다는 구조적 이점이 있지만, 중앙분리대가 너무 바짝 붙어 있으면 불편함을 느끼는 운전자나 탑승자들도 있을 것이다. 차를 타고 이 다리를 건너는 사람들은 시골 지역에서 느끼고 싶었을 시원한 기분을 만끽할 수 없고, 특히 운전자는 답답함을 느낄 수밖에 없다. 차로 오른쪽의 아직 사용되지 않는 좁은 갓길과 차로의 위치가 서로 바뀌었다면 운전자들은 다리를 건너면서 훨씬 만족감을 느낄 수 있었을 것이다. 그러나 때로는 아직 확정되지 않은 구조적 고려사항들이 설계를 좌우하기도 한다. 중앙분리대 쪽에 갓길이 있고 오른쪽에 차로가 있다면, 나중에 이 갓길이 보행자도로나 자전거도로로 사용될 경우 걷거나 자전거를 타고 다리를 건너는 사람들이 강의 경치를 감상할 수 없게 될 것이다. 그렇다고는 해도, 전망대에서 내려다보면 많은 차가 답답한 중앙분리대와 거리를 두기 위해 차선을 위반하고 운행하는 모습을 확인할 수 있다. 다리의 설계에서 이런 부분은 기능적인 실패라고 말할 수 있고, 보행자나 자전거 이용자들이 다리 위로 지나다니게 되면 상당한 위험을 초래할 수 있다.

내가 보기에 미적인 실패나 결함 혹은 방해 요소라 여겨지는 부분은 연속성과 균형, 대칭이 결여된 주탑들이다. 다리 상판을 기준으로 주탑들의 상부를 보면 차량이 통행하는 방향, 즉 종 방향의 폭보다 횡 방향의 폭이 좁다. 주탑들의 횡 방향 폭을 좁게 만든 이유는 아마도 차로를 위한 공간을 내기 위해서였을 것이다. 그리고 종 방향 폭을 넓게 만든 이유는 케이블이 통과될 관들을 주탑에 수용해야 했기 때문일 것이다. 그러나 멀리서 비스듬히 바라보면 상판 위의 직사각형 주탑과 상판 아래의 정사각형 교각의 부조화가 한층 더 불편하게 느껴진다. 이 부조화는 아마도 급한 설계-건설 과정이 낳은 불운한 결과일 것이다. 다리의 종류 결정과 상부구조 설계가 마무리되기 전에 기초와 교각이 세워졌을 가능성이 크다.

마음을 불편하게 만드는 요소는 주탑들의 꼭대기 부근에서도 발견된다. 전망대가 있는 주탑은 3개 층이 판유리 창으로 둘러싸여 있어서 이 부분은 말 그대로 투명하다. 아내와 내가 포트녹스에서 다리를 바라봤을 때 우리는 멀리 하늘을 배경으로 사람들의 실루엣을 볼 수 있었다. 주탑의 꼭대기 부근이 투명한 유리로 둘러싸여 있는 모습은 섬세하고 아름답다. 어떤 때는 빛이 반사되어서, 피라미드 같은 꼭대기 바로 밑에 3개의 빛나는 띠가 장식된 것처럼 보이기도 한다. 그러나 전망대가 없는 동쪽 주탑 꼭대기 부근에는 이와 비슷하거나 균형을 이루는 무언가가 전혀 없다. 화강암 구조가 변함없이 죽 이어지면서 점점 가늘어져 피라미드 형태를 이루고 있고 꼭대기에서 빨간 항공장애등이 깜빡이고 있을 뿐이다.

케이블의 배열도 정신을 산란하게 한다. 약 3m 간격으로 둘씩 짝을 지어 내려온 케이블들이 다리 상판 중앙선을 따라 일렬로 고정된 모습은, 보는 위치에 따라 어지럽고 조화롭지 못한 3차원 패턴으로 나타난다. 우리가 포트녹스에서 다리를 바라봤을 때 서쪽 진입 경간의 케이블들은 모두 중간쯤에서 둘씩 교차된 것처럼 보였고, 시선을 움직일 때마다 물결무늬 효과moiré effect가 나타났다. 사장교에서 케이블의 배열은 대개 미적인 강점으로 활용된다. 그러나 페놉스코트교의 경우 보는 각도에 따라 케이블들이 복잡하게 얽히고설켜 있어서, 적어도 우리가 처음 방문했을 때는 어지럽고 조화롭지 못해 보였다.

건축물을 비판하기는 쉽다. 그러나 설계자들과 엔지니어들, 건설업체들이 안전하고 효율적인 기반시설을 만드는 과정에서 받게 되는 제약들을 (정치적 경제적 제약들도 포함해서) 모두 기억하기는 어렵다. 메인 주의 새 다리는 기공식이 치러지고 불과 3년 후에 개통되었다. 기초를 완성하는 데 6개월이 걸렸고 교각들을 세우는 데도 6개월이 걸렸다. 하부구조를 세우는 과정이 빠르게 진행되지 않았다면 기공식 이후 4년이 지나서도 다리는 여전히 건설 중이었을지 모른다. 그랬다면 새 다리가 완공되기 전에 왈도-핸콕교가 더 이상 교통량을 감당할 수 없게 되었을 수도 있다.

비판할 만한 부분들이 있다고 해서 다리가 완전히 잘못 설계되었다는 의미는 아니다. 약간의 흠이라고 느껴질 수 있는 요소들이 있기는 하지만 페놉스코트교는 지역에 큰 보탬이 되는 기반시설이다. 교통부와 관련 업체들은 급한 일정과 만만치 않은 비용, 정치적 압박, 메인 주의 추운 겨울 날씨 등 심한 악조건 속에서도 이렇게 멋진 다리와 전망대를 만들어냈다는 점에서 칭찬받아 마땅하다. 새로 지어진 다리가 영원히 굳건하게 서 있을 수 있다면 좋겠지만 아마도 그것은 지나친 기대일 것이다.

이 글을 쓰고 있는 지금도 왈도-행콕교와 페놉스코트교는 나란히 서서 기대와 현실의 극명한 대조를 보여주고 있다. 해가 뜨거나 질 때 역광이 비추면 두 다리는 실루엣만 보일 뿐 물리적인 나이는 전혀 느껴지지 않는다. 그러나 해가 머리 위에 떠 있을 때는 왈도-행콕교의 녹슨 모습이 훤히 드러난다. 상판을 지지하고 있는 케이블들은 멀리서 보면 가는 실처럼 보인다. 자랑스러운 역사적 구조물이 돼야 했을 다리에는 초록색 페인트가 다시 칠해졌지만 그 색조만 희미하게 남아 있을 뿐이다. 구석구석 녹이 침투해 있어서, 다리가 부식 확산으로 무너지거나 절단 토치로 잘리는 일은 이제 시간문제로 보인다. 절단 토치로 잘리는 일은 아마도 당분간은 일어나지 않을 것이다. 자금이 부족하고, 다리 해체에 드는 비용은 해마다 불어날 것이기 때문이다. 보기 흉해진 기존의 다리는 새로 지어진 높고 화려한 다리의 그늘에 가려져, 역사를 중시하는 일부 주민들이나 다리를 책임져야 하는 교통부를 제외한 모든 사람들의 관심 밖으로 밀려났다. 나는 왈도-행콕교가 녹슬고 방치된 채로 그 자리에 계속 서 있을 수 있기를 바란다. 점점 더 낡아가는 다리의 모습이 아름답지는 않겠지만, 관심 있는 사람들은 이 다리를 보면서 새로운 다리도 제대로 관리하지 않으면 같은 운명을 맞게 된다는 사실을 끊임없이 상기할 수 있을 것이다.

CHAPTER 07
원인 규명

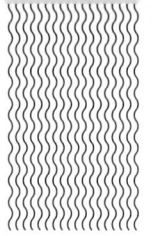

　어떤 구조물들은 속에서부터 서서히 소리 없이 약화되기 때문에 붕괴를 향해 가는 과정이 눈에 보이지 않는다. 결함이 발견되지 않아 예방 조치나 보수 조치가 제때 취해지지 않으면 어느 날 갑자기 충격적인 사고가 우리 눈앞에서 벌어질 수도 있다. 차들이 빽빽이 들어선 도로교가 붕괴되거나, 우주왕복선이 발사 1분 만에 폭발하거나, 오래된 제방이 무너져 도시가 물에 잠길 수도 있다. 이런 사고들이 미치는 영향은 바로 눈에 보이지만 그 근본 원인을 찾아내기는 매우 어렵다. 원인을 조사하는 데 몇 달 혹은 몇 년이 걸릴 수도 있고, 공식적인 실패 분석 결과에 대한 논란이 끊임없이 이어질 수도 있다. 조사관들은 서로 연관된 여러 가지 요인들을 파악하고 근거가 부족하거나 무관한 요인들을 배제한다.

　책임 소재를 밝히는 일도 원인 규명만큼이나 어렵다. 특정 이름들이 거론될 때도 있지만 그렇지 않을 때가 더 많다. 실패에 대한 책임이 있는 사람들은 문제의 시스템이 설계되고 만들어질 때 그랬던 것처럼 익명으로 남는 경우가 대부분이다.

　사고가 일어나면, 특히 갑자기 일어나 급속도로 진행되면 많은 사람이 혼란에 빠진다. 다친 사람들과 잔해 속에 갇힌 사람들, 넋이 나간 채로 대피하는 사람들, 주변의 거리나 건물에서 지켜보는 사람들, 긴급구조원들, 경찰관과 소방관들, 기자들과 언론 매체 관계자들, 희생자 가족들, 무너진 구조물의 소유주들과 설계자들, 잔인한 도둑들, 보험 사정인들, 변호사들이 혼란 속에 마구 뒤섞인다. 혼란은 소문을 낳고, 그러다 보면 사고의 경위는 점점 더 불분명해질 수 있다. 공식적인 사고 조사관들은 대개 하루 이상이 지나고 나서야 사고 현장에 도착한다. 그리고 사고 조사를 위해 위원회가 구성되어도 여기에 속한 위원들은 사고 발생 후 몇 주 혹은 몇 달이 지나도록 사고 현장을 직접 찾아가서 보지 않을 수도 있다.

서로 모순되는 증언들이 너무 많으면 진실을 규명하기가 더욱 어려워진다. 같은 사건을 각기 다른 시점에서 목격한 사람들에게는 자연히 그 사건이 각기 다르게 보인다. 어떤 사람이 바로 앞에서 본 장면이 다른 사람에게는 배경일 수 있다. 어떤 사람이 눈을 뜨고 있을 때 다른 사람은 눈을 깜빡인다. 어떤 사람이 위를 올려다볼 때 다른 사람은 아래를 내려다본다. 어떤 사람이 걸어가면서 옆으로 비스듬히 쳐다볼 때 다른 사람은 가만히 서 있지만 다른 생각에 빠져 있다. 어떤 사람은 눈으로 보지만 다른 사람은 귀로 듣는다. 모두가 같은 사건을 목격했지만 각자 다른 말로 자신의 경험을 이야기한다. 조사관들은 이 모든 증언과 증거들을 면밀히 검토해서 실제로 어떤 일이 왜 일어났는지를 밝혀내야 한다.

1981년 7월 17일 캔자스시티 하얏트리젠시 호텔의 고가 통로가 무너져 114명이 사망하고 수많은 사람이 부상한 사고의 경우 며칠 사이에 붕괴의 역학적 원인이 제대로 보도되었다. 〈캔자스시티스타*Kansas City Star*〉 신문은 사고 해석을 도와줄 자문 엔지니어를 고용했고 사고 현장의 증거, 사진, 그림들에 대한 그의 해석이 사고 발생 4일 후인 7월 21일자 제1면에 실렸다. 그중 한 사진을 보면, 천장에 휘어진 행어로드

(hanger rod, 양 끝에 나사가 있는 지지봉—옮긴이)가 매달려 있는데 그 끝은 비어 있고 너트와 와셔만 남아 있는 모습을 확인할 수 있다. 너트와 와셔가 받치고 있던 상자형 들보가 어떻게든 떨어져 나간 것이다. 잔해가 어지럽게 널려 있는 로비 바닥에는 이 분리 과정이 어떻게 진행되었는지를 보여주는 증거가 있다. 무너진 상자형 들보를 보면, 행어로드가 통과했던 구멍 둘레를 감싸고 있는 강철 부품이 마치 엄청난 힘으로 밑에서 끌어내린 것처럼 변형되어 있다. 사고 발생 후 몇 달 사이에 미국 표준국NBS은 상자형 들보 접합부의 복제품을 만들어 강도 시험을 했는데, 사고 당일 실제 통로에 가해졌던 힘이 상자형 들보를 무너뜨리기에 충분했다는 결과가 나왔다.[1]

탤벗 연구소의 거대한 시험기보다 훨씬 작은 기계들을 이용해 진행된 강도 시험은 고가 통로의 붕괴 과정에 대한 가설을 입증해주었고, 추가적인 분석을 통해 고가 통로의 접합부가 처음에 설계된 것보다도 더 튼튼하게 만들어졌어야 했다는 사실이 드러났다. 그러나 건축 기준에 못 미치게 설계되었다고 해서 접합부가 반드시 파손될 수밖에 없었던 것은 아니다.

버팀대(행어로드)를 둘로 나누지 않고 처음 설계된 대로 하나의 버팀대를 사용했다면, 그래서 상자형 들보와 와셔 사이의 힘이 배가되지 않았다면 (안전율이 2에서 1로 떨어지지 않았다면) 고가 통로는 지금까지 그대로 서 있었을지도 모른다. 고가 통로가 캔자스시티 건축 법규를 충족시키지 못했다는 점이 붕괴의 주원인은 아니었다. 하나의 버팀대를 둘로 나눈 설계상의 변경이 고가 통로 붕괴의 직접적인 원인이었다. 그러나 모든 사고가 이렇게 빠르게 분석되고 명쾌하게 설명되는 것은 아니다.

웨스트버지니아 주의 포인트플레전트와 오하이오 주의 갈리폴리스를 연결하는 오하이오 강의 다리는 1926년부터 훌륭히 제 역할을 수행하고 있었는데, 1967년 크리스마스 열흘 전에 이 다리가 갑자기 무너져 46명이 목숨을 잃고 수십 명이 부상을 당했다. 포인트플레전트교Point Pleasant Bridge라는 공식적인 이름을 가진 이 다리는 실버교Silver Bridge라는 별명으로 더 많이 불렸다. 실버교라는 별명 앞에는 정관사 'The'가 붙을 때가 많았는데, 이 다리가 미국에서 최초로 알루미늄 페인트를 칠한 다리라고 알려졌었기 때문이다. 1851년 런던 세계박람회장으로 사용된 철과 유리로 만든 건물이 수정궁Crystal Palace이라고 불리게 된 것처럼, 단지 기억하기 쉬운 별명이었던 실버교라는 이름은 사실상 이 다리의 공식적인 이름이나 다름없게 되었다. 포인트플레전트교는 찰스턴과 컬럼비아를 연결하는 국도 제35호선의 중요한 연결고리였지만 유명한 다리는 아니었다. 그러나 이 다리의 붕괴와 그 원인은 교량 건설 업계뿐만 아니라 국가 전체에 엄청난 영향을 끼쳤을 것이다. 붕괴 사고에 대한 공식적인 조사는 새로 구성된 미국 교통안전위원회NTSB가 지휘했다. 현재 이 위원회는 항공기 사고를 조사하는 기관으로 많이 알려졌다.[2]

실버교는 독특한 유형의 현수교였다. 19세기 중반 이후로 미국에 세워진 거의 모든 현수교에서 크고 무거운 강철선 케이블들이 주탑들 사이에 포물선 형태로 늘어져 도로를 지지하고 있던 것과는 달리, 실버교의 상판은 기다란 강철 아이바를 연결해 만든 체인들이 지지하고 있었다. 체인 자체가 새로운 것은 아니었다. 영국의 런던과 홀리헤드를 잇는 도로의 중요한 연결고리인 메나이해협교Menai Strait Bridge를 포함해 19세기 초에 세워진 많은 현수교에 이미 철로 만든 체인이 사용되었다. 그러나 실버교와 같은 규모의 다리에 현수 체인을 사용한다는 것은 미국에서 매우 보기 드문 일이었다. 실버교의 설계에서 가장 독특한 부분은, 현수 체인이 도로를 보강하는 트러스의 상현재top chord 역할도 겸하고 있었다는 점이다. 미국에서는 이전까지 사용된 적 없는 시스템이었다. 로빈슨앤드스타인먼이 브라질에서 이런 형식을 도입한 적이 있지만 그때도 이 시스템이 사용된 곳은 약 340m 길이의 중앙경간뿐이었다. 실버교의 경우 약 213m의 중앙경간을 보강하는 트러스뿐만 아니라 측경간의 트러스에도 이런 시스템이 적용되어서, 총 445m의 체인이 현수 체인과 트러스 상현재 기능을 겸하고 있었다.[3]

처음부터 실버교의 설계가 이렇게 독특했던 것은 아니다. 볼티모어의 J. E. 그레이너컴퍼니Greiner Company는 당시에 흔히 사용되었던 방식대로 강철선으로 만든 현수 케이블을 설치하고 별도로 보강 트러스를 설치하면 약 825,000 달러의 비용으로 다리를 건설할 수 있다고 추산했다. 그런데 건설 수주 광고가 나가자 응찰 업체들은 설계를 바꾸면 800,000 달러 이하의 비용으로 다리를 세울 수 있다고 제안했다. 실제로 그렇게 되면 공사를 맡은 업체는 절약된 금액의 절반을 가져갈 수 있었다. 공사를 수주하게 된 업체는 플로리아노폴리스교를 건설한 아메리칸브리지컴퍼니American Bridge Company였다. 이 회사는 아이바로 현수 체인을 만들고 그중 일부를 트러스 상현재로 동시 활용하는 설계를 제안했다. 두께 5cm, 폭 30cm, 길이 15m의 아이바들을 두 개씩 짝지어 일렬로 배열하고 강철 핀으로 자전거 체인처럼 연결해 현수 시스템

웨스트버지니아 주의 포인트플레전트에 세워진 실버교는 독특하게 설계된 다리였다. 아이바로 구성된 현수 체인 일부가 보강 트러스의 상현재 역할도 겸하고 있었다. 이 다리는 1967년 12월에 갑자기 붕괴하였는데, 부식으로 인해 가속화된 피로 균열 확장이 그 원인 중 하나였다. 이 사고 이후 미국의 모든 고속도로교에 정기적인 점검이 시행되었다. (James E. Casto 제공 엽서 이미지)

의 주요 부분을 만드는 방식이었다. 아메리칸브리지컴퍼니는 플로리아노폴리스교를 만들었을 때 그랬던 것처럼 실버교의 아이바 재료로 사용될 강철도 (역시 미국에서는 최초로) 열처리를 해서 강도를 높이기로 했다. 이렇게 강도를 높인 강철로 만든 체인 고리(아이바)는 자신의 무게에 비해 큰 하중을 견딜 수 있기 때문에 더 적은 비용으로 더 가벼운 다리를 만들 수 있다. 그러나 실버교의 체인과 플로리아노폴리스교의 체인 사이에는 한 가지 중요한 차이점이 있었다. 플로리아노폴리스교는 체인의 고리 하나가 네 개의 아이바로 이루어져 있었지만 실버교의 체인 고리 하나를 구성하는 아이바는 두 개뿐이었다. 이 구성은 실버교의

커다란 약점이 되었다.[4]

실버교의 설계에서 독특한 부분은 아이바뿐만이 아니었다. 체인이 걸리는 주탑들은 교각에 단단히 고정되어 있지 않고 체인들이 조금이라도 당겨지면 그 움직임에 따라 앞뒤로 흔들리도록 설계되었다. 반대로 주 체인들은 어떤 식으로든 단단히 고정되어야 했다. 체인들이 엄청난 장력을 견딜 수 있도록, 그러면서도 체인 끝이 제 위치에 제대로 붙어 있도록 만들어야 했기 때문이다. 현수 체인들이 주탑들과 함께 움직이더라도 체인 끝은 땅에 확실하게 고정되어 있어야 했다. 체인의 말단을 기반암에 박아 넣을 수 있다면 좋았겠지만 실버교가 세워질 곳의 기반암은 지표면에서 가깝지 않았기 때문에 다른 방법을 찾아야 했다. 가장 일반적인 대안은 자체 무게만으로 장력을 견딜 수 있는 돌이나 콘크리트 기둥을 만드는 것이었다. 실버교의 경우 체인 하나의 장력이 2,000톤이었다. 보편적인 앵커리지와 달리 실버교의 앵커리지는 "흙과 콘크리트가 채워진 철근콘크리트 트로프(trough, 지하의 케이블을 보호하기 위한 U자 홈과 덮개—옮긴이)"로 이루어졌다. 트로프의 길이는 약 60m였고 각각의 앵커리지 윗부분은 포장도로로 덮여 진입로 일부가 되었다.[5]

1920년대는 현수교의 설계와 건설에서 혁신과 실험이 활발하게 일어난 시기였다. 실버교가 설계된 당시에 J. E. 그레이너컴퍼니는 실버교와 같은 구조의 다리를 준비하고 있었다. 실버교에서 상류로 145km 떨어진 곳에 세워져 웨스트버지니아 주의 세인트메리스와 오하이오 주의 뉴포트를 연결해주던 이 다리는 1928년에 개통되었지만 1971년에 해체되었다. 실버교와 같은 운명을 맞지 않으리라는 보장이 없었기 때문이다. (플로리아노폴리스교는 실버교가 붕괴된 후에도 해체되지 않았다. 체인 고리 하나가 네 개의 아이바로 이루어져 있어서 아이바 한 개가 파손되어도 체인의 기본 구조가 유지될 수 있었기 때문이다.)[6]

1924~1928년 사이에 펜실베이니아 주 피츠버그에도 아이바 체인 현수교 세 개가 세워졌다. 6번가와 7번가, 9번가에 건설된 세 다리에는 피츠버그 유명 인사들의 이름을 따서 각각 로베르토 클레멘테Roberto Clemente, 앤디 워홀Andy Warhol, 레이첼 카슨Rachel Carson이라는 이름이 붙여졌고, 사람들은 이 다리들을 '세 자매'라고 불렀다. 이 다리들은 자정식 현수교라는 또 하나의 특징을 지니고 있었다. 즉, 도로를 받치는 보강 들보의 끝에 체인들이 정착되는 구조였다. 이런 방식이 적용된 이유는, 피츠버그의 도시환경위원회가 "미적인" 구조를 원했고 공공사업부의 엔지니어들은 육중한 앵커리지와 미적인 구조가 양립할 수 없다고 판단했기 때문이다. 그런데 자정식 구조를 적용하려면 체인들이 가하는 엄청난 압력을 견딜 수 있도록 보강 들보들을 폭이 깊고 무게가 무겁게 만들어야 했다.

1920년대에는 이런 외관이 이상하게 보이지 않았지만 유행에 따라 구조물의 미적 기준도 변하면서 곧 이 다리들은 균형 잡히지 않은 구조물로 보이게 되었다.

새로운 미적 기준을 제시한 다리는 1931년에 개통된 조지워싱턴교 George Washington Bridge로, 뉴욕과 뉴저지 사이를 흐르는 허드슨 강에 최초로 놓인 다리였다. 1960년대 초에 아래층이 추가되었지만 원래는 폭이 매우 얕고 보강 트러스가 없는 상판 한 층만 있었다. 설계 당시에는 강철선 케이블 현수 시스템과 아이바 현수 시스템이 모두 제안되었고,

어떤 시스템을 채용할 것인지는 비용에 달려 있었다. 어떤 형식으로 만들어지든 이 다리는 맨해튼 북부와 뉴저지 북부, 그리고 뉴욕 주의 허드슨 강 서쪽 지역을 연결하기 위해 개발 중인 도로망에서 중요한 연결고리가 될 터였다. 그래서 다리의 기초와 주탑, 케이블, 앵커리지 모두 이층을 수용할 수 있도록 설계되었지만 비용 문제로 우선은 한 층만 지어지게 되었다. 상판은 예상 교통량을 고려해 넓게 설계되었기 때문에 자연히 무거울 수밖에 없었다. 엔지니어들은 여기에 네 개의 거대한 현수 케이블이 설치되면 도로가 충분히 보강되어 트러스가 필요 없다고 판단했다.

결과적으로 이 다리는 중앙경간의 두께가 3m, 길이가 1km인 날씬한 구조물이 되었다. 이후에 설계된 1930년대의 거의 모든 다리가 조지워싱턴교처럼 날씬하고 거추장스럽지 않은 외관을 추구했는데, 1930년대 말에 이르자 미관을 중시한 나머지 이렇게 지어진 다리들의 상판이 쉽게 휘어져 바람에도 요동치게 되었고 그중 하나인 타코마해협교가 1940년에 결국 붕괴되었다. 이 사고가 일어난 후 엔지니어들은 현수교 건설을 포기하고 안전 문제에 대해 다시 생각하게 되었다. 1950년대에는 좀 더 일반적이고 실용적인 다리들이 다시 등장했다.

한편 실버교를 비롯한 당대의 투박한 다리들은 무사히 교통량을 소화하고 있었는데 시간이 흐르면서 그 위를 지나는 차량들의 용량과 종류에 변화가 생겼다. 실버교가 설계된 당시에 가장 일반적인 차종은 중량이 약 680kg인 포드 모델 T였고, 총 중량이 9톤을 넘는 트럭들은 웨스트버지니아 주의 도로를 통행할 수 없었다. 그러나 실버교가 붕괴된 1967년에는 가족형 승용차의 평균 중량이 약 1.8톤이었고, 총 중량이

27톤을 넘는 트럭들도 고속도로를 이용하고 있었다. 실버교의 설계자들은 이 다리에 가해지는 하중이 거의 3배가 될 것이라고는 예상하지 못했다. 다행히 안전율이 적용되었기 때문에 실버교는 제한 중량보다 무거운 하중을 견딜 수 있었지만 그 무게가 3배에 이르자 여유분이 거의 남지 않게 되었다. 실버교의 설계자들에게 이 다리가 하중의 증가를 견딜 수 있겠느냐고 물었다면 그들은 우려를 표했을 것이다. 그러나 설계 의뢰자들이 차량의 무게와 같은 상업적인 문제나 고속도로의 중량 제한과 같은 정치적 문제에 대해 반드시 엔지니어에게 자문을 구하지는 않는다.[7]

웨스트버지니아 주는 1951년에 실버교를 "전면적으로 점검"했지만 그 이후에는 다리 상판과 보도, 교각의 약화된 콘크리트 보수에 중점을 두고 "부분적으로" 점검을 실시했다. 아이바도 점검되었지만 "도로에서 쌍안경으로" 상태를 확인하는 정도에 그쳤다. 아마도 다리 상판에서 체인에 접근하기가 쉽지 않았고 아이바의 상태를 의심할 이유가 거의 없었기 때문일 것이다. 1951년 이후로는 16년 동안 철저한 점검이 이루어지지 않았던 것으로 보인다. 1967년 실버교가 붕괴되자 린든 B. 존슨 대통령은 교통부 장관이 지휘하는 교량 안전 대책위원회를 구성했다. 대책위원회의 주요 임무는 세 가지였다. 첫 번째는 실버교의 붕괴 원인 규명, 두 번째는 무너진 다리를 대체할 새로운 다리의 건설 계획, 세 번째는 미국 전역에 있는 모든 다리의 안전 점검이었다. 세 번째 임무인 안전 점검은 정책 재고로 이어졌고 1968년에 의회는 교통부 장관에게 교량 점검에 관한 국가 기준 확립을 요구했다. 그리하여 1970년에는 연방 정부의 지원을 받는 고속도로상의 모든 다리에 국가 점검 기준이 적용되었고 1978년에는 경간이 6m 이상인 모든 공공 도로상의 다리에 국가 기준이 적용되었다. 1987년 코네티컷 주의 미아누스 강과 뉴욕 주의 스코하리 하천에 놓여 있던 다리들이 붕괴된 후에는 새로운 법안이 통과되어 특히 "파손 위험이 큰" 수중 구조에 대한 점검이 실시되었다. 현재는 미국의 고속도로상에 있는 모든 다리가 적어도 2년에 한 번은 점검을 받아야 한다. 이는 실버교의 붕괴가 남긴 긍정적인 유산 중 하나라고 볼 수 있다.[8]

실버교 붕괴 직후 가장 시급했던 일은 당연히 생존자를 수색하고 희생자 시신을 수습하는 일이었다. "다리의 부품들은 잘려서 치워졌다. 수색 작업에 방해되지 않도록 치우는 것 외에 다른 고려 사항은 없었다." 생존자 구조와 시신 수습 작업이 완료되고 나서야 조사 담당 엔지니어들은 붕괴의 원인을 파악하는 작업에 나섰다. 체계적인 작업을 위해 교통안전위원회는 조사관들을 세 팀으로 나눴다. 목격자 담당 팀은 생존자들과 목격자들의 증언을 수집하고 해석했다. 설계 및 기록 담당 팀은 다리가 어떻게 설계되고 보수되었는지, 그리고 다리가 붕괴되기 전까지 얼마만큼의 하중이 가해졌는지를 검토했다. 구조 분석 및 시험 담당 팀은 다리의 잔해를 조사하고 필요한 검사를 수행했다. 이렇게 각각의 임무를 맡은 팀들은 다리의 구성 요소들이 모여 하나의 구조적 시스템을 이루듯이 하나의 목표를 향해 유기적으로 협력했다.[9]

실버교의 붕괴 원인을 밝히기 위해서는 많은 장애를 극복해야 했다. 특히 상부 구조 대부분이 강물 속에 잠겨 있었고 그중 일부가 항로를 막고 있었다. 구조물의 붕괴 사고가 발생했을 때는 잔해의 형태를 기록하고 부품들이 더 이상 훼손되지 않도록 최대한 회수해서 보존해야 한다. 그러나 무거운 강철 부품들을 회수하고 보존하는 작업은 말처럼 쉬운 일이 아니다. 실버교의 경우 항로를 최대한 빨리 다시 열어야 했기 때문에 잔해들은 강 옆에 있는 0.1km² 넓이의 공터로 옮겨졌다. 사고 발생 후 어느 정도 충격이 가시자 조사관들은 부품들이 인양되는 과정을 사진으로 기록했고, 이 기록은 어느 부품이 어느 부품 위에 쌓여 있었는지를 파악하는 데 도움이 되었다. 붕괴가 진행된 순서를 짐작하게 해주는 귀중한 정보였다. 그리고 페인트가 흐른 자국을 보면 그 부품이 다리의 한 부분을 구성하고 있었을 때 어느 방향으로 중력이 작용했는지를 알 수 있어서, 체인 고리가 대칭 형태로 되어 있어도 원래 어느 위치에 있던 부품인지를 알아내는 데 도움이 되었다. 그래도 부품들을 재조립하려면 처음에 다리를 짓는 데 걸린 시간만큼이나 오랜 시간을 들여야 했다.[10]

다리가 붕괴되기 직전과 붕괴되는 과정 중에 어떤 모습이었는지를 파악하는 데 있어서 물리적 증거 못지않게 중요한 것은 사고 당시 현장 주변에 있던 목격자들의 증언이다. 그러나 같은 일을 보고 겪은 사람들의 증언도 크게 엇갈릴 수 있다. 그렇기 때문에 목격자 증언을 통해 붕괴가 어떻게 시작되고 어떻게 진행되었는지를 일관적인 하나의 이야기로 정리하기는 쉽지 않다. "미국 역사상 가장 비극적인 고속도로교 사고"라 불린 실버교 붕괴 사고가 일어난 후 몇 주가 지나도록 "붕괴 과정의 정확한 순서에 대해 서로 일치하는 목격자 증언"은 여전히 나오지 않고 있었다. 한 생존자는 다리가 "몇 초 만에 무너졌다"고 말한 반면 다른 목격자는 "붕괴 과정이 약 60초 동안 이어졌다"고 말했다. 사고 직후 어떤 기자들은 차량 31대가 차가운 물속으로 추락했지만 사상자는 "많지 않다"고 보도했다. 그러나 또 다른 기자들은 최소한 75대의 차량이 다리와 함께 추락했다고 보도했다. 실시간 뉴스 보도들이 일치하지 않는 것은 흔한 일이지만, 이후의 보도와 분석도 제각각인 경우가 많아서 세부 사실들을 재구성하는 데 많은 어려움이 따른다.[11]

붕괴 직전이나 도중에 폭발음과 같은 커다란 소음이 들렸다는 제보가 접수되자 폭발물 처리반이 투입되어 강에서 건져 올린 차량들을 조사했다. 회수된 다리 부품들에 대해서도 폭발물에 의한 파손 여부를 확인하기 위한 점검이 실시되었는데, 폭발물이 사용된 흔적은 어디에도 없었다. 음속 폭음(sonic boom, 항공기가 초음속 비행을 할 때 지상에서 들리는 굉음―옮긴이)이 들렸다고 증언한 목격자들도 있었다. 초음속 항공기가 저공으로 비행할 경우 유리창이 깨진다고 알려졌기 때문에, 음속 폭음으로 인해 다리에 치명적인 진동이 발생했을 가능성을 고려해 볼 필요가 있었다. 하지만 결국 음속 폭음 또한 다리 붕괴의 원인으로 보기에는 근거가 부족했다.[12]

사고 직후에 떠돌던 이야기 중 하나는 "다리에 엄청나게 많이 모여 있던 비둘기들이 붕괴 전날 밤 집을 버리고 떠난 것으로 보아 그날 밤 다리에 무언가 큰일이 생겼던 것이 분명하다"는 추측이었다. 건설 중인 다리 위에 많은 수의 새들이 모여드는 것은 다리가 안전하고 어떤 시련도 견딜 수 있다는 징조라는 미신이 있었기 때문에 이 추측은 꽤 그럴듯하게 들렸을 것이다. 이 미신이 사실이라면 새들이 떼 지어 떠나는 것은 다리가 힘을 잃었거나 곧 힘을 잃어 위험해질 것이라는 징조로 받아들여질 만했다.[13]

실버교 붕괴 사고 조사관들은 이 추측을 크게 신뢰하지 않았지만 50

년 전만 해도 새에 관한 미신을 믿는 사람들이 많았다. 뉴욕에서 퀸즈버러교Queensboro Bridge가 지어지고 있던 당시 역시 건설 중이던 퀘벡교Quebec Bridge가 붕괴되는 사고가 있었다. 두 다리 모두 캔틸레버 구조였기 때문에 퀸즈버러교의 안전성도 철저하게 검토되어야 한다는 주장이 제기되었다. 그러나 매일 밤 비둘기, 제비, 오리들이 떼 지어 이 다리 위로 모여드는 것을 보면 안전성에는 문제가 없다는 주장도 있었다. 퀸즈버러교의 엔지니어 에드워드 싱클레어Edward E. Sinclair는 20년 동안 다리 건설에 종사해 왔지만 이렇게 많은 새가 모여드는 광경은 본 적이 없다고 말했다. 싱클레어는 조류학자들의 말을 인용해 "약한 구조물 위에는 큰 무리의 새들이 앉지 않는다"고 말하면서, 러디어드 키플링Rudyard Kipling의 "다리 건설자The Bridge-Builders"에도 건설 중인 다리에 새들이 모여드는 것은 그 다리가 어떤 시련도 견딜 수 있다는 징조라고 언급되어 있다고 덧붙였다. (나는 키플링의 책에서 이런 내용을 찾을 수 없었다.) 당시 동료 엔지니어들은 싱클레어가 미신을 지나치게 믿는다고 비판했다. 하지만 그는 〈뉴욕타임스〉 지의 편집자에게 편지를 보내, 퀘벡 지역의 신문들도 문제의 다리가 무너지기 전에 새들이 떠난 사실을 언급했다면서 자기 입장을 변호했다. 싱클레어는 동물들이 구조물의 안전성을 감지하는 "어떤 직감적인 능력"을 지니고 있다고 말하면서도, 자신의 발언이 엔지니어들 사이에서 "이토록 신랄한 논쟁"을 불러일으킬 줄 알았다면 "신중하게 침묵을 지켰을 것"이라고 시인했다.[14]

실버교의 붕괴 사고와 관련해 사람들의 입에 오르내린 이야기는 새에 관한 미신뿐만이 아니었다. 미국독립혁명 이후 전해 내려온 지역의 구비 설화 중에 '콘스톡Cornstalk 추장의 저주'라는 이야기가 있었다. 인디언 부족 연합군의 우두머리였던 콘스톡은 1774년에 부대를 이끌고 버지니아 군대에 맞섰다. 포인트플레전트에서 벌어진 전투 도중 패배가 확실시되자 콘스톡은 대원들에게 죽을 때까지 싸우기를 원하는지 아니면 항복하기를 원하는지 물었다. 대원들은 항복을 선택했지만 콘스톡은 이 패배를 결코 잊을 수 없었다. 3년 후 그는 임종을 앞두고 포인트플레전트와 그 주변에 죽음의 저주를 걸었다고 한다. 그 후로 실버교의 붕괴를 포함해 나쁜 일이 일어날 때마다 사람들은 콘스톡의 저주를 떠올리게 되었다.[15]

실패를 합리적으로 조사하고 분석하기 위해서는 정확히 무슨 일이 일어났는지를 이해할 수 있도록 이끌어줄 신뢰할 만한 가설을 세워야 한다. 대규모 붕괴 사고가 일어날 때마다 으레 그렇듯이, 무너진 실버교의 잔해가 모두 치워지기도 전에 붕괴의 구체적 원인에 대한 추측들이 쏟아져 나왔다. 카네기멜론대학교의 한 교수는 교통량이 너무 많아서 다리가 무너진 것이라고 주장했다. 실버교 붕괴 사고가 러시아워에 일어난 것은 사실이지만 그 전에도 교통량이 비슷하거나 더 많았던 때가 심심찮게 있었다. 실버교를 이용한 트럭들의 중량이 설계 당시에 비해 많이 증가했기 때문에 다리에 점점 더 무거운 하중이 가해졌지만, 사고 전에도 하중이 한계치에 이른 적이 많았기 때문에 사고 당일 저녁의 다리 상태에 무언가 특이한 점이 있었어야 했다. 그 특이사항이 무엇이었는지는 아직 알 수 없었다.[16]

〈파퓰러사이언스*Popular Science*〉지의 한 기사에서는 이 "최악의 고속도로교 참사"의 원인이 설계의 "급진성"에 있다고 주장하면서 특히 아이바 체인을 사용한 점을 지적했다. 이 기사에서 취재한 한 엔지니어는

"체인 고리 하나가 망가지면 전체가 망가진다"고 말했다. 엔지니어 한 사람의 의견이 붕괴 원인을 설명해줄 수 있는 것은 아니지만, 모든 구조물에는 일종의 가장 약한 '고리'가 있는 것이 사실이다. 그리고 그 가장 약한 '고리'가 예상 하중과 예상 조건에서 파손되지 않도록 아주 튼튼하게 만드는 것이 설계의 목적이다. 실버교 붕괴 사고의 조사를 맡은 대책위원회에게 최대의 난관은 다리 전체를 무너지게 한 약한 '고리'를 찾아내고 그 '고리'가 파손된 이유를 설명하는 일이었다.[17]

단서는 여러 가지가 있었다. 다리 전체가 무너졌으므로 기초나 교각, 주탑, 앵커리지, 현수 체인과 같은 주요 구성 요소의 파손으로 인해 일련의 붕괴 과정이 촉발되었을 터였다. 잠수사들의 보고에 따르면 무너지지 않은 교각들의 상태는 양호했고 다리의 기초도 크게 손상되지 않았다. 교각들이 여전히 일직선으로 늘어서 있는 것으로 보아 상부 구조가 뒤흔들린 것도 아니었다. 앵커리지들은 거의 손상되지 않았다. 그러나 주탑들은 "허물어졌다." 따라서 정밀 조사의 초점은 주탑과 현수 체인에 맞춰졌다. 그런데 둘 중 어느 쪽이 먼저 무너진 것일까? 붕괴가 시작된 지점은 어디였을까? J. E. 그레이너컴퍼니의 공동 경영자인 에드워드 도넬리Edward J. Donnelley는 이런 경우 "주원인과 부차적 원인을 구분하기가 어려워서" 답을 내리기가 쉽지만은 않다고 말했다.[18]

잔해의 형태가 중요한 단서였다. 하류 쪽의 아이바 체인이 상류 쪽으로 무너져 있었고 그 밑에 상류 쪽의 체인이 깔려 있었다. 이 모습을 토대로 그려 볼 수 있는 시나리오는, 맨 밑에 깔린 상류 쪽 체인이 먼저 끊어지면서 다리 전체의 균형을 무너뜨렸고 그로 인해 상류 쪽의 도로가 무너진 후 하류 쪽의 도로가 끌려 내려가 그 위로 떨어졌다는 것이었다. 다리 상판의 몇 가지 특징들을 고려해 볼 때 이 시나리오는 일리가 있었다. 원래 실버교에는 3개의 차로가 만들어질 예정이었으나 하류 쪽 차로는 보도로 바뀌었다. 즉, 교통량이 보통 수준일 때도 상류 쪽 체인이 보도 쪽 체인보다 무거운 하중을 견뎌야 했다. 그러므로 양쪽 체인의 강도가 같다고 가정하면 피로로 인해 먼저 파손될 가능성이 큰 체인은 더 무거운 하중을 받는 쪽일 것이다. 무너진 체인들 중에서 제자리를 벗어난 아이바 고리는 단 하나였고 이 부분이 바로 약한 고리였다.[19]

사고 후 10개월이 조금 안 되어서 교량 안전 대책위원회는 중간 보고서를 발표했다. 대책위원회는 상류 쪽 체인의 아이바 연결부가 파손되어 붕괴가 시작되었다고 발표했다. 다른 구조재들도 파손되어 있었는데, 대책위원회는 "대다수의 파손 부위에서 전형적인 피로 파괴의 흔적은 나타나지 않았지만 실험실에서 가능성을 검토해 볼 것"이라고 밝혔다. 실험실에서 행해질 각종 시험에는 적어도 9개월이 소요될 것으로 예상되었다. 피로 시험에는 자연히 오랜 시간이 걸릴 수밖에 없었고, 40년 동안 무거운 트럭들이 다리 위를 통행한 상황을 재현하려면 시험 샘플에 하중을 올리고 내리는 작업을 천만 번은 반복해야 했다. 게다가 부식이 붕괴에 기여했을 가능성도 검토해 봐야 했다. 사고 조사 담당 엔지니어 애바 리히텐슈타인Abba Lichtenstein은 실버교 붕괴 사고 25주년 추모식에서 "대개 몇 가지가 동시에 잘못되어야 붕괴가 일어난다"고 말했다.[20]

실버교가 설계된 1920년대에 엔지니어들은 금속 피로의 본질에 관해 아직 충분히 이해하지 못했고 교량 건설업계는 거의 예고도 없이 일어나는 취성 파괴의 가능성에 크게 관심을 두지 않았다. 유리판을 자를 때 한쪽 면에 일직선으로 홈을 내고 그 홈을 따라 구부리면 쉽게 잘리는 것처럼, 취성 파괴는 순식간에 일어난다. 19세기에 디 강 철교가 붕괴된 것도, 1919년 보스턴의 당밀 저장 탱크가 터져 어마어마한 양의 시럽이 도시를 덮친 것도, 제2차 세계대전 중 용접 방식으로 급조된 리버티 수송함이 둘로 쪼개진 것도, 1950년대 중반 드 하빌랜드 코멧 제트 여객기들이 공중에서 폭발한 것도 취성 파괴가 원인이었다. 그러나 강철 교량 설계자들이 취성 파괴라는 은밀한 위협에 관해 더 제대로 알아야 할 필요성을 다시금 절실히 깨닫게 된 계기는 1967년에 일어난 실버교 붕괴 사고였다.[21]

미국 표준국의 존 베넷John Bennett은 실버교의 붕괴 원인으로 지목된 아이바의 취성 파단면을 자세히 조사해 본 결과, 가로 3mm 세로 6mm 크기의 부분이 두꺼운 녹으로 덮여 있고 나머지 부분에는 얇게 녹이 슬어 있는 것을 확인할 수 있었다. 얇은 녹은 아이바가 강물 속에 잠겨 있는 동안 생긴 것으로 보였다. 베넷은 두껍게 녹이 슨 부분에 아마도 제조 과정 중 발생한 작은 홈이 있었고 그 홈이 오랜 시간에 걸쳐 확장되었을 것이라고 판단했다. 반복적인 집중 하중과 부식이 균열 확장에 기여함으로써 아주 작은 홈이 결함으로 발전했다는 것이다. 이런 과정을 가리켜 응력부식 및 부식피로 균열 성장이라고 말한다. 응력부식이란 응력으로 인해 가속화된 부식을 의미하며, 부식피로 균열 성장이란 부식으로 인해 가속화된 균열 성장을 의미한다. 베넷의 가설에 따르면, 아이바의 균열이 (여전히 작기는 하지만) 위험한 수준으로 확장되고 체인이 받는 하중이 약해진 고리의 힘을 넘어서자 아이바 연결부의 한쪽, 즉 균열이 있는 쪽에서 취성 파괴가 일어났다. 그로 인해 아이바가 받고 있던 하중이 전부 연결부의 반대쪽(파손되지 않은 쪽)으로 옮겨가면서 반대쪽도 취성 파괴와는 다른 방식으로 파손되었다. 아이바 연결부가 쪼개지자 체인 고리와 체인 고리를 연결해주던 핀이 어긋나면서 같은 체인 고리를 이루고 있던 다른 아이바도 떨어져 나갔고, 그렇게 체인이 끊어지면서 다리 전체가 붕괴되기 시작했다. 실험실에서 진행된 시험들은 이 가설의 타당성을 입증해주었다.[22]

대책위원회는 중간보고서 발표 후 2년이 조금 지나서 (붕괴 사고로부터 만 3년이 지나서) 최종보고서를 발표했다. 특별히 새로운 내용은 없었다.

대책위원회는 붕괴 사고와 관련해 당시에도 많이 알려졌던 사실들을 보다 체계적으로 소개하고, 붕괴의 원인을 규명하기 위해 어떤 분석이 이루어졌는지 설명한 후, 몇 가지 결론과 권고 사항을 발표했다. 보고서의 핵심은 "원인"이라는 간결한 제목 아래 아주 짧게 요약되어 있었다. 그 내용은 다음과 같았다. "교량 안전 대책위원회는 오하이오 쪽 경간을 지지하던 북쪽 아이바 현수 체인의 C13N 연결 지점 330번 아이바의 연결부 아랫부분에서 발생한 벽개 파괴cleavage fracture가 다리 붕괴의 원인임을 확인했다. 이 벽개 파괴는 응력부식과 부식피로의 연합 작용으로 인해 발생했다." 보고서에는 더 이상의 부가 설명 없이 세 가지 "기여 원인"이 나열되어 있다.

1. 다리가 설계된 1927년에는 시골 지역의 일반적인 환경에 노출된 각종 교량 자재에서 응력부식이나 부식피로와 같은 현상이 발생한다고 알려져 있지 않았다.

2. 결함이 발생한 부위는 육안으로 점검할 수 없는 위치에 있었다.

3. 아이바 연결부를 해체하지 않고는 어떤 (1970년의) 최신식 점검 방법으로도 결함을 발견할 수 없었다.[23]

대책위원회는 이렇게 기여 원인을 명시함으로써 특정 관계자들의 책임을 면제해주었다. 보고서에는 다리를 설계한 사람들의 과실에 관한 언급이 전혀 없었다. 다리가 설계된 당시에는 아이바에 사용되는 강철에서 응력부식이나 부식피로가 발생한다고 알려져 있지 않았다는 문장이 설계자들에게 책임이 없음을 암시하고 있다. 뿐만 아니라 다리의 점검 및 유지관리 담당자들도 치명적인 결함의 감지가 사실상 불가능했다는 이유로 책임을 면했다. 생각해 보면 점검할 수 없는 아이바 연결부를 사용한 것도, 아이바 두 개만으로 체인 고리 하나를 구성한 것도 좋은 선택은 아니었다. 그러나 좋은 설계가 아니라고 해서 반드시 나쁜 설계라고는 할 수 없다. 좀 더 부식과 균열이 발생하기 어려운 재료가 아이바에 사용되었다면 실버교는 지금까지 서 있었을지도 모른다. 아이바에 사용된 강철이 부식과 피로 균열에 민감하다는 사실과 체인 고리 연결부를 점검할 수 없다는 사실이 사후에 밝혀지면서, 실버교와 쌍둥이처럼 닮은 세인트메리스교는 자연히 폐쇄되고 결국 해체되었다.

보고서는 다리의 붕괴에 기여한 한계점들을 구체적으로 지적한 몇 가지 권고 사항들로 마무리되었다. 대책위원회는 특히 교통부장관에게, 결함이 서서히 확장되기 쉬운 자재와 위험한 수준의 결함, 점검 장비, 치명적인 결함의 위치 확인을 위한 분석 절차, 표준 개발, 결함 있는 다리를 보수하는 기술, 다리의 하중과 기대 수명에 관한 지식 증대 등과 관련한 연구 프로그램들을 개시하거나 확대할 것을 권고했다. 또 대책위원회는 연방 고속도로 지원 프로그램에 속해 있는 다리들뿐만 아니라 미국 내 모든 다리에 대해 의무적인 안전 점검을 실시하고 보수에 필요한 비용을 연방 정부가 지원해야 한다고 요구했다. "미국 역사상 최악의 교량 참사"라 불린 실버교 붕괴 사고가 남긴 가장 중요한 유산이다.[24]

실버교 붕괴 사고의 원인을 밝히는 작업은 비교적 쉬웠다. 사고가 일어난 강은 상류의 댐과 수문으로 어느 정도 강물의 흐름을 통제할 수 있는 곳이었다. 수문을 닫음으로써 희생자들의 시신을 수습하는 작업뿐만 아니라 붕괴 원인과 관련된 증거가 남아 있는 다리 부품들을 회수하는 작업도 비교적 어렵지 않게 진행할 수 있었다. 깊은 호수나 바다에서 사고가 발생하면 단서를 찾기가 쉽지만은 않다.

1950년대에 드 하빌랜드 코멧 제트 여객기들이 잇따라 공중 폭발한 사고는 바다 한가운데서 일어났기 때문에 잔해가 깊고 넓은 바닷속으로 흩어져 버렸다. 사람들이 추측한 폭발 원인은 번개에서부터 조종사의 과실에 이르기까지 다양했다. 그런데 피로 균열 확장을 의심한 한 엔지니어가 온전한 코멧 여객기를 가지고 실험실에서 모의실험을 진행했다. 그는 동체의 틈을 모두 메우고 물을 채워 가압과 감압을 반복함으로써 실제 비행 상황을 재현했고 커다란 유압 장치로 날개를 움직였다. 그가 세운 가설은, 비행기에 하중을 싣고 내리는 일이 계속 반복되다 보니 작은 균열들이 생기고 확장되어 여압으로 인한 응력을 견딜 수 없는 수준까지 발전했다는 것이었다. 실제 비행에서는 균열의 크기와 기내 압력이 위험한 수준에 도달하자 균열이 걷잡을 수 없이 확장되어 비행기 전체가 산산조각 났기 때문에, 잔해를 모두 회수한다 해도 사고가 진행된 과정을 재구성하기가 어려웠다. 그래서 이 엔지니어는 실험실 안에서 좀 더 통제된 파손 과정을 재현하기 위해 동체에 공기가 아닌 물을 채운 것이다. 그는 실험용 비행기의 균열이 벌어지면 물이 새어나오면서 내부 압력이 완화될 것이고 그러면 폭발을 일으키지 않고 파손 과정을 조사할 수 있을 것이라고 판단했다. 만약 실제 비행에서처럼 실험용 비행기 동체에 물이 아닌 공기를 채웠다면 기내 압력은 빠르게 완화될 수 없었을 것이고 균열과 이차 균열은 여러 방향으로 계속 확장되었을 것이다. 그랬다면 풍선을 핀으로 찌른 것처럼 비행기 전체가 폭발하면서 분해되었을 수도 있다. 비행기가 폭발했다면 파편들이 사방으로 튀어 실험실과 그 안의 연구원들도 심각한 피해를 입었을 것이고 그 과정에서 비행기 부품들도 손상되어 파손 과정을 재구성하고 분석하기가 더 어려워졌을 것이다. 실험실에서의 모의실험은 엔지니어가 세운 가설을 입증해주었다. 균열이 처음 시작된 곳은 사각형 창과 출입문의 각진 모퉁이였다. 디 강 철교에서 카베토 몰딩으로 장식된 날카로운 모퉁이가 그랬던 것처럼 코멧 여객기에서도 각진 모퉁이들이 응력을 집중시키는 역할을 한 것이다.

  사고 발생 과정에 관한 가설을 세우고 실험해 봄으로써 우리는 실패와 그 원인을 보다 잘 이해할 수 있다. 실물 크기 코멧 여객기의 피로 실험을 통해 얻게 된 지식은 동체 설계에 귀중한 자산이 되었다. 앞서 얘기했듯이, 1988년 알로하 항공 여객기와 2011년 사우스웨스트 여객기는 벽체 일부가 뜯겨 나가기는 했지만 동체 전체가 폭발하지는 않았다.

1996년 7월 17일에도 롱아일랜드 남쪽 앞바다에서 항공기가 공중 폭발하는 사고가 일어났다. 뉴욕 JFK 공항에서 파리로 향하던 TWA 800편이 이륙한 지 12분 만에 폭발한 것이다. 목격자들은 이 보잉 747 점보제트기가 갑자기 화염에 휩싸이더니 산산이 조각나 바닷속으로 떨어졌다고 말했다. 이 여객기에 타고 있던 230명은 전원 사망했다. 폭발 직전에 몇 줄기 빛이 비행기 쪽으로 향하는 것을 봤다는 목격자들도 있어서, 미사일에 격추된 것이 아니냐는 소문이 퍼지기 시작했다. 테러리스트들의 소행이라는 주장이 끊이지 않자 관계 당국은 사막에 있는 오래된 비행기 동체에 로켓을 쏘는 실험을 몇 차례 실행했다. 약 40m 깊이의 물속에 잠겨 있는 잔해를 회수한 후 실험용 비행기들이 입은 손상을 바탕으로 미사일 공격 여부를 판단할 계획이었다.[25]

시간이 걸리기는 했지만 마침내 잔해의 98%가 회수되었고 이 조각들이 결합되어 온전한 비행기와 비슷한 형태를 갖추게 되었다. 미사일의 공격을 받은 흔적은 발견되지 않았다. 사고 발생 4년 후인 2000년 8월에 발표된 보고서를 통해 연방교통안전위원회는 전기 합선으로 인해 발생한 불꽃이 연료 탱크 중 하나의 가스에 불을 붙여 화염을 일으켰을 가능성이 높다고 밝혔다. 이 결론은 잔여 가스만 들어 있는 실물 크기 연료 탱크를 이용한 수차례의 실험을 거쳐 도출된 것이었다. 그러나 음모론자들은 이 결론을 수긍하지 않았고 사고 발생 후 10년이 지나서도 TWA 800편은 미사일 공격으로 희생되었다는 주장을 고수했다. 한 항공기 사고 전문가는 이런 주장이 계속되는 현상에 대해, "대중으로서는 유지관리나 설계 탓이라고 생각하는 것보다 누군가의 소행이

라고 믿는 편이 그나마 덜 괴롭기 때문"이라고 설명했다.[26]

시간이 흐름에 따라 달라지는 것은 다리 붕괴나 항공기 폭발의 원인에 대한 견해만이 아니다. 타이타닉Titanic 호를 소유하고 있던 증기선 회사 화이트스타White Star는 홍보 책자에 이 호화 원양 여객선을 "절대로 가라앉지 않는 배"라고 소개했다. 물론 이 배는 1912년 4월 첫 항해에 나섰다가 침몰했고 이 사고로 1,500명 이상이 목숨을 잃었다. 1985년 약 3,200m 깊이의 바닷속에서 잔해가 발견된 후에도 타이타닉호 침몰의 정확한 원인은 여전히 조사와 논쟁의 대상이었다. 10년 후, 빙산에 충돌하면서 생겼다고 알려졌던 깊고 커다란 상처가 우현 앞부분에 없는 것으로 밝혀졌다. 그보다는 배의 강철판들 사이에 벌어진 좁은 구멍을 통해 선체에 물이 들어온 것으로 보였다. 손상의 특성으로 보아, 서로 겹쳐진 강철판들을 고정해주던 리벳들이 충돌 시에 빠지면서 앞쪽 객실로 물이 들어왔고, 그로 인해 뱃머리가 물속으로 내려앉으면서 더 많은 물이 격벽 위로 넘쳐 들어와 점점 더 많은 객실에 물이 찬 것으로 추정되었다.[27]

잔해에서 회수된 리벳들을 검사하고, 컴퓨터 시뮬레이션을 실행하고, 타이타닉호를 건조한 벨파스트의 조선 회사 할랜드앤울프Harland and Wolff의 기록들을 조사한 결과, 질 낮은 리벳들이 선체에 구멍을 벌어지게 하는 데 큰 역할을 했던 것으로 보였다. 타이타닉호와 올림픽Olympic 호, 브리타닉Britannic호를 동시에 건조 중이던 당시 할랜드앤울프 사는 리벳과 리베터의 공급량을 충분히 확보하지 못하고 있었다. 각각의 배를 완성하는 데 약 3백만 개의 리벳이 필요했기 때문에 이 조선 회사는 대규모 공급업체보다 품질 관리가 엄격하지 않을 수 있는 소규모 공장에서도 일부를 공급받아야 했다. 게다가 "최우수" 등급의 4호 철재가 아닌 "우수" 등급의 3호 철재로 만들어진 리벳들도 포함되어 있었다. 이 배들이 만들어진 시기는 철제 리벳 대신 강철 리벳이 사용되기 시작하던 과도기였고 타이타닉호에는 이 두 가지가 모두 사용되었다. 철제 리벳은 주로 뱃머리와 선미 부분에 사용되었고 강철 리벳은 더 큰 압력을 받는 선체중앙부에 사용되었다. 실제로 조사관들의 보고에 따르면 "철제 리벳이 사용된 부분만 손상되었고 강철 리벳이 사용된 부분은 손상되지 않았다."[28]

타이타닉호의 잔해에서 회수한 철제 리벳들을 현대의 기술로 검사해 본 결과 상당히 많은 양의 슬래그(slag, 제철 과정에서 생기는 찌꺼기—옮긴이)가 포함되어 있었다. 슬래그가 많이 포함된 리벳은 특히 북대서양의 추운 환경 속에서는 파손되기 쉽다. 이런 사실들이 20세기 초에 이론적으로 잘 알려지지는 않았겠지만, 조선업자들은 경험을 통해 닻이나 체인, 리벳과 같은 중요한 부품들은 "최우수" 등급의 철로 만들어야 한다는 사실을 충분히 인지하고 있었을 것이다. 어떤 이유에서든 철의 품질을 두고 타협한 것이 타이타닉호를 취약하게 만들어 결국 침몰에 이르게 했는지도 모른다.[29]

타이타닉호의 침몰이 유명한 영화나 책의 소재가 된 것처럼, 에드먼드피츠제럴드Edmund Fitzgerald호에 관한 이야기도 오대호Great Lakes 주변 지역에서 오랫동안 많은 사람의 입에 오르내렸다. 노스웨스트뮤추얼Northwest Mutual 생명보험사가 투자한 이 배의 이름은 노스웨스트뮤추얼 생명보험 이사장의 이름을 따서 지어졌다. 1958년 첫 출항 당시 에드먼드피츠제럴드호는 오대호에서 가장 큰 배였고, 세인트로렌스 수로의 수문들로 인해 선박의 크기에 제약이 있었기 때문에 이후로도 이보다 큰 배가 나오기는 어려웠다. 이 배가 주로 수송하게 될 화물은 타코나이트였다. 타코나이트는 저품위 철광석으로, 미네소타 주에서 채굴되어 화물선을 이용해 이리Erie호 주변의 제강 시설로 수송되었다.[30]

1975년 11월 9일, 에드먼드피츠제럴드호는 위스콘신 주 슈피리어Superior에서 선원 29명과 광석 약 26,000톤을 싣고 출항했다. 당시 평원에서 호수 쪽으로 폭풍이 불어오고 있었고 슈피리어호에는 강풍 경보가 발효되어 있었다. 선장은 육지의 방풍 효과를 이용해 더 큰 파도를 피하기 위해 평소보다 캐나다 해안에 가깝게 항행했다. 바람의 방향이 변할 때마다 배는 기울어졌다. 에드먼드피츠제럴드 호의 선장과 호수에 있던 다른 배의 선장이 교신한 내용을 통해 밝혀진 사실은 여기까지다. 그 다른 배의 선장은 에드먼드피츠제럴드 호가 갑자기 레이더에서 사라졌다고 말했다. 목격자가 없었기 때문에 해난 사고 조사관들은 잔해의 형태를 토대로 예상 원인을 추적해야 했다. 보고서에 따르면 큰 파도가 배의 갑판을 덮쳐 완전히 밀폐되지 않은 화물실로 물이 밀려들었다. 점점 더 많은 물이 광석에 스며들면서 배는 점점 더 낮게 내려앉았고 그로 인해 더 많은 물이 갑판 위로 쏟아졌다. 결정적으로 강력한 파도가 몰아쳐 배가 크게 흔들리자 화물실의 광석들이 앞쪽으로 쏠리면서 뱃머리가 물속으로 가라앉았다. 이때부터 배는 급속도로 침몰해 호수 바닥에 내리꽂혔고 그 충격으로 선체중앙부가 꺾이면서 선미가 뒤집혀 뱃머리 앞에 거꾸로 떨어졌다. 오대호난파사고역사협회는 호수 밑바닥으로 세 차례 조사단을 보냈다. 1995년에 잠수사들이 청동으로 만든 선내 시종ship's bell을 회수해 왔지만 사고 원인과 관련된 더 이상의 정보는 아직도 밝혀지지 않고 있다. 오대호난파사고박물관은 에드먼드 피츠제럴드호의 침몰을 "오대호에서 발생한 모든 난파 사고 중에 가장 불가사의하고 논란이 많은 사고"라고 소개하면서, "책이나 영화 등의 매체를 통틀어 이 배의 이야기를 능가하는 소재는 타이타닉호 침몰 사고밖에 없다"고 말했다.31

어떤 실패들은 원인이 불분명해도 유명한 사건으로 기억된다. 그러나 가장 널리 기억되어야 할 실패는 원인이 거의 명백하게 밝혀진 실패다. 단지 실패라서가 아니라, 확실한 교훈을 담고 있기 때문이다.

대표적인 예가 실버교 붕괴 사고다. 사고 조사관들이 파손된 아이바 등의 구체적인 증거에 세심한 주의를 기울였기에, 점검을 거의 불가능하게 만들고 붕괴를 거의 불가피하게 만든 설계가 사고를 초래했다는 결론에 사실상 의심의 여지가 남지 않았다. 실패의 책임이 설계에 있는 경우가 바로 이런 경우다. 설계자들에게 나쁜 의도가 있었던 것은 아니다. 그들도 붕괴될 다리를 만들고 싶지는 않았을 것이다. 다만 그들은 자신이 선택한 재료와 세부 사항들이 얼마나 엄청난 영향을 끼칠지 알지 못했다. 아이바 체인 고리가 동시에 두 가지 역할을 겸하도록 설계한 것도 지나치게 무지한 판단이었다. 현재 시점에서 생각해 보면 설계자들은 그렇게 무지한 선택을 해서는 안 되었고 자신의 선택이 얼마나 비극적인 결과를 초래할 수 있는지 인식했어야 했다. 그러나 그때는 지금과는 다른 시대였다.

실버교 붕괴 사고와 관련해서 긍정적인 측면이 하나 있다면, 늘 신중하게 작업에 임해야 하고 미처 알지 못한 변수가 존재할 가능성과 아주 사소한 선택이 엄청난 결과를 낳을 가능성을 항상 염두에 두어야 한다는 사실을 엔지니어들에게 상기시켜주었다는 점이다. 실버교 붕괴 사고는 모든 분야의 엔지니어들이 잊지 말아야 할 경계의 메시지다.

THE OBLIGATION OF AN ENGINEER

CHAPTER 08
엔지니어의 의무

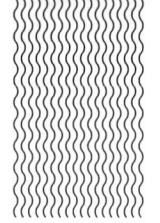

　엔지니어들은 항상 성공을 추구하지만 실패를 전혀 생각하지 않을 수는 없다. 캐나다 엔지니어들의 경우 설계에 치명적인 결함이 있을 가능성을 신중히 고려하게 된 계기는 백여 년 전에 발생한 붕괴 사고였다.

　1907년 퀘벡에서 엄청난 규모의 다리가 건설 중에 붕괴되었다. 사업 계획자들은 중앙경간의 길이가 약 550m인 이 캔틸레버(외팔보) 다리가 완공되면 모든 종류의 장경간 다리를 통틀어 세계 기록을 세우게 될 것이라고 기대했다. 그러나 많은 장경간 다리들이 건설 중에 쓰디쓴 대가를 치렀다.

　다리 건설에 드는 비용 1백만 달러당 한 명씩 목숨을 잃게 된다는 미신이 있을 정도였다. 실제로 2천 5백만 달러의 비용을 들여 1917년에 마침내 퀘벡교가 완공되기까지 거의 90명의 건설 노동자들이 목숨을 잃었다.

　1907년에 일어난 붕괴 사고만으로도 75명이 사망했다. 설계 엔지니어는 다리의 중량을 제대로 예측하거나 계산하지 못했고, 현장 엔지니어는 강철이 과한 압력을 받게 된다는 경고를 무시했고, 책임 고문 엔지니어는 경험이 부족한 젊은 엔지니어들에게 멋대로 권한을 넘긴 채 현장을 지키지도 않았다. 퀘벡교 붕괴 사고의 원인과 교훈을 마음 깊이 새긴 현재의 캐나다 엔지니어들은 설계 사무소에서나 현장에서 오류를 범하는 일이 적어졌다. 점점 더 많은 미국 엔지니어들이 캐나다의

1907년 8월 건설 중에 붕괴된 퀘벡교의 잔해가 세인트로렌스 강둑에 흩어져 있다. 건설 노동자 75명의 목숨을 앗아간 이 사고는 부주의와 소홀함이 낳을 수 있는 끔찍한 결과의 상징이 되었다. 1920년대 초에 시작된 캐나다의 아이언링 전통은 이 사고와 연관되어 있다.(저자 개인 소장)

전통을 본받고 있지만 안타깝게도 미국 엔지니어들은 현장에서든 학교에서든 실패를 분명하게 염두에 두고 작업이나 연구에 임하지는 않는 것 같다.[1]

오랫동안 이어져 온 많은 공학 교육 과정들이 그렇듯이, 지금은 공과대학이 된 예일대학교 '과학대학'도 19세기 중반에 설립되었다. 예일대학교에서는 1863년에 미국 최초로 공학박사 학위가 수여되었다. 그 주인공인 조사이어 윌러드 깁스Josiah Willard Gibbs는 미국에서 최고로 손꼽히는 과학자가 되었다. "평톱니바퀴의 톱니 형태에 관하여"라는 제목으로 학위 논문을 쓴 그는 예상외로 예일대학교의 수리물리학 교수가 되었고, 열역학을 화학 반응에 적용함으로써 물리화학 분야의 이론적인 기초를 세웠다. 깁스는 통계역학 발전에도 크게 공헌했다. 그는 20세기 초에 비교적 생소했던 이 분야에 대해 '통계 열역학'이라는 좀 더 구체적인 명칭을 제안했다.[2]

그러나 예일 공과대학의 화려한 시작도 훗날의 오명을 깨끗이 씻어 주지는 못했다. 1994년 예일 동창회지에는 이 명문대의 공학 과정이 재건될 것이라는 기사가 실렸다. 갑작스러운 변화를 예고하는 기사였기 때문에 많은 이들의 관심을 끌 만했다. 예일대학교가 재정적으로 어려움을 겪고 있던 1963년에 킹먼 브루스터Kingman Brewster Jr. 총장은 전통적인 공학부의 학부 구조를 없애고 여기에 속해 있던 학과들을 '공학 및 응용과학부'로 통합했다. 20년 후 베노 슈미트Benno Schmidt 총장은 공학을 비롯한 여러 학과 과정에 대해 과감한 구조 조정을 단행하고 교수진을 크게 축소했다. 예일대학교에서 공학 과정이 사라질지도 모른다고 우려하는 사람들도 있었다. 결과적으로 슈미트 총장은 자신이 세운 계획의 희생자가 되었다. 리처드 레빈Richard Levin이 새로운 총장으로 임명되었고, 그는 공학 교육 및 연구를 위한 지도 기반을 재구축하겠다고 발표했다. 레빈은 "기술의 변화가 인간 세계를 지배하고 있는 만큼, 미국뿐만 아니라 전 세계의 지도자 양성을 목표로 삼고 있는 대학은 공학과 응용과학 연구를 지원해야 한다"고 확실하게 입장을 표명했다. 예일대학교의 이런 갑작스런 변화에 아마도 한몫 했을 것으로 보이는 흥미로운 배경이 있었다.[3]

슈미트 총장이 공학 교수진의 인원 감축을 발표했던 당시, 예일대학교의 권위 있는 물리학 교수이자 핵구조연구소장이었던 앨런 브롬리D.

Allan Bromley는 워싱턴 D.C.에 있는 정부에서 일하기 위해 장기 휴직 중이었다. 그는 조지 H. W. 부시 행정부의 과학 및 기술 책임 고문으로 일하고 있었다. 위치가 위치인 만큼 그는 많은 엔지니어들과 마주쳤다. 그중에는 예일대 출신들도 있었겠지만 그렇지 않더라도 많은 엔지니어가 그를 보자마자 배경이나 정치적 성향과 상관없이 동지라는 느낌을 받았을 것이다. 그가 (아마도 캐나다 출신의) 엔지니어라는 사실을 알려주는 작은 증표는 예일대학교 동창회지 기사와 함께 실린 전면 컬러 사진에서 확인할 수 있다.4

사진 속의 브롬리는 칼라와 소매가 흰색인 줄무늬 셔츠에 남색 재킷을 입고 붉은 나비넥타이를 메고 있다. 사진가는 분명 이 색상들이 배경의 커다란 추상화와 극적인 조화를 이룬다고 생각했을 것이다. 선명한 배경 앞에 서 있는 말쑥한 브롬리의 모습은 절제되고 자신감 넘쳐

앨런 브롬리(1926~2005). 예일대학교 공과대학장. 그의 새끼손가락에 자랑스럽게 끼워져 있는 반지는 그가 캐나다에서 교육받은 엔지니어임을 보여주는 상징이다. 그가 엔지니어의 소명 의례에 참석하고 받은 여러 개의 면으로 깎인 철 반지는 퀘벡교의 잔해로 만들어진 것이라고 알려졌으나, 무너진 퀘벡교는 철이 아니라 강철로 만들어졌다는 사실이 밝혀지면서 이 통설은 거짓으로 판명되었다. 이후 철 반지는 대부분 스테인리스스틸 반지로 교체되었다. 1970년대부터 미국의 엔지니어회도 캐나다의 전통을 따르기 시작했는데, 미국의 스테인리스스틸 반지는 좀 더 단순하고 매끈하다.(Yale University Office of Public Affairs 제공 사진)

보인다. 조금 비뚤어진 나비넥타이와 재킷 윗주머니의 살짝 잘못 접힌 행커치프가 그의 굳은 표정을 조금이나마 부드럽게 만들어주고 있다. 그의 왼손은 바지 주머니에 거의 가려져 있지만 오른손은 앞으로 나와 있어서 살짝 보이는 셔츠 소매와 가슴의 흰색 행커치프가 균형을 이룬다. 오른손에 쥐고 있는 금속테 안경은 어두운 재킷과 대조되어 뚜렷한 윤곽을 드러내고 있다. 여기까지는 여느 유력 인사의 인물 사진과 크게 다르지 않다. 그런데 안경을 쥐고 있는 오른손의 손등이 정면을 향하고 있어서 새끼손가락의 스테인리스스틸 반지가 눈에 띄는데 이것이 바로 브롬리가 엔지니어라는 사실을 말해주는 증표다. 워싱턴에서 브롬리의 이 새끼손가락 반지를 본 엔지니어들은 그를 단지 잘 차려입은 정부 고문이라고만 생각하지는 않았을 것이다. 베노 슈미트와 예일대학교가 "공학자들을 모독했고" 이에 대해 무언가 조치를 취해야 한다고 입을 모으던 그들은 이 작은 반지 하나만 보고도 브롬리가 자신들의 주장에 충분히 공감할 것이라 확신했을 것이다.[5]

브롬리가 명성을 쌓은 것은 엔지니어로서가 아니라 과학자로서였다. 그는 로체스터대학교에서 핵물리학 박사 학위를 취득했고 워싱턴으로 가기 전까지 예일대학교에서 이 분야의 교육 및 연구에 몸담고 있었다. 하지만 J. 윌러드 깁스가 엔지니어로 시작해 과학자가 된 것처럼 브롬리도 마찬가지였고 그 사실을 결코 잊지 않은 것 같았다. 브롬리의 새끼손가락 반지는 그의 근본이 캐나다의 엔지니어임을 보여주는 증거였다. 그는 1926년 캐나다 온타리오 주 북동부의 웨스트미스라는 작은 마을에서 태어났다. 온타리오 주 킹스턴에 있는 퀸스대학교에 입학한 그는 1948년 공학물리학 학사 학위를 취득했고, 학위 증서를 받으면서 동급생들과 함께 아이언링 수여식Iron Ring Ceremony이라 불리는 일반인들에게는 잘 알려지지 않은 행사에 참석했다. 이 행사의 공식 명칭은 '엔지니어의 소명 의례Ritual of the Calling of an Engineer'였다. 이 자리에서 브롬리도 '엔지니어의 직업 의무'를 낭독했을 것이다. 의사들이 의대를 졸업할 때 거치는 통과의례와 크게 다르지 않다.[6]

25세기 전부터 전해 내려온 의사들의 윤리 강령은 히포크라테스 선서라는 이름으로 널리 알려졌지만 학자들은 이 선서가 히포크라테스의 추종자들보다는 피타고라스의 추종자들과 더 밀접하다고 말한다. 선서문은 시대와 문화에 따라 변형되었지만 일부 구절들과 시간이 흘러도 변하지 않는 원칙들은 21세기까지 그대로 유지되었다. 그래서 비교적 멀지 않은 과거에도 의사들은 "해를 입히지 않을 것"과, "숙련된 기술"을 갖추지 않는 한 "칼을 사용하지 않을 것"을 "의술의 신 아폴론 앞에" 맹세했다. 대체로 20세기 초부터 등장하기 시작한 엔지니어들의 윤리 강령은 의사들의 윤리 강령을 상당 부분 따르고 있다. 특히 미국 토목엔지니어협회 윤리 강령의 핵심 원칙들은 회원들에게 "공공의 안전과 건강과 안녕을 최우선시할 것"과 "숙달된 분야에서만 기술을 행할 것"을 강조하고 있다.[7]

이런 원칙들은 캐나다 엔지니어들의 선서에도 포함되어 있으며 아이언링, 즉 철 반지가 그 선서를 상징하고 있다. 젊은 앨런 브롬리가 졸업식에서 받은 반지는 연철로 만들어져 있었고, 시간이 흐르면서 반지에 심하게 녹이 슬자 그는 (동세대의 다른 엔지니어들도 그랬듯이) 스테인리스스틸 반지로 교체했다.

예일 동창회지에 실린 사진 속에서 그가 끼고 있는 반지가 바로 이 반지다. 노년이 된 브롬리의 오른쪽 새끼손가락에 반지가 꽉 끼는 모습으로 보아 그가 반지를 자주 빼지 않았음을 짐작할 수 있다. 반지를 보고 또 알 수 있는 점은 브롬리가 오른손잡이였다는 사실과 스스로를 계속 엔지니어라고 생각했다는 사실이다. 전통적으로 엔지니어들은 더 잘 쓰는 손의 새끼손가락에 철 반지를 끼는데, 엔지니어라는 직업에 종사하는 동안만 그렇게 한다.

캐나다의 엔지니어들이 거의 보편적으로 철 반지를 끼는 전통을 따르고 있기는 하지만, 반드시 의례에 참석하거나 반지를 껴야만 캐나다에서 엔지니어로 활동할 수 있는 것은 아니다. 하지만 전통을 따르는 사람들은 엔지니어라는 직업을 그만두기 전까지는 새끼손가락에서 반지를 거의 빼지 않는다. 퇴직할 때가 되면 반지를 다른 사람에게 물려주는 것 또한 엔지니어들의 전통이다. 의례를 통해 부모가 자식에게 물려주기도 하고, 스승이 제자에게, 혹은 선배가 후배에게 물려주기도 한다.[8]

아이언링 수여식은 1920년대 초에 시작되었다. 토론토대학교의 광산공학 교수 허버트 홀테인Herbert E. T. Haultain은 엔지니어들 스스로가 갖고 있는 엔지니어라는 직업의 이미지를 개선하고 싶었다. 그는 젊은 의사들의 히포크라테스 선서 낭독과 비슷한 의례를 도입하는 것이 좋겠다고 생각했다. 1889년 토론토대학교를 졸업한 후 홀테인은 캐나다의 브리티시컬럼비아 주와 유럽의 광업계에서 일했는데, 그곳의 환경을 직접 체험하고 나서 그는 젊은 엔지니어들에게 직업적인 윤리 의식을 심어주어야 할 필요성을 느끼게 되었다. 당시 환경에서는 엔지니어들이 제대로 된 지식 없이 작업에 임하는 경우도 많았고 그러다 보니 부적절한 설계로 인해 실패가 발생하는 일도 많았다. 20세기 초에는 엔지니어들이 어딘가에 속박되지 않고 자유롭게 활동하는 일이 보편적이었다. 홀테인은 전문 분야와 상관없이 엔지니어라는 직업에 종사하는 모든 사람들을 하나로 통합할 조직이 구성되기를 바랐다.[9]

1922년 홀테인은 캐나다 토목엔지니어협회의 후신인 캐나다 엔지니어협회의 역대 회장 7명이 참석한 몬트리올 회의에서 자신의 이런 생각을 발표했다. 토목엔지니어협회는 그 이름이 의미하는 것보다 훨씬 포괄적인 단체였다.

토목 엔지니어라는 표현은 18세기 말에 군과 관련되지 않은 모든 엔지니어를 가리키는 말로 사용되기 시작했다. 19세기 중반에 철도와 전신 등의 기술이 발전하면서 많은 국가의 엔지니어들이 스스로를 기계 엔지니어, 전기 엔지니어, 광산 엔지니어 등으로 분류하기 시작했고, 각각의 분류에 속하는 엔지니어들이 모여 단체를 형성하기도 했다.

미국보다 엔지니어 인구가 적었던 캐나다에서는 모든 민간 엔지니어들이 계속 토목엔지니어협회 회원으로 등록되었기 때문에 이에 대해 반대하는 사람들이 점점 늘어났다. 그래서 협회는 좀 더 포괄적인 의미의 엔지니어협회로 이름을 변경했다. 몬트리올 회의에서 캐나다 엔지니어협회의 역대 회장들은 홀테인의 의견을 수용하고 계획을 추진하도록 격려했다.[10]

홀테인은 학교 밖의 현실을 아직 제대로 경험하지 못한 젊은 엔지니어 개개인이 이 직업에 입문할 때 거치게 될 공식적인 의례를 마련하고 싶어서, 마침 캐나다에 머물고 있던 러디어드 키플링에게 편지를 보내 선서문을 써달라고 부탁했다. 키플링은 오래전부터 최고의 작가이자 엔지니어로 추앙받고 있었다. 그는 1893년 〈일러스트레이티드 런던 뉴스Illustrated London News〉 성탄 특집호에 단편 소설 "다리 건설자"를 게재하고 1907년에는 "마르타의 아들들The Sons of Martha"이라는 시를 발표해 엔지니어들에게서 큰 공감을 얻기도 했다. "마르타의 아들들"은 루가 복음(10장 38~42절)의 내용을 바탕으로 한 시다.

예수 일행이 마르타의 집을 방문했는데 그녀의 동생 마리아는 시중들기에 바쁜 언니를 돕지 않고 가만히 앉아 예수의 말씀을 들을 수 있도록 허락받았다.

키플링은 마리아와 (아마도) 그녀의 자녀들이 예수의 발치에 앉아 말씀을 듣는 동안 계속 집안일을 하고 있었던 마르타와 그녀의 아이들을 엔지니어들과 동일시했다. 그의 이런 생각은 시의 도입부에서 잘 드러난다.

마리아의 아들들은 소란을 피우지 않았지,
어머니의 성품을 물려받았기에.
하지만 마르타의 아들들은 세심하고 걱정 많은 어머니가 좋았지.
마르타가 화를 참지 못했기에, 주님께 무례함을 보였기에,
그녀의 아들들은 마리아의 아들들을 시중들어야 했지,
끝없이, 유예 없이, 쉼 없이.
예나 지금이나 충격을 막아주고 안전을 지켜주는 것은 그들의 걱정.
기계를 돌려주고 스위치를 잠가주는 것은 그들의 걱정.
바퀴를 굴려주고 배를 띄워주고 기차를 끌어주는 것도,

마리아의 아들들을 방방곡곡으로 때맞춰 실어 옮겨주는 것도

그들의 걱정.[11]

후세의 엔지니어들 중에는 키플링의 시가 엔지니어를 경영자에 비해 열등한 존재로 격하하고 있다고 생각하는 사람들도 있겠지만, 홀테인 세대의 엔지니어들은 "마르타의 아들들"이 자신들의 입장을 훌륭하게 대변해주고 있다고 생각했다. 홀테인의 요청에 대한 키플링의 반응은 열성적이었다. 그는 캐나다의 엔지니어 단체들과 상의해 '엔지니어의 직업 의무' 초고를 작성했다. 여기에는 엔지니어들이 기량 부족을 지양하고 직업의 평판을 "명예롭게 수호"해야 한다는 내용이 포함되었다. 의례에 참석한 모든 엔지니어는 자신이 서명한 '엔지니어의 직업 의무' 선서문을 액자에 넣어 걸어둘 수 있었지만 그 외의 의례 내용은 일반 대중에게도 언론에도 공개할 수 없었고, 선서문에는 저작권이 부여되었다. (이후 엔지니어 초년생들의 부모도 의례에 참석할 수 있게 되어 더 이상 의례 내용이 비밀에 부쳐지지 않게 되었다.)[12]

초년생들을 선서문에 서명하게 한다는 발상은 홀테인이나 키플링이 처음으로 내놓은 것은 아니었다.

1660년 런던에 설립된 영국 왕립학회Royal Society에서는 지금도 모든 신입 회원들과 외국인 회원들이 헌장에 서명해야 한다는 선동이 이어지고 있다. 이 헌장은 왕립학회가 두 번째 칙허장을 받은 1663년에 만들어진 것이다. 헌장의 서명 페이지 윗부분에는 '왕립학회원의 의무'가 명시되어 있다.

우리는 여기에 서명함으로써, 런던 왕립학회의 일원으로 자연과학 진흥에 이바지하고 학회의 설립 목적을 추구하는 데 힘쓸 것을 서약한다. 우리는 의회가 요청하는 활동을 능력이 허락하는 한 수행할 것과, 학회의 규정을 준수할 것을 서약한다. 언제라도 학회장에게 탈회 의사를 서명과 함께 제출하면 이후로는 이 의무에 구속되지 않는다.[13]

이와 마찬가지로, '엔지니어의 소명 의례'도 아이언링 웹사이트의 소개에 따르면 "처음으로 자격을 얻은 엔지니어들에게 직업의식과 이 직업의 사회적 중요성을 일깨워주고, 선배 엔지니어들에게는 이 직업에 입문할 준비가 된 후배 엔지니어들을 환영하고 지지할 책임을 일깨워준다는 취지로 시작되었다." 최초의 아이언링 수여식은 1925년에 열렸고 처음으로 수여된 반지들은 키플링이 "차가운 철"이라고 표현한 연마되지 않은 "두드려서 편 철"로 만들어졌다. 키플링은 반지의 모나게 깎인 면들이 아직 다듬어지지 않은 청년의 마음과 같다고 말하기도 했다. 어떤 이들은 철이라는 재료가 엔지니어의 실수를 용납하지 않기 때문에 키플링이 철을 "차갑다"고 표현한 것이라 말하지만 그의 시 "차가운 철Cold Iron"의 도입부를 보면 차갑다는 표현이 좀 더 긍정적인 맥락에서 사용되고 있음을 알 수 있다.

금은 여주인을 위한 것-은은 가정부를 위한 것-
구리는 정교한 장인을 위한 것이라는 말에,
"옳거니!" 하며 앉아 있던 남작이 말하기를,
"하지만 철-차가운 철-이 으뜸이지!"[14]

한 엔지니어는 아이언링이 "엔지니어에게 직업적인 소속감을 느끼게 해준다"고 말했다. 반지의 원 형태는 엔지니어라는 직업과 그 작업 방식이 끊이지 않고 이어진다는 의미를 담고 있다고 전해져 왔다. 처음과 끝이 이어져 있는 원은 엔지니어의 설계 과정에서 나타나는 반복성을 효과적으로 상징하기도 한다. 전해지는 이야기에 따르면 아이언링은 사고 현장의 잔해로 만들어졌다고 한다. 브롬리는 자신이 처음에 받은 반지가 무너진 퀘벡교의 잔해로 만들어졌다고 믿고 있었다. 브롬리에게 반지를 수여한 퀸스대학교 공대 학장이 그렇게 말했기 때문이다. 사고 후 퀘벡교는 재설계되었지만 1916년 중앙경간을 올리던 중 또 한 번의 붕괴 사고가 발생했다. 마침내 1917년에 완공된 이 다리는 지금도 세인트로렌스 강 위에 서 있다. 퀘벡교는 이민자들이 배를 타고 캐나다로 들어올 때 거치는 일종의 관문이기도 하다. 이 다리는 현재까지도 세계에서 가장 긴 캔틸레버 경간을 가진 다리이며, 캐나다의 엔지니어들, 특히 아이언링을 끼고 있는 엔지니어들은 이 다리를 보면서 설계와 건설에 신중을 기하고 어떤 어려움도 극복해낼 것을 다짐하곤 한다.[15]

아이언링이 퀘벡교의 잔해로 만들어졌다는 이야기는 분명 사실이 아닐 것이다. 퀘벡교는 쉽게 두드려 펼 수 있는 연철로 만들어진 것이 아니라 훨씬 더 강하고 단단한 강철로 만들어졌기 때문이다. 최초의 아이언링이 무엇으로 만들어졌는가에 대해서는 많은 주장과 증언들이 존재한다. 그중 한 이야기에 따르면, 제1차 세계대전에 참전했던 캐나다의 재향 군인들이 재향군인병원의 작업요법 프로그램에 참여해 그곳에 비축되어 있던 흔한 철관으로 반지를 만들었고 그 후로도 이 재료가 오랫동안 사용되었다고 한다. 초기의 일부 반지들이 브리티시컬럼비아 주 남부에 있는 캠루프스의 철도 선로에 사용되었던 연철 대못으로 만들어졌다는 이야기도 있다. 두 이야기 모두 사실일 수도 있다. 지역별로 각각 다른 곳에서 얻은 재료로 반지를 만들었을 수도 있기 때문이다.

반지의 물리적인 재료가 어디에서 왔건 간에, 아이언링에는 많은 의미가 담겨 있다. 반지의 모나게 깎인 면들은 엔지니어들에게 작업에 세심한 주의를 기울일 의무를 "뾰족하게 상기시켜주는" 효과가 있고, 특히 새로 만든 반지는 깎인 면들이 "톱니처럼 보일 정도로 뾰족하기 때문에" 그 효과가 더 크다고 한다.

세월이 흐름에 따라 뾰족하던 반지가 매끄러워지듯이 경험이 축적됨에 따라 젊은 엔지니어들의 마음에서 다듬어지지 않은 부분들이 사라지고 지혜가 완성되어 간다. 아이언링은 겸손을 상징하기도 한다. "시간이 흐를수록 반지의 모난 부분들이 닳아 없어지듯이 경험이 쌓일수록 엔지니어의 전문적 기량도 원숙해진다." 앨런 브롬리는 캐나다의 수력 발전업계에서 엔지니어로서 경험을 쌓고 그 후에는 예일대학교에서 한층 더 경험을 발전시켰으므로 녹슨 아이언링을 스테인리스 스틸 반지로 교체할 충분한 자격이 있었다. 녹슨 반지를 교체하는 일은 이미 관행이 되어 있었다.[16]

재료와 관계없이 이 반지들은 모두 아이언링이라 불리고 있으며 아이언링을 끼는 전통은 확실하게 정착되었다. '엔지니어의 소명 의례'는 1922년에 캐나다 엔지니어협회 역대 회장 7명에게서 공식적인 지지를 얻었다. 이들은 7회장단 Corporation of Seven Wardens 을 구성하고 의례의 행정 책임을 맡았다. 지역별로 7개의 지부가 세워졌고 각 지부의 장은 현역 엔지니어들이 맡았다. 당연히 제1지부는 토론토대학교에 설립되었다. 현재는 이 도시의 중심 지역에 있는 4개 대학교(라이어슨대학교, 온타리오과학기술대학교, 토론토대학교, 요크대학교)가 토론토지부에 속해 있다. 현재 연철 반지를 선택할 수 있게 해주는 곳은 이 토론토지부뿐이다. 7회장단의 지부들은 지리적으로 대학이 있는 도시에 있지만 어떤 학교나 기관과도 연계되지 않고 독립적으로 운영되고 있다.[17]

캐나다의 아이언링 전통은 미국의 엔지니어들에게도 알려지게 되었다. 내가 처음 이 전통을 알게 된 때는 1960년대였다. 당시 나는 대학원생이었고 반지들은 아직 대부분 연철로 만들어지고 있었다. 미국 중서부의 다른 대규모 대학들과 마찬가지로 일리노이대학교에도 캐나다에서 온 대학원생들이 많았다. 이론 및 응용 역학과도 예외는 아니었다. 뉴욕 출신인 나는 캠퍼스 안팎에서 동해안 지역의 억양과 다른 다양한 억양들을 확실하게 구별할 수 있었고 거의 외국이나 다름없는 그곳에서 내 억양이 튄다는 사실도 예민하게 의식하고 있었다. 캐나다 억양은 특히 구별하기 쉬웠는데 한편으로는 꽤 익숙하기도 했다. 로체스터에 사는 친척들의 말투를 어렴풋이 연상시켰기 때문이다. 로체스터는 동해안에서 내륙으로 수백 킬로미터 들어간 곳에 있는 도시로, 온타리오호 남쪽 연안에 있어서 토론토에서 연락선만 타면 건너갈 수 있을 만큼 가깝다.

캐나다에서 온 공과대학원생들은 말투만으로도 구별할 수 있었지만 얼마 지나지 않아 나는 또 한 가지 특징을 발견했다. 그들은 하나같이 기묘하게 여러 면으로 깎인 반지를 새끼손가락에 끼고 있었다. 광택을 낼 수도 없을 것 같은 그 반지가 장신구처럼 보이지는 않아서 나는 점점 반지의 의미가 궁금해졌다. 캐나다에서 온 대학원생들과 좀 더 친해지고 나서 나는 그중 한 명에게 반지에 관해 물어봤고 그렇게 해서 아이언링 전통의 기원을 알게 되었다.

늦은 밤 함께 맥주를 마시면서 거의 비밀이라는 것이 없을 정도로 많은 대화를 나눴지만 당시 내가 아이언링의 전통에 관해서 들은 이야기는 아주 기본적인 내용뿐이었다.

아이언링과 캐나다의 엔지니어들에게 호기심을 갖게 된 미국의 엔지니어는 나 이전에도 물론 있었고 반지의 의미를 알게 된 사람도 내가 처음은 아니었다. 1950년대 초에 토목 엔지니어이자 오하이오 주 전문엔지니어협회 사무국장이었던 로이드 체이시Lloyd A. Chacey는 7회장단에 편지를 보내 아이언링 수여식을 미국으로 확장할 수 있을지에 대해 물었다. 7회장단 측은 저작권이 장애가 될 것이라고 말했지만 아마도 캐나다만의 전통과 자부심이 희석되기를 원치 않았을 것이다. 하지만 체이시와 7회장단 간의 서신 교환은 계속되었고 1962년 마침내 오하이오 주 전문엔지니어협회의 두 임원 호머 보튼Homer T. Borton과 브룩스 어니스트G. Brooks Earnest가 캐나다 측의 초대로 아이언링 수여식에 직접 참관하게 되었다. 1960년대 중반에는 오하이오 주의 한 엔지니어 단체가 미국에 독립적인 엔지니어회Order of the Engineer를 설립하기 위해 계획을 추진했다.[18]

1960년대 말은 미국이 특히 어지럽던 시기였고 엔지니어들은 전쟁 지지자 혹은 환경의 적이라고 비난받기 시작했다. 이런 정치적 기류로 인해, 그리고 그들의 특성상 엔지니어들은 자신들의 직업을 보호하기 위해 방어 태세를 취했다. 캠퍼스와 정계의 분열된 분위기는 전통을 기반으로 한 계획을 추진하기 어렵게 만들었다. 그러다가 1970년 클리블랜드 주립대학교에서 학생들의 시위가 벌어지자(당시 전국 각지 대학의 반전 운동가들은 엔지니어들을 무기 확산의 공범으로 보는 경향이 있었다), 공과대학생 대표들은 엔지니어의 긍정적인 가치를 전할 방법을 찾아 나섰다. 보튼과 어니스트와 함께 아이언링 수여식을 도입하려 애썼던 벌 부시Burl Bush 학장은 학생들에게 이 의례에 관해 알려주었다. 그로부터 3주 사이에 학생들은 스테인리스스틸 관을 자르고 깎아 반지를 만들고 미국에서 강철 반지 수여식을 열기 위해 준비 작업에 착수했다. 1970년 6월 4일 약 170명의 공대 졸업반 학생들과 교수들이 각자 만든 반지를 가지고 수여식에 참석했다. 얼마 지나지 않아 엔지니어회는 전국적인 규모로 확대되었고 미국에 아이언링 수여식을 도입하기 위해 애썼던 로이드 체이시가 운영위원회의 사무국장을 맡았다.[19]

엔지니어회의 설립 목적은 "엔지니어들의 자부심과 책임감을 고취하고, 교육과 실무 사이의 간극을 메우고, 대중에게 엔지니어를 한눈에 알아볼 수 있는 시각적 상징을 보여주기 위함"이었다. 클리블랜드 주립대학교의 선례를 따라 다른 엔지니어 단체들과 학교들도 반지 수여식을 열기 시작했다. 수여식은 오하이오 주 주변에서부터 열리기 시작했고 그 형식은 확실히 캐나다의 의례를 따르고 있었다. 다만 키플링이 쓴 선서문은 사용할 수 없었다. 1972년 캐나다의 아이언링 수여식 행정 담당자들은 미국 엔지니어회의 활동들을 조사하고 의례의 절차와 사용되는 반지 등을 검토한 후, "7회장단의 저작권이나 특허권을 침해하지 않았다"고 결론 내렸다. 7회장단의 대표는 미국의 의례에 캐나다의 의례가 언급된 점을 기쁘게 생각한다면서, "(엔지니어들 사이의) 유대

감을 높이기 위한 미국 엔지니어회의 모든 노력들이 성공을 거두기를" 기원한다고 전했다.[20]

1980년대 중반에 이르자 30개 이상의 주에서 강철 반지 수여식이 열렸고 수많은 선후배 엔지니어들이 미국판 '엔지니어의 의무'를 낭독했다. 나도 반지 수여식이 열린 자리에 몇 번 참관한 적이 있다. 공개적으로 진행되는 반지 수여식의 식순은 다들 거의 같았다. 엔지니어회의 설립 취지와 역사, 반지의 의미 등이 소개되었고, 반지를 받는 엔지니어들은 '엔지니어의 의무'를 큰 소리로 낭독함으로써 이 의무를 받아들인다는 의사를 표명했다.

미국 엔지니어회 웹사이트에 게시되어 있는 '엔지니어의 의무'의 원래 내용은 다음과 같다.

나는 엔지니어로서 내 직업에 깊은 자긍심을 갖고 엄숙한 의무를 맹세한다. 석기시대 이래로 인류는 공학에 힘입어 진보해왔다. 엔지니어는 자연의 방대한 자원과 에너지를 인류의 이익에 소용되도록 활용해왔다. 엔지니어는 과학적 원리와 기술적 수단에 생명을 불어넣어 실용화해왔다. 이 축적된 경험의 유산이 없다면 나의 노력은 힘을 발휘할 수 없을 것이다.

엔지니어로서 나는 청렴과 공정, 관용과 존중을 실천하고 내 직업의 가치와 명예를 지키는 데 전념할 것을 맹세하며, 나의 기술은 지구의 소중한 자원을 최대한 선용함으로써 인류에 봉사할 의무를 동반한다는 사실을 항상 유념할 것을 맹세한다.

엔지니어로서 신의 인도를 구하는 겸손한 마음으로 나는 정직한 일에만 참여할 것이며, 공익을 위해 필요하다면 나의 기술과 지식을 주저 없이 제공

할 것이다. 나는 최선을 다해 직무를 수행하고 내 직업에 충실할 것을 맹세한다.[21]

1980년대 중반에 반지 수여식에서 배부되던 소책자에는 신과 국가를 강조하는 내용이 많았고 미국 국기, 불꽃, 아폴로 8호가 촬영한 지구 등의 컬러 사진들이 실려 있었다. 뒤표지에는 '엔지니어의 의무'가 인쇄되어 있었다. 이후에 "인류Mankind의 이익"이라는 표현은 성차별적이라는 의견을 존중해 "인류Humanity의 이익"으로 수정되었고, "신의 인도를 구하는 겸손한 마음으로"라는 구절은 삭제되었다. 이 부분들을 제외하면 '엔지니어의 의무'는 거의 처음 그대로 유지되고 있다.[22]

'엔지니어의 의무'를 낭독한 후 참가자들은 스테인리스스틸 반지를 받았다. 여러 개의 면으로 깎인 캐나다의 반지와 달리 미국의 반지는 단순하고 매끈하다. 강연대 옆의 탁자 위에는 지름 30cm가 넘는 반지 모형이 수직으로 세워져 있었다. 나중에 안 사실이지만 엔지니어회 웹사이트에는 이 목제 반지 모형 제작을 위한 도면이 게시되어 있고, 도료의 종류와 색깔, 반지 모형을 받침대에 고정하는 방법 등이 자세히 설명되어 있다. 완성된 목제 반지 모형은 멀리서 보면 마치 금속으로 만든 것처럼 보인다. 그런데 이 반지 모형은 단지 상징적인 장식으로 세워져 있는 것이 아니다. 사실 이 모형은 수여식에서 중요한 역할을 담당한다. 엔지니어의 이름이 불릴 때마다 호명된 엔지니어는 탁자로 다가가 주로 사용하는 손을 커다란 반지 모형 속으로 집어넣는다. 그러면 선배 엔지니어가 사전에 주문 제작된 스테인리스스틸 반지를 그 손의 새끼손가락에 끼워준다. 한 수여식에서는 반지 치수를 헷갈려 식이

지연되는 일을 방지하기 위해 엔지니어의 이름을 부를 때 반지 치수를 함께 불러주기도 했다.[23]

미국 엔지니어회는 캐나다 엔지니어협회와 마찬가지로 "회의에 참석하거나 회비를 내야 하는 단체가 아니다. 단지 엔지니어회는 회원들에게 공동의 목표를 추구하고 선서를 평생 지킬 것을 권장한다." 따라서 반지 수여식에서 반지를 받은 엔지니어들은 후에 또 다른 반지 수여식에 주최자나 참관자로서 참석하는 경우를 제외하고는 협회와 관련된 모임에 참석할 일이 없다.[24]

나는 캐나다의 아이언링 수여식에 참관해 본 적이 없고 대학원생 시절에도 캐나다에서 온 동료들에게 수여식에 관해 물어 본 적이 없었다. 하지만 1994년 뉴욕에서 출판된 공학 입문서에서 '엔지니어의 직업 의무'를 읽어 볼 수 있었다. 그리고 꽤 시간이 흐른 후에 인터넷에서 파워포인트 프레젠테이션으로 게시된 '엔지니어의 직업 의무'를 찾을 수 있었다. 앨버타대학교 공과대학 2006년도 졸업생들에게 곧 치러질 반지 수여식에 관한 정보를 미리 알려주기 위해 게시된 프레젠테이션이었다.

"인류man"라는 표현이 "인류mankind"로 바뀌고 "형제"라는 표현이 "동료"로 바뀐 것, 그리고 학생 개개인이 정해진 곳에 자신의 이름을 적어 넣을 수 있게 된 것을 제외하면 두 선서문은 동일했다.

나 [이름]은(는) 선배들과 동료들이 모인 이 자리에서, 나의 명예와 차가운 철에 걸고, 나의 지식과 힘을 다해, 인류를 위해 일하는 엔지니어로서, 그리고 창조주를 섬기는 영혼으로서, 어떠한 경우에도 미흡한 솜씨나 부실한 재료를 묵과하지 않을 것과 묵과하는데 관여하지 않을 것을 맹세한다.

나는 나의 손에 맡겨진 모든 것을 명예롭고 유용하고 견고하고 무결하게 완성하기 위해 나의 시간과 생각을 아끼지 않고 노력을 게을리 하지 않을 것을 맹세한다.

나는 맡은 일에 대해 공정한 대가를 받고 나의 직업적 평판을 명예롭게 지킬 것이나, 누구의 의뢰를 받더라도 결코 그 사람의 좋은 평가나 만족을 목표로 삼지 않을 것이며, 나아가 동료들을 시기하거나 비하하는 일이 없도록 경계하고 또 경계할 것을 맹세한다.

나의 명백한 실패와 태만에 대해서는 이 자리에 모인 선배들과 동료들 앞에 미리 용서를 구하며, 유혹에 빠지거나 약해지거나 지쳤을 때 오늘 이 자리에서 동료들 앞에 의무를 맹세한 기억이 나를 도와주고 위로해주고 다그쳐 주기를 기도한다.

명예와 차가운 철과 나를 보살피시는 신의 이름을 걸고, 위의 사항들을 지킬 것을 맹세한다.[25]

앨버타대학교 웹사이트에 게시된 프레젠테이션 중 두 페이지에는 수여식 당일의 유의사항과 준비사항 등이 안내되어 있었다. 그 내용은 다음과 같다. 수여식에 참석하는 졸업생들은 정장을 갖춰 입어야 한다. 졸업생들은 오찬에 참석할 수 있지만 오찬에 하객을 초대할 수는 없다. 수여식은 오찬 직후에 시작된다. 수여식에는 선서문에 서명한 엔지니어와 졸업생이 초대한 하객 2명이 참석할 수 있다. 반지는 수여식 전에 미리 선택해야 한다. 사진 촬영은 금지되어 있으며, 수여식이 시작된 후에는 누구도 입장할 수 없다. 프레젠테이션의 다른 페이지에는 7명

의 지부장이 주재하게 될 수여식 절차에 관한 정보도 실려 있었다.[26]

앨버타대학교 웹사이트에 소개된 수여식 절차는 다음과 같다. 수여식은 모루(anvil, 대장간에서 쇠를 두드릴 때 받침대로 쓰는 쇳덩이-옮긴이)를 7번 두드림으로써 시작된다. 이 두드림은 퀘벡교를 건설할 때 그랬던 것처럼 리벳을 박아 넣는 행위를 상징한다. 모루를 두드릴 때는 울리는 소리가 모스 부호로 S-S-T가 되도록 간격을 두는데, 이 글자들은 "석재Stone와 강철Steel, 그리고 그것들을 시험하는 시간Time"을 의미하기도 하고 "인간의 영혼Soul과 정신Spirit, 그리고 그것들을 심판하는 시간Time"을 의미하기도 한다. 개회사가 끝난 후 참석자들은 "인간 지식의 한계를 명심하고 겸손을 일구게 하소서"라는 성서 구절을 낭독하고 이어서 '엔지니어의 직업 의무'를 다 함께 낭독한다. 그러고 나면 지부장들이 졸업생들의 손가락에 반지를 끼워준다. 마지막으로 키플링의 시 "마르타의 아들들"이나 "파괴변형 찬가Hymn of Breaking Strain"가 낭송된다. 〈엔지니어〉 지를 통해 처음 발표되었던 "파괴변형 찬가"는 이렇게 시작된다.

> 신중하게 정석대로 측량한다면
> (건설에 임하는 모든 이는 명심하라!)
> 하중과 충격과 압력을
> 자재는 견딜 수 있으니,
> 들보가 휘어
> 기나긴 경간이 무너진다면
> 죽음 혹은 살인의 책임은

인간에게 있다.

재료의 탓이 아니라 - 인간의 탓이다!**27**

퀘벡교 붕괴 사고를 상기시키는 반지 수여식의 마지막에 이 시가 낭송되는 것을 들으면서 엔지니어들은 실패와 책임에 대해 다시금 생각하게 되었을 것이다. 수여식의 끝은 시작과 마찬가지로 엄숙하게 모루를 7번 울림으로써 선언된다.**28**

들리는 이야기에 따르면, 캐나다의 아이언링 수여식 참석자들은 대개 식이 진행되는 동안 체인을 잡고 있는데 그 체인은 공학적 실패를 상징하는 인공물에 연결되어 있다고 한다. 이 인공물은 무너진 퀘벡교에서 회수된 리벳이나 다른 강철 부품일 수도 있고, 특정 지부에서 특별한 의미를 두는 또 다른 붕괴된 구조물의 부품일 수도 있다. 그 인공물이 무엇이든, 실패를 상징하는 물건과의 직접적인 접촉은 분명 아이언링 수여식의 기원을 보다 생생하게 상기시켜줄 것이다.**29**

거의 50년의 시간 차이를 두고 쓰인 캐나다와 미국의 엔지니어 선서문은 서로 다른 시대와 문화를 반영하고 있다. 1920년대 초에 캐나다인들은 퀘벡교 붕괴 사고라는 국가적 비극을 생생하게 기억하고 있었다. 이 사고로 당혹감과 부끄러움을 감출 수 없었던 엔지니어들은 특히 그랬다. 공중전과 폭격이라는 개념이 처음 등장한 제1차 세계대전 역시 전 세계 사람들의 기억 속에 생생했지만 그중에서도 유럽 사람들에게는 의미가 남달랐다.

키플링이 쓴 선서문이 기도나 탄원처럼 들리는 이유도 그 때문일 것이다. 키플링을 비롯한 영국인들은 역사적으로 구조물, 특히 철도나 테이철도교와 같은 다리의 붕괴 사고를 많이 겪었다. 테이철도교 붕괴 사고는 지금도 수많은 영국인의 기억 속에 의심스러운 설계와 기술, 재료, 유지관리의 대표적인 예로 남아 있다. 캐나다와 미국에서도 엔지니어들에 대한 의심이 점점 커져갔기 때문에, 엔지니어들은 정식 입문 절차와 윤리강령을 도입해 직업적인 명예를 회복할 필요성을 느끼게 되었다.

캐나다의 선서문이 겸손한 어조를 띠고 있고 **명예**라는 단어를 네 번이나 사용하고 있는 것과 대조적으로 미국의 선서문은 엔지니어와 공학에 대한 축전의 성격을 띠고 있다.

미국의 선서문은 엔지니어들이 인류의 진보와 이익에 크게 공헌했다는 자부심 넘치는 선언으로 시작된다. 아마도 기술만능주의 반대 운동을 벌이는 많은 대학생과 교수들이 엔지니어들과 그들이 만든 것들을 가리켜 전쟁을 부추기고 지구에 해를 입힌다고 비난했기 때문일 것이다. 환경 문제가 한창 주목받기 시작한 시기에 쓰인 이 선언문에는 엔지니어의 기술이 지구의 소중한 자원을 최대한 선용하는 데 사용될 것이라는 맹세가 담겨 있다. 제2차 세계대전은 한 세대 전에 미국 영토 밖에서 일어났고, 공학과 과학의 발전은 승전에 중요한 역할을 했다. 전후 시대에 공학과 과학이 지지를 받으면 연구 및 개발 프로그램들이 임시 이익을 얻을 수 있었다. 클리블랜드 주립대학교에서 첫 번째 반지 수여식이 열린 때로부터 꼭 1년 전에 과학기술은 유인 달 착륙이라는 성과를 이뤄냈다. 대량 살상 무기의 윤리적 의미와 환경 파괴 문제를 고려해야 한다는 목소리가 점점 높아지고 있었지만 과학과 공학의 미래는 밝아 보였다.

캐나다의 선서문을 쓴 키플링은 시인이자 작가였다. 엔지니어들의 유대감과 직업의식을 높이고 싶다는 한 열정적인 엔지니어의 요청으로 그는 선서문을 쓰게 되었다. 미국의 선서문을 쓴 사람은 캘리포니아 주립대학교의 "젊은 교수" 존 얀센John G. Janssen이었다. 공과대학 학장은 그에게 "반지 수여식의 위엄과 의미를 높여줄 강령과 의례 절차"를 마련하라고 지시했다. 그렇게 해서 존과 그의 부인 수전은 미국판 '엔지니어의 의무'를 쓰게 되었다. 캐나다의 아이언링 수여식과 선서문의 전통을 따르려는 것은 훌륭한 의도였지만, 저작권이 있는 캐나다의 선서문을 그대로 가져다 쓸 수는 없었기 때문에 캐나다의 선서문과는 분명히 구별되는 미국만의 선서문을 구상해야 했다. 완성된 선서문은 탄원보다는 확신에 찬 선언에 가까웠고, 미국의 반지 수여식과 긍정적인 선서문에 대한 인기는 날이 갈수록 높아졌다. 내가 최근에 참관했던 반지 수여식은 법공학 관련 회의 자리에서 열렸다. 장시간 진행된 회의의 주된 내용은 사고와 사고 조사에 관한 것이었는데 반지 수여식에서는 그런 이야기들이 전혀 언급되지 않았다. (이와는 달리 캐나다의 아이언링 수여식에 참석하는 엔지니어들은 설계의 실패를 불러오는 "무생물의 심술궂음"을 상기하게 된다.)[30]

설립 초기에 엔지니어회의 목표 중 하나는 "모든 공학도가 졸업과 동시에 스테인리스스틸 반지를 끼게 되는 것"이었다. 1980년경에 로이드 체이시는 25년 안에 미국의 엔지니어 1백만 명 중 95%가 엔지니어회의 회원이 되어 있을 것이라고 믿었다. 그의 기대와 달리, 새끼손가락에 아이언링을 끼고 있는 미국 엔지니어를 만나는 일은 비교적 흔치 않다. 하지만 반지를 끼는 엔지니어들이 늘어나고 있는 것은 사실이다.

2010년 초 기준으로 엔지니어회 지부 수는 250개를 넘어섰고, 매년 약 1만 명의 엔지니어들이 '엔지니어의 의무'를 낭독하고 있다.

엔지니어회의 반지 수여식이 처음 열린 후로 40년이 흐른 지금까지도 '엔지니어의 의무'를 낭독한 미국 엔지니어의 누적 수는 아마도 20만 명을 넘지 않을 것이다. 같은 기간 사이에 대학을 졸업하고 업계에 입문한 젊은 엔지니어 수는 그 10배에 달한다. 2010년 기준으로 엔지니어 수가 미국의 약 10분의 1인 캐나다에서는 25개 지부가 아이언링 수여식을 주관하고 있고, 이 전통이 시작된 후 85년이 흐른 현재까지 약 35만 명의 엔지니어가 키플링의 '엔지니어의 직업 의무'를 영어나 프랑스어로 낭독했다.[31]

그러나 어디에서 활동하든, 주로 쓰는 손의 새끼손가락에 철이나 강철 반지를 끼고 있는 수많은 엔지니어들은 이 반지를 통해 자신과 동료들에게 엔지니어로서의 직업의식과 사회에 대한 의무를 상기시켜주고 있다. 이런 마르타의 아들들과 딸들 대다수가 보이지 않는 곳에서 땀을 흘리고 있지만, 그들은 모두 앨런 브롬리가 그랬던 것처럼 자랑스럽게 거의 늘 반지를 끼고 있다.

물론 반지를 끼지 않는 엔지니어들이 직업이나 사회에 대한 의무를 덜 중요시하는 것은 아니며, 설계할 때 실패를 덜 경계하는 것도 아니다. 반지를 끼든 안 끼든, 능력 있는 엔지니어라면 누구나 실패 가능성에 유념해야 한다는 사실을 잘 알고 있다.

엔지니어가 예상해 볼 수 있는 수많은 실패 모드 중에는 설계와 무관한 것들도 있을 수 있다. 그러나 그런 실패 모드에 대비하지 않고 그냥 지나쳤다가는 구조물이 붕괴되거나 시스템의 기능이 마비되는 엄청난 결과가 초래될 수도 있다. 그러므로 모든 엔지니어는 발생할 수 있는 모든 실패에 대비해야 한다는 생각을 항상 가지고 있어야 한다. 아이언링을 끼는 것은 이런 점을 상기하기 위한 한 가지 방법이라 할 수 있다.

BEFORE, DURING AND AFTER THE FALL

CHAPTER 09

붕괴 사고의 전과 후

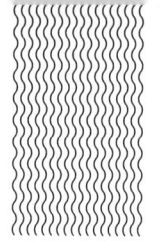

　퀘벡교의 캔틸레버 경간 붕괴 사고는 아마도 캐나다에서 가장 유명한 다리 붕괴 사고일 것이며, 이 사고를 계기로 아이언링 전통이 생겨났다. 미국에서 가장 유명한 다리 붕괴 사고는 단연 타코마해협교 붕괴사고다. 타코마해협교는 1940년 7월 완공 당시 세계에서 3번째로 긴 경간을 가진 현수교였다. 이 다리의 경간보다 긴 경간은 1931년에 완공된 조지워싱턴교의 중앙경간(약 1,067m)과, 1937년에 개통된 골든게이트교의 중앙경간(약 1,280m)뿐이었다. 그러나 튼튼한 두 다리와 달리 타코마해협교는 4개월 만에 무너지고 말았다. 1940년 11월 7일, 약 68km/h의 비교적 약한 바람에 도로가 끊어진 것이다. 이 현수교는 완공된 후 놀라울 정도로 잘 휘어지는 현상을 보여 붕괴 전부터 이미 정밀 조사와 연구의 대상이었다. 붕괴 당일 아침 위아래로 파도처럼 흔들리던 다리가 갑자기 뒤틀리기 시작하자 한 촬영 팀이 급히 현장으로 달려가 그 모습을 기록했다. 853m 길이의 중앙경간이 요동치며 뒤틀리다가 결국 붕괴되는 극적인 장면을 담은 이 영상은 수많은 고등학교 물리 수업에서 공진 현상의 참고 자료로 사용되었다.[1]

　그러나 타코마해협교 붕괴 영상은 부연 설명 없이 자료로 사용되는 경우가 많다. 다리의 설계에 관해, 혹은 이 다리가 예측 가능한 수준의 바람도 견디지 못한 이유에 관해 자세한 설명이 덧붙여지는 일은 드물다. 전후 맥락을 전혀 모르는 채로 보면 이 다리의 붕괴는 단지 과학기술의 변덕으로 인해 일어난 이례적인 사건으로 보일 뿐이다. 타코마해협교는 1930년대의 최신 기준에 따라 설계되었다. 그런데 1930년대 후반에 같은 기준에 따라 설계되고 건설된 다른 현수교들은 놀라울 정도로 잘 휘어지기는 했지만 붕괴되지는 않았다. 타코마해협교만 붕괴된 이유를 두고 엔지니어들과 물리학자들은 70년 넘게 논쟁을 벌여왔고 앞으로도 논쟁은 계속될 것이다. 하지만 다른 구조물의 붕괴 사고를 다룰 때와 마찬가지로 타코마해협교의 역사를 되짚어 보면, 이 다리가 이런 방식으로 설계된 과정과 이유, 붕괴의 전후 맥락, 설계에 가장 큰 책임이 있었던 고문 엔지니어가 심각한 오류를 범한 것은 아니라고 판명된 이유 등을 이해하는 데 도움이 될 것이다.

퓨젓사운드Puget Sound는 워싱턴 주에서 가장 큰 도시인 시애틀에 접해 있는 만이라고 흔히 알려졌지만, 이 거대한 물줄기는 시애틀에서 남서쪽으로 90km 이상 떨어진 워싱턴 주의 주도 올림피아까지 뻗어 있다. 타코마는 시애틀과 올림피아의 중간쯤에 있는 도시로, 만에서 갈라져 나온 해협에 면해 있다. 수많은 연락선이 오래전부터 퓨젓사운드와 그 해협들을 누볐지만 1929년까지 타코마에는 차량을 실을 수 있는 배가 없었다. 자동차를 타고 시애틀에서 서쪽의 올림픽 반도로 이동하려면 올림피아까지 먼 길을 내려간 후에 다시 북쪽으로 올라가야 했다. 이런 불편을 해소하기 위해 주 당국은 타코마 해협에 다리를 놓는 방안을 진지하게 검토하기 시작했다. 1929년 워싱턴 주 의회는 퓨젓사운드의 가장 좁은 가지인 이 해협에 다리를 건설하는 계획을 승인했다. 그러나 '좁다'는 것은 상대적인 개념이다. 타코마에서 해협 건너의 각하버까지는 약 1.6km 거리였고, 그 사이에는 조류가 강한 깊은 바다가 가로놓여 있었다. 이런 곳에 다리를 놓으려면 상당한 장애와 비용이 따를 수밖에 없었다. 거리가 멀고 물이 깊었기 때문에 규모가 큰 다리를 지어야 했고 외항선들이 다리 밑으로 안전하게 지나다닐 수 있도록 수평으로도 수직으로도 공간을 확보해야 했다.[2]

당시 기술로는 중앙경간이 충분히 긴 다리를 지으려면 현수식이나 캔틸레버식을 택해야 했는데, 퀘벡교 붕괴 사고 이후 길이가 약 365m 이상인 경간에는 캔틸레버 형식을 채용하지 않으려는 경향이 강해졌기 때문에 타코마해협교의 형식은 자연스럽게 현수식으로 결정되었다. 현수식 중앙경간의 길이가 약 486m인 브루클린교가 완공된 때는 거의 50년 전인 1883년이었다. 이후 수십 년 동안 더 긴 경간을 가진 현수교들이 계속 등장했지만, 신기록이라고 해도 이전의 기록과 큰 차이가 없었다. 당시의 보수적인 엔지니어들은 대개 미지의 영역으로 너무 멀리 뛰어들고 싶어 하지 않았기 때문이다. 1929년에 세계에서 가장 긴 경간은 미시간 주의 디트로이트와 온타리오 주의 윈저를 연결하는 앰배서더교Ambassador Bridge의 경간이었다. 이 다리의 현수 경간은 약 564m로, 거의 50년 된 브루클린교의 경간보다 불과 16% 길었다. 그런데 이 무렵, 야심찬 엔지니어들이 거대한 현수교 두 개를 설계하고 있었다. 그중 하나는 허드슨 강을 가로질러 뉴욕과 뉴저지를 연결하는 조지워싱턴교로, 1931년 개통되었을 때 중앙경간의 길이가 최고 기록의 거의 두 배에 가까운 약 1,067m였다. 다른 하나는 샌프란시스코와 캘리포니아 주 마린 카운티를 연결하는 골든게이트교였는데, 1937년에 완공되었고 중앙경간의 길이는 조지워싱턴교의 중앙경간보다 20% 더 길어진 1,280m였다. (당시에는 아직 설계 단계였지만) 이런 과감한 선례들이 있었던 것을 보면, 기존의 어느 경간보다 긴 경간을 가진 대규모 현수교를 건설하자는 제안이 나온 것도 그리 놀라운 일은 아니었을 것이다. 몇 개의 후보들 가운데 데이비드 스타인먼이 제안한 설계는 폭 18.3m 두께 7.3m의 보강 트러스 위에 2개 차로를 수용할 수 있는 상판을 올리는 방식이었다. 이 방식대로 다리가 건설되고 유지관리가 제대로 이루어졌다면 타코마해협교는 아마 현재까지도 무너지지 않았을 것이다.[3]

다리 건설에 필요한 자금을 확보하기란 결코 쉬운 일이 아니었다. 통행료를 징수해 건설 부채를 성공적으로 상환한 캘리포니아 주의 선례를 따라 워싱턴 주 유료교량관리국이 1937년에 설치되었다. 그러나 불황으로 인해 재정적으로 많은 어려움이 있었고, 잠재적 투자자들은 통행료로 부채를 상환할 수 있을 만큼 교통량이 충분할지에 대해 의문을 품고 있었다. 연방 공공사업관리국PWA은 건설 지원금 요청을 승인했지만 예상 비용의 절반 이상에 대해서는 지원할 수 없다고 못을 박았다. 그리고 여기에는 당대 최고의 현수교 설계자로 손꼽히던 리온 모이세이프Leon S. Moisseiff를 포함해 동해안 지역에서 활동하는 고문 엔지니어들을 고용해야 한다는 조건이 붙었다. 고문 엔지니어들은 주 당국이 추산한 1,100만 달러보다 훨씬 적은 비용으로 다리를 건설할 수 있다고 공공사업관리국과 부흥금융공사RFC를 설득했다. 부흥금융공사는 부족한 자금을 대출해줄 국책 금융기관이었다. 실제로 타코마해협교 건설에 들어간 총비용은 640만 달러였다.[4]

기본 설계는 클라크 엘드리지Clark H. Eldridge가 맡았다. 1918년에 워싱턴 주립대학교를 졸업한 그는 1939년까지 워싱턴 주 고속도로관리공단의 교량 엔지니어로 일했고, 이때 유료교량관리국에 소속되어 타코마해협교의 설계 및 건설에 참여하게 되었다. 조지워싱턴교와 골든게이트교의 설계에 참여하고 브루클린교 이후 미국의 거의 모든 대형 현수교 설계에서 중요한 역할을 담당했던 모이세이프는 엘드리지의 설계에 찬성하지 않았다. 그 이유 중 하나는, 엘드리지의 설계대로라면 상대적으로 지대가 높은 긱하버에서 지대가 낮은 타코마 쪽으로 내리막이 형성된다는 것이었다. 다리를 설계할 때 미적 가치를 중요시했던 모이세이프는 도로가 수평이 되도록 설계하고, 주탑들 사이의 거리를 더 멀리 띄우고, 다리 상판의 옆모습을 최대한 날씬하게 만들어야 한다고 유료교량관리국을 설득했다. 최종 설계는 약 853m 길이의 중앙경간에 관례적인 약 6m 높이의 성긴 트러스 구조 대신 약 2.5m 높이의 강철 플레이트 거더(plate girder, 강판 등을 사용해 단면이 I형이 되도록 조립한 보-옮긴이)로 보강한 상판을 설치하는 방식이었다. 당시 타코마-긱하버 지역은 인근에 해협을 건널 수 있는 다리가 없어서 크게 발전되어 있지 않았기 때문에, 타코마해협교의 상판은 2개 차로와 폭 1.5m 미만의 보도로만 구성되었다. 주탑과 주탑 사이의 거리가 800m 이상인 얇고 길고 좁은 도로는 보기 드물게 날렵하고 현대적인 외관을 뽐내게 될 터였다.[5]

경험의 범위를 넘어서는 구조물을 설계할 때 엔지니어들은 대개 성공적이라고 입증된 설계로부터 한 번에 큰 변화를 시도하지 않는다. 조지워싱턴교가 설계되기 전까지 다리 상판의 길이/두께 비율은 150 이하로 유지되었다. 타코마해협교 중앙경간의 길이/두께 비율은 350으로 조지워싱턴교와 비슷했다. 그러나 조지워싱턴교는 8개 차로와 2개의 넓은 보도로 구성되었기 때문에 상판의 무게가 30cm당 14톤을 넘었던 반면 타코마해협교 상판의 무게는 30cm당 2.7톤에 불과했다. 게다가

워싱턴 주 유료교량관리국의 엔지니어 클라크 H. 엘드리지(1896~1990)와 고문 엔지니어 리온 S. 모이세이프(1872~1943)가 타코마해협교의 도로 위에서 의견을 나누는 모습. 모이세이프의 끈질긴 조언으로 엘드리지는 최초의 설계를 수정해 좀 더 날씬한 구조를 채용했는데, 이 설계상의 변화가 1940년 11월에 일어난 붕괴의 근본적인 원인으로 밝혀졌다. 엘드리지의 좀 더 전통적인 설계가 그대로 유지되었다면 타코마해협교는 현재까지도 무너지지 않았을 가능성이 크다.(저자 개인 소장. 사진 원본은 Shirley Eldridge 제공. 화질 향상된 디지털 이미지는 〈American Scientist〉지 제공)

타코마해협교의 길이/폭 비율은 72로, 조지워싱턴교의 33과는 큰 차이가 있었다. 당시 대다수의 현수교는 길이/폭 비율이 30대였고 새로 지어진 골든게이트교만이 45의 비율을 보였다. 타코마해협교의 설계에 관여하고 있던 엔지니어들은 놀라울 정도로 날씬한 구조가 불러올 수 있는 영향을 제대로 인식하지 못했다. 설계자들은 도로가 좁아서 상당한 휨 현상이 발생할 수 있다는 사실을 알고 있었고, 약 145km/h의 바람이 불면 상판이 좌우로 6m 정도 휘어질 수 있다는 사실도 개통 전부터 알고 있었다. 그러나 당시 현수교를 설계할 때 고려된 바람의 영향은 이 정도까지였다.[6]

전례 없이 극도로 좁은 다리 상판 설계는 70대의 고문 엔지니어 시어도어 컨드론Theodore L. Condron의 눈길을 끌었다. 그는 부흥금융공사의 의뢰로 다리 설계를 검토하고 이 설계에 따라 건설한 다리가 확실한 투자 가치를 지닐 수 있을지 조사하고 있었다. 상판이 너무 좁아 다리가 심하게 휠 가능성이 있다고 판단한 컨드론은 타코마해협교의 설계가 적절한지 재차 확인하기 위해, 현수교를 연구했던 엔지니어들에게 자문을 구하기도 했다. 그는 치명적인 결함이 될 수도 있는 상판 설계에 계속 신경이 쓰였지만 결국 당국의 요구와 전문가들의 지식, 그리고 책임 고문 엔지니어(이자 실질적인 설계자)인 리온 모이세이프의 영향력에 두 손을 들었다.[7]

다리가 개통되기 전부터 상판에서는 심한 휨 현상이 나타났다. 건설 인부들은 흔들림으로 인한 메스꺼움을 달래기 위해 레몬을 씹으며 일했다고 말했다. 하지만 엔지니어들은 다리의 "흔들림"은 위험하지 않다며 대중을 안심시켰다. 타코마해협교가 개통되기 바로 전 해인 1939년에 완공된 몇몇 현수교에서도 도로가 흔들리는 현상이 나타났지만 붕괴될 위험은 없어 보였기 때문이다. 그러나 타코마해협교가 공식적으로 개통되자, 그 위를 달리는 차들은 도로가 파도를 타듯 위아래로 흔들릴 때마다 앞의 차량들이 오르락내리락하며 눈앞에서 나타났다가 사라지는 현상을 목격하게 되었다. 흔들림을 개선하기 위해 케이블이 추가로 설치되었지만 이 예상치 못한 현상이 완전히 사라지지는 않았다. 이런 특이한 현상을 체험하기 위해 다리를 이용하는 차량들이 늘어났고, 통행료는 추산치를 훌쩍 뛰어넘었다.[8]

타코마해협교의 기이한 흔들림은 약 4개월 동안 계속되었다. 그동안 도로는 때때로 물결치듯 휘며 흔들렸지만 좌우로는 기울지 않고 평평했다. 보도의 가로등 기둥들도 오르락내리락하며 앞뒤로 기울었지만 현수 케이블을 따라 나란히 서 있었다. 이 패턴은 붕괴 당일 오전 10시쯤까지 유지되었는데, 수직 방향의 움직임이 점점 커지더니 갑자기 뒤틀리는 움직임이 나타나기 시작했다. 아마도 다리가 수직 방향으로 크게 움직이면서 중앙경간 부근의 케이블 밴드가 제 자리를 벗어나 상판을 억제하던 힘이 불균형해졌던 것으로 보인다. 다리에서 비틀림 진동이 일어나기 시작했고 중앙선을 기준으로 상판이 좌우로 뒤틀리기 시작했다. 결국 타코마해협교에는 통행금지 조치가 내려졌다. 워싱턴대학교에서 이 다리의 모형으로 실험하면서 실제 다리의 움직임과 비교해 보고 있던 프레더릭 버트 파쿠하슨Frederick Burt Farquharson 교수는 새로운 움직임을 직접 관찰하기 위해 급히 다리로 달려갔다. 다리의 움직임을 카메라에 담기 위해 촬영 팀도 현장에 도착했다.[9]

중앙경간 위에는 레너드 코츠워스Leonard Coatsworth라는 기자의 자동차가 홀로 버려져 있었다. 아마도 그는 자동차를 몰고 요동치는 도로 위를 달린 후 1인칭 시점으로 특별한 기사를 쓰고 싶었을 것이다. 당시에 촬영된 영상을 보면 그의 차는 진행 방향의 반대 방향으로 세워져 있다. 코츠워스는 엔진이 꺼진 자동차를 버리고 탈출해야 했다. 엔진이 멎지 않았다 해도 다리 상판이 심하게 들썩거려서 이 차를 운전하기는 거의 불가능했을 것이다. 차를 버린 후 코츠워스는 허둥지둥 중앙경간을 벗어나려 애썼지만 중심을 잡지 못해 계속해서 넘어졌고 결국 두 팔과 두 다리로 땅을 짚고 기어야 했다. 그는 무사히 다리에서 빠져나왔지만 손과 무릎이 온통 벗겨져 피가 흘렀다.[10]

파쿠하슨 교수도 같은 영상에 찍혔는데, 그는 때때로 술 취한 사람처럼 휘청거리며 중앙선을 따라 걸어서 다리를 빠져나왔다. 다리 상판의 양쪽이 교대로 오르락내리락하는 와중에도 중앙선 부근은 거의 움직임이 없었다. 다리의 중앙선은 물리학적으로 말하자면 마디선(nodal line, 두 파동이 간섭할 때 상쇄간섭이 일어나 진폭이 0이 되는 지점을 이은 선—옮긴이)인 셈이었다. 공학자인 파쿠하슨 교수는 이런 원리를 알고 있었기 때문에 보다 쉽게 다리에서 탈출할 수 있었다. 그는 자동차 안에 갇혀 있던 터비Tubby라는 이름의 개를 구하기 위해 목숨을 걸고 다리 위를 걸었지만 결국 개를 구하지는 못했다고 한다. 코츠워스의 딸이 기르던 이 코커스패니얼은 결국 다리가 붕괴되면서 유일한 희생자가 되었다. 타코마해협교의 마지막 순간을 담은 영상은 실제 구조물의 붕괴 과정을 보여주는 대표적인 자료 화면이 되었다. 한 기자의 말에 따르면 이 영상은 "과학 및 공학계에서 가장 극적이고 유명한 영상으로 손꼽힌다."[11]

타코마해협교의 붕괴 영상을 본 엔지니어들은 엇갈린 반응을 보였다. 이 영상은 대규모 구조물에서 휨 현상이 어느 정도까지 발생할 수 있는지를 보여주는 보기 드문 자료이기도 했지만 한편으로는 엔지니어들이 엄청난 실수를 범할 수 있음을 보여주는 반박할 수 없는 증거이기도 했기 때문이다. 반면에 물리학자들은 이 영상을 몇 번이고 다시 봐도 질리지 않는 듯했다. 이 영상은 그들에게 극적인 역학 현상의 실제 사례를 눈앞에 보여주었을 뿐만 아니라, 적어도 일부 엔지니어들은 예상하지 못한 현상을 그들의 이론으로 설명하고 예측할 수 있다고 주장할 근거를 제공해주었기 때문이다. 악명 높은 타코마해협교 붕괴 영상을 엔지니어 단체가 아닌 미국물리교직원연합이 오랫동안 자료 화면으로 널리 활용한 것이 단지 우연의 일치는 아니었을 것이다. (2001년 9월 월드트레이드센터 트윈타워가 붕괴되어 그 모습을 찍은 영상들이 널리 퍼지기 전까지 타코마해협교의 붕괴 영상은 아무리 규모가 큰 구조물도 힘없이 무너질 수 있다는 사실을 상기시키는 유일한 영상 자료였다.)[12]

붕괴 당일 저녁 고문 엔지니어이자 설계자인 모이세이프는 뉴욕에 있는 사무실에서 기자의 질문을 받고 "어째서 다리가 붕괴되었는지 전혀 알 수 없다"고 대답했다. 그의 회사에 소속된 프레더릭 리엔하드Frederick Lienhard는 붕괴 원인을 조사하기 위해 그날 밤 서해안으로 날아갔고 모이세이프는 기차를 타고 뒤따라가기로 했다. 다음날 모이세이프는 "특수한 바람 조건" 때문에 다리가 붕괴된 것으로 보인다고 말했다. 그는 타코마해협교가 "정규 규정에 따라 건설되었기 때문에" 일반적인 조건에서는 무너질 수 없다고 주장했다. 건설 계획에도 문제가 없었고 사용된 자재에도 문제가 없었다는 것이었다. 그러나 그는 이 다리의 도로가 약한 바람에도 휨 현상을 보였다는 사실은 부인하지 못했다. 워싱턴대학교에서 다리의 모형을 이용한 풍동wind tunnel 실험이 진행되고 있었던 이유가 바로 이 현상 때문이었다.[13]

타코마해협교 건설에 참여했던 엔지니어 찰스 앤드루스Charles E. Andrews는 붕괴 당일 한 라디오 인터뷰에서 (자신의 개인적인 견해임을 강조하면서) 트러스 대신 플레이트 거더로 상판을 보강한 것이 붕괴의 원인으로 보인다고 말했다. 그는 이 거더 때문에 "다리가 바람에 흔들리게 되었고 진동이 점점 커져 결국 붕괴된 것"이라고 추정했다. 그는 타코마해협교의 중앙경간은 "전 세계의 어느 경간과 비교해 봐도 길이에 비해 폭이 가장 좁다"고 말했다. 그는 타코마해협교와 브롱스-화이트스톤교Bronx-Whitestone Bridge를 비교하기도 했다. 브롱스-화이트스톤교도 바람에 물결치듯 휘는 현상을 보였지만 정도는 훨씬 덜했다. 그는 브롱스-화이트스톤교의 경간이 길이는 더 짧고 폭은 더 넓다는 점, 다시 말해 길이/폭 비율이 더 낮다는 점을 지적했다. 건설 엔지니어로서

줄곧 현장에 있었던 앤드루스는 붕괴의 원인이 된 설계상의 특징들을 잘 이해하고 있는 듯했다. 붕괴 사고 이틀 후 AP통신은 설계와 건설에 참여했던 엘드리지가 "엔지니어들은 이런 설계에 반대했지만 재정상의 이유로 공사가 예정대로 진행되었다"고 말했다고 보도했다. 〈뉴욕 타임스〉지는 사설을 통해, 사고 원인을 단정 짓기에는 시기가 너무 이르지만 "건설에 참여했던 엔지니어들은 기존의 트러스 구조 대신 플레이트 거더로 상판을 보강한 것이 붕괴의 원인이라고 보고 있다"고 전했다.[14]

대규모 현수교가 기이한 현상을 보이다가 결국 무너졌다는 것은 당시 장경간 현수교의 최신 설계 방식에 무언가 미흡한 점이 있다는 증거였다. 이 "수수께끼"의 해답을 찾기 위해 연방사업관리국 FWA은 조사위원회를 구성했다. 조사위원은 조지워싱턴교 건설을 총괄했던 엔지니어 오스마 암만 Othmar H. Ammann, 샌프란시스코-오클랜드베이교 설계에 참여한 엔지니어 글렌 우드러프 Glenn B. Woodruff, 항공역학자이자 캘리포니아공과대학교 구겐하임항공연구소장인 테오도르 폰 카르만 Theodore von Kármán, 이렇게 세 명이었다. 폰 카르만은 타코마해협교의 붕괴 원인이 그가 익히 알고 있는 카르만 소용돌이 Kármán vortex 현상과 관련 있다고 생각했다. 물체가 움직일 때 양옆에 교대로 발생하는 공기의 소용돌이가 다리의 진동을 키워 결국 상판이 더는 버티지 못하고 끊어졌다는 것이었다. 그러나 연방사업관리국은 "교대로 발생하는 공기의 소용돌이가 현수교의 진동에 큰 영향을 주었을 것이라고 보기 어렵다"면서 카르만의 의견을 받아들이지 않았고, 타코마해협교의 비틀림은 "사나운 바람의 무작위 운동이 일으킨 진동"으로 인해 일어난 것으로 보인다고 결론 내렸다. 이 불확실한 결론은 지금도 문서로 남아 있다. 조사위원회는 당시 한창 성장 중이던 항공 산업계에 널리 알려졌던 공기력이 다리 상판 설계 시에 고려되지 않았다는 사실을 분명히 알고 있었지만, 1930년대에는 현수교를 설계할 때 어떤 엔지니어도 공기력을 중요하게 고려하지 않았으므로 타코마해협교 건설에 참여한 엔지니어들에게는 태만이나 과실의 책임이 없다고 밝혔다. 관계자들은 책임을 면했지만 이 실패 사례는 이후의 다리 설계자들에게 많은 교훈을 남겼다.[15]

타코마해협교 붕괴 50주년이 되던 해에는 자연스럽게 이 사고에 관한 이야기가 여기저기서 언급되었다. 〈컨스트럭션투데이*Construction Today*〉 1990년 11월호에는 "공식적인 조사와 50년간의 분석에도 불구하고 붕괴 원인은 아직도 확실히 밝혀지지 않았다"는 내용의 기사가 실렸다. 실제로 그동안 엔지니어들과 공학자들뿐만 아니라 수학자나 물리학자들 사이에서도 타코마해협교의 붕괴 원인에 관한 연구, 저술, 논쟁이 활발하게 계속되었다. 실제 다리가 더 이상 존재하지 않기 때문에 붕괴 원인을 "완전히 이해"하기란 불가능하겠지만 상당한 진전이 있었던 것도 사실이다. 여전히 의견의 일치가 이루어지지 않은 부분이 있다면 충분치 못한 연구 때문이라기보다는 각 분야 간의 소통 실패 때문일 것이다.[16]

미국 토목엔지니어협회는 어떤 출판물에서도 타코마해협교 붕괴 사고 50주년에 관한 내용을 다루지 않았다. 그런데 이 협회의 회지인 〈토목공학*Civil Engineering*〉 1990년 12월호의 한 기사가 내 눈길을 끌었다. 〈미국물리학저널*American Journal of Physics*〉 최신호에 악명 높은 이 다리의 붕괴 원인에 관한 "진실을 밝혀줄" 논문이 게재될 것이라는 소식이었다. 두 명의 엔지니어가 공학적 설명과 물리학 이론을 대조해 원인을 분석할 것이라는 예고를 보고 나는 이 저널이 발행되기를 손꼽아 기다렸다. 그리고 결과는 실망스럽지 않았다. 당시 존스홉킨스대학교 토목공학과 교수였던 로버트 스캔런Robert H. Scanlan은 오랜 세월 동안 구조물의 역학을 연구한 명성 높은 학자였다. 1971년에 그는 비행기 날개 진동과 다리 상판 진동의 유사성에 관한 연구에 참여했고 이 연구는 타코마해협교의 붕괴 원인 규명으로 이어졌다. 그러나 이 연구 결과는 후에 스캔런과 그의 옛 제자 유수프 빌라K. Yusuf Billah가 쓴 논문이 물리학 저널에 게재되기 전까지 토목공학계 밖에서는 크게 주목받지 못했다. 빌라가 타코마해협교의 붕괴 원인에 관한 논문을 쓰기로 마음먹게 된 것은 1980년대 말의 일이었다. 한 서점에서 그는 잘 알려진 물리학 교과서 세 권을 훑어보다가 "타코마해협교의 붕괴 원인에 관한 기존의 공학적 설명과는 다른 추론이 언급"되어 있는 것을 발견했다. 여러 도서관과 서점을 뒤져 보니 "타코마해협교 붕괴 사고가 언급된 책은 그 외에도 무수히 많았다." (빌라와 스캔런의 논문에는 30권이 참고문헌으로 언급되었다.) 거의 모든 책에서 이 다리의 비틀림을 공진 현상의 예로 들고 있었다.[17]

공진 현상이 붕괴의 원인이었다고 주장한 몇 권의 책을 인용한 후 빌라와 스캔런은 이 책들의 주장이 본질에서 옳기는 하지만 공진 현상을 일으킨 주기적인 자극의 원천을 확실히 밝히지는 못하고 있다고 지적했다. 바람의 진동수와 다리의 진동수가 일치해서 공진 현상이 일어났다는 것이 일반적인 설명이지만 대개 강풍이나 돌풍은 일정한 진동수를 갖지 않는다. 빌라는 몇 권의 책에서 카르만의 주장을 빌어 바람이 다리를 지날 때 발생한 공기의 소용돌이가 주기적인 자극을 일으켜 다리를 무너지게 만들었다고 설명한 내용도 발견할 수 있었다. 이 주장을 반박하기 위해 빌라와 스캔런은 다리 붕괴 당시와 같은 68km/h의 바람이 불 때 발생하는 소용돌이의 진동수를 계산했다. 결과는 파쿠하슨이 실제로 관찰하고 측정한 비틀림 진동수 0.2c/s와 "전혀 다르게" 약 1c/s로 나타났다.[18]

빌라와 스캔런은 워싱턴대학교 공학연구소 회보에 실린 그래프 하나를 복사해 이 논문에 소개했다. 파쿠하슨이 풍동을 이용해 타코마해협교 모형의 공력진동을 실험한 결과를 기록한 그래프였다. 이 그래프에 따르면 수직 진동 모드에서는 풍속이 증가해도 진폭이 스스로 제한되었지만 비틀림 진동 모드에서는 그렇지 않았다. 다리 상판이 비틀림 진동을 시작하자 두 종류의 소용돌이가 발생했다. 한 종류는 카르만이 이야기했던 소용돌이로, 진동수가 다리의 고유 진동수와 일치하지 않았다. 다른 한 종류는 다리의 흔들림으로 인해 발생한 복합적인 소용돌이로, 진동수가 다리의 고유 진동수와 일치했다. 다리의 흔들림으로 인해 발생한 이 소용돌이가 다리를 무너지게 만든 것으로 보였다. 빌라와 스캔런은 "소용돌이가 흔들림을 유발했는가 아니면 흔들림이 소용돌이를 유발했는가 하는 닭이 먼저냐 달걀이 먼저냐의 딜레마"에 빠졌다. 그들은 흔들림이 소용돌이를 유발했다고 결론 내렸다. 공진 현상이 있었다면 그 공진은 복합적으로 발생했을 것이고 다리의 흔들림과 그 흔들림이 일으킨 소용돌이 사이에서 발생했을 것이라는 결론이었다.[19]

빌라와 스캔런도 지적했듯이, 다리 상판의 진동을 억제하는 감폭 효과 혹은 충격흡수 효과는 특정한 풍속에서 방향을 바꿔 다리를 오히려 점점 더 큰 진폭으로 진동하게 하고 결국 무너지게 한다. 타코마해협교의 자기 파괴적인 비틀림 모드는 다리의 일부가 파손되어 비대칭 상태가 되기 전까지는 발생하지 않았던 것으로 보인다. 그러나 일단 비틀림 모드가 시작되자 단 45분 만에 다리는 완전히 통제 불능 상태가 되었다. 빌라와 스캔런은 타코마해협교의 붕괴에 관한 논문을 끝마치면서 이렇게 말했다. "이 다리의 붕괴 장면을 담은 영상은 믿기 어려울 정도로 놀라운 장면들 때문에 수많은 교육 현장에서 자료 화면으로 사용됐다. 한 번 보면 기억에서 쉽게 지워지지 않을 영상인 만큼, 교육자들은 이 유명하고 놀라운 사건에서 올바른 교훈을 이끌어내야 한다." 실제로 실패 사례 연구는 비슷한 실패가 또다시 일어나지 않도록 방지하는 가장 효과적인 수단 중 하나다. 그러나 사례 연구에 동반되는 설명에 결함이 있거나 오해를 불러일으킬 소지가 있으면 도움이 되기는커녕 오히려 해가 될 수도 있다.[20]

현대 공학은 수학적 과학적 기초에 크게 의지하고 있다. 그래서 공학대학의 1~2학년 과정은 수학 및 과학 과목들로 꽉 채워져 있다. 열성적인 공학도들은 종종 이런 과목들이 과연 실제 공학 기술과 얼마나 관련이 있는지 의문을 제기하곤 한다. 수용적이고 외부의 영향을 잘 받는 학생들에게 타코마해협교 붕괴와 같은 실제 사례들에 대한 논의는 특히 흥미로운 주제다. 공학 교육자들은 기초 과정에서 수학적 과학적 지식을 충실히 쌓지 못한 학생들에게 공학을 가르치기가 얼마나 어려운지를 끊임없이 실감한다. 수학적 과학적 기초가 갖춰져 있어야 공학적 현상이나 실패를 제대로 이해할 수 있다. 타코마해협교 사례 연구에도 공학을 뒷받침하는 수학과 물리학의 도움이 필수적이었다.

그러나 복잡한 공학적 판단착오나 설계상의 결함을 단순한 물리학적 설명과 동일선상에 놓게 되면 공학자/설계자는 어리석고 수학자/과학자는 박식하다는 지나친 단순화의 오류를 범할 수 있다. 교육 현장에서 노골적으로든 암시적으로든 이런 지나친 단순화나 정형화의 오류를 범하는 일은 결코 용납될 수 없다. 타코마해협교 붕괴 사고는 앞으로도 수많은 교육 현장에서 유명한 실패 사례로 언급되겠지만, 이 유명한 사건이 분야 간의 자만과 갈등을 보여주는 대표적인 사례로 남아서는 안 될 것이다. 이 다리의 붕괴 가설을 논쟁의 여지 없이 명백하게 검증하려면 모든 결함을 포함해 처음 그대로 다리를 다시 짓는 수밖에 없다. 그러나 그런 일은 불가능할뿐더러 실제 다리의 상황이 어땠는지를 완벽하게 파악할 수도 없기 때문에, 어떤 실험을 통해 붕괴 가설을 검증하든 비판과 반박에서 자유로울 수 없다.

타코마해협교가 붕괴된 직후 보험사들의 요청으로 다리의 부품들에 대한 평가가 실시되었다. 그 결과 상부구조의 어느 부품도 새로 지을 다리에 재사용할 수 없다는 판정이 내려졌다. 중앙경간의 대부분은 바닷속으로 가라앉았고 지금도 그곳에 묻혀 있다. 이 다리의 잔해는 국가 사적으로 등록되었기 때문에 새로운 다리의 기초를 세울 때도 잔해를 건드려서는 안 된다. 측경간들도 바닷속에 잠겨 있을 가능성이 높다. 주탑들은 케이블에 의해 각각 해안 쪽으로 당겨져 기부가 완전히 휘어 버렸기 때문에 역시 재사용이 불가능했다. 무너진 다리의 철거 작업은 1943년 중반에 이르러서야 완료되었고 인양된 강철은 전쟁 물자로 사용되었다. 즉, 타코마해협교의 일부였던 강철이 탱크나 함선 일부가 되었을 가능성도 있는 셈이다.[21]

무너진 다리를 대체할 새로운 다리가 같은 운명을 맞게 되기를 바라는 사람은 아무도 없었다. 새로운 다리는 무너진 다리의 기초 위에 세우기로 결정되었다. 회복 불가능할 정도로 손상되지 않은 유일한 부분이었다. 기존의 기초 위에 다리를 세우면 무너진 다리와 경간의 길이가 같아지므로, 새로운 다리의 상판은 옆으로 계속 불어오는 바람뿐만 아니라 수직 진동이나 비틀림 진동을 유발할 수 있는 돌풍에도 견딜 수 있도록 설계해야 했다. 그러나 당시에는 바람과 구조물의 상호작용에 관한 명확한 이론이 정립되어 있지 않았기 때문에, 설계를 맡은 엔지니어들은 과거의 성공적인 경험과 실패로부터 얻은 교훈에 의지할 수밖에 없었다. 새로운 타코마해협교는 폭풍이 불어도 다리 상판이 굽이치거나 비틀리지 않도록 충분히 견고하게 설계되어야 했고, 그러기 위해서는 상판 구조를 무너진 다리의 상판보다 훨씬 더 넓고 두껍게 만들어야 했다.[22]

새로운 다리는 2개 차로가 아닌 4개 차로로 설계되어 길이/폭 비율이 반 이상 줄었다. 골든게이트교보다 훨씬 낮은 비율이었다. 또 무너진 타코마해협교의 상판을 플레이트 거더로 보강했던 것과 달리 새로운 다리에는 보강 트러스가 채용되었다. 이로써 다리 상판의 길이/두께 비율이 낮아졌을 뿐만 아니라 바람이 다리를 뒤흔들거나 소용돌이를 일으키지 않고 트러스 사이로 빠져나가게 되었다. 두꺼운 보강 트러스 때문에 예전처럼 날씬한 다리를 만들 수는 없게 되었지만 미관은 더 이상 중요한 목표가 아니었다. 그보다는 다리 상판을 강풍에 흔들리지 않도록 견고하게 만드는 일이 더 중요했다.

새로운 타코마해협교는 1948년에 착공되어 1950년에 완공됨으로써, 전후에 완공된 최초의 대규모 고속도로 현수교가 되었다. 1950년대에 지어진 다른 현수교 중에는 데이비드 스타인먼이 설계한 다리도 있었다. 맥키노Mackinac 해협을 가로질러 미시간 주의 상부 반도와 하부 반도를 잇는 다리였다. 1957년에 완공된 이 다리는 중앙경간의 길이가 1,158m로, 조지워싱턴교를 제치고 미국에서 두 번째로 긴 경간을 가진 다리가 되었고, 타코마해협교는 4위로 밀려났다. 중앙 경간이 가장 긴 다리는 골든게이트교였지만, 앵커리지에서 앵커리지까지의 길이는 맥키노 해협의 다리가 2,625m로 전 세계의 현수교 중에서 가장 길었다. 1964년에 뉴욕 시의 자치구 브루클린과 스태튼 섬을 연결하는 중앙경간 1,298m의 베라자노내로스교Verrazano-Narrows Bridge가 완공되면서 타코마해협교는 한 계단 더 밀려나 5위가 되었다.[23]

1951년에 새로운 타코마해협교는 몇 번의 폭풍을 겪었고 120km/h의 강풍도 무사히 견뎌냈다. 처음에 세워졌던 다리를 무너뜨린 바람의 풍속이 68km/h였으므로, 새 다리가 제대로 설계되었다는 사실이 증명된 셈이었다. 타코마 해협을 건널 길이 다시 생기고 전후의 미국 내 모든 지역이 그랬듯 이 지역도 발전하게 되면서 많은 운전사, 통근자들, 여행객들이 새 다리의 4개 차로를 활발하게 이용했다. 주변 지역에 새로 다리가 생기고 도로망이 갖춰짐에 따라 타코마해협교와 그 진입로의 통행량은 빠르게 증가했다. 통행량의 증가로 다리 건설에 사용된 대출금이 모두 상환되어 1965년부터는 타코마해협교에서 통행료가 사라졌다.[24]

"짓기만 하면 사람들은 알아서 모일 것"이라는 말은 야구장보다는 어쩌면 다리에 더 잘 어울리는 말일지 모른다. 이용도가 기대에 못 미친 다리들도 더러 있었지만 새로 지어진 타코마해협교는 전혀 그렇지 않았다. 통행량이 계속 늘어 앞으로는 다리 하나만으로 통행량을 감당할 수 없게 될 것이라는 예측이 나왔고, 1980년대에는 다리를 하나 더 지어야 할 필요성이 확실해졌다. 1990년대 초에 워싱턴 주 의회에서 교통 시설 확충을 위한 법안이 통과된 후 새로운 다리 설계와 관련한 몇 가지 제안이 나왔지만 사업 인가는 10년이 더 지나서야 내려졌다.[25]

현수교보다 새로운 형식인 사장교가 점점 더 인기를 끌고 있었기 때문에 타코마 해협에도 사장교를 건설하자는 제안이 있었다. 그러나 사업 계획자들은 오랜 역사를 지닌 현수교 옆에 사장교를 세우면 미관상 조화롭지 못할 것으로 판단해 현수교를 건설하기로 결정했다. 나란히 세워진 현수교 중 미국에서 가장 유명한 다리들은 아마도 국도 I-295 호선을 타고 뉴저지와 델라웨어를 잇는 델라웨어 강의 쌍둥이 다리와, 메릴랜드 주 체서피크 만의 두 다리일 것이다. 그러나 타코마 해협에 나란히 현수교가 세워지면 세계에서 가장 규모가 큰 한 쌍의 현수교가 될 터였다.[26]

최초의 타코마해협교가 어떤 운명을 맞이했는지 잘 알고 있었기에 설계자들은 기존의 다리 옆에 지어질 새로운 다리가 예상치 못한 바람과의 상호작용을 일으켜 두 다리 모두를 위험에 빠뜨리는 일이 결코 일어나지 않게 해야 했다. 엔지니어들은 7m 길이로 기존의 다리와 새 다리 후보의 공력 진동 모형을 정교하게 만들어 온타리오 주 구엘프대학교의 대형 풍동에서 실험했다. 구엘프대학교에서는 오래전부터 기존의 고층 건물들 사이에 새로운 고층 건물이 지어질 때마다 모형을 이용한 풍동 실험을 해왔다. 건물들 사이에 새로운 건물이 들어서게 되면 건물

사이로 부는 바람의 패턴에 악영향을 끼칠 수도 있기 때문이다. 실험 결과 새로운 다리로 인한 악영향은 없을 것으로 보였다. 하지만 타코마해협 주변 지역에는 규모가 큰 지진이 발생할 가능성도 있었기 때문에 설계자들은 지진력도 고려해야 했다. 그리고 지진이 일어나면 해협 주변의 절벽에서 산사태가 발생할 수도 있기 때문에 다리의 앵커리지들은 그런 상황이 닥쳐도 단단히 고정되어 있도록 설계되어야 했다.[27]

새로운 타코마해협교의 기공식은 2002년 가을에 열렸다. 한국에서 강철을 조달하고 상판 부품을 조립하는 등 복잡한 절차가 요구되는 사업이었기 때문에, 비용을 통제하려면 설계와 건설 과정을 꼼꼼하게 조정해야 했다. 다리의 소유주인 워싱턴 주 교통국은 샌프란시스코에 기반을 둔 벡텔인프라스트럭처코퍼레이션Bechtel Infrastructure Corporation과 오마하에 기반을 둔 키위트퍼시픽컴퍼니Kiewit Pacific Company에 설계와 건설을 맡겼다. 1950년대에는 타코마해협교를 다시 짓는 데 1,400만 달러의 비용이 들었다. 새로 지을 다리의 예상 비용은 75,000만 달러였지만, 최종적으로는 (기존의 다리를 보수하는 데 든 비용까지 포함해) 예산보다 적은 73,500만 달러가 들었다. 그래도 처음에 건설된 다리와 비교하면 화폐 가치의 변화를 고려했을 때 총 비용이 50배 이상 증가한 셈이었다.[28]

세월이 흐르고 경험이 축적되었다고 해서 실수가 사라지는 것은 아니다. 누구나 그렇듯 엔지니어들도 때때로 세부적인 사항을 잘못 계산하거나 놓치는 실수를 범한다. 머피의 법칙은 언제 어디에나 존재한다. 새로운 타코마해협교 건설 현장에서도 실수가 벌어졌다. 한국에서 조립된 상판-트러스 부품들은 원양 화물선에 컨테이너처럼 쌓여 있었다.

높이 쌓인 부품들을 싣고 이동하던 화물선 세 척 중 한 척이 건설 중인 다리 바로 남쪽에 정박하기 위해 기존의 다리 밑을 지나던 도중, 꼭대기에 있던 상판 부품이 다리의 보강 트러스 아래쪽에 부딪혔다. 당혹스러운 사고였지만 손상 정도는 그리 심각하지 않았다. 아마도 누군가가 해당 시간대에 화물선과 다리 사이에 생기는 간격을 잘못 계산했던 것으로 보인다. 다리 밑의 조위를 다시 계산해 충분한 간격이 생기는지를 확인한 후 선원들은 안전하게 화물선을 이동시켰고 현장 인부들은 부품들을 끌어올려 건설 중인 다리에 설치했다. 일부는 화물선에서 다리로 곧장 끌어올려지기도 했지만 대부분은 대기 중인 케이블 밑에 떠 있는 바지선으로 먼저 옮겨졌다. 현수 케이블과 주탑에 적절한 하중이 실리도록 조절하기 위해서는 12m 길이의 부품들을 정확한 순서에 따라 설치해야 했다. 예를 들어, 주탑과 주탑 사이에 상판 부품들을 설치할 때 측경간에도 균형을 맞춰줄 상판 부품들을 설치하지 않으면 주케이블에 불균형한 힘이 가해져 주탑 꼭대기에 걸린 케이블이 밀리거나 주탑들이 중앙경간 쪽으로 휠 수 있었다. 그렇게 되면 다리의 형태나 다리에 가해지는 힘에 변화가 생겨 설계 시에 신중하게 계산된 수치들이 모두 무의미해질 수도 있었다.[29]

자세히 보지 않으면 나란히 서 있는 두 현수교가 완전히 쌍둥이처럼 보일 수도 있다. 높이가 거의 같은 주탑들이 바로 옆에 나란히 서 있고 트러스로 보강된 상판들도 매우 비슷하게 생겼기 때문이다. 그러나 가까이 들여다보면 두 다리의 주탑과 상판은 구조적으로 큰 차이를 보인다. 오래된 다리의 주탑들은 강철로 만들어졌다. 도로를 기준으로 위쪽에는 작은 X자 두 개가 나란히 배열된 형태의 가로 버팀대가 꼭대기에서부터 적당한 간격으로 세 개 설치되어 있고, 아래쪽에는 크고 육중해 보이는 X자 한 개로 구성된 버팀대 두 개가 간격 없이 위아래로 붙어 있다. 새로운 다리의 주탑들은 철근콘크리트로 만들어졌고, 도로 위쪽에는 버팀대가 두 개, 아래쪽에는 한 개만 설치되어 있다. 콘크리트가 사용된 이유는 비용 절감을 위해서이기도 했지만, 새 다리가 바로 옆에 있는 오래된 다리의 복제품처럼 보이는 것을 피하기 위해서이기도 했다. 다만 미관상의 조화를 위해 새 다리의 주탑에도 기능과 상관없이 X자 형태의 가로 버팀대가 사용되었다.[30]

더욱 중요한 구조적 차이점은 상판에서 찾아볼 수 있다. 오래된 다리의 트러스는 대부분 리벳으로 결합되어 있지만 새로운 다리의 트러스는 (중앙경간뿐만 아니라 다리 전체의 트러스가) 용접 방식으로 결합되어 있다. 그리고 오래된 다리의 상판 트러스는 두께가 9m 이상인 반면 새로운 다리의 트러스는 그보다 20% 정도 얇다. 하지만 새로운 다리의 상판은 나중에 차로가 추가되거나 도로 밑에 경철도가 부설되어도 문제가 없도록 설계되었다. (늘어난 하중을 견딜 수 있도록 현수 케이블이 추가되어야 하겠지만 처음부터 주탑이 이런 변화를 고려해 설계되었다.) 새로운 다리는 상판의 폭도 더 넓다. 1950년 이후로 차로의 폭과 갓길에 적용되는 기준이 바뀌었기 때문이다. 차를 타고 오래된 다리 위를 지나가 보면 그 차이를 확실히 느낄 수 있다.[31]

1950년에 지어진 다리와 마찬가지로 새로운 타코마해협교에도 총 4개의 차로가 있다. 2007년 중반 이 다리가 개통되면서 동쪽으로 향하는 차량들은 모두 이 다리를 이용하고 서쪽으로 향하는 차량들은 모두 기존의 다리를 이용하게 되었다. 두 다리를 각각 일방통행으로 운영하면 수송 면에서나 안전 면에서나 많은 장점이 있다. 통행료가 부활했는데, 따로따로 징수하면 양쪽 모두 병목현상이 발생할 수 있으므로 왕복 통행료를 한쪽에서만 징수하는 비교적 새로운 방식이 도입되었다. 왕복 통행료는 현금으로 지급하면 3달러, 자동 지급 시스템을 이용하면 1달러 75센트다. 전자 지급 방식을 장려함으로써 요금 징수소 운영비를 줄이고 교통 혼잡을 완화하기 위해 고안된 요금 체계다. 수로를 가로질러 놓인 도로교는 눈에 띄는 기반시설 이상의 의미를 지닌다. 타코마해협의 두 현수교가 이를 증명하고 있다. 나란히 서 있는 이 두 다리는 워싱턴 주가 첫 번째 다리의 당혹스러운 실패를 성공적으로 극복했음을 보여주는 자랑스러운 기념물이기도 하다.[32]

붕괴라는 운명을 맞이한 다리는 타코마해협교 외에도 많지만, 인명 피해가 없었다는 점에서 이 다리의 붕괴 사고는 특이한 사례였다. 그런 점에서는 46명의 목숨을 앗아간 1967년 가을의 실버교 붕괴 사고가 더 일반적인 사례에 속한다. 다리가 붕괴되기 전에 몇 달 동안 눈에 띄는 이상 현상이 계속되는 일은 드물다. 경고 신호가 나타나더라도 미묘한 경우가 대부분이고 육안으로는 이런 경고 신호를 알아챌 수 없는 경우도 많다. 실버교 붕괴 사고에서 보았듯이 숨어 있는 균열은 아주 서서히 확장될 수 있고 이런 균열이 치명적인 수준까지 확장되면 갑자기 순식간에 다리가 붕괴되어 다리 위에 있던 사람들은 미처 대피할 새도 없이 사고에 휘말릴 수 있다. 실버교 붕괴 사고는 아이바의 작은 결함이 오랜 세월에 걸쳐 균열로 발전하면서 일어난 것으로 판명되었지만, 어떤 붕괴 사고의 원인은 수년이 흐르도록 파악되지 않거나 끊임없이 기술적 법적 논쟁의 대상이 되기도 한다. 실패는 종종 악몽과도 같이 일어난다. 굳게 닫힌 눈꺼풀 속에서 실패의 싹이 소리 없이 자라나다가 어느 순간 한계에 도달해 무언가가 펑 하고 터지면 우리는 깜짝 놀라 비명을 지르며 눈을 뜨게 된다.

LEGAL MATTERS

CHAPTER 10
법적 공방

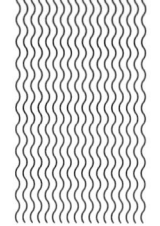

　악명 높은 다리 붕괴 사고들이 단지 원인을 둘러싼 논쟁만 불러일으키는 것은 아니다. 충격적인 사고, 특히 인명 피해를 동반한 사고가 일어나면 정확한 사고 발생 과정과 책임 소재를 두고 여러 가지 추측들이 제기된다. 원유 유출과 같이 계속해서 피해가 이어지는 경우가 아니라면 관심의 초점은 이내 사고 자체에서 사고 원인으로 옮겨간다. 대개는 오래 지나지 않아 한 가설이 호응을 얻게 되고 그 가설은 옳든 그르든 언론과 대중의 주목을 받게 된다. 그러다가 더 큰 호응을 받는 다른 가설이 등장하면 자연스럽게 주목의 대상이 바뀐다. 조사위원회가 정보를 수집하고 증거를 조사하고 가설을 검토하는 사이 사고에 관한 이야기는 다른 새로운 뉴스들에 가려 묻혀 있다가 해마다 사고 발생일이 돌아오면 다시 수면 위로 떠오르곤 한다. 연방 교통안전위원회와 같은 기관이 관여하고 있는 경우 정기적으로 기자 회견을 열어 진척상황을 발표하기도 한다. 조사 과정에서 설계와 관련된 중요한 문제가 발견되었을 때는 특히 그렇다. 확실하지 않은 교훈이라 하더라도 최대한 빨리 퍼뜨려서 비슷한 구조물이나 시스템에 같은 설계상의 결함이 있는지 점검해 볼 수 있게 하기 위해서다. 사전에 감지되지 않았던 금속 피로 문제가 발견된 경우 이런 예방 차원의 경고는 특히 중요할 수 있다.

　최종 보고서가 발표되었다고 해서 반드시 추측이나 논쟁, 법적 공방이 끝나는 것은 아니다. 앞에서도 보았듯이 발생한 지 100년이 훨씬 넘은 사고들도 새로운 지식과 분석 수단의 등장으로 여전히 논쟁의 대상이 되고 있다. 원래의 구조물이 더 이상 존재하지 않고 다시 짓는다 해도 그 결과물이 원래의 구조물과 완전히 똑같으리라고는 기대할 수 없으므로 그리고 사고 발생 당시와 똑같은 방식으로 하중을 적용할 수도 없기 때문에, 붕괴 과정에 관한 어떤 가설도 철저하게 검증할 길이 없다. 그러므로 추측이 계속되는 것은 어찌 보면 당연한 일이다. 2007년 미네소타 주에서 다리 붕괴 사고가 발생했을 때도 사고 조사는 이런 익숙한 방식으로 전개되었다.

텍사스 주 러레이도에서 미네소타 주 덜루스까지 뻗어 있는 주간 고속도로 제35호선은 미국의 심장부를 남북으로 관통하는 대동맥과 같은 고속도로다. 이 도로는 북쪽으로 샌안토니오, 오스틴, 웨이코를 지나 동과 서로 갈라지는데, 동쪽 지선은 댈러스를, 서쪽 지선은 포트워스를 통과한다. 그 후 두 지선은 다시 합쳐져서 오클라호마시티, 위치토, 캔자스시티, 디모인을 지나 또 한 번 I-35E호선과 I-35W호선으로 갈라진다. 두 지선은 각각 쌍둥이 도시라 불리는 세인트폴과 미니애폴리스를 통과한다.

몇 년 전까지만 해도 나는 I-35호선이라는 이름을 들으면 텍사스를 떠올렸다. 1970년대 초에 나는 가족과 함께 오스틴에 살았다. 우리는 이 도로를 타고 남쪽으로는 러레이도로 나들이를 가거나 멕시코의 누에보라레도로 물건을 사러 가곤 했고, 북쪽으로는 댈러스로 가끔 기분 전환을 하러 가곤 했다. 당시 오스틴은 I-35호선 고속도로를 제외하면 평범한 도로들이 나 있고 많이 알려지지 않은 콜로라도 강이 흐르는 작고 조용한 도시였다. 발콘 급경사지Balcones Escarpment는 이곳의 지형을 동쪽의 평원과 서쪽의 텍사스힐컨트리로 양분하는 자연적인 경계선이다. 오스틴 북쪽의 I-35호선은 이 급경사지와 거의 평행하게 뻗어 있다. 몇 년 전 30년 만에 오스틴을 방문했을 때 도시는 몰라보게 발전해 있었고 I-35호선은 2층 고속도로의 위층으로 이어져 있었다. 이렇게 높은 도로는 당연히 몇 개의 경간으로 이루어진 다리지만, 오랫동안 도로를 타고 운전을 하다 보면 우리는 그 사실을 종종 잊어버리곤 한다. 가족과 함께 I-35호선을 비롯한 많은 주간 고속도로를 타고 이동해 봤지만 나는 우리 발밑에 있는 도로가 무너질 가능성에 대해서는 거의 생각해 본 적이 없었다.

I-35호선이라는 이름을 들었을 때 내 머릿속에 떠오르는 곳이 텍사스에서 미네소타로 바뀐 것은 2007년 8월 1일에 일어난 사고 때문이었다. I-35W호선의 일부인 미니애폴리스 미시시피 강의 다리가 이날 저녁 러시아워에 갑자기 무너졌다. 미국뿐만 아니라 전 세계를 충격에 빠뜨린 이 사고로 13명이 사망했고 145명이 부상을 입었다. 주요 고속도로의 일부인 다리가 이렇게 갑자기 무너졌다는 것은 믿기 어려운 일이지만, 누구나 알고 있듯이 때로는 이런 일이 실제로 벌어지기도 한다. 1967년에는 실버교가, 1983년에는 코네티컷 주 미아누스 강의 I-95호선 다리가, 그리고 1987년에는 스코하리 하천의 뉴욕 주 고속도로(I-90호선)가 붕괴되었다. 2007년 미니애폴리스에서 다리가 붕괴되었을 때 이미 그 위에 있던 차량 운전자들과 승객들은 사전에 아무런 경고도 받지 못했고 손 쓸 새도 없이 사고에 휘말릴 수밖에 없었다. 그런데 놀랍게도 사망자 수는 사고의 규모에 비해 많지 않은 편이었다. 그 이유는 다리가 설계된 방식과 무너진 방식에서 찾아볼 수 있다. 도로를 밑에서 받치는 트러스의 삼각형으로 배열된 강철 부재들이 자동차의 충격흡

수구역처럼 구부러지고 찌그러지면서 에너지를 흡수한 것이다. 이 의도치 않은 설계상의 요소가 도로의 추락 속도를 생존 가능한 수준으로 늦춰주었고, 다리 위에 있던 차량들이 바닥으로 떨어질 때의 충격도 줄여주었다. 사고 당시 다리 위에는 학생들을 가득 태운 통학버스도 있었는데 이 버스에 타고 있던 전원이 생존했다. 그러나 40년 동안 아무 문제도 없던 다리가 갑자기 무너진 것으로 볼 때 강철 트러스의 설계에 결함이 있었을 가능성도 배제할 수 없었다.[1]

미니애폴리스에서 사고가 일어난 시각에 나는 아내와 함께 다른 주간 고속도로를 타고 북쪽으로 이동 중이었다. 노스캐롤라이나 주 더럼에 있는 집에서 메인 주 애로직에 있는 피서지로 갈 때 우리는 주로 I-95호선 고속도로를 이용한다. 아내와 나는 차를 타고 장거리 이동을 할 때 라디오를 듣기보다는 얘기를 나누는 편이어서, 다리 붕괴 사고가 일어났다는 사실을 다음 날까지 전혀 모르고 있었다. 메인 주에 도착한 후 신문 기자들과 방송국 PD들이 전화와 메일로 내게 인터뷰를 요청해서 그제야 나는 사고 소식을 듣게 되었다. 〈로스앤젤리스타임스〉 관계자는 내게 과거의 사례들도 포함해서 다리 붕괴 사고에 관한 개괄적인 논평을 써달라고 요청했다. 나는 미니애폴리스에서 일어난 사고에 관해 아는 정보가 별로 없어도 무리 없이 논평을 쓸 수 있을 것 같았다.[2]

미니애폴리스 사고 관련 보도와 조사에 관심을 가진 기관은 언론과 연방 교통안전위원회뿐만이 아니었다. 미네소타 주정부와 교통국은 당연히 사고 경위를 알고 싶어 했다. 또 미네소타 주정부를 비롯한 각 주 정부들은 비슷한 다리들을 즉시 점검하고 폐쇄해야 하는지에 대해서도 자문을 얻고 싶어 했다. I-35W 다리는 1960년대에 지어졌고, 미국

내에서 비슷한 시기에 비슷하게 설계된 다리는 그야말로 수백 개였다. 설계 자체에 결함이 있어서 다리가 무너진 것인지, 40년 된 다리라는 점이 문제였던 것인지, 과거에 비슷한 사례가 있었는지 등을 꼼꼼히 확인해 볼 필요가 있었다.

1967년 웨스트버지니아 주에서 실버교가 붕괴된 이후 안전 관리는 더욱 엄격해졌다. 미니애폴리스의 I-35W 다리와 같은 주요 고속도로 교는 적어도 2년에 한 번씩 정기 점검을 받게 되었다. 실제로 붕괴 사고가 일어나기 전까지 17년 동안 매년 정기 점검을 받은 미니애폴리스 다리는 수많은 정밀 조사를 통과했고 차량 통행금지를 고려할 정도의 결함이 보고된 적은 없었다. 붕괴 사고가 일어나 다리에 문제가 있었다는 사실이 확실히 밝혀진 후에야 미시시피 강과 그 주변에 떨어진 잔해를 대상으로 사후 검사가 실시되었다. 얼마 후 잔해는 더 자세한 조사를 위해 연방 교통안전위원회가 통제하는 장소로 옮겨졌다.[3]

잔해가 옮겨지기도 전에 전국 각지의 강철 교량에 대해 평소보다 정밀한 점검이 실시되었고 몇몇은 예방 차원에서 차량 통행이 차단되었다. 사고 발생 후 일주일이 채 안 되어서 미네소타 주의 고문 엔지니어는 40년 된 기록들을 자세히 검토한 결과 다리의 설계에 결함이 있었을 가능성을 보여주는 단서를 발견했다. 그는 거싯플레이트gusset plate에 과도한 하중이 가해졌을 가능성이 있다고 판단했다. 거싯플레이트는 트러스의 부재들을 접합하는 데 사용되는 다각형의 납작한 강철판이다. 붕괴 당시 재포장 작업을 위해 다리 위에는 약 100톤의 자갈과 중장비가 대기 중이었다. 따라서 설계상 다리가 견딜 수 있는 수준을 초과한 비대칭 하중으로 인해 부실한 거싯플레이트가 버티지 못하고 파손되

었을 가능성이 있었다. 나중에 연방 교통안전위원회도 비슷한 결론을 내렸다.[4]

미시시피 강을 건널 수 있는 주요 통로가 사라진 탓에 미니애폴리스는 심각한 교통난을 겪게 되었다. 무너진 다리를 대체할 다리가 시급히 필요했지만, 다리는 하룻밤 사이에 지을 수 있는 구조물이 아니다. 엔지니어들도 시민들도 또다시 결함이 있는 다리가 지어지기를 바라지는 않았기 때문에, 새로운 다리를 설계하고 건설하기 위해서는 시간이 필요했다. 가장 효율적인 방법은 한 회사나 합자회사에 설계와 건설을 맡기는 방법이었다. 미네소타 주 교통국은 곧 입찰을 공고했고 붕괴 사고 후 약 10주 만에 새로운 다리의 설계와 건설은 "북아메리카의 선두적인 기반시설 건설업체"임을 자처하는 콜로라도의 플랫아이언컨스트럭터스Flatiron Constructors 사와 일류 해양 건설업체인 플로리다의 맨슨컨스트럭션Manson Construction 사에 맡겨졌다. 이 합작 팀은 15개월 안에 100년 동안 사용할 수 있는 다리를 설계하고 건설하겠다고 약속했다. 그러나 건설회사는 대개 설계를 하지 않기 때문에, 플랫아이언 사는 플로리다 주 탤러해시에 본사를 둔 피그브리지엔지니어스Figg Bridge Engineers 사에 설계를 맡겼다.

입찰 과정은 신속하게 진행되었지만 순조롭지는 않았다. 플랫아이언-맨슨은 최저가 입찰사가 아니었고 경쟁 입찰사 두 곳이 교통국의 결정에 이의를 제기했다. 그러나 법정은 수주 과정이 정당했다는 판결을 내렸다. 실제로 교통국은 가격만을 기준으로 삼지 않고 "최고 가치 선정 과정"을 통해 미적 요소, 업체의 평판, 실적 등을 고려해서 수주 업체를 선정했다. 플랫아이언 사의 의뢰로 설계를 맡은 피그 사는 예술적이라 할 만큼 뛰어난 설계로 명성이 높았다. (페놉스코트교와 전망대도 이 회사의 작품이었다.) 그리고 피그 사가 설계한 비슷한 다리들을 건설해 온 플랫아이언 사는 이런 구조물의 건설과 관련해 이미 입증된 실적을 갖추고 있었다. 더불어 맨슨 사는 해양 건설 전문 업체로서 미시시피 강 위에 장비를 띄워 활용할 전문 기술을 갖추고 있었다. 따라서 교통국이 선정한 이 팀이 약속을 지킬 수 있을 가능성은 매우 높았다.[5]

무너진 다리는 "균열 위험이 높은" 강철 상판-트러스 형식이었다. 다시 말해, 중요한 한 부분이 파손되면 다리 전체가 무너질 수 있었다. 새로운 다리는 당연히 이런 형식으로 설계되지 않았고 강철 교량도 아니었다. 플랫아이언-피그 사는 다리를 콘크리트 박스-거더 형식으로 설계해 캔틸레버 공법으로 건설하기로 했다. 플랫아이언 사는 이런 방식으로 다리를 건설한 경험이 아주 많았다. 그 방식은 다음과 같다. 폐쇄된 다리의 빈 차로 위에서 박스 거더를 만들어 트럭으로 강둑까지 운반한 후 바지선에 옮겨 싣고 크레인으로 다리 높이까지 끌어올려 설치한다. 거더를 설치하고 나면 새로운 거더를 그 바로 옆에 에폭시로 접착한 후 내부의 강철 케이블을 단단하게 당겨 고정한다. 현수교나 사장교의 지지 케이블과 달리 포스트텐션post-tensioning 공법의 내장 케이블은 완성된 구조물에서는 밖으로 드러나지 않기 때문에, 결과적으로 다리는 부드럽게 호를 그리는 날씬한 거더를 강둑에 세워진 우아한 기둥들이 지지하고 있는 형태를 띠게 된다. 새로운 다리는 평행한 쌍둥이 다리로 세워져 하나는 북쪽으로 이동하는 차량들이, 다른 하나는 남쪽으로 이동하는 차량들이 사용하게 될 예정이었다. 각 다리의 중앙경간은 150m가 조금 넘는 길이로, 경험의 범위 안에 충분히 포함되는 규모

였다.[6]

　새 다리의 설계와 건설은 기술 외적인 장애와 압력에 부딪혔다. 약 1년 안에 공화당 전당대회가 미니애폴리스에서 열리기로 되어 있었기 때문에 공화당 소속의 미네소타 주지사는 그때까지 다리가 최대한 완성되기를 바랐다. 주지사의 요구는 설계와 건설 일정을 서두르게 하였고 민주당 소속의 미니애폴리스 시장과 그의 정치적 동지들은 일정을 서둘러서는 안 된다고 경고했다. 쌍둥이 도시를 비롯해 미네소타 주 전역에서 도로를 더 많이 건설해야 한다고 주장하는 사람들과 경철도 같은 대중교통을 발전시켜야 한다고 주장하는 사람들 사이의 논쟁도 계속되었다. 새 다리에 경철도를 포함해야 한다는 주장도 있었다. 절충안은 처음부터 철도를 포함하지는 않더라도 나중에 필요하면 경철도 시스템을 추가할 수 있도록 다리를 설계하는 것이었다.[7]

　피그 사의 기본 설계는 계약 체결 16일 후에 열린 설계 회의에서 주민 대표들에게 공개되었다. 비전문가들이 기술적인 설계에 대해 의견을 낼 수는 없었지만 미적인 요소나 장식을 선택하는 데 참여할 수는 있었다. 새 다리는 "기능적인 조각품"이라고 소개되었고 "아치-물-투영"이라는 주제를 담고 있었다. 아치라는 주제는 인접한 역사적인 아치 구조물과 이 다리와의 연관성을 의미했고, 물은 이 다리가 놓일 강을 의미했다. 투영은 물에 다리의 상이 거꾸로 비친다는 의미이기도 했지만 무너진 다리의 역사적 중요성을 이 다리가 상기시켜야 한다는 의미이기도 했다. 세 가지 주제를 바탕으로 회의 참석자들은 교각의 형태, 색깔, 조명, 교대 등의 선택에 의견을 제시했다. 구조적인 설계에는 영향을 주지 않는 요소들이었다. 최종적으로 선정된 설계를 모두가 마음에 들어 하지는 않았다. 한 시민은 "1960년대 사람들이 상상한 미래가 저런 모습이었을 것"이라고 말했다. 미니애폴리스 시장도 이 다리의 설계가 "획기적"이지는 않다고 인정했고, 한 여성은 "칼라트라바 식으로 다리를 설계했다면 훨씬 좋았을 것"이라고 말하기도 했다. 칼라트라비Calatrava는 스페인 출신의 엔지니어이자 건축가로, 그의 고유한 설계 양식을 탐내는 사람들이 아주 많았다. 그러나 중요한 것은 시간이었다. 교통난은 이루 말할 수 없을 정도로 심각해지고 있었다.[8]

당국은 촉박한 일정 속에서도 안전설비를 추가할 시간은 허용해주었다. 충격적인 붕괴 사고 직후에 다시 건설되는 다리였기 때문이다. 새로운 다리에는 "스마트 브리지" 기술도 도입되었다. 모든 다리는 차량이 지나갈 때마다 진동한다. 도로는 온도가 높아지면 팽창하고 온도가 낮아지면 수축한다. 다리는 눈이 많이 쌓이면 압력을 받고 바람이 강하게 불면 휘기도 하고 지진이 일어나면 흔들리기도 한다. 새로운 다리는 콘크리트 부품 속에 300개 이상의 센서가 부착되어 다리의 움직임을 기록하고 광섬유 케이블을 통해 전송하도록 만들어졌다. 수집된 데이터는 인근의 미네소타대학교에서 분석되어 실제 상황에서 실제 구조물에 어떤 현상이 발생하는지를 연구하는 데 사용된다. 일부 센서들은 다리의 어느 한 부분이라도 예상치 못한 움직임을 보이면 곧 닥쳐올지 모를 재난을 사전에 방지할 수 있도록 조기 경보를 보내게 되어 있다.[9]

정치적 잡음과 시민들의 엇갈린 의견, 겨울철 공사의 어려움, 스마트 기술의 도입 등으로 복잡한 문제들이 많았지만 새로운 다리는 11개월을 조금 넘겨 완공되었고 2008년 9월 18일에 개통되었다. 전당대회는 이미 열린 후였지만 당초 계획보다 3개월 이상 앞당겨 개통된 것이다. 공식적인 이름은 다리의 바로 상류에 있는 폭포의 이름을 따서 세인트 앤서니폭포교St. Anthony Falls Bridge로 정해졌다. 다리의 양 끝 입구 중앙에는 각각 9m 높이의 추상적인 조각품이 서 있다. 물결 모양의 기둥 세 개가 촘촘하게 한 줄로 서 있는 형태의 이 조각품은 "물을 상징하는 보편적인 형태를 수직으로 표현한 것"이다. 이 기둥들은 공기 매개 오염물질에 반응해 구조물의 오염을 방지하는 특수한 콘크리트 혼합물로 만들어졌기 때문에 특별히 관리하지 않아도 빛나는 하얀색이 계속 유지될 수 있다.[10]

새로운 다리가 설계되고 건설되는 동안 법공학 엔지니어들은 무너진 다리의 잔해를 분석했다. 처음에는 부식과 금속 피로도 붕괴 원인으로 고려되었지만 연방 교통안전위원회는 몇 개의 가설을 검토해 봐도 결국 거싯플레이트의 부실 설계를 원인으로 지목하지 않을 수 없었다. 그들이 판단하기로는 중요한 위치의 플레이트들이 두 배는 두껍게 만들어졌어야 했다. 그러나 40년 동안 아무런 문제가 없었던 것으로 볼 때 플레이트의 두께를 붕괴의 유일한 원인으로 보기는 어려웠다. 어떤 부품이 완벽하게 설계되지 않았다고 해서 반드시 그 부품이 제 역할을 하지 못하는 것은 아니다. 무엇보다 중요한 것은 안전율이다. 예를 들어 구조물 전체가 안전율 3으로 설계되었는데 어떤 이유에서인지 중요한 한 부분의 강도가 절반으로 떨어져 버렸다면, 그래도 그 특정 부분의 안전율은 1.5이기 때문에 설계 하중보다 50%를 더 지탱할 수 있다.

연방 교통안전위원회는 최종 보고서에서 부실하게 설계된 거싯플레이트가 붕괴의 가장 유력한 원인이라고 밝히면서, 붕괴 당시 다리 위에 있던 자갈과 중장비의 무게도 기여 요인으로 작용했다고 덧붙였다. 도로를 보수하면서 이미 추가된 무게에 자갈과 중장비의 무게가 더해지고 여기에 다리 위를 꽉 채운 차량들의 무게까지 더해지면서 다리가 더 이상 하중을 견딜 수 없게 되었다는 것이었다. 물론 약한 고리는 얇게 설계된, 그래서 약하게 만들어진 거싯플레이트였다.[11]

다리 붕괴 사고의 원인에 관한 이런 시나리오는 이전에도 있었다. 1847년 디 강 철교 붕괴 사고의 경우가 그랬다. 이 다리 위로는 열차들이 문제없이 운행되고 있었지만, 증기기관차가 지나갈 때 불꽃이 나무 상판에 튀어 화재가 발생할 수 있다는 우려의 목소리가 높아지자 사고를 미리 방지하기 위해 노반에 두껍게 자갈이 깔렸다. 붕괴 사고가 일어난 것은 자갈이 깔린 후 처음으로 열차가 다리에 진입했을 때였다. 다리는 추가된 자갈의 무게나 지나가는 열차의 무게는 견딜 수 있었지만 둘 다를 동시에 견딜 수는 없었고 그래서 무너지고 말았다. 미니애폴리스 다리의 붕괴 사고에도 이와 유사한 점이 분명히 있지만, 이 다리는 자갈과 중장비의 무게가 추가된 후 처음으로 차량들이 다리 위를 지날 때 무너지지는 않았다. 그러므로 분명 또 다른 기여 원인이 있었을 것이고, 그렇기 때문에 이 사고가 계속해서 논쟁과 연구의 대상이 되는 것이다.

미니애폴리스 다리 붕괴 사고는 디 강 철교가 붕괴되고 160년이 지난 후에 일어난 사고다. 자갈과 중장비의 무게로 인해 다리가 붕괴되었다는 가설에 동의하는 사람들도 있었지만 일부 엔지니어들은 이 가설을 이해할 수 없었다. 연방 교통안전위원회와 무관하게 진행된 한 조사에서는 거싯플레이트와 교통량, 자갈과 중장비의 무게뿐만 아니라 부식도 한 가지 요인으로 포함했다. 다리의 경간은 온도가 오르내림에 따라 늘었다 줄었다 하기 때문에, 이런 움직임을 허용할 수 있는 장치를 설계에 포함해야 한다. 그 장치 중 하나는 여름보다 겨울에 더 벌어지는 틈 위로 차량들이 무리 없이 지나다닐 수 있게 해주는 신축 이음expansion joint 장치다. 또 다른 하나는 다리 상판의 한쪽 끝이 교각 위에서 살짝 움직일 수 있게 해주어 수축 시나 팽창 시에 교각이 당겨지거나 밀리지 않게 해주는 롤러 받침roller bearing 혹은 로커 받침rocker bearing이다. 이런 받침은 교각 연결부가 경간의 수축이나 팽창에 저항하지 않도록 막아주는 역할도 한다. 그러나 받침이 너무 부식되어 움직일 수 없게 되면 다리는 말 그대로 찢어져 버릴 수도 있다.[12]

  2007년 8월 1일 미니애폴리스 날씨는 아주 무더웠으므로, I-35W 다리 상판을 받치고 있던 강철 트러스 구조는 아마도 거의 최고 수준에 가깝게 팽창했을 것이다. 그런데 만약 롤러 받침이 심하게 부식되어 굳어 있었다면 트러스는 자유롭게 팽창할 수 없었을 것이다. 그랬다면 트러스의 핵심 부재에 추가적인 압축 응력이 더해졌을 수 있다. 다리에는 얇은 거싯플레이트가 설치되어 있었고 그중 일부는 이전에 높은 기온과 하중으로 인해 휘어 이미 약한 고리가 되어 있었을 수도 있다. 따라서 부식된 받침과 휜 거싯플레이트, 높은 기온, 하중이 초과된 도로가 모두 원인으로 작용해 트러스 부재 일부가 파손되고 그로 인해 붕괴가 촉발되었을 수도 있다. 피해자 가족 측 변호인들은 아마도 이런 근거를 들어 설계자뿐만 아니라 다리 점검 책임을 졌던 업체, 그리고 다리 위에 중장비와 자갈을 대기시켜 놓았던 업체도 모두 사고에 책임이 있다고 주장했을 것이다. 나중에 피해자들은 궁극적인 책임이 있다고 생각

되는 업체들을 상대로 전보적 손해배상뿐만 아니라 징벌적 손해배상도 청구했다.[13]

2008년에 미네소타 주는 피해자들에게 주 당국을 고소하지 않기로 합의하면 피해 보상금을 지급하겠다며 기금을 조성했다. 기금에서 나간 돈을 메우기 위해 미네소타 주는 다리를 설계한 회사의 후신을 거짓 플레이트 규격이 맞지 않았다고 고소했고, 다리 위에 중장비와 자갈을 올려두었던 회사에 대해서는 교통국에 이 사실을 통보하지 않았다고 고소했다. 이 두 회사는 생존자들과 희생자 가족들에게도 고소를 당했다. 그런데 2009년 여름까지 미네소타 주는 다리 점검에 관한 기술 고문을 맡았던 회사에 대해서는 소송을 개시하지 않았다. 피해자 측 변호인들은 이 회사가 붕괴가 일어나기 전 3년 동안 "다리의 문제를 알고도 바로잡지 않았으므로" 사고에 "상당한" 책임이 있다고 주장하면서 직무태만으로 고소한 상태였기 때문에, 주 당국이 가만히 있는 것은 의아한 일이었다.[14]

피해자들에게 보상금을 지급하고 새로운 다리를 신속히 건설하기 위해 미네소타 주는 사고 직후 3천7백만 달러를 지출했다. 나중에 주 당국은 다리 점검을 맡았던 회사도 고소했다. 미시시피 강의 다리를 처음 설계한 회사는 스베드럽앤드파슬Sverdrup & Parcel Associates 사였는데 이 회사는 1999년 제이콥스엔지니어링그룹Jacobs Engineering Group에 매각되었다. 제이콥스 측 변호인들은, 다리의 설계는 사고 발생 40년 전에 행해진 일이며 미네소타 법에 따르면 손해 배상 청구 소송은 손해 발생 후 10년 안에, 그리고 손해 발생 사실이 밝혀진 후 2년 안에 제기되어야 하므로 제이콥스 사는 법적으로 책임이 없다고 주장했다. 그러나 판사는 이 주장을 기각했다. 제이콥스 사에 대한 소송은 주 정부가 피해자들에게 보상금을 지급하면서 발생한 지출을 돌려받기 위해 제기한 것이고 보상금 지급은 2년 안에 행해진 일이라는 것이었다. 결국 제이콥스 사는 회사를 인수하기 수십 년 전에 발생했다는 설계 결함에 대해 법적 책임을 져야 하는 신세가 되었다. 붕괴 사고 후 2년이 지났을 무렵 계류 중인 소송은 121건에 달했다. 소송 심리는 2011년부터 진행될 예정이었지만 사고의 "법적 여파"는 오랫동안 이어질 것으로 보였다.[15]

구조물의 붕괴 사고가 일어나면 으레 그렇듯이, 미니애폴리스 다리의 사고 경위에 관한 가설들은 법정에서 소송이 진행되는 동안에도 계속 등장했다. 한 전직 건설회사 책임 엔지니어는 사고 발생 후 몇 시간 사이 인터넷에 올라온 한 사진에서 이상한 점을 발견했다. 그의 말에 따르면, 무너진 다리를 찍은 이 사진 속에서 콘크리트 도로는 완전히 무너져 있었고 그 밑을 받치고 있던 강철 트러스 구조는 심하게 일그러져 있었다. 그의 눈길을 사로잡은 것은 트러스 상현재 상부 플랜지의 도색되지 않은 부분이었다. 그는 경험상 그 부품이 상부 플랜지라는 것을 알 수 있었다. 완성된 트러스를 도색하기 전에 도로의 콘크리트에 박아 넣는 부품이었다. 그는 이 상부 플랜지에 스터드(stud, 샛기둥)가 용접되어 있어야 한다는 것도 알고 있었다. 콘크리트를 부을 때 콘크리트와 강철이 서로 어긋나지 않도록 강철을 잡아주는 수단이 필요하기 때문이다.[16]

사진 속에서는 도색되지 않은 플랜지에 스터드가 용접된 모습을 찾아볼 수 없었고 스터드가 있었던 흔적도 찾을 수 없었다. 미니애폴리스 다리의 강철 플랜지에 스터드가 부착되어 있었다면 아마도 다리가 무너질 때 부러져나갔을 것이다. 그러나 사진 속의 도색되지 않은 상부 플랜지에서는 스터드가 잘려나간 흔적이나 용접 토치로 지진 자국을 전혀 발견할 수 없었다. 전직 엔지니어는 다리의 이 부분에 스터드가 용접된 적이 없고 이 누락이 붕괴에 조금이라도 기여했을 것이라는 결론을 내렸다.[17]

구조물의 붕괴 경위에 관한 대립되는 가설들을 모아 하나의 결론을 얻어내기가 어려운 이유는 가설이 말 그대로 가설이기 때문이다. 과학적 가설과 마찬가지로, 이 가설 중 어느 하나라도 타당한지 확인하려면 검증을 거쳐야 한다. 그러나 구조물이 붕괴되고 나면 가설을 철저히 검증하는 데 사용할 붕괴 전의 구조물은 당연히 더 이상 존재하지 않는다. 붕괴된 구조물을 붕괴 전의 상태 그대로 재건해 붕괴 당시와 똑같은 조건에서 실험하는 것도 사실상 불가능하다. 부품들이 휘거나 부러지거나 일그러지거나 아예 사라져버렸기 때문이다. 새로운 재료로 구조물을 다시 건설할 경우 무너진 구조물과 똑같은 구조물이 아니라는 비판을 피하기 어렵다. 실물 모형이나 컴퓨터 모형을 만들 수도 있지만 역시 실물이 아니라 모형에 불과하다는 비판에서 벗어날 수 없다.

연방 교통안전위원회가 보고서를 통해 발표하는 사고 원인은 대개 "가장 유력한 원인"이다. 조건A가 붕괴B를 유발했다는 가설을 과학적으로 철저하게 검증하기는 어렵다는 사실을 그들도 인정하는 것이다. 구조물의 잔해 분석을 통해 상당히 설득력 있거나 때로는 거의 확정적인 결론이 도출되기도 하지만 마찬가지로 검증할 수 없기 때문에 이런 결론도 대개는 확인되진 않은 가설로 남게 된다. 1981년에 일어난 캔자스시티 하얏트리젠시 호텔 고가 통로 붕괴 사고는 예외였다. 이 경우

상자형 들보가 과도한 하중에 눌려 행어로드의 너트와 와셔만 남기고 무너져 내렸음을 보여주는 거의 명백한 증거가 천장에 매달려 있었기 때문이다. 구조적인 세부 사항이 단순 명료하게 드러나 있었기 때문에 조사위원들은 사실상 논쟁의 여지가 없는 결론을 얻어낼 수 있었다. 대부분의 붕괴 사고에는 훨씬 더 복잡한 시스템과 상호 연관된 요인들이 얽혀 있기 때문에 자연히 훨씬 더 많은 가설이 나올 수 있다. 붕괴 원인에 대한 법적 논증은 주로 전문가의 증언에 의존한다. 판사와 배심원단에게 한 가설이 다른 가설보다 설득력 있게 들릴 수는 있지만, 법적인 판결이 내려졌다고 해서 한 가설이 다른 가설보다 더 진실에 가깝다는 과학적인 증명이 이루어진 것은 아니다.

어떤 구조물이 붕괴된 실제 원인을 과학적 혹은 공학적으로 확실하게 밝혀낼 수 없다 하더라도, 꼼꼼하게 실패를 분석하면서 거친 추론 과정은 훗날의 더 나은 설계를 위한 귀중한 밑거름이 된다. 추론한 원인이 실제 사고의 확실한 원인은 아닐지 모르지만 훗날 다른 사고의 원인이 될 수도 있다. 그러므로 발생 가능한 실패를 염두에 두고 설계를 함으로써 그 실패를 피할 수도 있다. 무너진 구조물의 실패 원인 분석은 과거의 실패 원인을 이해하기 위한 일이기도 하지만 미래의 구조물을 더 잘 설계하기 위한 일이기도 하다.

미네소타 주의 의뢰로 미니애폴리스 다리의 점검을 맡았던 URS 코퍼레이션 사는 다리가 위험하다는 경고 신호를 놓쳤다는 이유로 100명이 넘는 피해자들로부터 고소를 당했다. URS 측은 다리가 갖고 있던 설계상의 취약점들을 전해 들은 바가 없었기 때문에 그 취약점들을 점검할 수 없었다고 주장했다. URS는 막대한 비용이 드는 소송을 오랫동안 끌고 가기보다는 합의를 통해 빨리 마무리 짓는 쪽을 택했지만 과실을 시인하지는 않았다. 합의금은 약 5천만 달러였고 그중 150만 달러는 사고 희생자들의 추모비를 세우는 데 쓰였다. 합의금으로 지출된 비용을 일부라도 메우기 위해 URS와 미네소타 주는 제이콥스 사를 상대로 소송을 제기했다.[18]

법정 안팎에서 벌어졌던 일들과는 상관없이, I-35W 다리 붕괴 사고는 미니애폴리스의 미시시피 강을 건널 때면 누구나 떠올리지 않을 수 없는 일이 되었다. 녹슨 강철 트러스는 새하얀 콘크리트 경간으로 바뀌었지만, 댈러스에서 덜루스로 가는 길에 이 다리를 건너는 통근자들이나 여행자 중 2007년 8월 1일 이곳에서 일어났던 일을 떠올리지 않은 사람은 거의 없을 것이다. 그러나 그들은 그런 사고가 아주 드물다는 사실 또한 기억해야 한다. 무너진 다리를 이용했던 차량은 하루에 14만 대였다. 하루에 20만 명 정도가 이 다리를 이용했던 셈이다. 다리가 서 있던 40년 동안 그 위를 건넌 사람 수는 10억 명이 훨씬 넘었을 것이다. 사고로 목숨을 잃거나 부상을 당한 사람들의 수가 상대적으로 적다고 해서 그들에게 닥친 비극이 대수롭지 않다는 의미는 결코 아니다. 다만, 그만큼 사고 발생 확률이 낮다는 것이다. 그리고 사고 발생 후에 설계된 다리라면 확률은 한층 더 낮아졌을 것이라 기대할 수 있다.

물론 사고라는 말로 완곡하게 표현되는 실패가 다리에서만 일어나지는 않는다. 비행기나 배, 자동차에서도 사고는 일어날 수 있다. 날개나 꼬리가 떨어져나가 비행기의 제어가 불가능해지는 경우도 있고, 제2차 세계대전 중 리버티 수송함들이 그랬던 것처럼 배가 갑자기 둘로 쪼개지는 경우도 있고, 고속 주행 중인 자동차의 타이어가 파열돼 차가 뒤집히는 경우도 있다. 그러나 이런 실패들은 하드웨어의 문제이기 때문에, 우리는 재료를 더 잘 이해함으로써, 설계를 더 탄탄하게 함으로써, 유지관리와 보수에 더 많은 관심을 쏟음으로써 위험을 없애거나 줄일 수 있다. 이와는 달리 소프트웨어와 관련된, 그리고 시스템의 구성요소들이 상호작용하는 방식과 관련된 실패들도 있다. 이런 실패들은 어떤 관점에서 보느냐에 따라 사고라고 볼 수도 있고 아니라고 볼 수도 있다. 다음 장에서는 이런 실패들을 살펴보려 한다.

CHAPTER 11
보이지 않는 설계자

　디지털 컴퓨터 등장 초기에는 오늘날에 비해 훨씬 더 큰 컴퓨터에도 메모리나 저장 공간이 많지 않았다. 소프트웨어 설계자들은 날짜를 입력할 때 연도는 마지막 두 자리만 사용되도록 프로그램을 설계했다. 당시에는 이 결정이 매우 현명해 보였다. 데이터를 입력하는 직원들의 시간뿐만 아니라 컴퓨터의 한정된 저장 공간도 절약할 수 있게 해주었고, 은행 계좌의 누적 이자나 신용카드 대금 등을 간단히 계산할 수 있게 해주었기 때문이다.

　연도를 축약해서 쓰는 방식 자체는 새로울 것이 없었다. 컴퓨터가 출현하기 오래전부터 연도를 두 자릿수로 표기하는 것은 상인들에게도 소비자들에게도 이미 익숙한 일이었다. 19세기에는 사무용 인쇄물의 날짜 기입란을 보면 연도 기입란이 부분적으로 미리 채워져 있어서 (＿＿＿ ＿, 18＿) 월과 일, 그리고 연도의 마지막 두 자리만 적어 넣으면 되는 경우가 많았다. 20세기가 가까워져 백 단위 숫자가 바뀌면서 인쇄물을 새로 주문해야 했지만, 전에 쓰던 인쇄물이 너무 많이 남아 있으면 "8"이라는 숫자 위에 X를 긋고 "9"라고 고쳐 계속 사용할 수도 있었다. 월을 표기할 때도 축약형이나 숫자가 흔히 사용되어, 미리 인쇄된 용지가 없어도 시간과 흑연을 한층 더 절약할 수 있었다.

　날짜를 숫자와 사선으로 표기하는 방식도 오래전부터 사용되었다. 1939년 9월 7일을 9/7/39라고 표기하는 방식이다. 미국은 월/일의 순서를 선호하고 유럽은 일/월의 순서를 선호하지만, 자신이 어디에 살고 있는지는 누구나 알고 있기 때문에 월과 일의 표기 순서 때문에 혼란을 겪을 일은 많지 않았다. 연도를 두 자리 숫자로 표기하는 방식이 이처럼 익숙하고 효율적이었기 때문에 컴퓨터 프로그래머나 사용자들은 대부분 이 방식이 문제가 될 것이라고는 예상하지 못했다. 세기가 바뀔 때 문제가 생길 수 있다고 생각한 사람들도, 그때가 되면 자신들의 프로그램이 이미 대체되었거나 컴퓨터 소프트웨어와 하드웨어가 크게 발전해서 그런 사소한 문제는 걱정할 필요가 없어져 있을 것이라고 합리화했다.

2000년이 다가오자 전산화된 데이터 저장, 회계, 전자 거래 등을 다루는 거의 모든 사람은 어렴풋이 문제를 감지하기 시작했다. 예상대로 컴퓨터와 컴퓨터 프로그래밍은 크게 발전했지만 오래된 프로그램들도 여전히 많이 쓰이고 있었다. 이런 프로그램들은 두 날짜 사이의 경과 시간을 단순한 뺄셈으로 계산하고 있었고 두 자리 숫자로 입력된 연도와 연도 사이의 경과 시간 역시 마찬가지로 계산되었다. 20세기 중후반까지만 해도 이런 방식은 아무런 문제 없이 사용되었다. 그러나 그 두 자리 숫자가 1999년과 2000년을 의미하는 99와 00이 되면 문제가 발생할 수밖에 없었다. 00에서 99를 빼면 음수가 되는데 컴퓨터가 아직 이런 문제를 처리할 수 있도록 프로그램되어 있지 않았기 때문이다.

Y2K라 불리게 된 이 문제의 해결 방법은 간단해 보였다. 프로그래머들은 해당 컴퓨터 프로그램의 알고리즘에서 두 자리 숫자로 입력된 연도를 네 자리 숫자로 고치기로 했다. 그런데 많은 회계 프로그램들이 코볼COBOL과 같은 오래된 컴퓨터 언어로 쓰여 있었다. 젊은 프로그래머들은 이 언어를 잘 알지 못했기 때문에 은퇴한 프로그래머들이 자문위

원으로 다시 고용되었다. 걱정스러운 일은 또 있었다. 단지 두 자리 숫자로 입력된 연도를 네 자리 숫자로 고치기만 했다가는, 프로그래머들이 공간을 절약하고 속도를 높이기 위해 컴퓨터 코드에 심어 놓았을지 모를 미묘한 계산들을 놓칠 수도 있었다. 그리고 컴퓨터 프로그램들을 제대로 완벽하게 수정한다 하더라도 그 과정에서 새로운 오류가 발생할 가능성도 있었다. 수정 작업이 문제없이 이루어졌는지는 새 천년이 되어 봐야 확실히 알 수 있었고 많은 사람은 2000년이 시작되면 문제가 나타날 것으로 생각했다. 언론의 우려가 점점 커져 가는 사이 마침내 2000년 1월 1일이 되었고, 세계 경제가 크게 의존하고 있는 전자 거래에 중대한 영향이 발생하지 않았음을 확인한 후에야 세계는 안도의 한숨을 내쉬었다.[1]

Y2K 문제는 거짓 경보였던 것으로 받아들여졌고 대중의 관심은 금세 사그라졌다. 컴퓨터 프로그램 설계상의 결함이 세계를 뒤흔들 것이라던 우려는 적어도 일반인들이 보기에는 쓸데없는 소동에 불과했다. 결국 20세기 말 그토록 많은 우려를 낳았던 Y2K 문제는 대다수 대중이 보기에 대수로운 일이 아니었고 머지않아 기억에서 사라졌다. 그러나 소프트웨어 설계자들은 이 사건을 쉽사리 잊을 수 없었을 것이다. 무언가를 설계할 때 오늘의 결정이 미래에 끼치게 될 영향을 간과해서는 안 된다는 교훈을 남겨준 대표적인 사례였기 때문이다. 다행히 연도를 두 자리 숫자로 입력하는 방식의 문제점은 늦지 않게 발견되어 해결될 수 있었지만, 모든 잠재적 결함이 제때에 발견되는 것은 아니다. 실제로 Y2K 문제가 발견되고 해결되는 사이에도 설계상의 결함이 뒤늦게 발견된 다른 사례들은 많았다. 일례로 런던의 밀레니엄교 Millennium Bridge

는 개통되자마자 사람들이 걸을 때마다 심하게 흔들려 3일 만에 폐쇄되었고 재설계되었다.[2]

Y2K 문제가 담고 있는 의미는 이뿐만이 아니다. 대중 매체 기자들과 평론가들의 말이 사실이었다면 컴퓨터 프로그램에 연도를 두 자리 숫자로 입력하는 방식 때문에 세계 금융이 붕괴되었을 수도 있다. 그랬다면 컴퓨터 프로그래머들에게는 과연 어떤 책임이 있었을까? 그들이 전문가답지 못하게 혹은 비윤리적으로 잠재적인 결함이 있는 프로그램을 설계한 것일까? 자동차 산업이 늘 비난받는 것처럼 새 제품을 사도록 유도하기 위해 그들이 계획적으로 프로그램을 구식화했던 것일까?

문제가 된 프로그램들을 만들던 당시 프로그래머들은 부족한 저장 공간과 값비싼 계산 시간이라는 제약 속에서 프로그램을 설계해야 했다. 연도의 자릿수를 반으로 줄이는 방식은 당시에는 아주 효과적이었다. 이 방식은 내부 기억장치의 공간을 절약할 수 있게 해주었을 뿐만 아니라, 당시에는 시간만 많이 들고 불필요했던 계산을 생략함으로써 시간도 절약할 수 있게 해주었다. 초기의 프로그래밍 언어로 쓰인 컴퓨터 프로그램들이 대부분 Y2K 문제를 안고 있었던 것을 보면, 설계자들이 공통된 제약 속에서 공통된 난관을 해결해야 할 때 다들 비슷한 생각을 한다는 사실을 알 수 있다. 즉, 그들은 비슷한 해결책을 생각해내거나, 아니면 그런 해결책을 발견해서 사용한다. 모두가 최신식이라 불리는 방식에 몰두하고 있기 때문이다. 이런 집단 사고는 모의 같은 것이 아니다. 최고의 설계자들도 좋은 설계 요소를 발견하면 단지 자신의 발상이 아니라는 이유로 거부하지는 않기 때문에 이런 집단 사고가 나타나는 것이다. 최신식의 해결책을 수용함으로써 설계자들은 다른 난관에 마음껏 도전할 수 있고, 그 난관을 창의적인 새로운 방식으로 해결하게 되면 그 방식이 또 최신 방식으로 받아들여진다.

수많은 제약 속에서 개별적으로도 전체적으로도 효과적이고 효율적인 코드들을 찾아야 했던 초기의 컴퓨터 프로그래머들에게 두 자리 숫자로 연도를 입력하는 방식은 공간과 시간과 비용을 아낄 수 있는 매우 환영할 만한 방식이었을 것이다. 물론 컴퓨터 프로그래머들만이 새로운 설계를 할 때마다 이런 난관에 부딪히는 것은 아니다. 설계자라면 누구나 각 분야의 최신 방식에 따라 일해야 하고, 그들 대다수는 합의된 해결책을 수용해 끊임없이 마주치는 공통적인 하위문제들을 해결한다. 예를 들어, 장경간 캔틸레버교나 현수교는 스스로 하중을 지탱하도록 설계되어야 한다. 경험법칙이나 표준 설계 절차가 발전해 요구 조건 충족이 보장되면 설계자들은 그 절차를 따르면서 좀 더 독특한 방식을 시도해 새로운 구조물을 설계한다. 타코마해협교는 견고함보다 날씬함을 강조하던 시대정신에 따라 설계되었고 당시의 엔지니어들은 바람 때문에 공기 역학적 문제가 발생하리라고는 상상도 하지 못했다.

선택은 설계에서 중요한 부분을 차지한다. 그래서 어떤 이들은 설계를 선택 혹은 의사결정이라고 정의하기도 했다. 내가 대학 시절 처음 사용했던 설계 교과서 서문의 첫 문장도 "설계는 의사결정이다"였다. "의사결정은 언제나 타협이다"라는 문장도 있었다. 쉽고 실제적인 이 교과서의 많은 개정판이 이후 반세기 동안 꾸준히 발행되었는데, 2006년에 출판된 8차 개정판에는 "기계 설계는 많은 기술을 필요로 하는 복잡한 작업이다"라고 소개되어 있다. 이 말을 입증하기라도 하듯 시글리Shigley의 **기계설계**는 그사이 523쪽에서 1,059쪽으로 늘어났고 무게도 두 배 정도 늘어 2kg이 넘는 육중한 책이 되었다. 그러나 아무리 복잡하고 많은 기술을 요한다 하더라도 설계는 기본적으로 선택과 의사 결정에 관한 일이다. 그렇기 때문에 같은 현수교라 해도 오스마 암만이 설계한 현수교와 데이비드 스타인먼이 설계한 현수교는 다른 모습을 하고 있는 것이다. 양쪽 모두 물리학 법칙을 따르고 있고 한눈에 현수교임을 알 수 있는 분명한 특징을 갖추고 있지만 세부적인 부분들을 뜯어보면 설계자의 선택이 반영되어 있다. 암만이 설계한 다리는 매끈하고 높은 아치형 주탑을 특징으로 하지만, 스타인먼이 설계한 다리에는 바로크 양식까지는 아니지만 상대적으로 복잡한 취향이 반영되어 있다.[3]

어떤 형식의 다리를 건설하든 책임 설계자는 자유롭게 자기표현을 할 수 있지만, 가항 수로 위에 고속도로교를 건설할 경우 어떤 부분들은 이른바 보이지 않는 설계자들에 의해 좌우될 수 있다. 정부의 인가서에는 우선 항로 확보를 위한 수직 수평 간격이 명시되어 있다. 그리고 차로의 폭, 가드레일, 조명 등에 관한 규정도 설계에 영향을 줄 수 있다. 이런 규정들이 없다면 땅과 바다, 하늘에서 엄청난 교통 대란이 일어날 것이다.

건물을 지을 때도 건축 법규로 인해 설계에 비슷한 제약이 따른다. 새 건물을 지을 때 필요한 곳에 화재경보기와 스프링클러 시스템, 비상용 조명 장치, 화재 발생 시 탈출 수단, 내진 설비, 허리케인 대비용 강화유리 등의 안전 설비를 갖추는 일은 의무사항이 되었다. 2001년 뉴욕 월드트레이드센터 트윈타워가 테러 공격을 당했을 때 충돌 지점보다 위층에 있던 사람들은 계단이 잔해에 막히는 바람에 내려오지 못하고 갇혀버렸다. 탈출로로 이용할 수 있는 계단통 두 곳이 건물 중심부에 서로 너무 가깝게 있어서 비슷한 타격을 입고 둘 다 잔해에 막혀버렸기 때문에 많은 사람이 탈출하지 못하고 목숨을 잃었다. 시 당국은 건물을 설계할 때 두 개 이상의 서로 멀리 떨어진 탈출로를 포함하도록 의무화할 것을 제안했다. 화재 등의 비상 상황에 한쪽 탈출로가 차단되더라도 다른 한쪽을 이용할 수 있게 하기 위해서였다. 그러나 이런 규정 변경에 반대하는 사람들도 많았다. 사무실로 임대할 수 있는 공간에 계단통을 만들면 그만큼 수익 창출을 포기해야 하기 때문이었다.[4]

항공기가 의도적으로 초고층건물을 들이받은 사건을 사고라고 말하는 사람은 거의 없을 것이다. 그러나 우리는 자동차가 건물이나 가로등, 다른 자동차, 심지어는 보행자를 들이받은 상황을 설명할 때도 대개 사고라는 단어를 사용한다. 자동차가 등장한 초창기부터 사람들은 이런 사고를 두려워했다. 영국에서 자동차 산업이 발전하지 못했던 것은 "낮에는 붉은 깃발, 밤에는 붉은 손전등을 든 사람이 이런 차량 앞에서 걸으면서 뒤에 차량이 온다는 사실을 알려야 한다"는 법 때문이었다. 이렇게 많은 두려움을 샀지만 사실 초창기의 자동차는 앙상한 뼈대로 이루어진 탈것에 가까웠다. 게다가 제한된 동력과 마차 통행용으로 만들어진 열악한 도로 환경 때문에 그리 빠르게 달리지도 못했다. 시간이 흐름에 따라 도로가 개선되고 자동차가 발전하면서 속도는 점점 더 매력적이고 성취 가능한 (그리고 더 위험한) 목표가 되었다. 속도가 증가하자 필연적인 부작용으로 고속 주행 사고가 일어나기 시작했고 교통사고 사상자 수도 자연히 증가하기 시작했다.[5]

영국에서 일어난 초기 교통사고에서는 보행자와 오토바이 탑승자의 사망률이 압도적으로 높았다. 1930년 교통사고 사망자 중 85%가 보행자와 오토바이 탑승자였다. 1920년대와 1930년대를 거치면서 교통사고 사망자 수는 두 배로 증가해 매년 거의 10,000명에 달했고 전쟁 중에는 급격히 감소했다가 전쟁이 끝난 후 1960년대까지 계속 증가했다. 이후에는 안전 설비와 안전 훈련에 힘입어 사망자 수가 꾸준히 감소했다. 1960년대 중반에 교통사고 사망자 수는 매년 약 8,000명이었지만 1990년대 중반에는 4,000명 이하로 줄었다.[6]

물론 교통사고로 인한 사망은 영국에서만 (혹은 미국에서만) 일어나는 일이 아니다. 중국이나 인도와 같은 신흥국에서도 도로와 차량의 수가 급증하면서 교통사고가 빈발하게 되었다. 인도의 교통사고 사망자 수는 2008년까지 5년 동안 40% 증가해 거의 120,000명에 이르렀고 그 중 약 70%가 보행자였다. 인도의 자동차 운전자들은 도로 위의 보행자들과 자전거, 스쿠터, 소들까지도 신경 써야 한다. 2010년에 이르러서도 자동차의 의무적인 안전 설비는 안전벨트뿐이었다. 에어백이나 ABS(브레이크 잠김 방지 장치)와 같은 안전장치를 설치하기 위해서는 추가 비용을 지급해야 했다. 한 외국인은 인도의 도로 상황을 아무리 좋게 말해도 대혼란 상태라고 설명했다. "최근 어느 날 내가 본 광경은 이랬다. 차량들이 빠르게 달리고 있는 도로에서 자갈을 운반하는 트랙터는 역주행했고 우유 수송 트럭 운전자는 차를 세워둔 채 소변을 봤고, 자동차들은 나무 탁자가 가득 실린 자전거 수레를 이리저리 피하며 달렸다. 운전자들은 휴대폰을 손에 든 채 수동 변속기를 조작하면서 비틀비틀 차선을 침범했다. 사이드미러는 접혀 있거나 아예 없는 경우도 많았다." 인도의 이런 위험한 도로 상황은 정부의 부실한 계획과 느슨한

법 집행, 차량 수 증가, 제대로 훈련받지 않은 운전자들, 뇌물로 운전면허를 취득하는 관행 등이 낳은 결과다. 중국의 교통 시스템은 좀 더 정돈되어 있다. 중국의 교통사고 사망자 수는 2008년까지 10년 동안 꾸준히 감소해서 73,500명으로 기록되었다.[7]

중국과 인도는 어떤 면에서 20세기에 영국과 미국에서 전개된 상황들을 재현하고 있다고 볼 수 있다. 전후의 번영과 함께 주간고속도로 시스템이 도입되면서 점점 더 많은 자동차가 미국의 도로 위를 달리게 되었다. 점점 더 많은 사람이 많은 자동차를 타고 도로 위를 누비게 되자 사고도 점점 더 높은 비율로 발생할 수밖에 없었다. 고속도로 위의 죽음은 급속히 퍼지기 시작했다. 자동차의 설계 방식이 이런 상황의 악화에 기여한 부분이 있을까? 소비자 운동가 랠프 네이더Ralph Nader는 그렇다고 생각했다. 그는 대중에게 자동차의 문제를 인식시키기 위해 1965년 《어떤 속도로 달려도 위험한 자동차Unsafe at Any Speed: The Designed-In Dangers of the American Automobile》라는 책을 썼다. 이 책의 서문은 다음과 같이 시작된다.

반세기가 넘는 시간 동안 자동차는 수많은 사람을 죽음과 부상으로 몰아 헤아릴 수 없는 슬픔과 상실감을 안겨주었다. 이런 집단 트라우마는 4년 전부터 치솟기 시작했다. 자동차로 인해 예상치 못한 황폐화가 시작된 것이다. 1959년에 상무부는 1975년이 되면 자동차로 인해 목숨을 잃은 사람들의 수가 51,000명에 이를 것이라고 내다봤다. 그러나 아마도 사망자 수가 이 숫자에 도달하는 때는 그보다 10년 이른 1965년일 것이다.

네이더의 예측은 단 1년 빗나갔을 뿐이었다. 미국의 교통사고 사망자 수는 1966년에 51,000명을 넘어섰다.[8]

같은 해에 《어떤 속도로 달려도 위험한 자동차》 보급판 표지에는 "최근 10년을 통틀어 가장 폭발적이고 영향력 있는 베스트셀러"라는 소개가 실렸다. 이 책의 주 내용은 자동차 산업에 대한 신랄한 비판이었다. 네이더는 자동차 업계가 안전보다는 멋에 치중하고 있다고 지적했다. 그는 자동차의 표준 사양에 안전 설비나 부상 완화 설비를 포함시킬 수 있는 기술이 충분히 갖춰져 있는데도 디트로이트의 자동차 회사들이 지속적으로 이런 설비를 소홀히 해왔다는 엄청난 양의 증거를 제시했다. 대표적인 예로, 신차에 안전벨트나 충격완화용 대시보드와 같은 안전 설비를 충분히 설치할 수 있는데도 "선택 사항"으로 정해놓았다는 것이었다. 제조업체들은 추가 설비를 선택하는 구매자들이 많지 않기 때문에 모든 차량에 이런 설비를 설치할 수는 없다고 주장했다. 다시 말해, 안전 설비에 대한 고객 수요가 없고, 자동차 구매자들은 이런 추가 설비에 비용을 들이기를 원치 않는다는 것이었다. 그러나 네이더는 신차를 생산할 때마다 외관을 바꾸는 데 한 대당 약 700달러의 비용이 들고 이 비용은 모두 고객이 부담하게 된다고 말했다.[9]

네이더는 자동차 제조업계가 2차 충돌의 충격을 완화할 수 있도록 차량 내부를 설계하지 않고 있다고 비난했다. 차량이 다른 차량이나 고정된 물체와 1차로 충돌하면 이어서 탑승자가 차량 내부와 충돌하게 되는데 이를 가리켜 2차 충돌이라고 말한다. 2차 충돌 시에 운전자나 탑승자는 차량 내부의 날카롭거나 딱딱한 부분에 부딪혀 부상을 입거나 목숨을 잃을 수도 있다. 차체 앞부분에서 1차 충돌이 발생하면서 조향축steering column이 차량 내부로 밀려 운전자를 찌르는 일이 자주 일어났는데, 이런 문제는 설계상의 변화로 해결할 수 있는 문제였다. 네이더는 조향축의 설계를 바꾸면 사람 대신 차량 부품을 희생해 에너지를 흡수하고 운전자를 찌르지 않게 만들 수 있다는 사실을 보여주기 위해 한 페이지에 몇 가지 구상도를 실었다.[10]

자동차 업계는 사고와 그 결과에 대한 책임이 차량 자체의 설계보다는 운전자의 행동과 고속도로의 설계에 있다고 주장했다. 네이더는 정반대의 의견을 주장했고 책을 통해 주장의 타당성을 입증해 보였다. 또 그는 여러 가지 사례를 들어, 탑승자와 보행자에게 더 안전한 자동차를 만들게 해줄 연방 법규 제정을 자동차 제조업체들이 막아 왔다고 주장했다. 주 단위에서는 안전유리 등 2차 충돌을 완화하기 위한 설비를 법으로 규정한 경우가 종종 있었지만 이런 규정을 연방 차원으로 진전시키기는 매우 어려웠다. 그러다가 1964년에 법안이 통과되어, 매년 정부용으로 수많은 차량을 구입하는 연방 총무청GSA은 모든 차량에 안전설비를 의무적으로 포함하게 되었다. 그러나 연방 총무청의 안전 요건은 매우 약했고, 정부에서 구입하는 차량에 안전설비를 의무화하는 것만으로는 자동차 업계가 안전을 위한 설계를 하도록 만들기에 부족했다.[11]

미국의 도로 상황에 민감했던 사람은 네이더뿐만이 아니었다. 그가 설득력 있는 주장을 펼치는 데 도움이 된 자료들이 많이 있었고, 〈아메리칸 엔지니어〉지의 1963년 기사도 그중 하나였다. 기사의 도입부에는 이렇게 쓰여 있었다. "미국의 자동차만큼 대규모로 형편없이 설계된 것도 없을 것이다. 사실상 미국의 자동차는 공학이 결코 가서는 안

될 길을 보여주는 대표적인 예라고 할 수 있다." 네이더는 자동차 사고와 공중보건 사이의 연관성에 주목했다. 그는 질병과 사고의 예방을 둘 다 "기본적으로 '공학적인' 문제"라고 말한 한 연구자의 주장을 소개하기도 했다. 이 연구자는 "해로운 환경(말라리아 늪지나 차량 내부)에 집중하는 것이 사람들의 행동을 변화시키려 애쓰는 것보다 생산적"이라고 주장했다. "공학적인 관점에서 보면 사고로 인한 부상은 차량과 도로의 기술적인 요소들이 운전자의 능력과 한계에 적절히 대응하는 데 실패한 결과다. 이 실패는 완전한 안전을 추구해 온 공학이 극복해야 할 과제다."[12]

네이더의 폭로에 뒤이어, 3년 동안 모든 종류의 사고에 관한 자료 연구를 지휘한 국립과학아카데미[NAS]의 한 위원회는 사고를 "현대 사회의 방치된 질병"이라고 표현하면서 사상자 수를 다음과 같이 발표했다.

1965년에 5천2백만 건의 사고로 미국 시민 107,000명이 사망했고, 1천만 명 이상이 일시적인 장애를 입었고, 400,000명이 영구적인 장애를 입었다. 피해액은 180억 달러에 달한다. 이처럼 방치된 현대 사회의 전염병은 국가의 가장 중대한 환경 보건 문제이며, 생애 전반기에 죽음을 초래하는 주된 원인이다.

각종 사고로 인한 사망자 중 거의 절반인 49,000명은 자동차 사고로 인한 사망자였다. 네이더는 결핵이나 폐렴, 류마티스성 열 등 기존의 질병으로 인한 사망자 수는 줄었지만 자동차 사고로 인한 사망자 수는 늘고 있다고 말했다. 그가 책을 쓰고 있던 당시 교통사고는 청년 사망의 주된 원인일 뿐만 아니라 전체적인 사망의 주된 원인이기도 했다. 부상으로 입원한 환자들 가운데 3분의 1 이상이 자동차 사고로 부상을 입은 사람들이었다. 국립과학아카데미의 구체적인 권고사항들은 의료적인 대응에 초점이 맞춰져 있었지만, 엄청난 사고 피해자 수는 이미 국회의원들의 관심을 끌고 있었다. 특히 자동차와 고속도로 관련 사고는 중대한 문제로 떠오르고 있었다.[13] 주행거리당 사망률은 감소하고 있었지만, 네이더는 이런 통계의 현실성을 비판하면서 전체 인구와 비교해 보면 교통사고 사망자 수는 1940년 이후로 계속 100,000명당 약 25명 수준으로 유지되고 있다고 지적했다. 그는 "자동차 운전자는 해가 바뀔 때마다 더 먼 거리를 죽지 않고 갈 수 있지만 그가 죽을 확률은 해가 바뀌어도 변함이 없는 셈"이라고 말했다.[14]

도로 상황에 대한 인식이 높아짐에 따라 1966년에는 연방 교통 및 자동차 안전법이 제정되었다. 이 법이 제정되면서 "국가 안전 프로그램이 체계화되었고 자동차 안전 기준이 정립되었다." 전 좌석 안전벨트, 충격을 흡수할 수 있는 조향축, 충격완화용 대시보드, 안전유리로 만든 앞유리, 사이드미러, 사고 발생 시 잠김 상태가 유지되는 문 등 부상 완화를 위한 몇 가지 설비들이 의무화되었다. 법 제정의 결과로 고속도로에도 개선된 가로등, 개선된 중앙 보호 장치가 설치되었다. 오랜 기다림 끝에 이런 조치들이 실현되었지만 이것만으로는 고속도로의 모든 문제를 해결할 수 없었다.[15]

석유 파동으로 미국이 큰 혼란에 빠져 있던 1974년, 닉슨 대통령은 전국적으로 최고 속도를 시속 55마일(약 88.5km)로 제한하는 법안을 승인했다. 정부 발표에 따르면 이 법을 제정한 목적은 연료 절약이었다. 주간 고속도로에서 운전자들이 고속으로 달리는 데 익숙해진 탓에 연료가 효율적으로 사용되고 있지 않다고 판단한 것이다. 속도 제한으로 연간 교통사고 사망자 수는 사상 최고치를 기록했던 1972년의 약 55,000명에서 거의 10,000명 가까이 감소했다. 석유 파동이 지나간 후 제한 속도는 시속 65마일(약 104.6km)로 상향 조정되었고 교통사고 사망자 수도 증가해서 1980년에는 약 51,000명으로 늘어났다. 그러나 2009년에 이르러 사망자 수는 다시 약 34,000명(주행거리 1억 마일당 1.16명)으로 감소했다. 사망률은 2010년에도 감소해서 60년 중 교통사고 사망자 수 최저치를 기록했다. 최근 5년간 교통사고 사망자 수가 급감한 이유는 밝혀지지 않았지만, 자동차 설계 시 운전자와 탑승자의 안전이 점점 더 중요하게 고려되고 있는 것도 한 가지 요인으로 꼽히고 있다. 공익 광고와 법 집행으로 안전벨트 사용이 증가하고, 도로 설계가 개선되고, 음주운전 단속이 엄격해진 것도 긍정적인 요인으로 손꼽힌다.[16]

1966년에 제정된 연방 교통 및 자동차 안전법은 미국의 규제 모델을 교통사고 사망자 수 증가에 대한 사후 대책 차원의 규제에서 사전 예방 차원의 규제로 변화시키려 시도한 혁신적인 법이었다. 이 법이 제정되기 전까지는 운전자들이 사고를 일으킨다는 인식이 지배적이었고, 사고를 피하기 위해서는 우선 운전자의 행동을 변화시켜야 한다는 점이 강조되었다. 설계상의 특정한 요소가 난폭 운전을 유발한다는 증거가 제시되어도 이런 경우는 개별적인 사례로 다뤄질 수밖에 없었다. 1966년에 법이 제정되고 나서는 차량이 충돌 발생 시에 운전자와 탑승자들을 위험한 힘에 노출시킨다는 시각이 확산되었다. 이에 따라 차량의 이런 위험한 요소들을 외상의 가장 큰 잠재 원인으로 보고 바로잡아야 한

다는 인식도 높아졌다.[17]

1966년에 법이 제정되면서 연방 도로교통안전국NHTSA이 설립되어 사고 조사와 안전 운전 규칙 제정 등을 담당하게 되었다. 1970년경에는 규칙 제정 담당 엔지니어와 결함 조사관의 비율이 54:13이었다. 10년 후에는 비율이 비슷해졌고 그 후에는 조사관의 수가 압도적으로 많아졌다. 처음에 규칙 제정 담당 엔지니어들은 안전 설비의 의무화에 주력했다. 그런데 1974년에 자동차 안전법이 개정되어 자동차 회사들이 "안전 관련 결함을 무료로 해결해줘야 한다"는 조항이 생겼다. 이 조항이 생기면서 도로교통안전국은 규칙을 제정할 때 결함 차량 회수에 중점을 두게 되었다. 실제로 1980년대 중반에 이르러 도로교통안전국은 "새로 판매된 미국 자동차 중 반 이상의 회수를 지시했다."[18]

1970년대 중반에 도로교통안전국은 안전 규정들을 시행했는데 그중 일부는 기득권자들의 강한 반발을 샀다. 일례로, 1968년 이후 판매되는 신차에는 공장 생산 단계에서 앞좌석 머리받침대가 필수적으로 설치되어야 한다는 규정이 생기자, "머리받침대를 추가 설비로 판매해 수익을 올리고 있던" 자동차 부속품 판매 조합이 법정에서 이의를 제기했으나 기각되었다. 머리받침대를 부속품 시장에서 따로 구입할 수 있다는 것은 곧 자동차 제조업체들이 혁신적인 설계와 개발에 크게 힘쓸 필요가 없다는 의미나 다름없었기 때문이다.[19]

머리받침대는 자동차 뒷부분에서 충돌이 발생했을 때 머리가 뒤로 젖혀지는 것을 방지하기 위해 개발되었다. 머리의 움직임을 제한함으로써 목뼈 손상을 줄여주는 설비다. 머리받침대의 효과가 입증되고 설치가 의무화되자 자동차 제조업체들은 설계 문제에 부딪히게 되었다.

기본적인 기능에만 집중한다면, 충돌 시에 머리를 제대로 받쳐줄 수 있을 만큼 튼튼하면서 동시에 쿠션 역할을 할 수 있을 만큼 푹신한 머리받침대를 설계해 등받이를 수직으로 연장하면 되었다. 그러나 다른 기능적 기능 외적 고려사항들이 문제를 복잡하게 만들었다.

영화관이나 강당에서 맨 앞줄이 아닌 자리에 앉아 본 사람이라면 알겠지만, 의자에 앉았을 때 등받이 위로 올라오는 머리 높이는 사람마다 제각각이다. 이런 신체적인 차이의 문제를 해결하기 위해서는 자동차 등받이를 거의 천장에 닿을 만큼 연장해야 할 것이다. 일부 차량의 등받이에는 실제로 그렇게 머리받침대가 포함되어 있다. 등받이를 이렇게 설계하면 탑승자의 머리 높이가 다양해도 문제없이 머리받침대의 기능을 할 수 있지만 미관상으로는 득보다 실이 많다. 수직으로 높게 연장된 등받이는 대체로 차량 내부의 다른 부분들과 균형을 이루기 어렵고, 설계자 중에는 이런 흉물스러운 물건에 공간을 할애하는 일을 꺼리는 사람들도 있을 것이다. 그러므로 이처럼 실용적이지만 못마땅한 해결책보다 높이를 조절할 수 있는 머리받침대가 선호되는 것은 당연한 일이다.

높이를 조절할 수 있는 머리받침대를 만들면 수직으로 그리 많은 공간이 필요하지 않다. 차량 내부 설계의 다양한 요구사항들을 종합적으로 고려할 때 머리받침대의 크기는 매우 중요하다. 부상을 방지하기 위해서는 머리받침대가 꼭 필요하지만 자동차 제조업체들은 목뼈 보호 외에도 여러 가지 안전 문제를 고려해야 한다. 그중에는 운전자의 시야를 모든 방향으로 최대한 확보해야 한다는 문제도 있다. 머리받침대가 너무 크면 오른쪽과 뒤쪽 시야가 부분적으로 가려질 수 있다. 볼보 사는 머리받침대를 베니션 블라인드처럼 사다리 구조로 만들어 이 문제를 어느 정도 개선했다. 또 다른 업체들은 누가 앉아도 적당한 높이로 조절할 수 있을 만한 작은 머리받침대를 채용했다. 그러나 이런 머리받침대는 낮은 위치에 그대로 방치되는 경우가 많아서, 적어도 키 큰 사람들에게는 안전 설비 역할을 하지 못할 때가 많았다.

자동차에는 운전석과 조수석 외의 자리에도 사람이 타는 경우가 많다. 머리받침대가 너무 넓거나 높으면 뒷좌석 탑승자들은 시야가 상당 부분 가려져 이동 내내 답답함을 느낄 수 있다. 그렇기 때문에 이런 문제를 잘 알고 있는 차량 내부 설계자들은 앞좌석 탑승자의 안전과 뒷좌석 탑승자의 공간의 질 사이에서 절충안을 찾아내야만 한다. 안전을 지켜줄 수 있는 최소한의 크기로 높이 조절 가능한 머리받침대를 설치하면 상충하는 두 목적 사이의 균형을 적절히 맞출 수 있을 것이다.

그런데 택시나 리무진에서는 조수석의 머리받침대가 불필요해 보인다. 이런 차량의 조수석은 대개 비어 있어서 여기에 머리받침대가 있으면 뒷좌석 탑승객의 시야만 가릴 뿐이다. 언젠가 나는 조수석의 머리받침대가 완전히 제거된 타운카를 탄 적이 있는데, 규정 위반이었을지는 몰라도 눈앞의 탁 트인 시야 덕분에 아주 즐거운 경험을 할 수 있었다. 물론 조수석에 사람이 타는 경우도 있다. 그런 경우에는 앞으로 접을 수 있는 머리받침대를 설치해 평소에는 뒷좌석 탑승자를 위해 접어놨다가 필요할 때만 다시 펴서 사용하면 어느 정도 문제가 해결될 것이다.

필수적인 안전 설비 중 안전벨트와 에어백도 설계 시에 고려해야 할 문제가 많은데, 그 해결책이 성공과 실패, 사고에서의 생존과 죽음을 가를 수도 있다. 초기의 자동차 안전벨트는 비행기의 안전벨트와 크게 다르지 않았으나 이후 일종의 마구와 비슷한 구조로 바뀌었다. 충돌 시 탑승자의 상체가 앞으로 숙여지지 않도록 잡아주기 위해서다. 좀 더 정교하게 설계된 안전벨트는 문이 열려 있을 때는 느슨해져 있다가 문이 닫히면 자동으로 몸을 조여준다. 이런 장치를 설계하는 데는 여러 가지 어려움이 있었지만 결과적으로 안전벨트는 눈에 띄지 않는 좌석 일부가 되었다. 결국 가장 큰 난관은 하드웨어 설계가 아니라 탑승자들이 안전벨트를 착용하도록 만드는 일이었다. 1970년대까지만 해도 미국 운전자들 중 안전벨트를 사용하는 사람은 15% 미만이었지만, 각 주에서 안전벨트 사용을 의무화하는 법이 통과되면서 사용자 수는 크게 증가했다. 2010년에 발표된 규정 준수율은 약 85%였다.[20]

에어백을 설계하는 문제는 좀 더 복잡했다. 평소에는 숨겨져 있다가 충돌이 발생하면 순식간에 적당한 속도와 적당한 압력으로 부풀어 올라 사람의 몸을 보호하도록 설계해야 했기 때문이다. 안전벨트를 착용하지 않은 평균 체형의 남자에 맞게 설계된 에어백은 아이들이나 체구가 작은 성인에게는 맞지 않았고, 생명을 보호하기 위해 고안된 이 장치로 인해 오히려 사람들이 목숨을 잃기도 했다. 탑승자의 체구와 안전벨트 착용 여부를 감지할 수 있는 에어백 시스템이 개발된 후 에어백으로 인한 사망 사고는 감소했지만 완전히 없어지지는 않았다. 스마트 에어백이라 불리는 신형 에어백 사용 중에 사망한 운전자 3명 중 2명은 안전벨트도 착용하고 있었다. 안전벨트 착용이 오히려 위험을 초래하는 것처럼 보였다. 안전벨트를 착용하지 않았다는 가정 하에 정해진 정부의 기준이 계속 적용되고 있었던 것이 문제였다.[21]

자동차의 또 다른 위험 요인은 부품의 오작동이다. 액셀러레이터와 브레이크 페달 걸림 현상과 관련한 논란에 대해 토요타 사가 페달 때문에 치명적인 사고가 발생했다는 증거를 발견했다고 시인한 후, 자동차 제조업체들과 국회의원들은 도로교통안전국이 전자 부품에 관한 기준을 어떻게 정하고 시행해야 할지에 대해 협상했다. 법 제정도 하드웨어나 소프트웨어의 설계와 마찬가지로 일종의 설계라 볼 수 있다. 19세기 철학자 허버트 스펜서Herbert Spencer는 "영국 의회의 법안들은 모두 과거에 통과되었던 법안들의 실패에서 나온 것"이라고 말했다. 2010년에 제출된 자동차 안전법안은 전형적인 협상의 결과물이었다. 의회에 제출되기 전에 수정된 법안에는 마감 시한을 없애거나 늘리고, 교통부 장관에게 규칙 제정과 관련한 재량권을 더 부여하고, 급가속 문제의 완전한 제거보다는 완화를 허용한다는 내용이 포함되었다. 법안의 강도가 약해진 이유는 자동차 제조업 연합이 "의도치 않은 가속을 유발할 수 있는 모든 요인을 제조업체가 통제하기란 불가능하다"고 주장했기 때문이다. 그들은 "제조업체가 페달 밑에 신발이 끼지 않도록 막을 수도 없고 바닥 매트를 더 깔지 못하도록 막을 수도 없다"고 주장했다. 일리 있는 주장이었다. 그리고 이 주장은 사용자의 행동에 영향받지 않는 시스템을 설계하는 일이 얼마나 어려운지를 짐작하게 한다. 소비자 측과 제조업체 측을 모두 만족시킬 만한 조항도 있었다. 사고 발생 시 원인 규명에 필요한 객관적인 증거를 얻을 수 있도록, 새로 생산되는 모든 차량에는 (비행기의 블랙박스처럼) 차량의 동작과 관련된 데이터를 기록하는 장치가 설비되어야 한다는 조항이었다.[22]

2011년 2월 교통부는 컴퓨터 제어 추진 시스템을 잘 아는 NASA 엔지니어들의 실험과 분석을 토대로 토요타 급가속 문제에 관한 보고서를 발표했다. 이 보고서는 "세계 최대 자동차 회사가 고대하던 변명 거리"를 제공해주었다는 비난을 받았다. 교통부 장관은 "토요타의 의도치 않은 급가속 문제는 전자 장치의 결함에서 기인한 것이 아니다"라고 일축했다. 그러나 엔지니어들은 그의 이런 단언에 분개했다. 실제로 NASA의 분석에 따르면, 전자식 스로틀 제어장치ETCS가 어떤 상황에서도 의도치 않은 가속을 일으킬 수 없음을 증명한다는 것은 "비현실적인" 일이었다. NASA의 엔지니어들은 가속 장치를 제어하는 280,000행 이상의 소프트웨어 코드를 분석했지만 전자기 간섭과 같은 장애가 있어도 이 장치가 오작동하지 않는다는 결론을 내리지는 못했다. 한 상급 엔지니어는 시스템 내에서 전자 장치의 오작동이 발견되지 않은 이상 전자 장치가 의도치 않은 가속을 야기했다고 보기는 "어렵다"고 말하면서도, "정밀 분석 결과 그런 일이 불가능하다고는 말할 수 없다"고 덧붙였다. 어떤 상황에서도 불가능함을 입증하기란 어려운 일이다. 그렇기 때문에 사고나 실패 조사를 통해 원인이 확실히 규명되는 경우가 드문 것이다.[23]

설계상의 문제를 해결하다 보면 그 해결책이 한 가지 조건을 다른 조건보다 더 충족시키거나 한 집단을 다른 (적대 관계에 있는) 집단보다 더 만족시키는 경우가 생기곤 한다. 설계자는 상충하는 목적들을 따져보고 절충점이 될 만한 해결책을 찾아야 한다. 차량과 보행자 모두가 다리를 이용해야 할 경우 도로 위에 보도를 건설하면 보행자들이 시야에 방해를 받지 않고 더 한적한 환경에서 경치를 내려다볼 수 있다. 브루클린교는 차량 통행에 지장을 주지 않으면서 이런 이상을 훌륭하게 실현한 대표적인 예로 꼽을 수 있다. 이런 식으로 다리를 설계하면 안전성도 높일 수 있다. 차량이 3m 높이의 벽을 넘어 보행자를 덮칠 일은 없기 때문이다. 칼라트라바가 설계한 스페인 세비야의 알라미요교Alamillo Bridge도 비슷한 형식을 취하고 있는데 차량용 도로와 보도 겸 자전거도로의 높이 차이가 그렇게 크지는 않다. 완공 당시 가장 혁신적이고 기교가 뛰어난 다리 중 하나라는 평가를 받은 게이츠헤드 밀레니엄교Gateshead Millennium Bridge는 자전거 도로보다 높은 위치에 따로 떨어진 보도가 있어서, 한가하게 다리 위를 걷고 싶어 하는 사람들에게 안전하고 조용한 산책로가 되어주고 있다.

이 다리들과 달리 골든게이트교는 보도가 도로와 같은 높이에 있다. 산책하는 보행자들과 빠르게 달리는 차량들 사이에 공간적인 여유도 거의 없을 뿐만 아니라, 보행자가 혼잡한 6개 차로 너머로 탁 트인 경치를 감상하기란 사실상 불가능하다. 그렇다고 해서 골든게이트교가 보행자들에게 아무런 혜택도 주지 못하는 것은 아니다. 샌프란시스코 만 쪽의 보도 위를 걷다 보면 저 멀리 샌프란시스코 도심과 넓게 펼쳐지는 바다의 멋진 광경에 취해 자동차들과 소음은 어느 새 잊어버리게 될 것이다. 골든게이트교의 기본적인 구조를 바꾸지 않고 도로 위에 보도를 올리는 일은 설계상 거의 불가능한 작업이다. 양쪽 가장자리에 나 있는 보도들을 다리 위로 올리면 상판이 두꺼워져서 거의 완벽에 가까운 비율을 망치게 된다. 보도를 도로 밑으로 내리면 차량 소음을 제거할 수 없고, 보행자들이 보강 트러스 안쪽에서 걷게 되기 때문에 양쪽 모두 일정한 간격으로 시야가 가려지게 된다. 필라델피아 델라웨어 강에 있는 벤저민프랭클린교Benjamin Franklin Bridge의 경우 안쪽의 도로와 바깥쪽의 철로 사이에 보도를 올렸는데, 결과적으로 다리 상판의 윗부분이 무거워 보이는 구조가 되었다. (브루클린교는 보도가 다리 중심에 있고 경계가 좀 더 가볍게 마무리되어 이런 미적 결함을 피할 수 있었다.)

규모가 큰 다리를 지을 때 보도의 설치 여부나 위치 선정은 사소한 문제처럼 보일 수도 있겠지만, 이 결정을 두고 미적, 경제적, 정치적 논쟁이나 안전성에 대한 논쟁이 끊임없이 이어질 수도 있다. 보도와 자전거도로 설치를 주장하는 시민운동단체와의 합의가 이루어지지 않아 최종 설계가 지연되거나 비용이 크게 증가한 다리가 적지 않았다. 완공일이 지나도록 최종 결정이 내려지지 않은 경우들도 있었다. 메인 주의 페놉스코트교와 전망대가 그 대표적인 예다. 개축 중인 샌프란시스코-오클랜드베이교 동쪽 구간에는 4.5m 폭의 보도 겸 자전거도로가 포함된다. 시민운동가들은 기존의 서쪽 구간에도 비슷한 시설을 만들어야 한다고 주장했다. 이런 시설 확충을 고려할 때 가장 큰 장애는 자금 마련 문제다.[24]

샌디에고의 코로나도교 Coronado Bridge와 같은 높은 다리 중에는 자살을 막기 위해 일부러 보도를 설계에 포함시키지 않은 다리들도 있다. 그러나 이 방법으로 자살 위험을 완전히 없앨 수는 없었다. 차를 몰고 가다가 도중에 세우고 누가 말릴 새도 없이 뛰어내린 사람들도 있었기 때문이다. 골든게이트교는 자살 사건이 가장 많이 발생한 다리 중 하나다. 난간 위에 높은 울타리를 설치하거나 상판 밑에서 바깥쪽으로 안전망을 설치하자는 제안이 나오자 찬성하는 사람들과 반대하는 사람들 사이에서 격한 논쟁이 벌어졌다. 울타리나 그물망 설치에 찬성하는 사람들은 상징적인 구조물의 미관을 지키는 일보다 사람의 목숨을 구하는 일이 더 중요하다고 주장한다. 반대하는 사람들은 미관을 포기할 수 없다는 입장이다. 이런 대립적인 분위기 속에서 울타리를 설계하는 일은 확실히 어려운 과제다. 이 난관을 어떻게 해결하든 모든 사람을 만족시키기는 어렵기 때문이다. 그러나 상충하는 목적들로 인해 난관에 부딪히는 일은 설계자들에게는 자주 있는 일이다.

자동차 설계자가 머리받침대를 설계할 때도, 다리 설계자가 보도를 설계할 때도, 수많은 내적 외적 제약과 갈등들이 선택에 영향을 미친다. 이 선택을 통해 미적으로도 기능적으로도 전체와 조화를 이루는 부분을 만들어낸다면 그 설계는 성공적이라는 평가를 받게 될 것이다. 설계된 것을 소비하고 사용하는 사람들은 대개 전체적인 조화가 이루어지기만 하면 설계를 문제 삼지 않는다. 쉽게 수용되지 못하는 설계는, 무엇 때문이라고 콕 집어 말할 수는 없더라도 어딘가가 분명히 조화롭지 못한 설계, 다시 말해 실패한 설계다.

러시아워에 다리가 붕괴되는 경우처럼 분명한 실패도 있을 수 있다. 그러나 모든 실패가 갑자기 명백하게 모습을 드러내는 것은 아니다. 너무 미묘해서 알아채기 어려운 실패들도 있다. 그런 것들을 정말 실패라고 볼 수 있는지를 두고 논쟁이 벌어지기도 한다. 예를 들어 사장교의 케이블 배열이나 다리 위의 보도 배치는 보는 이에 따라서는 미적 혹은 기능적 실패라고 여겨질 수도 있다. 이런 실패는 설계상의 타협에서 비롯될 수도 있고 기본 설계에서 비롯될 수도 있다.

설계 과제를 해결하기 위한 첫걸음은 브레인스토밍 회의다. 이런 회의에 참여하는 엔지니어나 발명가, 설계자, 관리자, 기업가들은 실패를 두려워하지 말라는 말을 종종 듣게 된다. 청소년 로봇경진대회에 출품

할 로봇을 어떻게 설계하고 만들 것인지 논의하는 회의에서 한 고등학교 상급생 팀의 지도교사는 학생들을 몇 그룹으로 나눈 뒤 자유롭게 의견을 교환해 보라고 말했다. "쓸모없는 의견이라는 건 없어요. 당장은 유용하지 않은 의견이라 해도 그 의견을 바탕으로 유용한 의견이 나올 수도 있으니까요." 설계자들도 이런 충고를 들을 때가 많다. 아무리 바보 같아 보이는 생각이라 해도 나중에 어떤 식으로 도움이 될지 모르니 버리지 말고 메모해 둬야 한다는 충고다. 학생들이 참가할 대회는 발명가 딘 카멘Dean Kamen이 과학 기술 분야에 대한 청소년들의 관심을 끌어내기 위해 설립한 비영리 단체 퍼스트FIRST, For Inspiration and Recognition of Science and Technology가 주최하는 로봇경진대회였다. 지도교사는 학생들에게, 앞으로 하게 될 일은 "발명이 아니라 공학"이라고 강조했다. 그는 반짝이는 착상을 바탕으로 발명하는 것도 환영하지만 무엇보다 로봇공학에 관한 책들을 읽고, 웹사이트에서 과거의 퍼스트 대회와 관련된 자료들을 찾아보고, 다른 사람들의 경험에서 교훈을 얻으라고 말했다. "우리는 끊임없이 다른 사람들의 발상을 들여다보고 가장 효과적인 방법을 찾아야 해요. 그리고 더 나은 것을 만드는 거죠." 보다 성공적인 결과물을 만들기 위해서는 과거에 있었던 시도들의 부족한 부분이 무엇이었는지 살펴봐야 한다는 얘기였다.[25]

공학은 끊임없는 개선을 추구하는 분야다. 그런데 개선은 실패와 밀접하게 연결되어 있다. 결점이나 결함이 인식되지 않으면 개선하겠다는 생각 자체를 할 수 없기 때문이다. 다시 말해, 개선의 근원은 실패다. 거의 모든 발명은 이미 존재하는 무언가를 개선하는 데서부터 시작되며, 발명가의 머릿속에 반짝이는 착상이 떠오르는 순간에는 그것이 전부이자 마지막인 것처럼 느껴지기도 한다. 그러나 그 반짝이는 착상에 발명가나 엔지니어, 용접 기사, 마케팅 관리자, 판매원, 회계사 등의 손길이 닿으면 또 다른 개선의 필요가 생겨난다. 로봇경진대회에 참가한 고등학생 팀의 지도교사는 학생들이 지역 예선에서 몇 차례 승리한 후 들떠 있자 "성공은 잠시뿐"이라고 말하면서 다음 날 있을 더 힘든 경기에 대비하도록 타일렀다.[26]

성공은 단지 성공일 뿐이다. 성공한 설계에서 우리가 얻을 수 있는 교훈은 그 설계가 효과적이라는 사실뿐이다. 미래의 성공을 보장하고 싶다면 성공한 설계를 정확히 복제하면 되겠지만, 그런 일이 말처럼 쉽지는 않다. 설계가 성공이라는 결과로 이어지려면 구상이나 계획, 제조, 사용 과정 중에 오류가 없어야 한다. 생략된 부분이 없어야 하고, 건설 자재나 공법이 대체되지 않아야 하고, 발견되지 않은 불완전한 용접 부위가 없어야 하고, 헐거운 볼트가 없어야 하고, 점검 담당자가 부정직하거나 불성실하지 않아야 하고, 유지관리가 충실히 이루어져야 한다. 성공한 설계의 완벽한 복제품이라고 여겨질 만한 것을 설계하고 만들고 관리하는 과정에서 위의 사항들 중 하나라도 지켜지지 않았다면 그것은 완벽한 복제품이 아니다. 그리고 성공한 모델에는 없었던 치명적인 결함이 (혹은 성공한 모델에도 있지만 아직 드러나지 않은 똑같은 결함이) 복제품에 숨어 있을 수도 있다. 만약 완벽한 복제품을 만들 수 있다고 해도, 성공한 모델과 똑같은 복제품만 만들어낸다면 세상은 지루하고 한정된 공간이 될 것이다. 성공적이라고 입증된 다리의 완벽한 복제품만 계속 건설되었다면 그보다 더 긴 다리는 존재할 수 없었을 것이다. 경제가 침체된 지역들이 대규모 다리 건설을 통해 발전할 기회도 없었을 것이다. 수많은 사람이 환경의 변화를 경험하지 못하고 살아야 했을 수도 있다. 성공한 것들은 모델로서가 아니라 개선의 동기 부여 요인으로서 가장 훌륭한 역할을 수행한다. 토머스 에디슨은 효율적인 전구 필라멘트를 만들기에 적합한 재료를 찾아내기까지 많은 굴곡을 겪었다. 전해지는 이야기에 따르면 그는 전 세계에 분포하는 "6천여 가지 식물"을 포함해 수천 가지 재료를 시험해 보았다고 한다. 수많은 실패를 경험하면서 좌절감을 느끼지 않았냐는 질문에 그는 각각의 경험을 통해 어떤 재료가 적합하지 않은지를 알게 되었으므로 그 모든 경험들을 실패라고만 생각하지는 않는다고 대답했다. 19세기 미국의 교육자 토머스 파머Thomas H. Palmer는 직접 쓴 시를 통해 제자들에게 다음과 같이 조언했다.

이 가르침을 가슴에 새겨야 할지니,
시도하고, 또 시도하라.
처음에는 성공하지 못한다 할지라도,
시도하고, 또 시도하라.[27]

다른 곳에서도 이와 비슷한 조언을 많이 찾아볼 수 있다. 일례로 사무엘 베케트는 《최악을 향하여Worstward Ho》에서 이렇게 말했다. "수없이 시도했는가. 수없이 실패했는가. 괜찮다. 다시 시도하라. 다시 실패하라. 더 낫게 실패하라." 의도했든 의도하지 않았든 이런 격언들을 따라 에디슨 실험실은 끊임없이 시도한 끝에 적합한 필라멘트 재료를 찾아냈다. 탄화시킨 면사cotton thread였다. 우리는 어떤 착상이 떠오르는 순간을 나타내는 상징으로 사람의 머리 옆에 전구가 켜지는 이미지를 사용한다. 그러나 에디슨이 적합하지 않은 필라멘트 재료를 시험했을 때 그랬던 것처럼, 오늘날의 전구 중에도 어떤 것들은 스위치를 켜자마자 필라멘트가 타서 꺼져버리기도 한다. 반짝하는 짧은 순간 사이에 성공이 실패로 변한다. 그래도 전구는 여전히 번뜩이는 창의성의 상징으로 널리 사용되고 있다. 그리고 사람들은 짧은 순간 머리를 스치는 그 창의성을 기르고 장려해야 한다고 말한다.[28]

　브레인스토밍 회의의 목적은 확실한 계획을 세우거나 최종 결과물의 그림을 그리는 것이 아니라, 짧은 시간 안에 창의적인 생각들을 최대한 많이 쏟아내 기록해 두는 것이다. 반짝 떠오른 아이디어들을 사라지기 전에 재빨리 잡아 두는 것이 관건이다. 회의 막바지에 이르러 회장 안에 아이디어라는 수많은 전구가 쌓이면 사용할 전구와 버릴 전구를 분류하는 정리 작업이 시작된다. 그런데 프로젝트 초기 단계에 아직 전원을 연결해 시험해 보지도 못한 전구들을 어떻게 분류할 수 있을까? 시험해 보았다고 하더라도, 시험을 통과한 전구들이 과연 언제까지 밝은 빛을 계속 낼 수 있을까? 전구들은 대체로 반투명해서 속이 들여다보이지 않는다. 전구를 흔들어 보면 필라멘트가 끊어졌을 경우 소리가 나므로 쓸 수 있는 전구와 못 쓰는 전구를 구분할 수 있다고 말하는 사람들도 있겠지만, 밝기를 3단계로 조절할 수 있는 전구에는 필라멘트가 한 개만 있는 것이 아니다. 필라멘트 하나가 끊어지면 3단계 조절은 불가능해지지만 그렇다고 해서 전구가 아예 쓸모없어지지는 않는다. 이런 전구는 어느 쪽으로 분류해야 할까? 그리고 필라멘트가 전부 끊어진 전구는 과연 아무런 도움도 되지 못할까? 필라멘트가 끊어지지 않은 이유보다 끊어진 이유를 파악하는 일이 오히려 더 유익할 수도 있다.

물론 실패는 우리에게 교훈을 주기도 하고 영감을 주기도 하지만 사람의 목숨이 달려 있는 경우에는 당연히 결코 환영받을 수 없다. 자신이 만든 기계나 구조물이 사용 중에 끔찍하게 실패하기를 바라는 설계자나 엔지니어는 없다. 그렇기 때문에 엔지니어들은 장치나 시스템을 설계할 때 특히 실패 가능성을 염두에 둔다. 어떤 식으로 실패가 발생할 수 있는지를 제대로 예측하지 않으면 설계 시에 그에 대한 방어 수단을 마련해 둘 수 없다. 그러나 아무리 철저하게 실패 가능성을 조사한다 해도, 예상치 못한 상황에 부품들 사이에서 생각지 못한 상호작용이 일어나 뜻밖의 바람직하지 않은 결과가 초래될 수도 있다.

전기 회로의 과부하를 막기 위해 끊기는 퓨즈처럼 설계상 의도된 실패를 제외하면, 실패는 사고라고 말할 수 있다. 그런데 사고는 설계자 때문에 일어나는 것일까, 아니면 사용자 때문에 일어나는 것일까? 교통사고가 계속 일어나는 이유는 운전자가 위험을 신경 쓰지 않고 주의를 기울이지 않기 때문일까, 아니면 설계, 제조, 조작 환경이 속도에 상관없이 본래 안전하지 못하기 때문일까?

CHAPTER 12

우주왕복선과 석유시추선

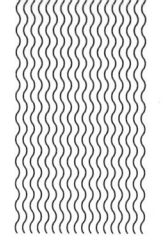

 모든 인공물, 특히 인간과 상호작용하는 시스템이 실패하는 이유는 그것들이 인간의 시도에서 나온 산물이기 때문이다. 인간이 만든 것에는 당연히 필연적으로 결함이 존재한다. 인간의 성격적 결함이 반드시 해가 되지는 않는 것처럼 어떤 기술적인 결함들은 위험하지 않을 수도 있다. 그러나 누군가와 친해지면 그 사람의 별난 습관이나 특성도 거슬리지 않게 되듯이, 우리는 우리가 의지하는 기술이나 시스템에 특이한 점이 있어도 이내 무시하곤 한다. 완벽한 것은 없다는 사실을 잘 알고 있기에 우리는 완벽한 기술을 기대하지 않는다. 그래서 우리는 밸브나 스위치가 말을 듣지 않아도 다시 한 번 제 기능을 할 수 있는 기회를 주고, 제 기능을 하게 되면 다음번에 또 말썽이 일어났을 때 세 번째, 네 번째 기회를 준다. 제대로 기능하지 않을 것을 예상하고 첫 번째, 두 번째, 세 번째, 혹은 네 번째까지 시도하다 보면 그 이상도 시도하게 되는 것이다. 우리는 이런 결함을 기계적 혹은 전기적 성격으로 간주해, 마치 친한 친구나 익숙한 사람의 기벽을 받아들이듯이 너그럽게 받아들인다. 우주왕복선의 부실한 O링과 발포 단열재를 다룰 때도 마찬가지였다. 이 결함들은 단지 성격의 일부로 받아들여졌다.

 1986년 1월 우주왕복선 챌린저호가 발사 후 73초 만에 폭발한 사고만큼 많은 사람들의 눈앞에서 일어나고 오래도록 인상을 남긴 사고도 드물 것이다. 챌린저호의 발사가 큰 기대를 모은 데는 특별한 이유가 하나 있었다. 교사로서는 최초로 우주왕복선에 탑승한 크리스타 매콜

리프Christa McAuliffe가 궤도에서 미국 전역의 학생들을 대상으로 화상 수업을 진행할 예정이었던 것이다. 사고 후 TV에서는 폭발 장면이 계속 방영되었고, 처음에는 중요해 보이지 않았던 로켓-부스터 연결부의 가스 누출에 점점 관심이 집중되었다. 뜨거운 가스가 분출되면서 외부 연료 탱크 고정 장치가 약해졌고 연료 탱크가 떨어져 나가면서 폭발을 일으킨 것으로 밝혀졌다. 가스 누출의 원인은 결함이 있는 O링이었다. 엔지니어들은 일종의 고무 링과도 같은 이 부품이 몇 차례 비행으로 부식되어 있었기 때문에 시스템의 약한 고리로 작용할 수 있다는 사실을 사전에 알고 있었다. 추운 날씨가 O링의 상태를 악화시킬 수 있다고 알려졌고 챌린저호 발사 예정일 아침 날씨가 유난히 추울 것으로 예상되었기 때문에 엔지니어들은 발사 연기를 요청했다. 그러나 고위 관계자들은 이 요청을 무시하고 예정대로 발사를 지시했다. 사고의 진상 규명을 위해 구성된 특별 조사위원회의 위원이었던 리처드 파인만은 보고서의 말미에 이런 의견을 덧붙였다. "고체 연료 로켓 부스터의 O링은 부식되지 않아야 정상이다. O링이 부식되었다는 것은 무언가 문제가 있다는 증거였다."[1]

특별 조사위원회는 3개월에 걸쳐 조사를 진행했고 그 과정 중에 수집된 증언은 무려 15,000페이지 분량이었다. 청문회는 비공개로도 공개로도 진행되었는데 공개 청문회는 TV를 통해 방영되었다. 공개 청문회에서 파인만은 작은 O링을 얼음물에 담갔다가 꺼낸 후 가운데 부분을 누르고 있던 죔쇠를 풀어 보였다. O링은 원래의 동그란 모양을 곧바로 회복하지 못했다. 탄력이 다소 떨어진 것이다. 마찬가지로 로켓-부스터 연결부의 O링도 추운 날씨로 얼어서 원래 형태를 회복하지 못해 밀폐 기능을 제대로 수행하지 못했을 것이다. 파인만의 설득력 있는 공개 증명과 엔지니어들의 경고를 무시한 관리자들에 대한 지적은 지금까지도 많은 사람의 기억 속에 각인되어 있다. 특별 조사위원회는 "챌린저호 발사 결정에 문제가 있었다"고 결론 내렸다.[2]

O링 자체에 결함이 있기는 했지만 엔지니어들은 O링의 한계점을 고려해 좀 더 기온이 오를 때까지 기다릴 것을 권했다. 극도로 추운 날씨에 우주왕복선을 발사하면 위험할 수 있다는 그들의 경고에 관리자들이 귀를 기울였다면 사고는 아마도 일어나지 않았을 것이다. 결국 실패를 초래한 가장 큰 원인은 NASA와 부스터 로켓 제조사인 모튼 티오콜Morton Thiokol의 경영 구조와 조직 문화였다. 자체적으로 청문회를 실시한 의회 위원회도, O링의 기술적 문제가 발견되었을 때 발사 계획을 중지할 수 있었지만 "일정을 맞추고 비용을 줄이는 일이 안전보다 우선시되었다"고 결론을 내렸다.[3]

챌린저호 폭발 사고가 남긴 교훈은 NASA와 그 협력사들뿐만 아니라 기술을 다루는 모든 조직의 엔지니어들과 관리자들 사이에 좀 더 협조적이고 서로를 존중하는 관계가 형성되어야 한다는 것이었다. 그러나 인간 본성의 근원적인 약점은 사라지지 않고 계속 이어져 내려온 것으로 보인다. 32개월간 중단되었던 우주왕복선 임무는 재개된 후 87회까지 성공적으로 진행되었으나, 2003년 1월 컬럼비아호가 발사된 직후 외부 연료 탱크에서 발포 단열재 일부가 떨어져나가면서 왼쪽 날개의 앞부분에 부딪혔다. 이 부분은 대기권에 재진입할 때 열을 막아주는 방패 역할을 하도록 설계되어 있었다. 엔지니어들은 손상이 발생했을 수 있다고 우려를 표했고 단열재가 날개에 부딪힌 상황을 가정해 서둘러 실험에 착수했다. 임무는 계속 진행되고 있었다. 엔지니어들은 망원경으로 사진을 찍거나 승무원들에게 손상 점검을 지시해야 한다고 요청했고, 손상된 상태로 대기권에 재진입할 경우 승무원들의 안전 귀환을 보장할 수 없었다. 그러나 관리자들은 단열재로 인한 타격의 영향을 대수롭지 않게 여기고 컬럼비아호의 대기권 재진입을 승인했다. 열을 막아주는 방패는 실제로 손상되어 있었다. 대기권에 재진입하자 날개의 손상 부위를 통해 고온 가스가 유입되었고 결국 컬럼비아호는 텍사스 상공에서 폭발했다. 이 사고는 챌린저호가 남긴 교훈을 뼈아프게 상기시켰다. 컬럼비아호 사고 조사위원회는 보고서를 통해 "NASA의 조직 문화도 단열재 못지않게 사고에 기여한 바가 크다"고 밝혔다. 보고서가 발표되고 2년 후, NASA가 우주왕복선의 안전성 개선을 위해 어떤 노력을 기울이고 있는지 감시하고 있던 25명으로 구성된 단체의 회원 7명은 NASA의 고위 관계자들을 향해 "지식 대신 오만함을 고수하는 습관"을 버리라고 일침을 가했다.[4]

우주왕복선 프로그램은 컬럼비아호 사고 이후 2년 반 만에 재개되었다. 예정되어 있던 나머지 임무들은 안전하게 마무리되었지만, 챌린저호와 컬럼비아호 사고가 남긴 교훈을 잊지 말아야 할 사람들은 NASA와 협력사의 관계자들뿐만이 아니다. 관리자들(특히 기술적인 배경지식이 없는 관리자들)과 엔지니어들이 함께 일하는 곳이라면 어디에서든 관계가 바람직하지 못한 방향으로 작용할 가능성이 있다. 그런 환경에서 무언가 문제가 발생하면 처음에는 대개 엔지니어들과 그들의 설계가 비난의 대상이 되지만, 좀 더 자세히 조사해 보면 훨씬 미묘하고 복잡한 근본 원인이 존재할 때가 많다. 위험을 꺼리는 엔지니어들과 위험에 관대한 관리자들 사이의 갈등이 거의 언제나 문제의 근원에 자리하고 있다. 2010년에 일어난 멕시코 만 원유 유출 사고는 사건 분석 과정이 끝없이 언론을 통해 보도된 대표적인 사례다.

2010년 늦봄부터 초여름까지 〈뉴욕타임스〉 지에는 "멕시코 만 원유 유출"이라는 제목으로 시작되는 관련 기사들이 2~4페이지에 걸쳐 실리는 날이 많았다. 그리고 대개 이런 기사 중 적어도 하나는 제1면에서부터 시작되었다. 사고 발생 후 몇 주가 지나자 원유가 집중 분포된 지역과 유막의 예상 이동 경로를 보여주는 지도가 등장하기 시작했다. 한 달 정도 지나면서부터는 "원유 유출 관련 최신 소식"이라는 제목의 박스 기사 안에 항공 조사 결과와 이동 경로 일일 예보를 알려주는 지도와 함께 현재 상태와 대응 상황이 간략하게 실리기 시작했다. 사고 발생 6주째로 접어든 6월 2일에는 박스 기사의 제목이 "42일째: 원유 유출 관련 최신 소식"으로 바뀌었다. 사고가 금방 종결되지는 않으리라 판단하고 날짜를 세면서 중요한 진전 사항과 환경적 정치적 영향을 계속 보도하기로 한 것이다.[5]

TV 방송국들도 멕시코 만의 상황을 밀착 보도했다. CNN에서는 앤더슨 쿠퍼Anderson Cooper가 사고와 관련한 심야 방송을 진행했고, 많은 보도 매체들이 그러듯 멕시코 만에 직접 나가서 소식을 전하기도 했다. 관계자들뿐만 아니라 정치인들과 전문가들에게도 중요한 문제가 된 이 기술적인 실패는 각계각층에 있는 모든 사람의 이목을 집중시켰다. 건설 전문 주간지 〈엔지니어링 뉴스레코드ENR〉에는 원유 유출 사고의 기술적 산업적 규제적 측면들을 중점적으로 다룬 기사들이 실렸다. 오랜 전통과 권위를 자랑하는 〈ENR〉 지는 19세기부터 꾸준히 실패들, 특히 구조물과 시스템의 실패들을 다뤄왔다. 해저 1.5km 지점에서 시작된 원유 유출이 약 6주째 계속되고 있던 2010년 6월 초에 〈ENR〉지는 "멕시코 만 원유 유출 참사는 공학계의 수치"라는 제목의 사설을 게재했다. 이 사설은 "멕시코 만 원유 유출 사고는 발전 못지않게 참사가 끊이지 않았던 시대에 공학의 위신이 바닥까지 떨어진 사건으로 기억될 것"이라는 논평으로 끝을 맺었다.[6]

〈ENR〉지의 독자들은 늘 최신 기사에 빠르게 반응을 보여 왔다. 원유 유출 사고에 관한 사설이 게재되자 편집부에는 독자들의 항의 편지가 빗발쳤다. 한 독자는 이 사설이 "공학에 종사하는 모든 이들에 대한 모독이자 공격"이라고 항의하면서 철회를 요구했다. 또 다른 독자는 〈ENR〉지가 "모든 것을 엔지니어들의 탓으로 돌릴 수 있다"는 태도를 보이고 있다고 비난하면서, 이런 입장대로라면 사용자들은 달걀노른자가 절대로 터지지 않는 프라이팬이나 포트홀이 절대로 생기지 않는 도로를 만들어내지 못하는 것도 전부 엔지니어들의 탓이라고 여기게 될 것이라고 덧붙였다. 사실 프라이팬이나 도로, 석유 시추시설 등을 설계하는 과정은 생각보다 복잡하다. 자연적인 제약, 재료와 공정의 한계, 그리고 엔지니어들과 그 외 관계자들의 상호 관계도 이 과정에 영향을 끼치기 때문이다. 이와 관련해서 한 독자는 이렇게 지적했다. "기술적 지식이 없는 경영진이 설계에 개입해 변화를 일으켰으면 그 결과에 대해서도 책임을 져야 한다는 사실이 너무나 자주 간과되고 있다." 이 독자는 "멕시코 만에서 일어난 원유 유출 사고도 챌린저호나 컬럼비아호 폭발 사고와 같은 수많은 공학적 참사들과 본질적으로 다르지 않다"고 보았다.[7]

물론 우주왕복선과 석유시추선은 하드웨어나 기능 면에서 큰 차이를 보인다. 우주왕복선이 석유시추선과 비슷하게 만들어지거나 석유시추선이 하늘을 날기를 기대하는 사람은 없을 것이다. 그러나 이런 거대한 첨단 기계들은 단지 엄청나게 복잡한 기술 시스템에서 가장 눈에 띄는 일부분일 뿐이다. 우주왕복선은 스스로 구상된 것이 아니다. NASA와 그들을 지원하는 정치인들의 생각이 필요했다. 우주왕복선은 스스로 자금을 마련한 것이 아니다. 의회의 예산 책정이 필요했다. 우주왕복선은 스스로 설계된 것이 아니다. 엔지니어들로 이루어진 설계팀이 필요했다. 우주왕복선은 스스로 임무를 계획한 것이 아니다. 과학자들과 관리자들이 임무를 감독했다. 우주왕복선은 스스로 발사 준비를 한 것이 아니다. 기술자들이 발사 준비 작업을 수행했다. 우주왕복선은 스스로 발사된 것이 아니다. 인간이 설계한 부스터 로켓과 외부 연료 탱크의 도움이 필요했다. 우주왕복선은 스스로 작동한 것이 아니다. 소프트웨어 엔지니어들이 프로그래밍한 컴퓨터가 필요했다. 우주왕복선은 스스로 착륙한 것이 아니다. 우주비행사들이 착륙에 필요한 작업을 수행했다. 우주왕복선 사업은 스스로 조직되고 운영된 것이 아니다. 관리자들과 운영자들이 필요했다. 이와 마찬가지로 석유시추선도 스스로 구상되거나 투자되거나 설계되거나 작동되지 않는다. 기업과 엔지니어들, 기술자들이 필요하다. 또한 석유시추선이 스스로 깊은 바닷속의 석유를 시추할 시간이나 장소나 방법을 선택하는 것도 아니다. 이런 결정은 과학자들과 엔지니어들, 관리자들이 내린다. 모든 복잡한 기술은 똑같이 복잡한 인간 조직과 연결되어 있으며, 이 조직을 구성하는 사람들은 확실한 목적을 가지고 원활하게 상호작용해야 한다. 2010년 봄에서

여름까지 멕시코 만에서 일어난 일은 기계 장비의 실패이기도 했지만 인간 조직의 실패이기도 했다.[8]

딥워터 호라이즌호는 2001년 한국의 현대중공업이 만든 석유시추선으로 가격은 약 5억 달러였다. 사고 당시 소유주는 스위스의 트랜스오션Transocean Limited 사였다. "지구상에서 가장 정교한 석유시추선 중 하나"라고 알려졌던 딥워터 호라이즌호는 반잠수식이었다. 반잠수식 시추선은 시추 작업을 하는 동안에는 안전성을 높이기 위해 부분적으로 잠수해 있다가 다른 곳으로 이동할 때는 그보다 12m 정도 위로 올라와서 이동한다. 딥워터 호라이즌호는 길이 약 122m, 너비 약 76m, 높이 약 41m로 규모가 어마어마했고, 9m 높이의 파도와 시속 110km의 강풍에도 견딜 수 있도록 설계되었다. 작업 가능 수심은 약 2.4km, 최대 시추 깊이는 약 9.1km였다. 시추 작업에 필요한 기계와 장비뿐만 아니라 선원들을 위한 침상도 130개가 갖춰져 있었다. 사고 당시 다국적 기업 BP(브리티시페트롤리엄British Petroleum) 사가 딥워터 호라이즌호를 임차해 루이지애나 주의 미시시피 삼각주에서 남동쪽으로 약 67km 떨어진 마콘도Macondo 유정에서 시추 작업을 하고 있었다. 2010년 4월 20일 폭발이 일어나고 뒤이은 화재가 이틀 동안 계속되어 시추선은 결국 바닷속으로 침몰했다. 노동자 11명이 사망했고 17명이 부상을 입었다.[9]

사고 발생 직후에는 구조 작업에 관한 보도가 주를 이뤘지만, 화재가 진압되었어도 참사가 끝난 것은 아니었다. 유막의 길이가 8km까지 뻗어나간 것으로 보아 어딘가에서 기름이 유출되고 있는 것이 분명했다. 바닷속 깊이 위치한 다른 유정들과 마찬가지로 딥워터 호라이즌호 밑의 유정에도 원격으로 제어되는 유출방지장치BOP, blowout preventer가 설비되어 있었다. 유출방지장치는 통제 불가능해진 유정에서 원유가 유출되는 것을 방지하기 위해 설계된 장치로, 파이프, 호스, 플랜지, 밸브, 피스톤, 램 등으로 복잡하게 이루어져 있다. 폭발이 일어난 날 밤 유출방지장치가 제 기능을 하지 못했고, 정두(wellhead, 시추 장비와 유정을 연결하는 장치-옮긴이)와 파손된 파이프에서 원유가 걷잡을 수 없이 쏟아져 나오자 유출을 막기 위한 계획이 세워졌다. 그러나 유출 지점이 워낙 깊은 바닷속에 있었기 때문에 작업은 원격으로 진행되어야 했다. 며칠 후 해안 경비대는 원격 조종 잠수 로봇이 문제의 유출방지장치를 수리할 수 있도록 허가했지만 결국 이 시도는 실패했다. 초기의 원유 유출 추정량은 하루에 약 1,000배럴(158,900리터)이었다.**10**

2010년 4월 멕시코 만의 석유시추선 딥워터 호라이즌호에서 폭발이 일어나면서 화재가 발생해 결국 시추선이 바닷속으로 침몰했다. 이 사고로 해저에 설치된 유출방지장치(BOP)에 연결된 파이프가 파손되었다. 비상시에 원유의 유출을 차단해주는 유출방지장치의 고장으로 걷잡을 수 없는 원유 유출이 수개월 동안 이어졌다.(U.S. Coast Guard 사진)

잠수 로봇뿐만 아니라 카메라도 정두 부근을 촬영하고 있었다. 파이프의 파손된 세 곳에서 기름과 천연가스가 새어 나오고 있었다. 원유 유출 추정량은 하루에 약 5,000배럴(794,500리터)로 증가했다. 로봇이 유출을 막는 데 실패하자 BP 사는 유출되는 원유의 일부만이라도 막기 위해 다소 특이한 방법들을 시도했다. 상황이 심각하지 않았다면 재미있다고 말할 수도 있었을 법한 방법들도 있었다. 폭발 17일 후, 높이 12m 무게 98톤의 강철 '격납 돔containment dome'이 파이프 파손 부위 한 곳으로 내려졌다. 직사각형의 뒤집힌 상자처럼 생긴 이 장비는 1.5km 길이의 라이저 파이프(riser pipe, 유체를 끌어올리는 수직관—옮긴이)를 이용해 원유를 바다 위의 배로 이동시킴으로써 바닷물과 연안 지역의 오염을 막기 위한 장비였다. 라이저 파이프 내에 얼음이 형성될 것을 예상해 외부 파이프 속에서 따뜻한 표층수가 순환되었다. 그러나 유출 지점 주위의 차가운 수온으로 인해 일종의 "탄화수소 슬러시"가 형성될 수 있다는 사실은 미처 고려되지 못했다. 이 탄화수소 덩어리 때문에 파이프가 막혀 결국 이 장비는 성과를 내지 못했다. 그 후에도 몇 차례 다른 방법들이 시도되었으나 실패가 계속되었고 석유산업계는 비난과 조롱을 피할 수 없었다.[11]

'격납 돔'을 이용한 시도가 실패하고 이틀 후 BP 사는 타이어 조각이나 골프공, 밧줄 등의 폐기물을 유출방지장치에 쏟아붓는 '정크샷junk shot' 방식을 시도하겠다고 발표했다. 아이들의 장난감이 변기를 막듯이 이 폐기물들이 원유의 유출을 막아줄 것이라고 설명하였다. 세계 곳곳에서 이 방법으로 원유 유출을 막은 선례가 있었다. 1991년 걸프전 당시 쿠웨이트 유전 파괴로 원유가 유출되었을 때 '정크샷' 방식을 이용해 성공적으로 유출을 막은 경험이 있는 한 엔지니어는 이 방식을 가리켜 과학 원리에 과거의 성공적인 경험을 더한 기술이라고 말했다. 그러나 멕시코 만의 유정처럼 깊은 바닷속에 있는 유정에는 '정크샷' 방식이 시도된 적이 없었다. 그리고 원유와 가스가 엄청난 압력으로 뿜어져 나오고 있었기 때문에 아무리 폐기물을 쏟아부어도 좀처럼 파이프의 구석구석까지 가서 박히지 않았다.[12]

압력과의 싸움이 시작되었다. 엔지니어들은 13,000psi의 압력으로 뿜어져 올라오는 원유와 가스를 막기 위해 아래로 압력을 가하는 작업에 착수했다. 점토, 물, 황산바륨 등으로 구성된 무거운 시추이수 drilling mud를 유정에 주입하는 '톱킬 top kill' 방식이 시도되었다. 축적된 시추이수의 무게로 유정의 압력을 누르는 데 성공하면 시멘트로 유정을 완전히 봉한다는 계획이었다. 동시에 좀 더 작은 뒤집힌 깔때기 형태의 격납 캡도 준비되었다. 유출방지장치에 씌워 라이저 파이프를 통해 원유를 바다 위의 배로 이동시키기 위해서였다. 이 방법의 한 가지 큰 단점은, 잠수 로봇들이 유출방지장치에 접근해 수리 작업을 벌이기가 어려워진다는 점이었다. 그래도 어쨌든 고장 난 유출방지장치에 캡이 씌워졌다. 물론 그 전에 파손된 라이저 파이프를 잘라내는 어려운 작업을 거쳐야 했다. 직경 10cm의 파이프가 파손된 53cm 유정 파이프에 성공적으로 삽입되었다. 원유 일부를 바닷물로 유입되기 전에 잡아 배로 올려보내기 위한 시도였다. 이 방법은 어느 정도 효과가 있었다. 그러나 이보다 더 큰 파이프를 사용하기는 어려웠다. 유정에서 뿜어져 나오는 압력이 파이프를 밀어내 원유를 전혀 회수하지 못하게 될 가능성이 컸기 때문이다. 거의 4주 동안 실패를 거듭한 끝에 BP 사는 약간의 성공을 거두고 안도의 한숨을 내쉬며 그간의 실패를 "기술 혁신의 과정"이라고 표현했다. BP 사는 실패에서 어떻게든 성공을 끌어내려 애쓰고 있었다. 그러나 기업의 연구실에서 실패를 교훈으로 삼으며 시험하는 경우와 달리 멕시코 만에서는 엄청난 압박 속에 고안한 방법을 언론의 엄격한 감시하에 서둘러 시험해야 했다. 엔지니어들에게는 더없이 힘든 환경이었다.[13]

원유가 유출되기 시작한 후 거의 3개월이 지난 시점에 BP 사는 새로운 시도에 착수했다. 매일 25,000배럴(약 3,972,500리터)의 원유를 바다 위의 배로 이동시키고 있던 헐거운 격납 캡은 철거되었다. BP 사는 이 조치로 인해 사실상 유정에서 뿜어져 나오는 원유가 전부 바다로 방출되고 있지만 이런 단기적 피해를 감수하더라도 꼭 맞는 캡을 씌우는 편이 낫다고 설명했다. 격납 캡이 제거된 후 잠수 로봇들이 유출방지장치 꼭대기의 플랜지와 그 위의 커다란 부품을 결합하고 있던 무게 23kg의 볼트 여섯 개를 해체한 후 플랜지 위에 새로운 격납 캡을 결합했다. BP 사는 이 격납 캡의 밸브들을 모두 잠그면 원유 유출을 완전히 차단할 수 있다고 예상했다. 캡은 성공적으로 결합되었지만 밸브들을 모두 잠그기 전에 일련의 압력 시험을 통해 유정의 상태를 확인해야 했다. 유정에 파손된 부분이 있으면 밸브들을 완전히 잠그면 엄청난 내부 압력이 발생해 정두가 아닌 다른 곳에서 원유가 터져 나올 수 있었기 때문이다. 그러나 압력 시험은 에너지부 장관 등의 권고로 추가적인 분석 작업을 하기 위해 연기되었다.[14]

그 후 약 일주일에 걸쳐 무게 90톤의 격납 캡에 있는 밸브들이 차례로 잠기자 압력이 오르기 시작했다. 새는 곳은 없는 것 같았다. 그런데 유정 부근에서 약간의 원유와 메탄가스 누출 가능성이 감지되었고, 어떤 조치를 취할지에 대해 정부와 BP 사는 의견 차이를 보였다. 정부는 유정의 압력을 낮추기 위해 밸브를 열 준비를 하라고 BP 측에 요청했지만 BP 사는 다른 방법을 찾을 때까지 그대로 두기를 원했다. 원유가 다시 분출되면 꼭 맞는 캡이 효과를 발휘하지 못할 경우에 대비해 준비해 둔 좀 더 헐거운 캡을 설치한다는 계획이었다. 그러면 유출을 완전히 차단하지는 못하더라도 상당량의 원유를 배로 끌어올려 연소시키거나 다른 방법으로 처리할 수 있을 터였다. 압력과의 싸움은 정치와 대민 홍보 싸움으로 번졌다. 한 홍보회사 대표는 정부와 석유회사가 "한 팀으로 보이길 원하면서도 각자의 이익을 좇고 있다"고 말했다. 정부는 상황이 악화될 위험을 줄이고 싶어 했지만 BP 사는 어렵게 이뤄낸 성과에서 물러서려 하지 않았다. 유출된 원유의 양에 따라 벌금의 액수가 정해질 터였기 때문이다. 서로 다른 집단들이 느슨한 협력 관계에서 각자의 이익을 위해 밀고 당기기를 계속할 때는 위험과 이익 사이에서 적절한 균형을 찾기가 어렵다. 정부는 유정의 압력을 철저히 감시한다는 조건으로 밸브를 잠가 둘 수 있는 기간을 하루씩만 연장해주었다. 그리고 원유 유출이 시작된 후 거의 3개월이 지나서 마침내 유출이 완전히 멈췄다는 공식 발표가 나왔다.[15]

길고 긴 싸움 끝에 드디어 BP 사는 유정을 밀봉하는 작업에 착수할 수 있게 되었다. 유정을 밀봉하기 위해 BP 사가 선택한 방법은 시추이수를 유정에 주입하고 이어서 시멘트를 주입해 봉하는 방법이었다. 이 과정은 '스태틱킬static kill'이라 불린다. 캡을 씌운 후 약 3주가 지난 시점에 밀봉 작업이 시작되었고, 약 8시간에 걸쳐 2,300배럴(365,470리터)의 무거운 시추이수가 유출방지장치를 통해 케이싱 파이프(casing pipe, 시추 과정 중에 공벽이 무너져 내리지 않도록 박아 넣는 강관-옮긴이)에 주입되었다. 압력 확인을 위해 작업이 잠시 중단된 후 더 이상 원유가 유출되지 않는 것으로 판단되자, 정부 측 사고 대응 책임자인 전 해안경비대 대장 태드 앨런Thad Allen은 끝이 가까워지고 있다는 낙관을 표명했다. 며칠 후 시추이수 위에 시멘트가 부어졌다. 시멘트로 내부 파이프와 외부 파이프 사이의 공간이 메워진다고 확신할 수 없었기 때문에 두 개의 감압정relief well을 뚫는 작업이 함께 진행되었다. 감압정 하나가 유정과 연결되어야 시멘트로 유정을 밑에서부터 완전히 봉하는 최종 작업이 진행될 수 있었다. BP 사는 이 '바텀킬bottom kill' 작업이 완료되면 유정이 "밀봉되지 않을 수 없다"고 말했다. 원유 유출 사고를 다루는 언론의 초점은 "공학 문제에서 환경과 경제 문제"로 옮겨 갔다.[16]

정부는 유출된 원유 중 앞으로 처리해야 할 원유는 25%만 남았다고 발표했다. 정부의 발표에 따르면, 거의 75%가 수거되거나 증발하거나 연소되거나 분산되거나 용해되는 등 어떤 식으로든 사라졌다. 원유 유출을 막는 작업에 방해되었던 열대성 폭풍은 바다로 유출된 원유가 분산되는 데는 오히려 도움이 되었고, 작은 방울로 흩어진 원유는 박테리아에 의해 생분해되었거나 되고 있었다. 멕시코 만 해안가로 밀려간 원유는 타르볼(tar ball, 원유 찌꺼기가 모래 등과 섞여 뭉쳐진 덩어리-옮긴이)을 형성해 쓰레기로 처리되었다. 그러나 일부 환경학자들은 남아 있는 원유의 양과 그로 인한 잠재적 영향에 대해 정부와는 다른 생각을 하고 있었다. 환경학자들은 독자적인 조사 결과 유출된 원유의 약 80%가 "여전히 표면 아래 숨어 있으며" 일부는 바다 밑바닥에 가라앉아 물고

기들의 산란지를 오염시키고 있다고 주장했다. 다시 말해, 원유 유출로 인한 환경적 피해는 앞으로도 한동안 계속될 것이라는 얘기였다.[17]

언론 매체들이 사고를 여러모로 다루고 있는 사이에도 사고 처리반은 원유 유출을 막고 확산되는 원유를 거두기 위해 여러 가지 방법들을 시험했고 관료들은 두 개의 감압정을 뚫는 작업에 대해 논의했다. 기본적인 계획은 약 5.5km 깊이의 유정에 감압정을 연결해 시추이수를 위로 주입하는 것이었다. 이 '바텀킬'이라는 과정을 통해 시추이수 기둥이 점점 무겁게 쌓이면 결국 원유가 시추이수를 밀어 올리는 압력보다 시추이수가 원유를 내리누르는 압력이 더 커지게 된다. 그러나 일반적으로 유정에 감압정을 연결하는 작업은 매우 느리게 진행되는 작업이었기 때문에, 사고 발생 4개월 후인 8월 중순 전에는 완료되기 어려울 것으로 예상하였다. 과거에 이 작업이 오래 걸렸던 이유 중 하나는, 감압정을 뚫어 나가면서 유정에 가까워질수록 일정한 간격으로 드릴비트를 멈추고 자기 탐지 장치를 내려보내 유정 파이프의 위치를 확인해야 했기 때문이다. 유정 파이프는 강철(자성체)로 만들어져 있어서 지구의 자기장에 영향을 미치고, 그 영향의 정도를 측정하면 파이프의 위치 정보를 얻을 수 있다. 멕시코 만 사태에서 과거의 이 기술이 그대로 사용되었다면, 감압정을 약 5.2km 깊이까지 뚫었을 때 유정까지의 거리가 300m이기 때문에, 드릴비트를 멈추고, 탐지 장치를 내려 보내고, 파이프 위치를 측정하고, 탐지 장치를 올려보내고, 다시 드릴비트를 작동시켜 통로를 뚫는 과정을 반복해 연결 작업을 완료하기까지 약 17시간이 걸렸을 것이다. 하지만 2010년에는 기술이 상당히 발전해서 탐지 장치와 드릴비트를 동시에 사용할 수 있게 되었기 때문에, 탐지 장치를 올리고 내리는 긴 과정을 더는 반복할 필요가 없었다. 그러나 앨런 대장은 감압정 연결 작업은 "신중에 신중을 기해야 하기 때문에 아주 천천히 진행될 수밖에 없다"고 말했다. 실제로 아무리 신중을 기해도 빗나갈 수 있는 것이 감압정 연결 작업이었다. 2009년 호주 해안에서 원유 유출 사고가 발생했을 때도 다섯 번의 시도를 거듭한 후에야 유정에 감압정을 연결할 수 있었다. 그래도 어쨌든 톱킬 작업이 성공한 것으로 보였기 때문에 감압정 연결 작업 속도에 대한 부담감은 어느 정도 덜 수 있었다. 스태틱킬 작업이 성공적으로 완수된 후 몇 주가 지난 시점에도 "정부에 고용된 과학자들은 감압정 연결 작업을 완료하기 위해 밟아야 할 정확한 다음 절차를 결정하기 위해 시험 결과들을 검토하고 있었다."[18]

고된 싸움이 계속되는 동안 석유산업계나 정부와 무관한 일반 시민들도 원유 유출을 막을 방법과 관련해 여러 가지 의견들을 제시했다. 그러나 유용한 방법이 있어도 백악관이나 에너지부나 BP 사에 전달할 통로가 없었기 때문에 시민들의 불만이 이만저만이 아니었다. BP 사의 웹사이트에는 의견을 제출할 수 있는 난이 마련되어 있었지만 공간이 제한되어 있어서 이곳을 통해 자세한 의견을 전달하기는 어려웠다. 사고 발생 후 8주가 지나면서 BP 사에 접수된 시민들의 제안은 8만 건을 넘어섰다. 원유가 해안가로 밀려들기 시작하면서 시민들의 제안은 더더욱 늘어났다. 수많은 제안 가운데 적어도 윌러드 워튼버그Willard Wattenburg의 제안은 에너지부 장관 스티븐 추Steven Chu의 책상 위까지 올라갈 수 있었다. 워튼버그는 엔지니어이자 발명가로, 1991년 이라크가 쿠웨이트에서 철수하면서 파괴한 500여 개의 유정에 캡을 씌우는 임무를 맡았었다. 당시 과학자들은 모든 유정의 화재를 진압하고 캡을 씌우는 데 5년이 걸릴 것이라고 예상했지만 워튼버그는 7개월 만에 이 작업을 완수했다. 멕시코 만의 원유 유출을 막기 위해 그가 제안한 방법은 수백 톤의 강철 공을 유정으로 떨어뜨리는 것이었다. 그는 강철 공의 크기가 충분하다면 그 무게로 솟아 나오는 원유를 뚫고 내려가 파이프를 어느 정도 막아줄 것이고 그러면 시추이수를 주입할 수 있다고 말했다. 장관은 워튼버그에게, 에너지부에서도 그런 방법을 고려해보았지만 복잡한 문제들이 얽혀 있어서 실행하기는 어려웠다고 답신했다. 그 복잡한 문제들이 무엇인지는 언급되지 않았다. 폭탄으로 (심지어는 핵폭탄으로) 유정 주변을 무너뜨려 폐쇄하는 방법도 제안되었는데, 이 방법이야말로 실행하기에는 어려움이 많았다.[19]

그동안 휴스턴의 지휘본부에서는 유출을 막을 방법이 계속 논의되고 있었다. 지휘본부에는 바닷속 상황을 보여주는 비디오 모니터들이 설치되어 있었다. 이곳은 주로 허리케인 발생 시 대책본부로 사용되는 장소였다. BP 사뿐만 아니라 폭발 당시 시추 작업을 하고 있었던 트랜스오션과 할리버튼Halliburton 사, 그리고 엑슨모빌Exxon Mobil 사와 같은 경쟁사의 직원들도 지휘본부에 동원되었다. BP 사의 부대표 중 한 명은 5백여 명의 엔지니어들과 기술자들, 보조 직원들이 전례 없는 사태 해결에 힘쓰고 있다고 말했다. "우리는 모든 방안을 성공시킬 목표로 임하고 있으며 언제나 실패에 대비해 계획을 세우고 있다." 서로 다른 수많은 계획이 동시에 추진되고 있는 이유를 설명해주는 발언이었다. 사고가 발생하기까지의 상황이 엔지니어/관리자의 대립으로 얽혀 있었다면, 원유 유출을 막는 과정은 과학자들과 정치인들의 개입으로 더욱 어려워졌고, 유출된 원유를 수거하고 처리하는 과정은 엔지니어/관리자/과학자/규제기관/정치인/운동가들의 갈등으로 더더욱 복잡해졌다. 사태가 이어지는 내내 계속된 조직 간의 주도권 싸움은 원유 유출 사태 대응과 관련한 웹사이트 통제 문제에서도 드러났다. 폭발 사고 직후부터 두 달 반 동안은 BP 사가 deepwaterhorizonresponse.com 사이트를 관리했지만, 해안경비대를 관할하는 국토안보부가 이 사이트를 정부 공식 사이트로 바꿨다.[20]

추 장관은 유출방지장치가 제 기능을 하지 못한 이유를 밝히기 위해 여러 국립 연구소의 고위 연구원들로 구성된 팀을 휴스턴으로 파견했다. "세계 최고의 과학자들"이 BP 사와 함께 대책들을 계속 마련했다. 과학자들은 마침내 첨단 감마선 기술을 이용해 유출방지장치 속을 들여다보는 데 성공했고, 긴급 절단장치인 시어램shear ram이 절단 기능을 완벽하게 수행하지 못했다는 사실을 확인할 수 있었다. 그러나 과학자들도 엔지니어들보다 더 나은 해결책을 찾아내지는 못했다. 이 문제는 사실 굉장히 까다로운 문제였다. 일찍부터 유출방지장치는 문제의 직접적인 원인으로서 주목을 받았고, 감압정을 제외하고는 유출을 막을 수 있는 마지막 수단으로 여겨지기도 했다. 나중에는 감압정이 실패할 가능성도 공공연히 논의되었다. 내부자들 중 일부는 유정의 파손이 심각해서 밑바닥부터 밀봉하는 방법은 효과가 없을 가능성이 높다고 시인하기도 했다.[21]

한편 해결책 마련과 함께 원인 분석도 진행되고 있었다. 시어램은 비상시 최후의 방책으로 설계된 장치였다. 그러나 시어램이 제대로 작동하지 않았다는 사실의 발견은 과학적 지식일 뿐 해결책도 교훈도 아니었다. 원유 분출을 막기 위한 다른 모든 수단들이 실패할 경우 시어램이 드릴 파이프(drill pipe, 파이프 속으로 시추이수를 주입하면서 드릴비트를 회전시켜 해저를 뚫는 시추관—옮긴이)를 절단하면서 유정을 완전히 밀봉한다. 딥워터 호라이즌호의 경우 시어램이 이 작업을 제대로 완료하지 못했다. 시어램의 실패 원인을 추정한 가설 중 하나는, 드릴 파이프의 이음부에 있는 두꺼운 이음관이 우연히 시어램의 절단 날과 같은 높이에 위치해서 시어램이 이 이음관의 두께 때문에 파이프를 완전히 절단하지 못했다는 것이었다. 유출방지장치 내부를 촬영한 감마선 이미지를 토대로 한 또 다른 가설은, 사고 발생 당시 드릴 파이프가 시어램에 걸려서 절단과 밀봉이 제대로 이루어지지 않았다는 것이었다.[22]

멕시코 만 원유 유출 사고가 일어나기 바로 전 해에 심해에서 유출방지장치의 안전성을 점검하기 위한 조사가 진행되었다. 약 25년 동안 북해와 북아메리카 연안에서 시추 작업을 벌여온 약 15,000개 유정을 조사한 결과, 석유시추선의 선원들이 유정을 통제할 수 없게 되어 유출방지장치가 작동된 사례는 11건이었다. 그중 유출방지장치가 제대로 기능하지 못한 사례는 5건으로, 실패율이 무려 45%였다. (1979년 멕시코 유카탄 반도에 위치한 탐사 유정 익스톡 I에서 대규모 원유 유출이 발생한 것도 시어램이 제대로 작동하지 않았기 때문이었고, 1990년과 1997년에 각각 텍사스 연안과 루이지애나 연안에서 원유가 유출된 것도 시어램 문제 때문이었다. 반면에, 딥워터 호라이즌호 사고 발생 4개월 전 북해에서 작업 중이던 트랜스오션 사의 석유시추선에서 압력 급상승으로 원유와 시추이수가 시추선 위로 쏟아졌으나 이 경우 유출방지장치가 제대로 작동해 유정이 밀봉되었다.) 유출방지장치를 유지 관리하는 데 드는 비용도 만만치 않았다. 장치를 회수해서 수리하기 위해 시추 작업을 중단함으로써 발생하는 비용은 1분당 약 700달러였다. 시어램이 제대로 작동한다 해도 정기적으로 시험해야 했다. 정부의 지시로 진행된 유출방지장치 시험 결과들을 조사한 자료에 따르면 9만 건의 시험 가운데 실패 발생 건수는 62건에 불과했다. 시험의 신뢰성에 대해 의문이 제기되기도 했지만 석유회사들은 이런 자료를 근거로 들어 시험 횟수를 줄여달라고 요구했다. 시험 횟수를 줄이면 1년에 약 1억 9300만 달러를 절약할 수 있기 때문이었다.[23]

원유 유출 책임과 관련한 정부와 언론, 시민들의 질타는 주로 BP 사에 집중되었지만 그 외에도 책임 추궁을 피할 수 없는 기업들이 있었다. 그중에서도 550,000달러의 가격으로 BP 사에 딥워터 호라이즌호를 임대한 소유주 트랜스오션 사는 특히 엄격한 조사를 받았다. 사고 발생 후 3개월이 지났을 무렵, 딥워터 호라이즌호뿐만 아니라 트랜스오션 사가 소유한 다른 시추선들에도 문제가 있었다는 사실이 밝혀졌다. 사고 발생 한 달 전, BP 사는 북아메리카 지역에서 시추 작업을 벌이고 있는 트랜스오션 사 소유 시추선들의 "안전문화"를 광범위하게 검토해 달라고 로이드 선급협회Lloyd's Register에 의뢰했다. 특히 BP 사는 휴스턴에 있는 트랜스오션 본사와 이 회사 소유의 일부 시추선들을 조사하고 비밀 보고서를 작성해달라고 선급협회에 요청했다. 이 보고서의 내용이 〈뉴욕타임스〉 지에 실리면서 숨어 있던 문제들이 수면 위로 떠올랐다. 보고서에 따르면 "억압적인 관료주의"로 인해 "시추 노동자들 사이에 불만이 팽배"해 있었고 "노동자들과 본사 사이의 불신이 심화"되고 있었다. 안전수칙은 "현장 노동자들을 위한 것이 아니라 법정에 제출하기 위한 것"이었다. 시추선 노동자들은 보복이 두려워 문제가 있어도 알리지 못했고, 주요 유지 관리 작업이 미뤄지는 일은 다반사였다. 따라서 중요한 장비들이 불안한 상태로 작동하고 있었을 가능성이 있었다. 비밀 보고서에서는 딥워터 호라이즌호의 침몰에 기여했을 만한 요인의 단서도 발견되었다. 선체의 안정성을 유지해주는 밸러스트 장치 ballast system의 문제 때문에 폭발 후 시추선이 침몰했을 가능성이 있었다. 반잠수식 시추선인 딥워터 호라이즌호가 화재로 손상을 입었다 해도 침몰하지 않았다면 유정 파이프가 파열되지 않았을 수도 있고 그랬다면 원유 유출은 일어나지 않았을 것이다.[24]

그러나 물론 원유 유출은 일어났다. 유출을 막기 위한 노력이 계속되는 동안에도 청문회, 기업 조사, 실패 분석 또한 진행되고 있었다. 유출방지장치의 기술적인 문제와는 별개로, 시추 작업에 드는 시간과 비용을 절약하기 위해 내린 현명하지 못한 결정들도 원유 유출에 크게 기여했다는 것이 초기에 내려진 평이었다. BP 사의 한 직원은 마콘도 유정을 "악몽 같은 유정"이라고 표현했다. 이 유정은 더 세심한 주의를 기울여야 한다는 경고를 수차례 받은 바 있었다. 사고 경위를 추정한 시나리오는 다음과 같았다. 어떤 이유에서인지 케이싱 파이프에서 누출이 일어나 시추공 안에 가스가 발생했고, 이 상황을 알아채지 못한 선원들은 바닷물과 함께 유정의 압력을 누르고 있던 시추이수를 빼내기 시작했다. 곧 압력 불균형이 감지되면서 유정은 통제 불능 상태에 빠지게 되었다. 메탄가스가 유출방지장치에서 라이저 파이프를 통해 시추이수와 바닷물을 밀어냈고, 이에 따라 시추이수와 바닷물이 공중으로 약 90m까지 치솟았다. 아마도 어떤 장비에서 불꽃이 튀어 메탄가스에 불이 붙었고, 유출방지장치가 가동되었으나 제 기능을 하지 못했다. 폭

발에 이어 화재가 발생하고 결국 시추선이 침몰한 것이다.[25]

딥워터 호라이즌호 사고를 조사하는 정부 위원회의 청문회에서 석유시추선의 비상경보기가 "정지" 모드로 설정되어 있었다는 사실이 밝혀졌다. 잘못된 경보로 선원들이 잠에서 깨는 일을 방지하기 위해서였다. 이 경솔한 조치로 인해 화재 발생 당시 선원들이 신속하게 대피하지 못하고 목숨을 잃었을 가능성도 충분했다. 또 사고가 발생하기 전 몇 주 동안 비상 장비에서 누출이 발생하고 컴퓨터가 고장 나고 전원이 나가는 등 문제가 반복되었다는 사실도 드러났다. 시추선의 유지 관리가 제대로 이루어지고 있지 않았음을 보여주는 증거였다. 2009년에 실시한 심사에서 판단 착오, 오작동은 물론, 수리해야 할 수백 곳이 발견되었다는 사실도 밝혀졌다. 이런 오류와 생략은 심사 이후에도 계속되었던 것으로 보인다. 사고 전날 비상 장비 시험이 제대로 이루어지지 않아 가스 발생이 감지되지 않았기 때문이다. 사고 몇 주 전 로이드 선급협회가 실시한 심사에서는 시추선의 "안전문화"가 허술했다는 사실과 더불어 노동자들이 보복에 대한 두려움 때문에 문제를 보고하지 못했다는 사실이 드러났다. 딥워터 호라이즌호에서 사고가 발생하는 것은 시간문제였던 것으로 보였다.[26]

미국 공학한림원의 심사위원회는 "막을 수 있었던" 유출이 "여러 가지 말도 안 되는 인적 오류들과 몇 가지 장비 문제로 인해" 발생했다고 밝혔다. 상원 에너지위원회 위원장은 기술적, 인적, 규제적 오류를 비롯한 "오류의 홍수"가 폭발을 일으켰다고 말했다. 의회의 한 분과위원회는 작업을 서둘러 끝마치고 비용을 줄이기 위해 일반적인 관행을 무시한 결과 오류들이 발생했다고 지적했다. 업계의 전문가들과 경영자들은 유정의 설계에도 오류가 있었다고 증언했다. BP 사는 케이싱 파이프에 라이너liner를 여러 개가 아닌 한 개만 사용했고 이로 인해 가스가 표면에 도달할 가능성이 커졌다. 드릴 파이프를 시추공의 중앙에 위치시키기 위한 장치인 스페이서spacer도 일반적인 개수보다 적게 사용되었다. 이 때문에 시멘트가 균일하게 흐르지 못해 가스가 빈 곳으로 새어 나갔을 수 있다. (특별 조사위원회는 할리버튼 사의 엔지니어가 스페이서를 21개 사용하도록 권했고 BP 사도 최소한 16개를 사용하려고 했으나 사용 가능한 스페이서가 6개밖에 없어서 결국 6개만 사용했다고 밝혔다.) 시멘트를 주입한 후 누출 검사도 이루어지지 않았고, 정두에 관례로 설치하는 보호관 sleeve도 설치되지 않았다. 이런 생략들로 시간과 비용은 절약되었겠지만 유출 위험은 커질 수밖에 없었다. 한 "심해 시추 전문 엔지니어"는 BP 사가 설계상의 지름길을 택함으로써 작업 기간을 일주일 줄이고 수백만 달러의 비용을 절약했지만 유정의 안전성은 통상적인 방법을 사용했을 때에 비해 훨씬 낮아졌다고 말했다.[27]

환경운동가들과 멕시코 만 연안 지역 당국 관계자들은 처음부터 원유 유출이 낳을 수 있는 환경 피해를 강조했다. 그들은 기름이 해안가로 밀려오지 못하게 막고 이미 밀려온 기름을 제거하는 작업과 관련한 연방 정부의 부실한 대처에 몇 번이고 불만을 표출했다. 한 환경학자는 심해에 형성되어 있다고 보고된 기름 기둥들이 수면으로 올라오는 데 수년이 걸릴지 수십 년이 걸릴지 알 수 없다고 우려하면서, "온통 알 수 없는 것들뿐"인 상황이라고 말했다. 그러나 앞으로 벌어질 일에 대한 경고는 무시될 때가 많다. 상황이 통제되고 있는 것처럼 보일 때는 특히 그렇다. 유카탄 반도와 텍사스, 루이지애나의 사고에서도 분명 얻을 수 있는 교훈들이 있었지만 이를 기억하는 사람은 많지 않았다. 아마도 미국 영토에 광범위한 영향이 미치지 않았기 때문일 것이다. 본성적으로 인간은 당장 나쁜 일이 닥치지 않으면 모든 일이 잘되고 있다고 안심하기 마련이다. 그러나 규제 기관이 이런 태도를 취해서는 안 된다. 연안 석유 시추 사업에 대한 규제를 담당하는 내무부 산하 광물관리청MMS은 엄청난 비난 세례를 받았다. 이 기관은 환경 문제를 소홀히 다룰 때가 많았고, 규정을 무시한 채 에너지 탐사와 관련된 활동들을 간단히 허가하곤 했다. 또 광물관리청은 연안 석유 시추 활동 증가로 인한 위험과 이익을 보고할 때 유출방지장치에 관한 언급을 거의 하지 않는 등 기술적인 문제들도 꼼꼼하게 다루지 않았다. 한 논객은 이런 상황을 가리켜 "생물학자들과 엔지니어들 간의 전쟁"이라고 표현했다. 사고 발생 후 일부 정부 기관들은 잘못을 벌충하기 위해 갖은 애를 썼다. 환경보호국EPA은 습지대 등 환경적으로 민감한 지역의 기름 유입을 막으려는 조치에 과도하다 싶을 정도로 많은 시간을 투자했다. 정부 기관들은 멕시코 만 원유 유출 사고와 관련된 업무에 쫓겨 이와 관련이 적은 사업들을 검토할 겨를이 없는 듯했다.[28]

일반 대중이 처음으로 해저 1.5km 깊이에 있는 파손된 파이프에서 원유가 뿜어져 나오는 장면을 자세히 보게 된 것은 사고 발생 후 3주가 지나서였다. 그리고 이 영상은 당시 점점 더 이목을 집중시키고 있던 멕시코 만 참사의 대표적인 자료 영상이 되었다. 얼마나 많은 원유와 가스가 뿜어져 나와 심해수와 맹렬히 뒤섞이고 있는지를 파악하기는 어려웠지만, 유출이 계속 진행됨에 따라 추정량은 점점 늘어났다. 과학자들은 유출되고 있는 원유의 양에 대해, 그리고 바람이나 해류, 허리케인에 의한 원유의 예상 이동 경로에 대해, 그리고 멕시코 만의 생태계가 입게 될 예상 피해에 대해 활발하게 의견을 나눴다. 이런 논의는 시급히 유출을 막고 유량을 통제해야 할 필요성을 일깨워주었다. 5천만 배럴 정도 매장되어 있는 것으로 추정되는 원유가 저류층에서 모두 빠져나오기까지 수개월 혹은 수년이 걸릴 것이 분명했기 때문에, 계획을 세우기 위해서라도 유정에서 원유가 얼마나 빠르게 쏟아져 나오고 있는지 알아야 했다. 유출 속도는 탄화수소가 새어나오는 모습을 촬영한 영상, 저류층과 유정의 컴퓨터 모형, 유조선이 회수한 원유의 양을 토대로 계산되었다. 애초 정부는 하루에 1,000배럴 정도가 유출되고 있다고 발표했으나 1주일 후 이 수치는 5,000배럴로 바뀌었고 그 후 다시 12,000~19,000배럴로 늘어났다. 이로써 딥워터 호라이즌호 사고는 미국 역사상 최악의 원유 유출 사고가 되었다. 1989년 알래스카의 프린스윌리엄 해협에서 엑슨 발데즈Exxon Valdez호가 암초에 부딪혀 발생한 원유 유출 사고보다도 규모가 컸다. 딥워터 호라이즌호 사고의 영향은 2005년 뉴올리언스와 멕시코 만 일대를 덮쳤던 허리케인 카트리나의 영향과 비교되기도 했다. 그러나 여기서 끝이 아니었다. 일일 유출량 추산치는 다시 20,000~40,000배럴로 늘어났고, 사고 발생 8주가 지나자 35,000~60,000배럴로 늘어났다. 후에 BP 사는 정부가 공식 발표한 추산치에 이의를 제기하면서 이 수치는 50% 정도 높게 계산된 것이라고 주장했다. BP 사는 유출된 원유에 대해 배럴당 4,300달러의 벌금을 물게 될 위기에 처해 있었기 때문에 이대로라면 수십억 달러를 잃게 될 수도 있었다.[29]

유정에서 원유가 뿜어져 나오는 동안 유조선들은 최대한 원유를 회수하기 위해 애쓰고 있었는데, 수용 능력이 충분치 않아 보이자 정부는 유조선을 더 투입하라고 BP 사에 요청했다. 한편, 일일 유출량이 점점 늘어나고 있었음에도 역사학자들은 이 사고가 "미국 역사상 최악의 환경적 재앙"이라는 정부의 주장에 대해서는 반론을 제기했다. 그들은 1930년대의 황진Dust Bowl이 더 큰 사회적 격변을 불러왔고, 엑슨 발데즈호의 원유 유출 사고가 더 많은 야생 생물을 죽였고, DDT 살충제가 더 광범위한 지역에 피해를 줬다고 지적했다. 역사학자들은 딥워터 호라이즌호가 침몰한 날이 제40주년 '지구의 날'이었다는 아이러니에 대해서도 언급했다.[30]

멕시코 만은 끊임없이 환경적인 피해를 보아 왔다. 20세기 중반에는 이곳의 인가된 폐기물 투기 구역에 폭탄이나 화학 무기 등의 군수품 폐기물들이 투기되었고 이 폐기물들은 지금도 바다 밑바닥에 남아 있다. 1960년대 중반부터 이 지역에서는 3백 건이 넘는 원유 유출 사고가 발생했고 총 50만 배럴 이상의 원유와 "시추 부산물"이 바다로 유출되었다. 딥워터 호라이즌호가 일으킨 사고만 해도 4건이었다. 사상 최악의 환경적 재앙은 아니었을지 몰라도, 2010년의 원유 유출 사고는 이미 휘청거리고 있던 멕시코 만 연안 지역의 경제를 파탄 지경에 이르게 했고, 대규모 다국적 기업을 파산 위기에 빠뜨렸으며, 정부를 당혹스럽게 만들었다. 기술의 실패가 불러올 수 있는 결과는 이처럼 어마어마하다.[31]

사고가 일어나자 많은 사람과 조직들, 설계상의 결정들이 도마 위에 올랐다. 폭발이 일어나고 약 3주 후부터 의회 위원회를 비롯한 정부 단체들이 BP, 트랜스오션, 할리버튼 사의 중역들을 대상으로 청문회를 진행했다. 할리버튼 사는 석유 생산 전 단계에 필요한 시멘팅 작업을 맡았었지만 BP 사의 설계에 따라 작업했을 뿐이라고 주장했다. 누구의 책임이었건 간에, 부실한 시멘팅 작업이 사고 유발 요인이었을 가능성이 커 보였다. 시멘팅 작업과 관련해 몇 가지 가정이 세워졌다. 첫 번째 가정은 시멘트를 이용한 밀봉이 제대로 이루어지지 않아 시추공으로 가스가 누출되었다는 것이었다. 두 번째 가정은 시멘트가 빨리 굳지 않아서 가스가 누출되었다는 것이었다. 세 번째 가정은 다루기 힘든 질소 함유 시멘트가 사용되어서 완벽한 밀봉이 이루어지지 않았다는 것이었다. 하원 에너지통상위원회 등은 세 번째 가정에 주목했다. 그러나 바닷속에 가라앉은 증거들을 확인해 보지 않고는 이런 가정들의 옳고 그름에 대해 최종적인 판단을 내리기가 어려웠다. 유정에 캡이 씌워지고 나면 325톤 무게의 유출방지장치는 회수해서 분석해 볼 수 있겠지만 어마어마한 크기의 딥워터 호라이즌호 자체를 인양하기는 훨씬 더 어려울 것으로 보였다. 시멘트와 관련한 가장 가능성 있어 보이는 가정을 확실히 검증하려면 드릴 파이프를 회수해야 했는데 그런 일은 영영 일어나지 않을 것 같았다. 불확실하더라도 일단은 청문회를 통해 추측해 보는 수밖에 없었다.[32]

   의회 청문회가 계속되는 동안 해안경비대와 광물관리청 직원들로 구성된 조사단이 사고 조사에 나섰다. 광물관리청은 시민과 환경을 보호할 책임을 맡은 동시에, 정부가 관리하는 유전을 임대하고 세금을 징수하는 임무도 맡고 있었다. 이해관계가 충돌하기 쉬운 구조였다. 광물관리청 직원들은 허가를 빨리 내줄수록 그에 대한 보상을 받았다. 딥워터 호라이즌호의 경우, 광물관리청은 멸종위기종이나 해양 포유동물

서식지 인근에서의 시추 작업 신청서를 검토할 때 밟아야 할 정식 절차를 밟지 않고 BP 사의 시추 작업을 허가해주었다. 광물관리청에 고용된 생물학자들과 엔지니어들은 "내부 조사 결과 사고 발생 가능성이 있거나 야생 생물이 해를 입을 가능성이 있다고 판단되어도 조사 결과를 조작하도록 간부들이 압박하는 경우가 많았다"고 증언했다. 이런 경험들은 당연히 직원들의 업무 문화에 영향을 끼쳤다. 딥워터 호라이즌호의 작업 신청서에는 유출방지장치에 있는 시어램의 성능에 관한 정보도 명시되어 있지 않았다. 신청서 검토를 담당하고 있던 엔지니어는 이 정보를 꼼꼼히 확인하지 않았다고 시인하면서, 신청자가 규정을 지켰을 것으로 생각했다고 말했다. 사실상 석유회사들은 자신들의 장비 성능을 스스로 인증할 수 있었던 셈이다.[33]

연안 석유 시추 사업과 관련된 문제들은 설계만의 문제가 아니었다. 워싱턴 행정부는 광물관리청을 둘로 나눠 한 곳은 공공안전과 환경 관련 업무를 담당하고 다른 한 곳은 임대와 세금 징수 업무를 담당하도록 분리하겠다고 발표했다. 이 결정은 1975년에 원자력위원회ACE가 원자력규제위원회와 에너지연구개발부로 분리되었던 일을 상기시켰다. 이 두 기관은 얼마 후 에너지국으로 통합되었다.[34]

폭발과 그에 따른 원유 유출이 발생하기까지의 상황들을 조사하고 있던 공학한림원과 국립연구회의의 조사위원회는 중간 보고서를 통해, "이전에 이미 위기일발의 상황들이 있었음에도 각별한 주의를 기울이지 않은 것"이 사고의 근본 원인이라고 밝혔다. 우주왕복선 사고를 초래했던 근본 원인도 바로 이런 문화적 태도였다. 멕시코 만 사고 조사위원회는, 생산 단계에 착수하기 전까지 탐사 유정을 밀봉하는 작업과 관련해 "중요한 결정 사항들을 검토하고 조정하는 과정이 충실히 이루어지지 않았다"고 지적했다. 위원회는 "심해 시추 작업의 위험 요소들과 불확실한 요소들을 관리하기 위해 적절한 조치가 취해진 흔적"을 발견할 수 없었다. 안전에 영향을 주는 여러 가지 요인들을 통합적으로 관리할 수 있는 "시스템적 장치"도 마련되어 있지 않았다. 다시 말해, 각각의 결정이 내려질 때 그 결정이 전체의 안전에 끼칠 수 있는 영향은 고려되지 않은 것이 문제였다.[35]

딥워터 호라이즌호가 폭발하고 한 달 후, 사고 원인과 환경 피해를 조사하기 위한 초당파 위원회가 구성되었다. 사고가 일어난 과정과 이유를 조사하는 목적 중 하나는 "이런 사고가 다시는 일어나지 않도록 막기 위해서"였다. 관례적이고 숭고한 목적이었지만 동시에 비현실적인 목적이기도 했다. 석유 시추 관련 사고를 완벽하게 방지할 길은 탐사를 중단하는 방법밖에 없기 때문이다. 탐사를 포기할 수는 없으므로 정부는 일단 멕시코 만에서의 심해 시추 활동을 6개월간 중단하는 조처를 내렸는데, 이 조치는 법원의 명령으로 유예되었다. 중단 조치에 반대하는 사람들은 이 지역이 심각한 경제난을 겪게 될 것이라고 주장했다. 항소에 항소가 거듭되었고 결국 중단 조처는 한 달 일찍 해제되었다. 그러나 얼마 후 새로운 지역으로의 시추 활동 확장을 무기한 금지하는 조치가 내려졌고, 이 조치는 다시 특정 지역에서 제한적으로 시추 활동 재개를 허용한다는 내용으로 수정되었다. 이렇게 정책이 오락가락하는 동안 관련 위험 요소들을 정량화하여 구체적으로 따져 보는 작업은 거의 이루어지지 않았다.[36]

모든 기술과 기술적 시도는 위험을 수반한다. 딥워터 호라이즌호의 사례는 이 사실을 다시 한 번 부각시켜줄 뿐만 아니라, 위험이 어떻게 용납할 수 없는 한계까지 치달을 수 있는지도 보여준다. 이 한계가 뚫리면 결국 실패가 발생하며, 정확히 어떤 위험 요소가 정확히 어떤 영향을 끼쳤는지를 알아내는 일은 결코 쉬운 작업이 아니다. 멕시코 만 원유 유출과 같은 사고의 진상을 완전하고 확실하게 밝혀내는 일은 아마도 불가능할 것이다. 그러나 과거의 실패를 완전히 이해한다고 해서 미래의 실패를 반드시 피할 수 있는 것도 아니다. 미래는 과거와 똑같이 않기 때문에 새로운 실패 가능성이 잠재되어 있을 수 있고, 인간과 인간의 창조물은 늘 그래왔듯 앞으로도 계속 불완전할 가능성이 크기 때문이다. 특별 조사위원회는 딥워터 호라이즌호 사고를 "관리의 실패"라고 표현했다. 시추 및 유정 밀봉 작업에 관여했던 3개 회사가 "더 나은 의사결정과 위험 평가"를 수행했다면 사고는 일어나지 않았을 것이다. 이 사고는 근본적으로 "시스템의 실패"에서 비롯되었고, 업계의 태도와 이에 대한 연방 정부의 감독이 크게 개선되지 않는다면 앞으로도 비슷한 사고가 충분히 일어날 수 있다.[37]

딥워터 호라이즌호의 유출방지장치가 제 기능을 하지 못했던 것은 설계상의 결함 때문이었다. 유정에서 폭발이 일어났을 때 원유가 치솟는 힘이 너무 강해 드릴 파이프가 휘어지면서 중심이 어긋났다. 그래서 시어램이 작동되었을 때 양쪽의 진단 날이 가운데서 서로 만나지 못하고 도중에 멈춰버렸다. 날과 날 사이의 간격은 4cm도 채 되지 않았지만 원유가 뿜어져 나가기에는 충분한 공간이었다. 이 장치는 파이프가 유정의 중앙에 잘 자리 잡고 있을 때 효과적으로 기능하도록 설계되었지만, 원유가 분출될 경우 그 힘으로 인해 대칭이 무너질 수 있다는 사실도 분명히 고려되었어야 했다. 사고 직후 해양에너지관리규제집행국 BOEMRE은 더 엄중한 안전 기준을 세웠지만, 비대칭 상태에서 유출방지장치를 시험해야 한다는 조항은 포함되지 않았다. 규제 기관이나 설계자가 실패 가능성에 어디까지 대비해야 하는지는 앞으로도 논쟁이 끊이지 않을 것이다. 마콘도 유정 사고를 연구한 한 학생은 이 사고가 "많은 과실"로 인해 발생했으며 유출방지장치의 결함은 "사고를 유발한 9가지, 10가지, 혹은 11가지 요인" 중 하나라고 말했다.[38]

해안경비대와 해양에너지관리규제집행국 합동 대책위원회의 최종 보고서에서도 이런 생각을 읽을 수 있다. 대책위원회는, 딥워터 호라이즌호의 폭발과 장기간에 걸친 원유 유출, 그리고 그로 인한 환경오염은 "위험 관리가 충실히 이루어지지 않았고, 막바지에 계획이 변경되었고, 중요한 신호가 무시되었고, 유정 통제 대책이 부실했고, 마콘도 유정과 딥워터 호라이즌호의 작업에 관여한 회사들과 개인들이 비상 대응 훈련을 소홀히 했기 때문에 초래된 결과"라고 결론 내렸다. 보고서에 따르면 사고의 근본적인 책임은 BP 사에게 있었지만 그렇다고 해서 관련된 다른 회사들에 책임이 없는 것은 아니었다. BP 사는 이 보고서의 "핵심적인 결론"에 동의를 표하면서 "딥워터 호라이즌호 사고는 여러 가지 원인이 낳은 결과이며 트랜스오션과 할리버튼을 포함한 여러 당사자가 이 사고와 관련되어 있다"고 발표했다. 소송이 계속될 것임을 암시하는 발표문이었다.[39]

멕시코 만 원유 유출과 같은 사고가 발생한 후 시간이 흐르면 이런 사고가 남긴 교훈들도 차츰 잊혀 간다. 사고의 이름은 대중의 기억 속에 남을지 모르지만 사고의 본질과 원인은 50년 전에 바닷속에 버려져 방치된 무기들처럼 관심에서 멀어진다. 우주왕복선 챌린저호 폭발 사고의 교훈이 컬럼비아호의 사고를 막을 수 있을 만큼 충분히 각인되지 않은 것만 봐도 알 수 있듯이, 딥워터 호라이즌호 사고의 교훈을 통해 미래의 비슷한 사고를 막을 수 있으리라 생각하는 것은 순진한 발상이다. 한 석유회사 중역 출신의 규제 담당자는 연안 석유 시추 산업의 안전 기록이 악화되는 이유에 대해, "인간은 두려움을 잊을 수 있는 존재"이기 때문이라고 설명했다. 다시 말해 인간은 실패에 대한 두려움에 시달리는 일을 그만둘 수 있다는 얘기다. 그러나 실패를 두려워하든 두려워하지 않든 우리는 과거의 실패 경험을 바탕으로 새로운 장치, 시스템, 절차 등을 마련함으로써 실패의 영향을 줄일 수 있다. 안타까운 사실이지만, 복잡한 기술과 다양한 직업, 그리고 결함을 지닌 개인들이 상호작용하다 보면 오늘이나 다음 주, 내년은 아닐지 몰라도 언젠가는 실패가 발생하기 마련이다. 실패가 발생하지 않는 기간이 길어질수록 인간은 앞으로도 실패가 발생하지 않을 것이라고 믿어버리곤 한다. 이런 태도는 무사안일주의를 낳아 실패에 대한 모든 종류의 경계를 해이해지게 만든다.[40]

WITHOUT A LEG TO STAND ON

CHAPTER 13

번영의 상징, 크레인

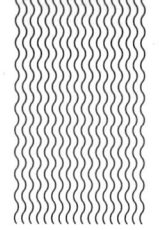

아이들은 기차를 좋아한다. 아이들은 크레인도 좋아한다. 어린 시절 내가 가장 좋아했던 모형 기차는 위에 크레인이 부착된 기차였다. 크레인의 몸체는 회전이 가능했고, 양옆의 크랭크(crank, 회전운동을 직선운동으로 바꿔주는 장치—옮긴이)를 돌려 붐boom을 늘였다 줄였다 할 수 있었다. 탈선이 자주 발생해서 그럴 때마다 넘어진 기차를 선로에 다시 올려놓아야 했다. 나는 조립식 장난감인 이렉터Erector 중에서도 크레인 조립 세트를 가장 좋아했다.

초보자용 세트의 부품과 액세서리는 한정되어 있었기 때문에 내가 어렸을 때 만들었던 크레인들은 크기도 작았고 기능도 많지 않았다. 나는 좀 더 크고 화려한 세트로 더 높고 기동성 있는 크레인을 만들고 싶었다. 그러나 아이들은 따뜻하고 안전한 집 안에서 단순한 부품들을 조립하고 분해하는 일에 곧 싫증을 내고 더 큰 모험을 찾아 집 밖으로 눈을 돌리게 된다. 물론 모험에는 실패의 위험이 따르지만, 아이들은 놀이를 통해 많은 것을 배운다.

나는 열두 살 때까지 브루클린의 한 동네에서 살았다.

지하철 환풍구는 아이들에게 더없이 흥미진진한 놀이터였다. 지하철이 지나갈 때마다 커다란 소리가 들리고 강한 바람이 올라왔기 때문이다. 마릴린 먼로의 유명한 사진에서 스커트를 들춘 바로 그 바람이었지만 아직 사춘기를 겪지 않은 아이들에게는 그런 것보다 환풍구에 손수건을 묶어 놓고 낙하산처럼 부풀어 오르는 모습을 지켜보는 일이 훨씬 더 재미있었다. 그러나 그보다 훨씬 더 우리를 몰두하게 했던 것은 사람들이 열차를 놓치지 않으려 급히 뛰어가다가 실수로 떨어뜨린 보물들이었다.

환풍구 바닥까지의 깊이는 대개 4.5~6m 정도다. 정오 무렵 햇빛이 환풍구 속을 비추면 우리는 그 밑에 떨어져 있는 보물들을 볼 수 있었다. 동전이나 열쇠도 있었고 반지, 귀고리도 있었다. 우리는 인내심을 가지고 이 보물들을 낚아 올리는 취미에 몰두했다. 낚시에 필요한 재료는 충분히 긴 끈과 이 끈에 매달 무게 추(자물쇠 같은 것), 그리고 끈끈한 껌이었다. (자물쇠와 껌 대신 작은 자석을 사용해 보기도 했는데 자석으로는 낚을 수 없는 보물이 많았다.) 이동 도르래가 달린 갠트리 크레인처럼 우리는 환풍구의 격자판 위에 자리를 잡고 목표물의 위치를 가늠해 구멍으로 끈을 내려보냈다. 끈을 통과시킬 구멍을 선택하는 작업은 매우 중요했다.

가로 2.5cm 세로 5cm 정도의 구멍을 통해 일단 끈을 내려보내고 나면 끈을 움직여 위치를 조정할 수 있는 범위가 한정되어 있었기 때문이다. 위치가 너무 맞지 않으면 끈을 다시 올려서 다른 구멍으로 내려보내야 했다.

우리는 목표물의 위치에 맞는 구멍을 골라내는 데 꽤 소질이 있었다. 껌이 목표물 바로 위에 제대로 위치해 있다고 판단되면 우리는 껌과 목표물이 잘 달라붙도록 약간의 거리를 남겨둔 상태에서 무게 추를 낙하시켰다.

그리고 나서 끈을 일정한 속도로 끌어올리면 보물(대개는 동전)을 손에 넣을 수 있었다. 그러나 모든 시스템이 그렇듯 이 과정에도 매단계마다 실패 가능성이 숨어 있었다. 몇 번의 시행착오를 거치는 사이 껌에 먼지가 묻어 접착력이 약해진 탓에 도중에 동전이 떨어질 때도 있었고, 동전이 무게 추의 정중앙에 붙지 않아서 튀어나온 부분이 격자에 걸려 떨어질 때도 있었다. 또 동전이 무사히 격자 구멍을 통과한 후에도 우리가 급하게 동전을 잡으려다가 놓칠 때도 있었다. 특히 목표물이 25센트짜리 동전일 때는 지름이 격자 구멍의 가로 길이와 거의 같아서 신중에 신중을 기해야 했다. 물론 우리는 실패를 통해 학습했고 성공률은 점점 높아졌다.

딱딱한 격자판 위에 엎드려 있다 보면 팔꿈치와 무릎이 아팠지만 우리는 환풍구 위에서 몇 시간이든 작업에 몰두할 수 있었다. 열차가 들어오기 직전에 바람이 불어와 끈을 흔드는 등 작업을 방해할 때가 많았기 때문에 우리는 자연스럽게 열차가 얼마나 자주 지나가는지도 알게 되었다.

오랜 시간을 투자해 우리가 손에 넣은 것은 고작해야 1달러 정도의 잔돈이었지만, 그 돈으로 살 수 있는 사탕보다는 무언가를 추구하는 즐거움과 성취의 기쁨이 우리의 흥미를 끌고 상상력을 자극했다. 우리는 전쟁터나 침몰하는 배 위에 떠 있는 헬리콥터처럼 환풍구 위에서 부상병들을 끌어올렸다. 우리는 말하자면 인명을 구조하는 크레인이었다. 당시 우리 중 몇 명이 훗날 크레인 작동이 아니라 설계를 책임지는 엔지니어가 될 것이라고는 짐작도 하지 못했다.

설계는 후방에서 이루어지는 작업이고 건설은 전방에서 벌어지는 전투다. 장경간 다리나 고층건물을 짓기 위한 계획을 세우는 작업은 쾌적한 사무실의 컴퓨터를 통해 연결된 가상의 사이버 공간에서 진행되지만, 완성된 설계를 넓은 강 위나 붐비는 도시 한가운데 실체화하는 작업은 위험도가 높고 실수가 치명적인 결과를 낳을 수 있는 현실 세계에서 진행된다.

실체가 없고 정보가 빛의 속도로 이동하는 사이버 공간에서는 중대한 사항이나 장황한 숫자들도 마우스 클릭만으로 이곳에서 잘라 저곳에 붙일 수 있다. 그러나 중력이 작용하고 중력을 극복하는 데 시간과 에너지가 드는 현실 공간에서는, 현수교를 짓기 위해 수만 킬로미터의 강철선을 설치해야 하고 배들이 지나다니는 수로 위로 수천 톤의 강철 들보를 올려 아주 신중하고 조심스럽게 이어 붙여야 한다. 번화가에 고층건물을 지을 때도 마찬가지다.

건설용 크레인은 고대부터 사용됐다. 초창기의 크레인은 목재 두 개를 나란히 세우고 위쪽 끝을 서로 묶은 뾰족한 형태로, 꼭대기에 도르래 장치가 달려 있었고 버팀줄을 이용해 기둥과 땅 사이의 각도를 조절할 수 있었다. 물건을 들어 올리거나 내려놓을 위치를 조정하기 위해서였다. 기부에는 기둥의 측면을 고정하기 위한 목재 가로 버팀대 두 개가 어느 정도 간격을 띄워 설치되어 있었다. 물건을 들어 올리는 밧줄은 두 가로 버팀대 사이에 있는 굴대에 감겨 있었고 크랭크나 캡스턴(capstan, 줄을 감아올리는 데 사용되는 수직의 원통형 장치-옮긴이), 혹은 트레드밀을 돌려 이 밧줄을 감아올리거나 내릴 수 있었다. 비교적 작은 크레인은 크랭크를 손으로 돌려 작동시킬 수 있었지만 규모가 큰 크레인을 작동시키기 위해서는 트레드밀이 필요했다. 사람들이 마치 끝없는 사다리를 오르듯 거대한 다람쥐 쳇바퀴를 돌리는 식이었다. 기본적인 형태의 크레인들은 비트루비우스의 책에 묘사되어 있고, 이런 초창기의 크레인은 두 발 기중기shear legs라 불리게 되었다. 목제 크레인은 차츰 더 정교한 형태와 향상된 기능을 갖추게 되었다. 중세를 거쳐 현대까지도 대성당 건설에 목제 크레인이 사용되었다.[1]

물체를 들어 올리는 장치의 구상은 르네상스 시대의 여러 기록에 남아 있다. 레오나르도 다 빈치의 노트에도 크레인으로 보이는 장치의 스케치가 있다. 1556년에 출판된 아그리콜라Agricola의 《금속에 관하여De re metallica》에는 광산에서 광물을 실어 올리는 여러 가지 장치들의 그림이 실려 있다. 1588년에 출판된 라멜리Agostino Ramelli의 책에도 여러 가지 흥미로운 기계들과 함께 기중기가 묘사되어 있다. 그러나 빅토리아 시대까지도 단순한 두 발 기중기가 여전히 널리 사용되었다. 주철이 개발되어 다리와 건물의 재료로 사용되면서, 두 발 기중기와 도르래 장치를 이용해 큰 부품들을 세워 고정시키고 나머지 부품들을 올려 튼튼한 결합체를 만들 수 있게 되었다. 1779년 잉글랜드 콜브룩데일에 세워진 최초의 철교인 아이언교Iron Bridge도 이렇게 건설되었고, 1851년 만국박람회를 위해 런던 하이드파크에 지어진 수정궁의 연철과 주철 들보들도 이런 방법으로 세워졌다. 연철 크레인도 개발되어 부두에서 선박의 짐을 싣고 내리는 데 사용되었고 19세기 말 20세기 초부터는 강철 크레인도 사용되었다. 오래 지나지 않아 기동성 있고 동력으로 작동하며 후크 대신 버킷이 달린 굴착기도 등장했다. 굴착기는 파나마 운하 건설에 매우 유용하게 사용되었다.[2]

크레인은 유용한 교구이기도 하다. 공학 입문 과정에서는 크레인과 관련된 과제들을 자주 만나게 된다. 개념적으로 단순한 동시에 기하학적으로 어렵기 때문이다.

이런 문제들의 3차원적인 성질은 초심자들의 공간 지각력과 삼각법 능력을 시험하는 데 유용하게 활용될 수 있다. 크레인의 주된 기능은 무거운 물체를 이곳에서 저곳으로 옮기는 것이지만 그 움직임은 천천히 신중하게 이루어져야 한다. 안전한 작동과 정확한 조종을 위해, 그리고 갑작스런 움직임으로 불안정한 상황이 발생할 가능성을 제거하기 위해서다.

현대의 크레인은 정교해지고 규모도 커지고 기능도 다양해졌다. 2008년에는 뉴스에 대형 크레인이 자주 등장했는데, 눈에 띄는 큰 사고가 여러 건 발생했기 때문이다. 종류를 불문하고 공사는 위험한 작업이며, 미국에서는 하루 평균 4명의 노동자가 사고로 사망한다. 2008년과 2009년에는 공사 관련 사상자수가 감소했지만 이는 불경기로 인해 공사 현장의 노동 시간이 줄었기 때문이었다. 최근 1년 사이에 크레인 사고로만 82명의 노동자가 사망했고 훨씬 더 많은 노동자가 부상을 당했다. 이런 사고들은 대부분 지역 뉴스나 업계 관련 언론에만 보도되었다. 평균적으로 한 해에 약 90명이 "크레인 관련 사고"로 목숨을 잃는다. 그런데 2008년에 일어난 크레인 사고 중 몇 건은 많은 언론의 주목을 받았다. 건설 현장 안에만 국한된 사고가 아니었기 때문이다. 건설 산업에 종사하는 사람들은 많은 위험에 노출되지만, 크레인이 서 있는 건설 현장 주변의 거리 위나 건물 안에서 일상생활을 하는 일반 시민들은 자신들이 그런 사고에 연루될 수 있다고는 쉽게 짐작하지 못한다.[3]

스스로의 동력을 이용해 공사 현장의 거의 모든 곳으로 이동할 수 있는 대형 이동식 크레인은 다양한 작업을 수행하면서 스스로 안전하게 균형을 유지해야 한다. 그러나 이런 크레인의 붐은 무한정 늘일 수 있는 것이 아니므로, 가장 높은 이동식 크레인보다 더 높은 건물을 짓기 위해서는 어떻게든 크레인이 아직 완성되지 않은 구조물보다 높이 솟을 수 있게 만들어야 한다.

1960년대 말에 지어지기 시작한 뉴욕 월드트레이드센터 쌍둥이 타워의 경우 각 건물의 철골 구조 위에 크레인 4대를 올리고 건물이 높아질 때마다 크레인을 더 높은 층으로 옮기는 방식이 사용되었다. 이 기술은 호주에서 고안되었고 여기에 사용된 장비는 캥거루 크레인이라 불렸다.

이런 기발한 시스템을 사용하기 위해서는 건물이 높아질 때마다 크레인을 올리고 건물이 완성되면 크레인을 다시 땅으로 내리기 위해 신중한 계획을 세워야 한다. 월드트레이드센터의 경우 크레인 4대 중 1대를 사용해 나머지 3대의 부품들을 땅으로 내릴 수 있었는데, 자연히 마지막 크레인은 내리기가 어려웠다. 그래서 더 작은 크레인을 사용해 마지막 크레인을 내린 후 작은 크레인을 작은 부품들로 해체해 승강기에 실어 내렸다. 캥거루와 비슷한 이런 크레인 시스템은 아랍에미리트연합국에서 세계 최고층 건물을 지을 때도 사용되었다. 이 건물의 이름은 건설 중에는 부르즈 두바이Burj Dubai라 불렸으나 2010년 개관 당시 부르즈 할리파로 변경되었다. 설계자들은 건물이 높아질 때마다 크레인을 위로 이동시키는 계획을 구조 설계 과정에 반드시 포함해야 했다. 전 세계적으로 경기가 침체되기 전까지 빠른 속도로 성장하고 있던 두바이는 "가장 활발한 설계의 장"으로 불렸다. 여기저기 우뚝 솟은 크레인들도 이런 명성에 한몫 했다.[4]

특히 지난 2세기 동안은 새로운 형태의 장경간 다리나 고층건물을 비롯해 점점 더 규모가 큰 건축물들이 등장했기 때문에 설계자들은 전례 없는 구조물을 세울 방법을 끊임없이 고민해야 했다. 19세기 초에는 현수교의 체인에 연철로 만든 체인 고리가 많이 사용되었다. 이 체인 고리들은 한 번에 하나씩 끌어올려져 비계 위에서 결합되었다. 존 로블링은 수천 킬로미터 길이의 강철선 가닥들을 회전시켜 거대한 현수 케이블을 만드는 장치를 고안했다. 이런 케이블을 땅 위에서 미리 완성했다면 너무 무거워서 설치할 수 없었을 것이다. 그는 이후에도 이 공법을 사용해 많은 다리를 건설했고 이 공법은 현수교 설계에서 없어서는 안 될 중요한 한 부분이 되었다. 실제로 공법이 실패하면 프로젝트 전체가 무너진다. 로블링의 아들도 그의 공법을 활용해 많은 장경간 현수교를 건설했다. 조지워싱턴교와 골든게이트교도 그중 하나다.[5]

20세기에는 콘크리트 다리가 보편화되었고 20세기 말에는 콘크리트로 만든 장경간 다리들이 건설되었다. 특히 계곡 위에 높은 다리를 짓거나 넓은 강 위에 다리를 놓을 때 건설 회사들은 혁신적인 공법과 이에 필요한 크레인과 같은 장비를 고안해야 했다. 이런 장비는 육중한 조립용 콘크리트 상판 블록을 들어 올려 맞춘 후 인접한 두 교각 위에 내려놓는 작업을 수행해야 했기 때문에 충분히 강하고 튼튼해야 했다. 바지선 위에 실린 크레인으로 좀 더 짧은 조립용 상판 블록을 교각의 한쪽에 올린 후 나머지 한쪽에 상판 블록을 또 하나 올려 조립하는 방법도 사용되었다.

이런 정교한 공법을 실패가 발생하지 않도록 설계하는 일은 구조물 자체를 설계하는 일만큼이나 중요하며 그 과정에 특화된 크레인은 필수적이다.

오늘날 규모가 큰 다리나 고층건물 건설 현장에서 가장 눈에 띄는 형태의 크레인은 타워 크레인이다. 수직 기둥 형태의 마스트mast로 이루어진 타워 크레인은 건설 중인 건물 내부나 바로 옆에 세워지며 대개 꼭대기에 회전 가능한 수평 붐이 설치되어 있고 이 붐에 후크가 달려서 붐이 닿는 범위의 원 안에 있는 어느 곳에든 접근할 수 있다. 최초의 타워 크레인은 20세기 초에 만들어졌고 키를 높일 수 있는 타워 크레인은 20세기 중반에 처음 등장했다.[6]

수평 붐이 있는 타워 크레인은 '해머헤드hammerhead 크레인'이라 불리기도 한다. 20세기 초에 조선소나 부두에서 사용되기 시작한 해머헤드 크레인은 마스트의 꼭대기에 설치된 수평 붐의 한쪽에는 후크가 달려 있고 반대쪽에는 평형추가 실려 있는데, 크레인 기사는 그 사이의 운전실에 앉아 있으므로 밑에서 벌어지고 있는 상황을 360도 전부 확인할 수 없을 때도 있다. 그러나 필요한 경우 무선 안내의 도움을 받으면 숙련된 기사는 거의 정확한 위치에 자재를 올릴 수 있다. 이 고정된 (그러나 움직이는) 기계 구조물이 서 있는 모습은 세계 곳곳의 대규모 건설 현장에서 흔히 볼 수 있는 풍경이 되었다. 타워 크레인 중에는 마스트와 붐 사이의 각도가 조절되는 '러퍼luffer 크레인'이라 불리는 종류도 있다. 멀리서 보면 크롤러 크레인이 허약한 받침대 위에 놓여 있는 것처럼 보이지만 러퍼 크레인은 뉴욕처럼 붐비는 도시 안에서 볼 수 있는 좁고 사방이 막힌 공사 현장에서 해머헤드 크레인보다 훨씬 더 유용하게 쓰인다. 20세기 말 21세기 초에는 종류를 불문하고 도시에 우뚝 솟은 크레인들의 수가 경제 성장과 산업 발전의 척도로 여겨졌다. 특히 T

1999년 중국 양쯔 강의 싼샤 댐Three Gorges Dam 건설 현장에서 가동 중인 건설용 크레인들의 모습. 공사 진행에 따라 높이를 조절할 수 있는 수직 마스트 위에 설치된 크레인은 높이를 조절하는 작업 중에 사고가 발생할 위험이 크다. 2008년 미국에서 건설용 크레인 사고가 여러 건 발생한 후 크레인의 규제, 점검, 유지관리, 설치, 작동, 해체 등의 절차들이 다시금 철저히 검토되었다.(Kenneth L. Carper 제공 사진)

자 형태의 격자 뼈대를 가진 해머헤드 크레인이 널리 사용되면서 사람들의 시선을 사로잡았다. 그러나 그만큼 사고도 많이 일어났다.[7]

한때는 전 세계 모든 크레인의 상당수가 아랍에미리트연합국에서 사용되고 있다고 여겨졌었다. 2006년에는 두바이에서만 타워 크레인 2,000대가 사용되고 있다는 이야기도 돌았었다. 전 세계에 존재하는 모든 종류의 건설용 크레인 약 125,000대 중 25%가 두바이에서 사용되고 있다고 말하는 사람들도 있었는데, 공급자들이 추산한 비율은 그보다는 훨씬 낮았다. 한 여행자는 두바이를 "크레인 도시"라 표현하기도 했다. 타워 크레인은 존재감이 워낙 강해서 번영과 성장의 상징으로 여겨지기 때문에 그 숫자가 과장되는 경우가 많다. 그러나 크레인 수가 워낙 많은 데다가 정부 규제가 느슨하고 유지 관리가 허술하고 다양한 문화권에서 온 노동자들 사이의 의사소통이 원활히 이루어지지 않은 탓

에 사고가 발생하는 일이 잦았다. 그런데도 사고가 보도되는 일은 많지 않았다.⁸

해머헤드 타워 크레인의 구조는 비교적 단순하다. 수직 마스트는 일반적으로 커다란 콘크리트 기초 앵커에 고정된다. 기초 앵커는 크레인의 하중과 크레인이 들어 올리는 물체의 하중을 견딜 수 있는 견고한 기반 역할을 한다. 마스트는 수평 붐을 건설 중인 구조물에 닿지 않도록 충분한 높이까지 올려주는 역할을 한다. 수평 붐은 두 부분으로 구성되어 있다. 한쪽은 물체를 들어 올리는 메인 붐이고 반대쪽은 평형추 역할을 하는 평형 붐이다.

하나로 연결된 두 붐은 마스트를 축으로 함께 회전해서 항상 일직선을 유지한다. 필요에 따라서는 타워 꼭대기에 설치된 케이블이나 타이바tie bar가 기다란 붐들을 곧고 수평하게 유지해준다. 크레인 밑의 건설 현장 어느 곳에 있는 자재든 들어 옮기기 위해 붐 조합은 마스트를 축으로 회전해야 하고 권상 장치와 평형추는 붐에 설치된 레일 위를 주행하는 트롤리trolley에 얹혀 있어야 한다.

타워 크레인이 들어 올릴 수 있는 자재의 하중은 타워의 중심축과 자재의 위치가 얼마나 멀리 떨어져 있느냐에 따라 달라진다. 자재가 마스트에서 멀리 떨어져 있을수록 크레인이 뒤집힐 위험이 커진다. 다시 말해, 타워 크레인의 능력은 절대적이지 않고 마스트에서부터의 거리에 따라 상대적이라는 것이다. 역학에서는 힘과 거리의 곱을 힘의 '모멘트moment'라 한다. 타워 크레인의 경우 모멘트는 힘이 크레인을 구부리거나 비틀거나 회전시키거나 넘어뜨리려는 경향이라고 볼 수 있다.

타워 크레인이 능력 이상으로 훨씬 무거운 무언가를 들어 올리려고

하면 그 하중으로 인해 권상 케이블에 가해진 힘의 모멘트는 메인 붐을 휘어지게 만들 수 있다. 그렇게 되면 메인 붐과 평형 붐 사이의 균형이 깨져 크레인 전체의 평형이 무너지면서 결국 크레인이 넘어질 수 있다. (이런 일을 방지하기 위해 현대의 타워 크레인에는 컴퓨터화된 정교한 조종 시스템이 갖춰져 있고 리밋 스위치도 포함되어 있다.) 타워 크레인의 권상 능력은 메인 붐이 지탱할 수 있는 모멘트를 나타낸다. 따라서 메인 붐의 길이가 60m고 이 거리에서 50미터톤을 들어 올릴 수 있는 크레인은 3,000미터톤-미터 크레인이라고 명시된다.

마스트와의 거리가 가까울수록 들어 올릴 수 있는 무게는 더 늘어난다. 대형 크레인은 대다수가 미국 밖에서 생산되기 때문에 사양은 대부분 미터법으로 표기된다.

2000년대 초에 세계 최대 규모의 타워 크레인은 크롤$^{\text{Krøll Cranes}}$ 사의 크레인들이 대표적이었다. K-10000 타워 크레인은 일반적으로 중심축에서 82m 떨어진 지점에서 120미터톤을 들어 올릴 수 있었다(120 × 82 = 9840, 즉 10,000미터톤-미터에 가까우므로 이렇게 이름 붙여졌다). 붐이 긴 버전의 K-10000 크레인은 100m 거리에서 94미터톤까지 들어 올릴 수 있었다. 크레인의 붐이 풋볼 경기장의 길이보다 긴 셈이었다. 이 크레인들은 한정된 수량만 생산되었다. 2004년 말에 K-10000 크레인은 전 세계에 15대뿐이었다. 그 사이 크롤 사는 규모가 더 큰 K-25000 크레인을 설계했다. 가격은 무려 2천만 달러였다. 그러나 2011년 말까지 이 크레인은 한 대도 판매되지 않았다. 이런 거대한 구조물에 가해지는 힘을 평형 상태로 유지하기 위해 K-10000과 같은 크레인의 붐은 마스트를 축으로 한 바퀴를 도는 데 2분 30초가 걸릴 만큼 천천히 회전한다.

이렇게 천천히 회전하면 가속력이 붙지 않을 뿐만 아니라 자재를 들어 올릴 충분한 시간도 확보된다. 최대 하중을 들어 올릴 수 있는 속도는 1분에 6m 미만이다. 가벼운 자재는 10배 정도 빠르게 들어 올릴 수 있지만, 건설 중인 아주 높은 건물의 꼭대기로 자재를 들어 올리려면 그래도 최소한 몇 분은 소요된다.[9]

건설 현장에 당장 필요한 높이보다 더 높게 크레인을 설치하면 이득은 별로 없는 반면 위험과 비용은 증가한다. 그래서 대개 타워 크레인은 건물이 높아질 때마다 그것에 맞게 높이가 추가된다. 건설 현장에 타워 크레인을 처음 설치하는 작업은 주로 땅 위를 이동하는 크레인의 도움으로 이루어지기 때문에 처음에 설치되는 마스트의 높이에는 한계가 있다. 건물의 높이가 올라감에 따라, 크레인이 제 기능을 수행하기 위해서는 마스트의 높이도 더 높아져야 한다.

이 '클라이밍climbing' 작업을 위해 인부들은 유압 잭hydraulic jack으로 마스트의 꼭대기 부분을 상승시켜 약 6m의 공간을 벌린 후 이곳에 새로 추가할 마스트 섹션을 삽입한다. 새로운 섹션이 체결되고 나면 인부들은 다시 유압 잭을 이용해 타워 꼭대기를 하강시켜 새로 추가된 마스트에 고정한다. 타워 크레인이 일반적인 작업을 수행하는 동안 과중을 방지하기 위해 자동 리밋 스위치 등의 안전장치가 갖춰져 있기 때문에, 타워 크레인과 관련된 가장 위험한 작업은 주로 이렇게 마스트를 높이거나 낮추는 작업이다.

호경기의 미국에서는 동시에 3,000대의 타워 크레인이 작동하고 있었고 날마다 105,000번씩 자재를 들어 올렸다. 흔히 사용되는 기술 장비들이 대개 그렇듯 건설용 크레인도 사고가 일어나기 전까지는 그 위험성이 간과되곤 한다. 크레인 사고의 대다수는 기계적 설계가 아닌 인간의 과실로 인해 일어난다. 대표적인 사례로 2005년 여름에 일어난 사고를 들 수 있다. 플로리다 주 잭슨빌비치의 한 콘도미니엄 건설 현장에서 대형 크롤러 크레인이 사용되고 있었다. 메인 붐의 길이는 30m가 넘었고 붐의 꼭대기에는 약 40m 길이의 러핑 지브(luffing jib, 붐에 연결해 후크의 최대 높이와 작업 반경을 증가시키는 경사 구조물―옮긴이)가 연결되어 있었다. 사고 당일 이 크레인은 새로 온 기사가 운전하고 있었다. 담당 기사가 휴일에 몸을 다쳐 크레인을 운전할 수 없었기 때문이다.[10]

전날 밤 동안 크레인의 붐과 지브는 정지 모드로 넣어져 있었기 때문에 다음 날 아침 대체 기사가 처음으로 해야 할 일은 작업 준비를 위해 붐과 지브를 앞으로 빼는 일이었다. 이 크레인의 사용자 설명서에 따르면 붐과 지브는 동시에 작동해서는 안 된다. 이를 위해 시스템 컴퓨터는 붐이나 지브가 제한 각도를 초과하면 모든 동작이 중지되도록 설정되어 있다. 그러나 크레인의 붐과 지브를 조립, 해체하고 넣었다 뺄 수 있도록 제어판에는 리밋-우회 스위치도 마련되어 있다. 우회 모드를 활성화하기 위해서는 한 손으로 스위치를 누르고 나머지 한 손으로 붐이나 지브를 조작해야 한다(물론 동시에 둘 다 조작할 수는 없다). 그러나 잭슨빌비치 사례의 경우 크레인의 담당 기사가 양손을 모두 사용해 붐과 지브를 동시에 조작하기 위해 리밋-우회 스위치에 동전을 끼워 놓았다. (명백히 위험한 행동이지만 건설 현장에서는 이런 일이 자주 행해진다. 우회 스위치에 테이프를 붙여 놓는 경우도 있다.)[11]

대체 기사는 크레인을 작동시킬 때 스위치에 동전이 끼워져 있는 것을 발견했지만 그대로 두었다. 연방 직업안전보건국OSHA의 사고 조사

보고서에 따르면 그는 나중에 컴퓨터가 오작동하자 동전을 뺐는데 그러자 이번에는 시스템 전체가 멈춰버렸다. 그는 크레인 제조사의 영업 담당자에게 이 시스템 문제를 문의했고, 동전을 빼 둔 채로 컴퓨터를 재시작하라는 안내를 받았다. 기사는 안내대로 컴퓨터를 재시작한 후 크레인을 작동시켰으나 얼마 후 컴퓨터가 또다시 오작동하기 시작했다. 그는 제조사에 문의하는 대신 동전을 다시 스위치에 끼워 넣었고, 그날 하루 동안은 어쨌든 크레인을 계속 작동시킬 수 있었다. 다음 날 아침 그는 현장 소장의 지시 때문에 이 크레인으로 몇 차례 권상 작업을 해야 했는데 자재를 들어 올리기 위해 준비하는 과정에서 사고가 발생했다.[12]

그는 스위치에 끼워진 동전의 역할을 이해하지 못하고, 혹은 무시하고, 양손으로 붐과 지브를 동시에 조작했다. 메인 붐이 88도를 넘어서면 리밋 스위치가 전원을 차단하게 되어 있었지만, 우회 스위치가 눌려 있었기 때문에 붐은 88도를 넘어 90도에 이르렀다. 결국 케이블이 너무 팽팽하게 당겨져 끊어지면서 붐이 휘어졌고 지브가 건설 중인 건물 위로 떨어져 인부 몇 명이 부상을 당했다. 보험회사에 따르면 크레인 사고의 약 80%가 기사의 이런 과실로 인해 발생한다고 한다.[13]

2008년 초에 타워 크레인 클라이밍 작업 중에 일어난 두 건의 사고가 널리 보도되면서 대형 크레인의 규제와 감독이 엄격해졌다. 3월 15일 토요일, 맨해튼 이스트사이드의 한 건설 현장에서는 22층 높이에서 작동 중이던 러퍼 타워 크레인의 클라이밍 작업이 진행되고 있었다. 이 작업을 위해서는 거대한 강철 고리로 크레인의 마스트를 건설 중인 건물 골조에 연결해 좌우의 균형을 잡아야 했다. 사고 발생 당시 3층과 9

층에는 고리가 이미 설치되어 있었고 인부들은 18층에 세 번째 고리를 설치하고 있었다. 사고 조사 보고서에 따르면 이 세 번째 고리가 설치 도중에 갑자기 떨어졌다. 6톤짜리 강철 고리가 크레인 마스트를 타고 내려가 9층의 고리에 부딪히자 9층의 고리도 떨어졌고, 두 고리가 함께 3층의 고리를 내리치자 3층의 고리도 떨어졌다. 세 강철 고리는 지면에 거의 가까운 곳에서 멈췄다. 고리가 빠지자 균형을 잃은 크레인 마스트는 도로를 가로질러 넘어지면서 길 건너에 있던 아파트 건물을 덮쳤다. 이 사고로 7명이 목숨을 잃었고 24명이 부상을 당했다.[14]

며칠 후 밝혀진 사고의 근본 원인은, 18층의 고리를 건물 골조에 연결하는 동안 고리를 지지하는 데 사용되었던 노란색 나일론 스트랩의 결함이었다. 하중을 들어 올리는 데 쓰이는 이런 장치는 사용할 때마다 파손 검사를 하게 되어 있지만 일정에 쫓기다 보면 이런 예방 조치가 항상 지켜지지는 않는다. 또한 건설 현장에는 분진이 많은데 이런 것들이 스트랩에 들러붙어 본래의 색깔뿐만 아니라 손상의 흔적까지 감춰 버린다. 어쨌든 사고 현장 사진을 보면 "노란색 나일론 스트랩은 끝부분이 아이들의 신발 끈처럼 해져 있었다." 아마도 유효 수명을 이미 넘긴 것으로 보였다.[15]

뉴욕에서 크레인 사고가 일어나고 불과 2주 후에 마이애미에서도 사고가 발생했다. 이 사고 역시 고층건물 건설 현장에서 일어난 타워 크레인 사고였다. 클라이밍 작업을 위해 권상 중이던 높이 6m 무게 7톤의 마스트 섹션이 약 30층 높이에서 떨어져 현장 사무소로 사용되고 있던 집 지붕 위로 내리꽂혔다. 이 사고로 건설 인부 2명이 사망하고 5명이 부상을 입었다. 직업안전보건국이 사고 조사를 완료하기 전부터, 마

스트 섹션 권상에 사용된 로프의 결함이 사고 원인으로 지목되었다.[16]

이 두 사고 사이의 간격은 2주밖에 되지 않았고 그리 멀지 않은 과거에도 비슷한 사고들이 일어났기 때문에 타워 크레인 사용, 특히 클라이밍 작업의 위험성에 관한 관심이 높아졌다. 사고 조사관들은 "크레인 사고"와 "로프 사고"를 구분해서 다뤘고 마이애미와 뉴욕의 사고는 후자에 속했다. 그러나 대중의 인식과 안전의 관점에서 보면 로프의 결함으로 일어난 사고도 결국 크레인 관련 사고라고 볼 수 있다.

첫 번째 사고 이후 약 10주 만에 뉴욕에서 또 다른 크레인 사고가 발생했다. 이번에는 클라이밍 작업 중에 일어난 사고가 아니었다. 마스트 꼭대기의 턴테이블에 결합한 붐과 운전실이 갑자기 길 위로 추락했다. 떨어지는 과정 중에 인근 아파트 건물들도 피해를 보았다. 이 사고로 크레인 운전기사와 또 한 명의 건설 인부가 목숨을 잃었다. 사고 원인은 턴테이블 층의 결합부 파손이었고 가장 의심이 되는 요인은 교체된 강철 부품의 용접 불량이었다. 이 사고 이후 뉴욕을 비롯한 여러 대도시에서는 차량들과 보행자들이 지나다니는 도로와 보도 위에서 작동하는 타워 크레인의 위험성에 대한 우려가 커졌다.[17]

이 사고들을 비롯한 건설용 크레인 관련 사고들이 일어난 후 크레인 작동과 점검 절차를 더 엄격하게 재정비하고 이를 단속할 법규를 마련해야 한다는 요구가 쏟아져 나왔다. 〈엔지니어링 뉴스레코드〉 지의 한 사설에서는 "서로 다른 원인이 낳은 실패들로부터 결론을 끌어내기는 어렵다"고 지적하면서도, 사고가 일어난 도시들이 새로운 법규를 도입하는 것은 "다른 지역에서 감독이 느슨하게 행해지고 있는 것"보다는 훨씬 나은 일이기 때문에 환영할 만하다고 말했다. 일례로 크레인을 운전하는 데 자격이 필요 없었던 텍사스 주에서는 2005년과 2006년에만 크레인 관련 사고로 26명이 사망했다. 나머지 지역의 총 사망자 수가 157명이었던 것에 비하면 매우 높은 숫자였다.[18]

3월에 뉴욕에서 사고가 발생하고 며칠 후 한 공무원이 점검 보고서를 조작한 혐의로 체포되었다. 그는 크레인의 유지 관리가 제대로 이루어지지 않고 있다는 불만 신고를 접수한 후 현장을 방문했다고 허위로 보고서를 작성했다. 이 사건이 일어난 다음 주에 시 당국은, 앞으로는 시 감독관이 "크레인 설치, 클라이밍, 해체 작업이 진행될 때마다 현장에서 감독하도록" 조치하겠다고 발표했다. 그다음 달에는 시 건설관리과의 책임자가 두 번째 크레인 붕괴 사고가 일어난 건물에 대해서는 건축 허가를 내리지 말았어야 했다고 시인한 후 사임했다. 공석을 채우는 과정에서 시 당국은 건축기사나 엔지니어가 아니어도 건설관리과의 책임자를 맡을 수 있도록 자격 요건을 낮춰 "최고의 건축기사나 엔지니어가 아닌 최고의 적임자"를 찾겠다고 밝혔다. 당연히 건축기사와 엔지니어 단체들은 이 결정에 반발했다. 그리고 입법자들이 크레인의 사용과 규정을 더 철저히 감독하겠다고 하자 당연히 건설 회사들도 이에 반발했다. 허리케인이 종종 발생하는 플로리다 주 마이애미-데이드 카운티는 크레인이 235km/h의 바람을 견딜 수 있어야 한다고 규정했다. 크레인을 건설 현장에 임대하는 소유주들은 새로운 기준이 "클라이밍 작업과 크레인을 건물에 연결하는 작업을 더 위험하게 만든다"고 주장했다. 시간과 비용이 더 많이 들 뿐만 아니라 노동자들도 더욱 위험에 처하게 된다는 것이었다.[19]

타워 크레인에 가해지는 힘과 모멘트를 분석하는 일도 중요하지만,

안전한 사용을 위해서는 크레인 운전기사들이 리밋 스위치 등의 안전장치를 우회하지 않고 사용 지침을 준수해야 한다. 그러나 운전기사들이 지침을 준수한다 해도 로프 설치 기사들이 해지거나 파손되거나 반복 사용 및 오용으로 약해진 로프를 설치한다면 아무 소용이 없을 것이다. 이런 사람들이 바로 시스템의 약한 고리가 될 수 있다. 진흙이나 기름으로 뒤덮여서 사용 전에 제대로 점검할 수 없는 로프는 사용해서는 안 된다. 적어도 사용 전에 오염물을 제거하고 점검을 해 봐야 한다. 또 깨끗하지만 오랫동안 햇빛을 받아 색이 바랜 로프도 사용해서는 안 된다. 자외선이 고분자 재료를 약화시키기 때문이다. 노란색 나일론 로프를 새것으로 교체하는 데는 약간의 비용이 들겠지만, 육중한 클라이밍 고리나 무거운 자재를 들어 올리는 중에 로프가 끊어지면 수백만 달러의 법적 책임을 지게 될 수도 있다.[20]

뉴욕 시 건설관리과는 로프 사고의 원인 규명을 위해 1년간 조사를 진행했고, 클라이밍 작업에 사용된 폴리에스테르 로프 중 하나가 실제로 마모되어 있었다는 사실을 발견했다. 사실 이 로프를 굳이 사용할 필요도 없었다. 증언에 따르면 사고 다음 날 공구 창고에서 새 로프들이 발견되었기 때문이다. 게다가 로프 제조사는 클라이밍 고리를 권장할 때 로프를 8개 고정하라고 권장했지만 설치기사들은 4개만 사용했다. 제조사의 설명서는 사실상 클라이밍 과정 설계의 한 부분이며, 클라이밍 작업 시에 가해지는 힘과 실패 가능성을 고려해서 작성된 것이기 때문에, 이 설명서를 따르지 않는 것은 매우 위험한 일이다. 이 사고는 "현장에서 편법을 사용할 때 초래될 수 있는 결과"를 확인시켜준 사례였다. (마모된 로프가 포함되어 있었다 해도) 8개의 로프를 권장사항에 따라 제대로 고정해서 사용했다면 적용된 안전율에 의해 사고를 피할 수 있었을지 모른다. 이 사고가 특히 안타까운 이유는, 이미 약 2년 전에 뉴욕에서 해체 작업 도중 타워 크레인 섹션이 길 위로 추락한 사고가 있었기 때문이다. 건설 노동자 3명과 행인 2명이 다친 이 사고의 원인도 로프 결함이었다. 과거의 실패가 남긴 교훈에 주의를 기울였다면 2008년의 비극적인 사고는 일어나지 않았을 것이고, 로프 설치 책임자와 제조사 소유주가 살인 혐의로 기소되는 일도 없었을 것이다. 재판 과정 중에 피고 측 변호사는, 의뢰인은 "업계 표준"에 따라 작업에 임했을 뿐이며 "크레인을 취약하게 만든 것은 설계상의 결정들"이라고 주장했다.[21]

크레인 설치 계획의 책임을 졌던 엔지니어도 증인으로 법정에 출석했다. 그는 로프의 결함이 붕괴의 원인이라고 말하면서도 로프 설치 책임자에 대해서는 "가장 안전에 힘쓰는 기사 중 한 명"이라고 옹호했다. 로프 설치 책임자는 모든 혐의에 대해 무죄 선고를 받았다. 판사는 피고인의 요청에 따라 배심원 없이 재판을 진행했다. 변호인단은 의뢰인이 희생양이라고 주장했다. 그들은 크레인의 기초 부분이 제대로 고정되어 있지 않고, 크레인의 타워를 건물에 연결하는 데 "질 낮은" 강철 빔이 사용되었고, 시 감독관들도 감독을 소홀히 했다고 말하면서 사고에 기여한 요인은 여러 가지라고 주장했다. 사고가 일어나면 종종 여러 가지 잠재적인 기여 요인들이 밝혀지고 원인으로 지목된다. 그중 하나만을 원인으로 단정하기는 어렵고 실제로 한두 가지 요인만 있었다면 사고가 일어나지 않았을 수도 있다. 그러나 어쨌든 이 사고의 경우 모든 기여 요인들이 모여 거대한 폭풍을 일으켰고 7명이 목숨을 잃었

다.[22]

2008년 뉴욕에서 일어난 다른 크레인 사고, 즉 붐이 마스트에서 떨어져 길 위로 추락한 사고의 원인은 균열 문제로 교체된 턴테이블 부품의 용접 불량이었다. 이 크레인 모델은 더 이상 생산되지 않아서 새 부품을 구하기가 쉽지 않았다. 교체 부품 생산 비용은 업체에 따라 34,000~120,000달러였고 배송까지 소요되는 기간은 7개월~2년이었다. 크레인 소유주는 이 부품을 20,000달러에 생산해주고 3개월 안에 배송해주겠다는 중국의 한 업체를 찾았다. 중국 업체는 "이 부품의 용접에 자신이 없다"고 시인했지만 그는 저렴하고 빠른 길을 택했다. "크레인의 왕"이라 불리던 뉴욕 크레인 회사의 소유주는 결국 살인 혐의로 기소되었다. 여러 건의 크레인 사고가 발생하자(로프 결함이 있었던 크레인도 이 회사 소유였다) 검사들은 기업주들 개개인에게 책임이 있다고 강력히 주장했다. 얼마 후, 용접 불량 크레인의 사용을 승인했던 시 감독관은 직무 유기 혐의로 기소되고 사임했다.[23]

크레인의 결함과 직접적인 관련은 없지만 크레인 사고들로 인해 세상에 알려진 스캔들도 있었다. 뉴욕 시의 크레인 감독 책임자가 뇌물 수수 혐의를 시인한 것이다. 그는 돈을 받고 크레인(타워 크레인은 아니었다) 점검 보고서를 허위로 기록했다. 형식적인 점검만 거치거나 아예 점검하지 않은 크레인들이었다. 또 그는 크레인 면허 시험을 통과하지 않은 지원자들의 면허를 허위로 증명해주기도 했다. (시험을 치르지 않고 면허를 취득한 크레인 기사들도 기소되었다.) 이런 사실들이 밝혀진 후 건설 현장에서의 크레인 사용에 관한 새로운 규정들이 마련되었다. 뉴욕 시 건설관리과의 크레인 담당 분과는 타워 크레인 클라이밍 작업 전에 엔지니어나 크레인 제조사의 구체적인 계획서 제출을 의무화하겠다고 발표했다. 연방 직업안전보건국도 크레인의 안전성을 조사하고 크레인 기사의 자격 검증을 강화하겠다고 발표했다.[24]

거의 40년 동안 그대로였던 연방 직업안전보건국의 크레인 안전 규정이 2010년 여름에 새롭게 정비되어 발표되었다. 1,000페이지에 달하는 규정문에서 가장 큰 영향을 끼칠 만한 변화는 건설용 크레인 기사들이 장비 사용 자격증을 취득해야 한다는 조항이 추가된 것이었다. 이 조항의 영향을 받게 될 노동자가 약 20만 명이었기 때문에 시행 시기는 2014년으로 정해졌다. 그때까지 기업들은 자비를 들여 크레인 기사들의 자격증 취득을 지원해야 했다. 로프와 관련해서는 설치기사들이 권상할 물건에 로프를 연결할 때 반드시 제조사의 지침을 따라야 한다는 새로운 조항이 생겼다. 타워 크레인을 세우기 전에 부품들을 점검하고 전력선 부근에서 크레인을 조작할 때는 의무적인 절차를 따라야 한다는 조항도 생겼다. 건설용 크레인 사고에서 가장 큰 인명 피해가 발생한 곳이 전력선 부근이었다.[25]

한편 위험은 산업의 축소로 인해 줄어들기도 한다. 2008년 후반기의 경기 침체는 건설 산업에 큰 영향을 끼쳤다. 많은 사업이 취소되고 연기되고 축소되었다.

일반적으로 건설 회사는 크레인을 임차해서 사용했기 때문에 공사가 완료되거나 취소되면 크레인은 해체되어 다른 현장으로 옮겨졌다. 그러나 새로 시작되는 공사가 없어지자 크레인들은 갈 곳을 잃었다. 세계 곳곳의 완성되지 않은 구조물 위로 가동 중지된 크레인들이 할 일 없이 서 있었다. 수많은 크레인이 활발하게 움직이던 현장들은 이제 마치 크레인 주차장처럼 보였다. 한때는 그 많은 크레인이 스카이라인을 장식하며 바쁘게 움직여 시민들과 투자자들, 기업가들에게 활기를 불어 넣어주었지만 2009년이 되자 움직임이 사라지고 미동 없는 트러스 구조물들이 그 자리에 서 있을 뿐이었다.

건설 산업 전반이 침체기였다. 2009년 초에 실업률은 20% 이상이었고 이후로도 계속 오를 전망이었다. 건설 회사들과 노동자들은 일이 절실히 필요했다. 공공사업이 공고되면 많은 기업이 계약을 따내기 위해 정부가 추산한 것보다 낮은 가격으로 응찰했다. 1년 후 실업률은 약 25%로 증가했고 더 높아질 것이라는 우려도 여전했다. 월스트리트 위기와 긴급 구제, 그리고 대기업들 사이에 감도는 조심스러운 분위기로 인해 개발이 위축되고 민간 건설은 정체되었다.[26]

미처 발견하지 못한 턴테이블의 용접 불량이 타워 크레인의 추락 사고를 낳은 것처럼, 인식하지 못한 금융 시스템의 결함은 재정 위기를 낳았다. 2010년에 연방 준비제도이사회FRB 의장 벤 버냉키Ben Bernanke는 "주택 공급 감소를 악화시켜 경제적 재앙을 불러온 금융 시스템의 결함을 사전에 인지하지 못했다"고 시인했다. 버냉키는 서브프라임 모기지 붕괴의 "최초 충격이 시스템의 결함과 약점으로 인해 그 정도까지 확대될 것이라고는" 예상하지 못했다고 말했다. 재정적인 판단력의 부족이 남긴 교훈은 크레인 사고가 남긴 교훈 못지않게 강력했다. 그러나 경제와 건설 산업이 침체 이전의 상태를 회복한 후 이런 교훈에 관심이 기울여질지는 두고 봐야 할 일이다. 우리는 단지 여러 가지 사고나 구조적 관리적 실패에서 얻어진 교훈이 휴지기 이후에도 잊히지 않기를 기대해 볼 수 있을 뿐이다. 그러나 경험을 통해 알 수 있듯이, 불

경기가 계속되는 동안 치명적인 실패의 원인을 충분히 분석하고 곱씹는다 하더라도 인간은 또다시 과거의 일을 상당 부분 잊어버리게 될 것이다.[27]

HISTORY AND FAILURE

CHAPTER 14

실패와 역사

우리는 모두가 더 성공적인 미래를 위해 과거로부터 교훈을 얻고 싶어 하지만 가장 값진 교훈을 어디에서 찾을 수 있는지 잘 모를 때가 많다. 오바마 대통령의 취임식 전에 미국 대통령 5명(살아 있는 전직 대통령들과 현직 대통령, 그리고 취임을 앞둔 대통령)이 한자리에 모여 사진을 촬영했다. 대통령 집무실에 모인 기자들 앞에서 그들은 성공에 관해 얘기했다. 당시 대통령이었던 부시는 전직 대통령들을 대표해 오바마에게 자신들의 경험을 나누어주겠다고 말하면서 그의 성공을 기원했고, 오바마는 그들의 성공을 본받고 싶다고 대답했다.

그러나 과거의 성공만을 바탕으로 미래에 대처하는 방식에는 분명한 한계와 잠재적인 위험이 따른다. 정치적인 발언이었겠지만 오바마는 선거 운동 과정에서 변화를 약속했었고 국가라는 배의 새로운 선장으로서 과거와는 다른 항로를 개척하고 싶다는 뜻을 내비친 바 있었다. 거친 바다로 배를 몰고 나가는 일은 매우 위험할 수 있다. 이미 개척된 항로를 따라감으로써 성공할 수도 있겠지만 과거의 성공들도 기술만으로 얻어진 결과는 아니었을 것이다. 기술 못지않게 운의 영향도 크게 작용하기 때문이다. 과거에 안전했던 항로가 미래에도 안전하리라는 보장은 없다. 그러므로 우리는 항상 저 앞에 빙산과 같은 위험 요소가 있지는 않은지 잘 살펴야 한다.

1912년, 혁신적으로 설계된 원양 여객선 타이타닉호는 "절대로 가라앉지 않는 배"라는 수식어를 달고 출항 전부터 성공을 예고했다. 그러나 모두가 알다시피 이 배는 첫 항해에서 침몰했다. 그런데 만약 타이타닉호가 그 시각 그곳에서 빙산을 만나는 불운을 겪지 않았다면 어땠을까? 배는 무사히 뉴욕에 도착했을 것이고 이로써 설계가 성공적이었다는 사실이 "입증"되었을 것이다. 항해 횟수가 늘어날수록 타이타닉호의 선장과 소유주, 잠재 승객들은 배의 뛰어난 내항성에 더욱더 확신을 갖게 되었을 것이다. 경쟁사들은 타이타닉호의 성공을 모방하면서도 더 나은 점이라 여겨질 만한 변화를 줘 차별화를 꾀했을 것이다. 그렇게 더 크고 더 빠르고 더 호화로운 원양 여객선들이 차례차례 설계되고 건조되었을 것이다. 재정적으로 경쟁력을 높이기 위해 선체는 더 얇아지고 구명보트의 수는 줄었을 것이다. 간단히 말해서, 새로운 배들은 절대로 가라앉지 않는 타이타닉호를 바탕으로 설계되었을 것이다.

그러나 모두가 알고 있듯이 타이타닉호도 실제 빙산과의 충돌은 견뎌내지 못했다. 설계에 치명적인 결함이 있었다. 성공한 타이타닉호를 모범으로 삼아 설계했다면 이후에 건조된 원양 여객선들도 같은 잠재적 결함을 지니고 있었을 가능성이 크다. 또한 타이타닉호의 성공을 과신해 더 얇은 강철을 사용함으로써 선체가 더 약해졌을 것이고 구명보트 수가 줄어 사고 발생 시 더 참담한 결과가 초래되었을 것이다. 이렇게 "더 낫게" 설계된 배들이 바다 한가운데서 빙산을 만났다면 더 얇은 선체와 더 적은 구명보트가 어리석은 선택이었다는 사실이 명백히 드러났을 것이다. 성공적인 변화는 성공을 모방하고 더 나은 것을 만들기 위해 시도함으로써가 아니라, 경험을 통해서든 가정을 통해서든 실패로부터 배우고 실패를 예측함으로써 얻어진다.

타이타닉호의 사고와 침몰은 미리 예측할 수 있는 일이었다. 북대서

양 항로에서 빙산을 만날 수 있다는 사실은 익히 알려졌었고 특히 타이타닉호가 출항한 4월에는 가능성이 높았다. 따라서 빙산과의 충돌은 충분히 예상할 수 있는 시나리오였다. 빙산과 스치기만 해도 선체에 틈이 갈라지거나 리벳이 부러져 나갈 수 있다. 어느 쪽이든, 뱃머리로 물이 유입되어 부력이 떨어지게 된다. 물이 계속 유입되면 뱃머리가 점점 더 내려앉아 격벽이 물을 막아낼 수 없게 되고 그러면 뱃머리가 더욱 내려앉으면서 선미는 반대로 들리게 된다. 선미가 물 밖으로 솟으면 배가 둘로 쪼개질 수 있고 그러면 배는 곧 침몰할 수밖에 없다. 승객 수보다 구명보트 수가 턱없이 부족하다는 것은 간단한 계산만으로도 분명히 알 수 있는 사실이었다.

결과적으로 실제 사고가 되어버린 이 시나리오를 사전에 고려해 설계상의 결함을 제거했어야 했다. 그러나 무지 때문이든 지나친 확신 때문이든 혹은 합리화 때문이든, 배의 설계나 운항 계획이 이런 시나리오의 현실화를 확실히 방지하기 위해 수정되거나 조정되지는 않았던 것으로 보인다. 설계자, 소유주, 선원, 승객 등 관련자들 모두가 실패를 두려워하기보다는 성공을 기대했던 것 같다. 그러나 성공은 변덕스러운 안내자다. 우리는 성공을 기대하는 동시에, 실패가 일어날 수 있고 실제로 일어난다는 사실을 제대로 인지해야 한다. 과거의 성공에 대한 지나친 의존은 미래의 실패를 불러온다.

엔지니어는 미래에 초점을 두고 일한다. 그들이 과거를 돌아보는 이유는 주로 과거의 것보다 더 나은 것을 만들어내기 위해서다. 엔지니어들은 대개 이전까지 존재하지 않았던 차세대의 인공물을 만들어내고 싶어 한다. 그들은 끊임없이 더 크고 더 빠르고 더 강력한 구조물이나 시스템을 구상하며, 더 작고 더 가볍고 더 효율적인 기계나 장치를 고안하려 애쓴다. 새로운 것은 과거의 것(주로 가까운 과거의 것)과 비교해 더 나을 때만 의미를 지닌다.

이전의 의미 있는 공학적 성과물은 최신 설계를 평가하는 기준이 된다. 이런 관점에서 본다면 가장 최근의 기술들만을 현대 공학의 범주 안에 포함할 수 있고 조금이라도 오래된 것들은 대부분 현대 공학과는 무관한 기술이 되어버릴 것이다. 성취와 발전의 연속으로 이루어진 공학의 역사는 젊은 엔지니어들에게 동기를 유발하고 모든 엔지니어에게 직업에 대한 자긍심을 불어넣어 주겠지만, 그런 역사가 엔지니어들의 기술적 역량에 직접적인 보탬이 될 것이라고 보기는 어렵다.

영국 구조공학회에서 열린 한 공개 토론에서 서덜랜드R. J. M. Sutherland는 "미래의 설계자 개개인이 과거를 돌아보고 각각의 구상이 전개된 과정에 의문을 가질 때" 공학적 재앙을 피할 가능성이 커진다고 말했다. 공학 분야에서 눈부신 성공은 성공적인 경험의 점진적이고 꾸준한 축적보다는 과거의 실패에 대한 대응에서 나올 때가 많다. 테이철도교의 붕괴로 토머스 바우치는 같은 철도상의 또 다른 다리 설계를 포기해야 했다. 철도회사는 포스 만Firth of Forth에 바우치의 야심찬 현수교를 건설하려던 계획을 접고 존 파울러John Fowler에게 설계를 의뢰했다. 그는 벤저민 베이커와 함께 기념비적인 캔틸레버식 다리를 설계했고 이 다리는 지금도 사용되고 있다. 포스교보다 더 길고 경제적인 다리를 만들겠다는 목표로 설계된 첫 번째 퀘벡교의 붕괴로 두 번째 퀘벡교가 새롭게 설계되었고 이 다리는 이제 실패에 대한 공학적 대응의 상징이자 캐나다 엔지니어들의 결의의 상징이 되었다. 타코마해협교의 붕괴로 교량 엔지니어들은 공기역학을 이해하게 되었고 영국 세번 강과 험버 강의 다리와 같은 성공적인 현수교를 설계할 수 있게 되었다. 공학의 역사에는 이런 실패들과 실패를 통해 얻은 성공들이 어떻게 다루어졌는지가 담겨 있어야 한다. 이런 사례들을 통해 엔지니어들은 겸손을 배울 수 있고 공법은 자기 수정을 거쳐 발전할 수 있기 때문이다.[1]

문명의 역사와 마찬가지로 공학의 역사도 성공과 실패들로 이루어져 있다. 역설적이게도 둘 중 더 유용한 요소는 성공이 아니라 실패다. 성공 사례들도 우리에게 모범을 제시해주기는 하지만, 위대한 사람들의 전기를 읽는다고 해서 위대한 사람이나 위대한 엔지니어가 될 수 있는 것은 아니다. 그리고 성공적인 선례를 따른다고 해서 새로운 공학적 성과를 이뤄낼 수 있는 것도 아니다. 실제로 토목공학의 역사를 돌아보면 1847년의 디 강 철교, 1879년의 테이교, 1907년의 퀘벡교, 1940년의 타코마해협교 붕괴 사고 등 성공적인 전통에 따라 설계했다가 무너진 유명한 다리들이 많이 있었다. 이 다리들은 각각 길이나 날씬함에서는 최신식으로 만들어졌지만 근본적으로 새로운 기술이 시도된 것은 아니었다. 이미 어느 정도 성공을 거둔 기술에서 한 걸음 (때에 따라서는 너무 크게 한 걸음) 더 나아갔을 뿐이었다.[2]

폴 시블리Paul G. Sibly와 알리스테어 워커Alistair C. Walker는 건설 중에 혹은 완공되거나 개축된 지 얼마 안 되어서 무너진 다리들에 관한 매우 흥미로운 연구를 발표했다. 이 연구는 시블리의 박사 학위 논문을 기초로 한 것이었다. 그는 19세기 중반에서 20세기 중반 사이의 대규모 다리 붕괴 사고들이 약 30년 간격으로 일어났다는 사실을 발견했다. 디 강 철교, 테이교, 퀘벡교, 타코마해협교에 이어 1970년에 두 건의 강철

박스 거더 다리 붕괴 사고가 일어나면서 이 패턴은 계속 이어졌다. 한 건은 웨일스의 밀포드헤이븐에서, 또 한 건은 호주의 멜버른에서 일어 났다. (실버교는 1967년 붕괴 당시 이미 40년 된 다리였기 때문에 여기에 포함되지 않는다. 2007년에 붕괴된 미니애폴리스 다리도 마찬가지다.)[3]

이 놀라운 규칙성은 2000년 전후에 또 다른 대규모 붕괴 사고가 일어날 것이라는 예측을 낳았다. 가장 가능성이 커 보이는 다리 유형은 사장교였다. 1990년대 내내 사장교들은 케이블 진동 문제에 시달리고 있었고 이를 해결하기 위해 다양한 진동 감쇠 장치가 설치되었다. 일본의 사장교에서는 비가 올 때 진동이 심해지는 현상이 나타나 조치가 취해졌고, 중앙경간의 길이가 약 856m인 센 강의 노르망디교Pont de Normandie는 1990년대 중반에 완공된 후 케이블과 상판에서 심한 진동이 나타나 진동 감쇠 장치가 설치되었다. 1998년에 호주 시드니를 방문했을 때 나는 차를 타고 새로 지어진 글리브아일랜드교Glebe Island Bridge를 건넜다. 이 다리의 중앙경간 길이는 약 347m다. 함께 있던 호주인은 내게 최근 엔지니어들이 이 다리의 진동을 점검하기 위해 진동 감쇠기를 설치하기로 결정했다고 설명해주었다. 아직 눈에 띄는 사장교 붕괴 사고가 일어난 적은 없다. 그러나 이런 진동 문제는 계속 나타나고 있고 사장교 설계에 진동을 개선하기 위한 요소가 포함되는 일도 점점 늘어나고 있다. 2009년에 한국을 방문했을 때 나는 완공된 지 얼마 안 된 인천대교에 갔었는데 이 다리에도 케이블의 진동을 점검하기 위한 진동 감쇠기가 설치되어 있었다.[4]

이렇게 문제가 계속되고 있는데도 사장교의 경간은 점점 더 길어지고 있고 케이블 진동 문제는 흔한 일이 되었다. 진동 감쇠 장치에 의존한 해결책이 바람으로 인한 붕괴를 막아줄 수 있을지는 앞으로도 계속 지켜봐야 할 것이다. 이런 장치들이 진동 문제를 크게 줄여준 것은 분명하다. 그러나 바로 그런 이유로 다리 건설업계는 새로운 다리에서 문제가 발생해도 충분히 제어할 수 있다는 자신감을 느끼게 된 것으로 보인다. 1930년대 말에 현수교를 둘러싼 상황도 이와 매우 흡사했다. 그러다가 타코마해협교의 상판이 이전까지 관찰된 적 없었던 비틀림을 보이더니 몇 시간 만에 무너져버린 것이다. 2010년까지 사장교에서 비슷한 일이 발생한 적은 없지만 언제 갑작스러운 비틀림 현상이 발생할지 모른다는 우려는 여전히 존재한다.[5]

보행자 전용 다리도 1990년대에 창의적인 발전을 거듭했다. 보도교 자체는 새로울 것이 없었다. 최초의 다리도 아마 보도교였을 것이다. 그리고 보행자 전용이라는 특성 때문에 설계자들에게 보도교 설계는 어렵지 않은 일로 여겨져 온 것 같다. 현대의 엔지니어들이 보도교의 공학적인 부분에 크게 주의를 기울이지 않는 이유는 오랜 역사와 익숙함 때문일 것이다. 보도교와 관련해서는 구조공학보다 건축양식이나 미관, 새로운 재료 사용에 관한 논의가 주를 이뤄 왔다. 그런데 이런 경향이 20세기 말에 완전히 바뀌었다.

보행자 통행이 다리에 가하는 하중은 차량 통행이나 바람이 가하는 하중과는 종류가 전혀 다르다. 보행자들만 이용할 경우 더 가벼운 하중이 가해져서 문제가 발생하지 않을 것 같지만 늘 그런 것만도 아니다. 1987년 골든게이트교의 50주년 기념행사를 위해 차량이 통제되었을 때 너무 많은 사람이 다리 위에 모인 탓에 이 다리는 개통 이래 최대의 하중을 경험했다. 사람들의 총 무게 때문에 중앙경간 중심부가 눈에 띄게 아래로 휘었다는 이야기는 이미 많이 언급되었지만 다리가 받은 영향은 그뿐만이 아니었다. 너무 많은 보행자의 통행은 다리를 옆으로 흔들리게 만들기도 했다. 1975년 뉴질랜드에서 시위대가 오클랜드하버교Auckland Harbour Bridge 위에 운집했을 때도 비슷하게 옆으로 흔들리는 현상이 발생했다. 그러나 보도교 엔지니어들은 대개 이런 흔들림을 단지 이례적인 사례로만 여겨왔다.[6]

2000년대로 접어들면서 보도교를 보행자용 다리라는 실용적인 구조물로만 바라보던 시각이 달라지기 시작했다. 잉글랜드의 게이츠헤드 시는 타인 강에 독특한 다리를 건설하기 위해 건축가들과 엔지니어들을 대상으로 공모전을 열었고 그 결과 윙크하는 눈을 형상화한 게이츠헤드 밀레니엄교가 탄생했다. 일본에서는 구조공학자 레슬리 로버트슨Leslie Robertson과 건축가 페이I. M. Pei가 미호박물관의 입구로 이어지는 인상적인 다리를 설계했다. 엔지니어이자 건축가인 산티아고 칼라트라바는 하나의 탑이 지탱하는 사장교 형식의 보도교들을 설계했는데, 밀워키 시내에서 미술관으로 연결되는 보도교도 그중 하나다. 런던에서는 엔지니어와 건축가와 조각가가 템스 강을 가로질러 테이트 현대미술관과 세인트폴 대성당을 잇는 밀레니엄교를 건설했다.[7]

그런데 런던 밀레니엄교는 2000년 6월 개통 후 며칠 만에 폐쇄되었다. 다리 상판이 옆으로 심하게 흔들리기 시작했기 때문이다. 한 해 전 파리의 한 보도교에서도 비슷한 현상이 발생했다. 튈르리 정원과 오르세 미술관을 잇는 센 강의 솔페리노교Passerelle Solferino였다. 개통 전에 150명이 다리 위에서 춤을 추는 등 시험을 거쳤으나 기술적으로도 미적으로도 혁신적이었던 이 아치교는 개통일부터 흔들림 현상을 보였다. 움직임의 폭은 2.5cm 정도였지만 정치적인 영향도 작용해 다리는 그날 바로 폐쇄되었다. 흔들릴 가능성이 있는 다리를 폐쇄하는 것은 현명한 결정이다. 붕괴될지 모른다는 약간의 조짐만으로도 공포와 비극이 초래될 수 있기 때문이다. 1883년 전몰장병 추모일에 일어난 사고가 그 대표적인 사례다. 브루클린교 개통 일주일 후였던 이날 다리 위에서 누군가가 다리가 무너진다고 외쳤고 이에 놀란 사람들이 육지 쪽으로 한꺼번에 몰리는 바람에 12명이 압사했다. 1958년 우크라이나 키예프의 한 보행자 전용 현수교는 통행자가 늘어나는 주말마다 2.5cm 정도 흔들리는 현상을 보여 폐쇄되었다. 2010년 11월 캄보디아에서는 연례행사인 물 축제 때 수백만 명이 프놈펜에 모여 있었는데 현수교 위에 있던 사람들이 다리가 불안정하다는 공포감에 휩싸여 우르르 움직이는 바람에 350명이 압사하거나 질식사했고 400명이 부상을 당했다. 솔페리노교의 건축가이자 엔지니어인 마르크 밈람Marc Mimram은 "보도교는 무게가 가벼우면서도 경간이 길어야 하므로 다른 다리들보다 설계하기가 어렵다"고 말했다. 그러나 모래 위에 막대기로 스케치하던 선조들과 달리 컴퓨터를 기반으로 한 강력한 도구로 엔지니어들이 다리를 설계하는 21세기에 어떻게 그런 당혹스러운 실수들이 벌어질 수 있는지는 생각해 볼 문제다.[8]

시블리가 연구한 다른 유형의 다리들과 마찬가지로 보도교의 설계에도 일정한 틀이 생겼다. 그런데 설계 시에 고려되는 하중에는 사람들이 걸을 때 가해지는 측방향의 힘이 포함되지 않았다. 이 측방향 힘의 진동수는 사람이 걸을 때 수직으로 발생하는 진동수의 2분의 1이다. 규모가 큰 다리들의 경우 측방향의 힘이 문제가 되지 않았지만, 솔페리노교와 런던 밀레니엄교는 날씬한 형태를 띠고 있어서 측방향 움직임의 고유 진동수가 보행자들이 평범하게 걸을 때 발생하는 측방향 힘의 진동수와 가까웠다. 보통 다리 위를 지나는 많은 사람이 보조를 맞춰 걷지는 않지만, 다리가 옆으로 흔들리기 시작하면 그 위에 있는 사람들은 본능적으로 균형을 잡으려 애쓰기 때문에 보조가 맞게 된다. 그렇게 되면 다리의 측방향 움직임이 심해지고 이 움직임은 안전 문제를 우려해 다리를 폐쇄해야 할 정도로 심해질 수도 있다.

솔페리노교와 런던 밀레니엄교는 닮은 점이 전혀 없다. 전자는 아치교이고 후자는 낮은 현수교다. 외관상으로는 비슷하지 않지만 이 두 다리를 비롯한 보도교들은 같은 틀 안에서 설계되었고 측방향 하중 모드는 이 틀 안에 포함되지 않았다. 그런 의미에서 보도교에도 시블리가 지적한 패턴이 적용된다. 성공적인 경험들을 토대로 발전한 최신 방식이 의도치 않게 부적절한 방식이 되어버린 것이다. 붕괴 사고가 있었던 것은 아니지만 2000년경에 발생한 두 보도교의 실패는 시블리가 말한 30년 주기 규칙에 들어맞았다.

그러나 이런 실패들 때문에 더욱더 과감한 설계가 중단되지는 않았다. 타코마해협교 붕괴 사고가 일어나기까지 십 년 사이에 차량 통행용 현수교들의 경간이 점점 더 길고 날씬하게 설계되었던 것처럼 보도교들도 점점 더 길고 날씬하게 설계되었다. 측방향 흔들림으로 인해 실제로 비극적인 사고가 일어나지 않는 한 이런 경향은 분명 앞으로도 계속될 것이다. 캘리포니아 주 샌디에고에 있는 약 305m 길이의 데이비드크라이처교David Kreitzer Lake Hedges Bicycle and Pedestrian Bridge는 경간의 길이가 100.6m이고 두께가 40.6cm로, 길이/두께 비율이 248이다. 무너진 타코마해협교의 길이/두께 비율은 350이었다. 샌디에고의 공원과 컨벤션센터를 잇는 또 다른 보도교는 "이 도시의 상징적인 관문"으로 설계되었는데, 건설 일정이 1년 정도 지연되어 당초 예상보다 비용이 두 배 이상 더 들었다. 다리 상판에 콘크리트가 타설되었을 때, 계획보다 무게가 7% 더 나간다는 사실이 발견되었다. 때문에 케이블의 설계 변경이 불가피했다. 좀 더 관례적인 설계를 채용했다고 해서 이런 문제가 발생하지 않았으리라고 확신할 수는 없지만, 상징적인 구조물을 건설하다 보면 새로운 문제가 나타나는 경우가 많다. 상황만 허락한다면 이런 문제를 계기로 엔지니어들이 한 발짝 물러서서 설계를 재고할 수 있고 잠재적인 결함을 발견해 사전에 바로잡을 수도 있다. 그러나 모든 경고 신호를 빠짐없이 잡아내기는 쉽지 않고 실제로 가장 평범한 부분에서 문제가 발생할 수도 있다.[9]

그런데 그렇게 오랫동안 사용되고 발전되었다면 보도교들이 30년 실패 주기에 꼭 들어맞은 이유는 무엇일까? 주요 실패들은 엔지니어라는 직업의 한 세대에 해당하는 약 30년마다 한 번씩 일어났다. 새로운 설계가 큰 실패 직후에 채용되었는지 혹은 어느 정도 시간이 지난 후에 채용되었는지에 따라 엔지니어들은 자신들의 실수 가능성에 대해 민감해지기도 하고 둔해지기도 한다. 또 성공이 오래 지속되다 보면 엔지니어들은 자신들의 방식에 자만하게 될 수도 있다. 1977년에 시블리와 워커는 이렇게 말했다.

사고는 엔지니어가 기존 설계 방식에 정해진 대로 충분한 내구력을 부여하는 데 소홀했기 때문에 발생한 것이 아니라 자신도 모르는 사이에 새로운 유형의 움직임을 유발했기 때문에 발생한 것이다. 시간이 흐름에 따라 설계 방식의 기본 요소들은 관심 밖으로 밀려났고 그 유효성의 한계도 간과되었다. 성공을 거듭하는 사이 설계자는 아마도 다소 현실에 안주하게 되어 설계 방식을 단순히 연장하는 실수를 또다시 반복한 것이다.

런던 밀레니엄교의 경우 새로운 움직임은, 보행자들이 유난히 얇은 현수교 위를 걸으면서 가한 측방향 수평력으로 인해 다리가 옆으로 흔들린 것이었다. 이 흔들림은 보행자들의 보조와 다리의 고유진동수가 일치하면서 더욱 증폭되었다. 다리 설계자들은 오래전부터 보행자들이 수직으로 딛는 발걸음에 신경을 썼고 19세기에는 군인들에게 보조를 맞추지 말라고 경고문을 설치한 다리들도 있었다. 그러나 발걸음의 수평 분력은 당시의 다리에 거의 영향을 끼치지 않았기 때문에 설계 시에 고려되지 않았다.[10]

엔지니어가 설계 방식이나 구조물의 유형이 도입된 시기로부터 멀리 떨어진 세대일 경우 문제는 더욱 악화된다. 발전 단계에 세워진 설계상의 가정들을 제대로 알지 못하고 설계에 임하는 젊은 엔지니어들은 잘 닦인 길 위를 걷고 있다고 생각하겠지만 사실상 미지의 영역에서 눈을 가린 채 설계를 하는 것이나 다름없다. 이런 현상은 다리 설계에만 국한된 것이 아니다.

건물을 짓는 데 강철이 사용되기 시작한 것은 1880년대부터였다. 당시 시카고에는 최초의 고층건물들이 들어서고 있었다. 강철 기둥과 보를 사용해 고층 건물의 골조를 만들고 콘크리트 바닥과 축벽을 해 넣으면 비교적 가볍고 효율적인 건물을 지을 수 있었다. 또 강철 골조에 콘크리트나 타일을 덮어 어느 정도 내화 효과도 얻을 수 있었다. (2001년 9월 11일 테러 공격으로 인한 화재로 붕괴된 뉴욕 월드트레이드센터 트윈타워와 달리 90웨스트스트리트 근처의 거의 100년 된 건물은 콘크리트, 벽돌, 테라코타 타일이 강철 기둥을 덮고 있어서 화재를 견뎌낼 수 있었다.) 건물을 짓는 데 강철이 사용되기 시작한 초기에는 보와 기둥이 리벳 이음으로 단단하게 결합되었지만 시간이 흐르면서 리벳 이음은 용접으로 대체되었다. 엠파이어스테이트 빌딩을 비롯한 옛 고층건물들의 강철 골조는 석조 벽이나 콘크리트 벽으로 덮이고 메워진 반면 제2차 세계대전 이후에 지어진 건물들에는 장막벽curtain wall이라 불리는 유리 외벽이 많이 사용되었다. 이런 변화로 더욱 효율적이고 경제적인 건물을 지을 수 있게 되었지만 이렇게 지어진 건물들은 잠재적인 결함을 안고 있을 수밖에 없었다.[11]

1994년 캘리포니아 남부를 강타한 노스리지Northridge 지진 발생 당시 이런 결함들이 겉으로 드러났다. 구조공학자들은 보와 기둥의 용접부와 인접한 곳에서 발견된 수많은 취성 파괴 흔적에 놀라지 않을 수 없었다. 이듬해 일본 고베에서 대지진이 일어났을 때도 비슷한 현상이 발견되었다. 뜻밖의 현상을 규명하기 위해 당연히 조사가 벌어졌고, 여러 가지 요인들이 복합적으로 작용해 취성 파괴를 일으킨 것으로 밝혀졌다. 1800년대부터 자그마한 요인들이 하나씩 축적됐다고 말할 수 있을 것이다. 오랜 시간에 걸쳐 리벳 이음이 용접으로 대체되는 동안 계속된 변화들이 개별적으로는 실패를 불러오지 않았겠지만 그 변화들이 모두 모여 결국 놀라운 결과를 초래한 것이다. 사용된 강철에 적용된 허술한 기준, 결함을 견뎌내는 힘이 약한 용접 금속의 사용, 부실한 용접 기술, 미흡한 품질 관리 등이 대표적인 기여 요인들이었다. 노스리지 지진과 고베 지진 이후 당연히 새로운 기준이 도입되었다. 옛 설계 방식에 포함된 근본적인 고려 사항들이 계속 유지되었다면 새로 기준을 세울 필요도 없었을 것이다.[12]

NASA의 엔지니어들과 관리자들은 결실을 얻어내기까지 그야말로 수 세대에 걸친 시간이 소요될 수 있는 우주 탐사 사업을 기획하고 설계해야 하기 때문에 "지식의 간극을 메우는 작업"에 집중해 왔다. 그래서 그들은 단지 결과만이 아니라 상세한 기록을 작성하는 데 노력을 기울여 왔다. 최신의 보고서일수록 이전의 보고서보다 "훨씬 더 상세하게" 기록되어 있다. 이렇게 상세한 기록이 있으면 "선대의 연구자들이 어떤 조치를 취했고 그 이유가 무엇인지를 알아내기 위해 후대의 연구자들이 애쓸 필요가 없기 때문"이다. NASA에는 "새로운 세대의 엔지니어들과 관리자들이 야심찬 새 사업을 추진할 때 경험을 바탕으로 한 귀중한 지식을 사업에서 사업으로 세대에서 세대로 전해주는 일이 매우 중요하다"는 인식이 자리 잡고 있다.[13]

한 세대 안에서도 기술과 절차에 대한 훈련이 자주 이루어지지 않아 문제가 발생하기도 한다. 토러스Taurus XL 로켓은 소형 인공위성을 궤도로 발사할 수 있는 로켓의 "보강된 모델"이었다. 2001년 토러스의 이전 버전이 조종 장치 오작동으로 궤도 진입에 실패한 후 XL에는 재설계된 조종 시스템과, 적하 능력을 1,360kg까지 높일 수 있는 더 큰 로켓 단stage들이 장착되었다. 2004년 5월에 있었던 첫 번째 발사는 성공적이었다. 그러나 그 후 5년 동안 이 발사용 로켓은 많이 사용되지 않았다. 사용된 토러스 로켓은 총 8개에 불과했고 발사는 대개 몇 년에 한 번 행해졌다. 2009년 2월, 대기 중의 이산화탄소를 정확히 측정하기 위해 발사된 탄소관측위성Orbiting Carbon Observatory은, 로켓이 발사되는 동안 위성을 보호하는 역할을 하는 페어링fairing이 제대로 분리되지 않아 토러스 XL 로켓이 목표 속도와 고도에 도달하지 못하는 바람에 궤도에 진입하지 못하고 바다로 추락했다. 오작동한 장치를 회수해 분석할 수도 없는 상황에서 하드웨어 문제가 "중간 원인"으로 지적되었지만, "결함이 있는 장치를 제조하고 승인하게 만든 조직의 태도와 환경, 관행"이 근본 원인으로 보였다. 근본 원인을 살피지 않고 중간 원인만 바로잡는다면 미래에 또다시 실패가 발생할 것이 뻔했다. 토러스 XL 건을 조사한 NASA의 조사위원회 위원장은 이렇게 말했다. "탄소관측위성 발사에 관여한 사람들 중 다수가 발사용 로켓과 관련해 경험이 아주 적거나 아예 없었다. 경험이 적을수록 과거의 담당자들이 축적한 정보와 지식이 담겨 있는 정식 절차에 더 많은 주의를 기울여야 한다."[14]

인공위성을 성공적으로 발사하기 위해서는 가능한 실패 모드를 예상해서 그런 일이 일어나지 않도록 설계해야 한다. 그러나 과거의 실패 경험이나 그에 관한 지식이 없다면 우리는 매우 불리한 위치에 서 있다고 볼 수 있다. 정식 절차에는 축적된 교훈이 담겨 있겠지만 엔지니어들과 관리자들은 과거의 절차를 따르지 않기로 유명하다. 우리는 언제나 과거의 것보다 나은 것을 만들기 위해 애쓰며 이는 곧 설계와 제조, 작업 방식의 변화를 의미한다. 그런데 변화를 시도하는 과정에서 우리는 기존 방식에 담겨 있던 경험을 지워버리기도 한다. 이런 이유로 결국 실패는 계속 우리를 습격할 수 있다.

21세기가 도래하면서 다리의 30년 주기 실패 패턴이 끝났다고 생각해서는 안 된다. 런던과 파리의 보도교에서 발생한 문제는 최신 공학 지식과 최신 공학 도구를 사용해 설계한 구조물에서도 실패가 발생할 수 있다는 사실을 일깨워주었다. 이런 지식과 도구에는 한계점이 있고 그 한계점들이 발견되기 전까지는 언제든 실패가 우리를 습격할 수 있다. 그렇다면 불완전한 지식을 바탕으로 설계되었을 가능성이 가장 큰 다리는 어떤 종류일까? 그리고 시블리의 30년 주기에 따라 2030년경에 그중 어딘가에서 실패가 발생할까? 내가 추측하기에 다리 종류는 사장교나 포스트텐션 콘크리트 박스거더교 중 하나일 것이다. 사장교의 케이블에서 원치 않는 진동 현상이 계속 나타나고 있는데도 엔지니어들은 이 다리의 형태를 미지의 영역으로 확장시키고 있다. 포스트텐션 콘크리트 박스거더교는 점점 보편화되고 있는 형태인데 캔틸레버 공법 사용으로 응용 범위가 넓어지고 있다.[15]

 시블리의 30년 주기는 금속 교량에 관한 연구에서 나온 것이었지만, 더 다양한 구조물에 적용된다는 사실이 이내 분명해졌다. 그래서 시블리와 워커는 30년 실패 주기를 다리에 국한시키지 않고 일반적인 범위로 확대했다.

> 기술적으로 진보된 구조물이 처음 지어지던 당시에는 그 설계와 건설에 엄청난 주의가 기울여졌고 자세한 조사가 이루어졌다. 그러나 새로운 설계가 반복적으로 사용됨에 따라 자신감은 자만이 되었고 기술적 문제들의 발생 가능성은 무시되었다. 시험은 비용만 많이 들고 쓸데없다고 여겨져 생략되었다. 설계는 꾸준히 변화했지만 그 변화들은 제대로 이해되지 못했고 결국 이전에는 무시되었던 2차적인 영향이 지배적인 영향으로 바뀌어 구조물이

붕괴되기에 이르렀다.

시블리와 워커가 이 글을 쓴 시기는 1976년 석유 굴착용 플랫폼에 관한 회의가 개최된 직후였다. 이 회의에서 "해당 분야의 최고 설계자들은 플랫폼에 작용하는 북해의 동역학적 힘을 충분히 이해하지 못하고 있다고 시인했다." 플랫폼에 사용된 기술은 "간단한 시험이 보여주는 유효성의 범위를 훨씬 넘어서는 수준까지 확장되고 있었다." 2010년 멕시코 만에서 사용된 석유시추선과 유출방지장치의 설계 및 시험에 관해서도 이런 글이 발표되었다면 최악의 상황까지는 벌어지지 않았을지도 모른다.[16]

이들의 견해는 기술적 지식이 지속해서 발전한다는 통념에 위배된다. 그러나 기술이 누적된다면 어째서 새로 만들어진 모든 다리나 석유시추선이 기존의 것보다 낫지 않은 것일까? 어째서 실패가 발생하는 것일까? 어째서 더 젊은 세대의 엔지니어들이 이전 세대의 엔지니어들보다 더 많이 알고 더 현명하지 않은 것일까? 그리고 몇십 년 동안 성공이 계속되다가 한 번씩 실패가 발생하는 주기적인 현상은 어떻게 설명해야 할까? 답은 공학 설계의 본질에서 찾아볼 수 있다. 공학 설계는 가장 원시적이고 비합리적인 방식으로 시작된다. 그래서 시도된 적 없는 설계는 거의 항상 제로에서 시작된다. 엔지니어들은 비언어적인 그래픽 형태로 설계를 구상할 때가 많다. 엔지니어가 스케치나 도안에 상응하는 무언가를 제시해야만 엔지니어들과 설계자들 사이에서 확실한 대화가 이루어질 수 있고 공학과 경제학과 전문적인 경험을 토대로 구상의 현실성과 시공 가능성을 판단할 수 있다. 설계 과정은 대개 복잡하고 반복적이며, 엔지니어의 스케치는 풍부한 공학적 과학적 지식, 그리고 성공 여부와 관계없이 과거의 풍부한 설계 경험이 있어야 이해될 수 있다. 이런 정보와 고찰을 바탕으로 마음의 눈은 임시 설계의 요소들을 선택하고 가려낸다. 과거의 실패들을 고려하지 않은 채 이런 과정이 진행된다면 역사가 다시 반복될 수 있음을 알려줄 어떤 경고 장치도 작동하지 않을 것이다.

《공학과 마음의 눈Engineering and the Mind's Eye》을 통해 기술사학자 유진 퍼거슨Eugene Ferguson은 공학 분야에서 비언어적인 사고가 담당하는 역할을 역사적 맥락에서 설명했다. 그는 인공물의 설계를 묘사한 그래픽 표현에 발전적인 패턴이 있음을 보여주고 있지만 이 책에서도 분명히 읽을 수 있는 교훈은 현대의 공학 설계 과정이 기본적으로는 수천 년 전의 과정과 크게 다르지 않다는 것이다. 이집트의 피라미드, 로마의 아치교, 그리스의 신전을 비롯한 고대 문명의 모든 공학 프로젝트는 엔지니어 개인의 마음의 눈에서 시작되었다. 그림 실력과는 관계없이, 구상 설계자가 자신의 아이디어를 모래 위에 스케치하거나 종이(혹은 파피루스나 나무판) 위에 그리거나 점토로 모형을 만들어 보여줘야만 동료들이 그 아이디어를 평가하고 책임자들이 채용 여부를 결정하고 도급업자들이 실제 구조물을 건설할 수 있었다.[17]

19세기와 20세기 초의 공학에 관한 기록에는 (브리타니아교, 포스교, 나이아가라협곡교, 이즈교, 브루클린교, 헬게이트교, 조지워싱턴교 등) 대규모 사업들의 설계와 관련된 자세한 논의가 실려 있다. 이렇게 자세히 기록하고 설명하는 전통이 있었기 때문에 해당 사업에 참여한 엔지니어들은 자신의 설계를 현대의 엔지니어들보다 더 명쾌하게 제시할 수 있었다. 현대 엔지니어들의 설계 과정은 컴퓨터 모델, 코드, 그래픽에 가려 보이지 않을 때가 많다. 역사와 구조공학의 연관성에 관한 토론에서 한 참가자는 컴퓨터를 사용하는 현대의 설계 팀보다 옛 설계자들의 생각을 들여다보기가 더 쉽다고 말했다. 공학 설계의 어떤 요소들은 최신 방식과 무관하게 앞으로도 계속 유지될 것이다.[18]

1981년, 저명한 토질공학자 랄프 펙Ralph Peck은 댐의 신뢰성에 대해 논의하던 중 이렇게 말했다. "최근 발생한 실패 10건 중 9건은 최신 기술의 부적절함 때문이 아니라 피할 수 있었던 실수 때문에 일어났다." 펙은 설계상의 오류와 실패에 관한 한 "문제도 해결책도 본질적으로 비정량적"이라고 지적했다. 그는 분석과 시험의 개선은 분명 유익할 수 있다고 인정하면서도, "이런 일에만 노력을 집중하다 보면 실패의 원인에 포함되는 요인들을 조사하는 데 쏟을 수 있었던 노력을 쏟을 수 없게 될 수도 있다"고 말했다. 펙은 공학적 실무에 대한 올바른 판단력을 회복하려는 방안으로 역사적 고찰을 꼽았다. 그는 일리노이 주에서 구조공학자가 되기 위해 시험을 치르는 예비 공학자들은 1874년 세인트루이스 미시시피 강에 이즈교Eads Bridge가 완공된 것과 같은 중요한 공학적 성과들을 제대로 인식할 수 없다고 개탄했다.[19]

공학은 문명의 시작과 함께 실행됐으며 엔지니어들의 노력을 떼어놓고는 문명을 상상하기 어렵다. 그러나 시에서부터 피라미드에 이르기까지 문명의 많은 고전 작품들이 오랫동안 변함없는 용어들을 사용해 왔지만, 엔지니어들의 공법은 끊임없이 새롭고 개선된 공법으로 대체됐다는 것이 일반적인 통념이다. 갓돌을 올리는 데 경사로 대신 헬리콥터가 사용되고 몇 세대 전의 엔지니어들이 계산으로 할 수 없던 설계를 컴퓨터가 할 수 있게 되었다 해도, 공학 설계 과정의 근본적인 요소 중에는 수천 년 동안 거의 변하지 않은 것들도 있다. 물론 현대 기술로 만들어진 도구의 가용성과 힘이 더욱 기본적인 기술의 생존을 위협할 수도 있다. 모순처럼 들리겠지만 기본적인 설계 기술과 공학적 판단의 쇠퇴를 막을 방법은 현대의 교과서보다는 오래된 공학 서적에서 더 쉽게 찾을 수 있을지도 모른다.

듀크대학교에 아직 공학도서관이 있던 시절 나는 종종 점심 식사 후 그곳에 가서 최신 잡지들을 읽거나 서가를 둘러보곤 했다. 정기간행물 최신호는 1층에 있었다. 지난 호 합본은 그 아래층에 있었고 책과 논문은 위층에 있었다. 계단을 오르내리지 않고도 최신 기사들을 읽을 수 있었지만 나는 다른 층에도 가서 지난 잡지들을 훑어보곤 했고 그러다가 뜻밖의 재미있는 사실을 발견했다. 지난 호 합본은 알파벳순으로 배열되어 있었고 같은 잡지들은 발행일 순으로 배열되어 있었다. 자연히 오른쪽 끝에는 가장 최근의 합본이 꽂혀 있었는데, 그 옆에 바로 다음 잡지가 꽂혀 있지 않고 공간이 비어 있었다. 더 최근에 발행된 잡지들의 합본을 꽂을 때마다 많은 양의 잡지들을 모두 옮겨야 하는 수고를 덜기 위해서였다.

이와는 달리 위층의 책과 논문들은 듀이 십진분류법Dewey Decimal System에 따라 주제별로 배열되어 있었다. 서가에는 여유 공간이 거의 없었기 때문에 바싹 붙어 있는 책들 사이에서 빈 곳은 찾아보기 어려웠다. 그래도 내게는 이 배열이 이상적으로 보였다. 특정 주제에 관한 최신 논문과 오래된 논문이 (그리고 그사이에 발표된 모든 논문이) 나란히 꽂혀 있는 예도 있었기 때문이다. 다리에 관한 논문들이 꽂혀 있는 서가에 가 보았다면 아마도 현수교 설계에 관한 19세기의 논문과 20세기 후반의 논문을 한 번에 찾을 수 있었을 것이다.

어느 날 연구실에서 점심을 먹으며 한 서평을 읽은 후 나는 최근에 출판된 그 책을 찾으러 공학도서관으로 갔다. 온라인 카탈로그에서 청구번호를 받아 적어 놓았기 때문에 나는 곧장 위층으로 올라가 그 번호대의 책들이 꽂혀 있는 서가로 갔다. 그런데 그곳에는 내가 찾는 책이 없었다. 나보다 먼저 책을 빌려 간 사람이 있나 싶었지만 서가에는 꽂혀 있던 책이 빠져나간 것으로 보이는 빈자리가 없었다. 나는 1층의 대출대로 내려가 사서에게 책이 대출되었는지 물어보았다. 그는 내가 건넨 청구번호를 조회해 보더니 그 책이 대출되지 않았다고 말했다. 내가 서가를 잘못 찾아갔거나 책이 근처의 다른 곳에 잘못 꽂혀 있을 가능성도 있었기 때문에 그와 나는 함께 위층으로 올라가 책을 찾아보기로 했다. 그러나 결국 우리는 책을 찾을 수 없었고 다시 내려오는 길에 그는 내게 책 제목을 물었다.

나는 공학도서관의 단골손님이었기 때문에 사서는 내 독서 습관을 잘 알고 있었다. 내가 주로 오래된 책들을 즐겨 읽는다는 사실을 알고 있었던 그는 내가 문의한 책이 당연히 오래된 책일 것으로 추측했었다. 그런데 도서 정보를 조회해 보고 이 책이 바로 전 해에 출판된 책이라는 사실을 알게 된 것이다. 그제야 그는 비교적 새로운 분야인 생명공학과 교수들의 요구로 책의 배치 방식이 바뀌었다고 알려주었다. 생명공학과 교수들은 출판된 지 5년 이상 지난 책들에는 거의 관심이 없었기 때문에 오래된 책들 사이에서 근간 서적을 찾아야 하는 수고를 달가워하지 않았다.

생명공학과 교수들의 요구를 받아들여, 출판된 지 5년이 안 된 책들은 계단 바로 옆에 있는 서가로 옮겨졌다. 이 방식대로라면 해가 바뀔 때마다 5년이 지난 책들을 골라내서 옮겨야 했지만 사서는 이런 불편을 크게 문제 삼지 않았다. 나는 이 이야기를 듣자마자 불만을 표했지만 어쨌든 이제 내가 찾는 책이 어디에 있는지 알게 되었기 때문에 다시 책을 찾으러 위층으로 올라갔다. 근간 서적들이 꽂혀 있는 서가에 도착했을 때 나는 서가의 절반 이상을 차지하고 있는 컴퓨터공학 관련 서적들을 보고 깜짝 놀랐다. 반면 내가 찾고 있던 책과 비슷한 주제의 책들은 많지 않았기 때문에 나는 그 책들을 한눈에 모두 찾아내 한쪽 팔에 안고 열람석으로 가져갈 수 있었다. 직접 눈으로 보고 나니 근간 서적들을 쉽게 손닿는 곳에 따로 모아 놓는 방식의 이점을 충분히 이해할 수 있었지만 나는 이런 편리함을 누리는 대신 지혜의 측면에서 잃는 부분도 분명히 잊지 않을까 걱정스러웠다.

온라인 도서 카탈로그와 검색 시스템, 전자책 등이 발전함에 따라 공학도서관을 이용하는 교수들은 점점 줄었고 학생들은 대부분 공학도서관의 낡은 책상과 의자를 버리고 증축된 중앙도서관의 쾌적한 시설로 옮겨갔다. 나도 인터넷상의 디지털 자료들이 더 사용하기 편리하다고 느끼기 시작하면서 도서관을 직접 방문할 필요가 점점 없어졌다. 이용자가 줄어들자 공학도서관은 공간을 계속 차지하고 있기가 어려워졌고 결국 이곳의 책들과 정기간행물들은 중앙도서관이나 멀리 떨어진 서고로 옮겨졌다. 이런 조치에 항의하는 사람도 거의 없었다.

컴퓨터공학과 소프트웨어공학은 토목공학에 비하면 역사가 그리 오래되지 않은 분야다. 이 분야의 종사자들은 실패에 관한 보편적인 교훈을 끌어낼 수 있을 만큼 역사가 깊지 못하다는 사실을 일찌감치 깨달았다. 소프트웨어 설계자들은 자신들의 제품에서 버그 등의 문제가 발생하기 쉽다는 사실을 잘 알고 있었다. 컴퓨터공학자들은 실패에 대한 역사적 관점을 타 분야에서 구하기 시작했고 교량공학 분야가 그들에게 좋은 본보기가 되었다. 철골 구조를 채용한 현대 교량공학의 역사는 18세기 후반부터 시작되었으며 이 분야에서 발생했던 크고 작은 실패들은 자세하게 분석되어 기록되어 있다. 그래서 소프트웨어공학 관련 출판물에는 교량공학자나 구조공학자의 견해가 인용되는 경우가 많아졌다. 또 역사적인 관점에서 실패에 관해 연구하고 글을 써 온 엔지니어들이 소프트웨어공학 관련 연수회나 회의에 초청되는 일도 많아졌다. 신생 분야의 종사자들은 자신들의 분야 내에서 습득할 수 없는 것이 무엇인지 잘 알고 있었기 때문에 유사한 분야에서 역사적인 시각과 조언을 얻고자 했다. 소프트웨어공학계는 자신들의 분야와 인접 분야에서 발생한 실패들을 회보에 실어 알리고 분석하기 시작했다. 회보에 기고하는 사람들의 숫자가 늘어나자 공간을 다툴 필요 없는 온라인에서 논의가 계속되었다. 소프트웨어공학자들이 이런 노력을 통해 어떤 실패들을 피할 수 있었는지는 기록되어 있지 않고 어쩌면 인식조차 되지 않았을지도 모르지만, 그렇게 실패를 피한 경우가 전혀 없었다고는 생각하기 어렵다.[20]

    최신 기술을 발전시키고자 하는 열의가 너무 강한 나머지 자신이 속한 분야의 역사를 돌아보지 않는 엔지니어들도 있다. 그들은 역사가 눈앞의 일과 무관하다고 생각한다. 현재 관여하고 있는 일의 역사에 막연히 관심이 있다고 해도 그들은 그 관심을 일과 분리하거나 은퇴 후에 열중할 취미 정도로 생각한다. 전성기에는 기껏해야 자신들이 기술적으로 하는 일의 문화적 부속물 정도로 밖에 여기지 않는 것이다.

1920년대와 1930년대의 현수교 엔지니어들에게도 이런 경향이 있었던 것으로 보인다. 기술적으로 놀라운 발전이 있었던 이 시기에 오스마 암만은 조지워싱턴교의 중앙경간을 당시 최장 경간의 거의 두 배에 가깝게 설계했다. 이후의 현수교 설계자들은 위험을 무릅쓰고 암만의 과감한 양식을 따라 했다. 암만과 그의 설계 팀은 경험의 범위를 훨씬 넘어선 작업을 하고 있었기 때문에 세세한 부분에까지 각별한 주의를 기울였다. 전례 없는 설계를 시도하고 있다는 사실을 제대로 인식하고 있었기 때문에 엔지니어들은 사소한 부분을 다룰 때도 항상 실패 가능성을 염두에 두고 작업에 임했다. 설계에 심혈을 기울였기에 조지워싱턴교는 완전한 성공작이 될 수 있었다. 1930년대에 설계자들은 조지워싱턴교의 성공적인 요소들을 선택적으로 채용해 현수교들을 설계했는데 그 결과는 당혹스러웠다. 다리 상판이 갈수록 가벼워지고 약해져서 바람에 크게 흔들리는 일이 많았고 결국 타코마해협교 붕괴 사고가 일어났다.[21]

다리 설계 분야의 권위자들은 암만의 선례를 따르면서도 현수교와 그 실패의 역사는 고려하지 않았다. 그들은 19세기의 목제 상판 다리들이 바람의 영향을 많이 받았다는 사실을 알고 있었지만 현대의 강철 구조물은 그런 문제와 무관하다고 생각했다. 역사 속의 아름다운 다리들을 본보기로 삼으면서 그 다리들의 최후가 남긴 공학적인 교훈은 무시한 것이다. 20세기 엔지니어들은 1826년에 토머스 텔포드Thomas Telford가 설계한 메나이해협교를 미적으로 거의 완벽한 다리라고 여겼다. 그러나 그들은 이 다리의 가벼운 목제 상판이 바람의 영향으로 계속 손상을 입었다는 사실은 잊은 것 같았다.

1841년 존 로블링은 19세기 초에 발생했던 실패들을 연구해 "최대의 적"인 바람을 견딜 수 있는 현수교를 설계하기 위해 어떤 조치들을 취해야 하는지 정리했다. 그는 성공적인 현수교를 만들기 위해서는 "무게, 들보, 트러스, 버팀줄"이 있어야 한다고 말했다. 다시 말해, (1) 돌풍에 쉽게 흔들리지 않을 만큼의 관성을 부여하기 위해 상판이 적당히 무거워야 하고 (2) 상판의 형태가 유지되면서 하중이 분산되도록 상판을 아주 단단하게 받쳐줄 들보와 트러스가 있어야 하고 (3) 손을 쓸 수 없게 되기 전에 움직임을 점검하기 위해 보충 케이블 혹은 "버팀줄"이 있어야 한다는 것이었다. 로블링은 1854년 (최초의 철도 현수교인) 나이아가라협곡교에 처음으로 이 요소들을 도입했고 그 후 신시내티 오하이오 강의 다리, 그리고 1883년 완공된 그의 걸작 브루클린교에도 이런 요소들을 포함시켰다. 그러나 안타깝게도 이후 수십 년 동안 다른 엔지니어들은 로블링이 성공을 위해 중요하다고 생각했던 요소들을 하나씩 제외했다. 우선 보충 케이블이 불필요하다고 제외되었고 그다음에는 보강 트러스가 미관상의 이유로 제외되었다. 마지막으로 아주 좁은 도로교 건설을 위해 무게도 줄어들었다. 이렇게 역사를 무시한 구조적 진화의 결과는 타코마해협교의 붕괴였다.[22]

타코마해협교가 붕괴되면서 과거의 모든 교훈이 되살아나는 듯했으나 때는 이미 늦었다. 타코마해협교 붕괴 사고의 공식 조사 결과 내려진 결론은 1세기 전 로블링이 내렸던 결론과 크게 다르지 않았다. 현수교의 최대 적은 바람이라는 것이었다. 이 악명 높은 실패와 전쟁의 영향으로 1940년대에는 현수교가 건설되지 않다가 나중에 다시 건설되기 시작했는데, 바람의 영향을 막기 위한 요소들은 현대보다는 과거의 선례들을 참고해 설계되었다.23

엔지니어들이 역사를 무시하는 잘못을 범했다면 역사학자들은 공학을 무시하는 잘못을 범했다. 과거를 분석할 때 그들은 대개 기술의 발전에는 큰 관심을 두지 않았다. 그러나 브루클린교와 같은 공학적 성과는 브루클린과 로어 맨해튼 사이의 통근을 더욱 편리하게 만들어 정치적 요소와 지리적 요소가 통합된 현재의 뉴욕 시를 있게 하는 데 크게 기여했다. 얼마 전부터 기술사학자들은 기술의 발전이 인간의 역사에 끼친 영향을 중요하게 인식해야 한다고 촉구하기 시작했다. 역사에 대한 균형 잡힌 시각을 보여주는 교과서가 없다고 판단한 일부 역사학자들은 팀을 꾸려 기술의 역사를 경제, 사회, 문화, 정치의 역사와 동등하게 고려한 책을 집필했다. 아마도 이런 움직임에 자극을 받아, 엔지니어들도 공학 교과서에 관련 역사를 싣기 시작했다. 수천 년 동안 그래 왔듯이 엔지니어들은 미래를 설계하고 역사학자들은 과거를 분석한다. 그러나 공학과 역사의 목적이 서로 전혀 다르고 무관하다고 간주해버리면 양쪽 모두 불완전해질 수 있다.24

성공과 실패, 그리고 그 사례들이 남긴 교훈은 시사와도 연관이 있다. 2008년에 시작된 재정 위기가 그 대표적인 예다. 주택 시장의 호황이 오랫동안 이어지자 부동산 가치가 끝없이 계속 오를 것이라는 비이성적인 분위기가 조성되었다. 동시에 과거의 성공적인 대출 관행을 과신해 분수에 넘치는 집을 구매하는 사람들이 많아졌다. 수입 중 얼마를 대출 상환에 할당해야 안전하고 현명한 투자가 될 것인지는 중요하게 고려되지 않는 경우가 많았다. 리스크 높은 금융 상품 시장이 부동산과 호경기에 의존하고 있었다. 그러나 오르막길이 있으면 내리막길도 있고 성공이 있으면 실패도 있다. 성공이라는 거품이 계속 불어날 것이라는 근시안적인 시각을 경계하고 실패 가능성을 고려했다면 재정 위기를 좀 더 폭넓게 예측할 수 있었을 것이다. 2년이 지난 후 연방준비은행장은 재정 시스템 깊숙이 자리 잡고 있던 "결함과 약점"을 제대로 인식하지 못했다고 시인했다. 과거의 성공이 자극이나 격려가 되기는 하지만 미래의 성공을 보장해주지는 않는다. 어떤 시스템에서든 가장 효과적인 변화를 이끌어주는 것은 성공이 아닌 실패다. 시스템의 설계자가 성공을 이뤄낼 수 있는 가장 확실한 방법은 앞선 시스템의 결함을 인식하고 바로잡는 것이다.[25]

문명의 역사는 곧 흥망성쇠의 역사, 성공과 실패의 역사다. 역사 속에는 제국이나 왕조의 흥망도 있었고 국가나 도시의 성쇠도 있었다. 이 모든 역사의 공통된 요소는 인간이었다. 문명의 가장 기본적인 구성단위가 인간 개개인이라는 점을 고려할 때, 세상을 이해하고 제도와 시스템의 실패를 이해하기 위해서는 다름 아닌 우리 자신을 이해해야 한다. 제도와 시스템은 개개의 인간과 사물로 구성되어 있으므로, 무언가가 잘못되었을 때 우리는 결국 우리 자신을 들여다보고 우리와 세상이 어떻게 상호작용하고 있는지를 들여다봐야 한다.

시도한 모든 일에 성공했다고 말할 수 있는 사람은 아무도 없다. 오로지 실패만 반복해 왔다고 말할 수 있는 사람도 없다. 아무리 낙관주의적인 사람이라 해도 절대적인 성공의 비법은 없다는 사실을 인정할 수밖에 없고 아무리 비관주의적인 사람이라 해도 실수를 통해 배운 점이 있다는 사실을 인정할 수밖에 없다. 우리는 모두 삶이라는 롤러코스터를 타고 있다. 올라갈 때가 있으면 내려갈 때도 있고 방향을 틀거나 때로는 정신없이 곡예비행을 해야 할 때도 있다. 평탄한 길에서 벗어나지 않으려 하는 사람들이 있는가 하면 끊임없이 스릴을 추구하면서 급격한 내리막길을 아무렇지 않게 받아들이는 사람들도 있다. 그 사이의 어딘가에 존재하는 우리 대부분은 천천히 조심스럽게 점점 더 높은 곳을 향해 올라간다.

실패를 이해하는 일은 삶을 이해하는 일과 비슷하다. 우리는 간접적으로라도 승리의 기쁨과 패배의 고통을 모두 알고 있다. 우리는 성공이 계속될 때 방심하고 너무 서두르면 화를 자초하게 된다는 사실도 잘 알고 있다. 자만은 거의 어김없이 실패를 부른다. 또 우리는 넘어지면 일어나서 흙을 털어내고 처음부터 다시 시작하면 된다는 사실도 잘 알고 있다.

엔지니어는 다른 인간이라고들 하지만 본질에서는 그들도 보통 사람들과 다르지 않다. 엔지니어들도 다른 사람들과 마찬가지로 삶에서 성공할 때도 있고 실패할 때도 있다. 그렇다면 보통 사람과 다르지 않은 그들이 만든 것을 우리는 어떻게 믿고 의지할 수 있을까? 다행히도 엔지니어들은 대개 팀을 이뤄 일하면서 서로의 아이디어와 계산을 점검하고 오류를 찾아낸다. 한 엔지니어의 강점과 약점은 다른 엔지니어의 약점과 강점으로 상쇄되고 이런 과정을 통해 안전성과 신뢰성이 형성된다. 물론 모두가 한 방향(위)만 바라보며 일하다가 때때로 실패가 발생하기도 한다. 모든 일이 순조롭게 진행되고 있어서 걱정할 일이 전혀 없다고 모두가 방심하고 있을 때 특히 그런 일이 벌어지기 쉽다. 정교하게 조율된 기계는 문제없이 작동한다. 그러나 그러다가 롤러코스터가 고장 나 사고가 발생하면 우리는 부품들을 모아 설계상의 결함이나 피로 균열이 있는지 자세히 조사하고 유지관리 절차와 작동 지침을 다시 살피고 문제를 파악한 후 롤러코스터를 다시 설계한다.

 이 책에 소개된 실패들 중에 숙명적으로 일어날 수밖에 없었던 실패는 없다. 실버교와 같은 구조였던 세인트메리스교에 더 심각한 결함이 숨어 있었다면 이 다리가 실버교보다 먼저 붕괴되었을 수도 있다. 그랬다면 실버교는 같은 운명을 피하기 위해 해체되었을 것이다. 실버교의 아이바 중 하나에서 위험한 균열이 확장되고 있다는 사실을 누군가가 알아챘다면 차량 통행을 금지하고 정밀 조사를 벌일 수 있었을 것이다. 현수 체인의 설계상 아이바 문제 해결이 불가능했다 하더라도, 메인 주의 왈도-핸콕교에서 현수 케이블의 손상이 발견되었던 때처럼 차량 통행을 일부 제한해 시간을 벌고 대안을 마련해 볼 수 있었을 것이다.

 미니애폴리스의 I-35W 다리 위에 건설 자재와 장비가 놓이지 않았다면 붕괴 사고는 일어나지 않았을지도 모른다. 대신 비슷한 설계의 다른 고속도로교에서 좀 더 가벼운 사고가 일어났을 수도 있고 그랬다면 미니애폴리스의 다리를 포함한 모든 강철 트러스 다리들을 대상으로 정밀 점검이 시행되었을 것이다. I-35W 다리의 거싯플레이트도 전보다 훨씬 더 엄격한 조사를 받았을 것이다. 타코마해협교도 유료교량관리국 엔지니어 엘드리지의 설계를 고문 엔지니어 모이세이프가 더 길고 날씬하게 수정하지 않았다면, 혹은 고문 엔지니어 컨드론의 경고를 부흥금융공사가 묵살하지 않았다면 무너지지 않았을지도 모른다. 그러나 타코마해협교가 무너지지 않았다면 1930년대 말의 유행에 따라 미관을 중시해 설계된 또 다른 다리가 무너졌을 수도 있다.

타이타닉호가 북대서양에서 빙산을 만났던 것처럼, 실패는 몇 가지 요인들이 같은 시각 같은 장소에서 만났을 때 일어난다. 그러나 명백한 실패가 발생하기 전까지 우리는 (심지어 설계자들도) 해당 기술을 완벽하게 통제하고 있다고 믿는 경향이 있다. 이런 믿음은 전혀 논리적인 결론이 아니다. 공학의 역사만 봐도 알 수 있다.

계속된 성공이 비이성적인 자만심을 낳은 사례는 무수히 많다. 이런 자만심을 바로잡아줄 수 있는 것은 대실패뿐이다. 실패가 발생할 수 있다는 경고도 우리의 무사안일주의를 흔들기에는 부족할 때가 많다. 엔지니어의 경고를 무시한 경영 문화로 인해 발생한 우주왕복선 사고가 이 사실을 뼈아프게 증명해주었다. 그러나 실패를 거듭하면서 이런 교훈들을 깊이 새기고, 실패 분석을 통해 학생들과 현역 엔지니어들에게 (가능하다면 경영자들에게도) 이 교훈들을 철저히 주입한다면, 결국 우리는 성공을 통해 강화되는 패러다임에서 실패를 막기 위해 애쓰는 패러다임으로의 변화를 끌어낼 수 있을 것이다. 지속적인 성공을 이뤄낼 수 있는 최선의 방법은 실패를 더욱 제대로 이해하는 일이다.

TO FORGIVE DESIGN

긍정을 고집하는 멋쟁이들은 한 번 실수를 범하면 계속 실수를 반복하게 된다. 그러나 당신은, 과거의 실수를 기꺼이 받아들여, 날마다 어제의 비평가가 되어라.

— 알렉산더 포프, 비평론 *An Essay on Criticism*

/ 참고문헌 \

1장. 콘크리트, 흔하지만 중요한 재료

1. Nolan Law Group, "Did Regulatory Inaction Cause or Contribute to Flight 3407 Crash in Buffalo?" Feb. 16, 2009, http://www.nolan-law.com/did-regulatory-indiffeerence-play-a-role-in-icing-crash.

2. Ibid.; Matthew L. Wald, "Recreating a Plane Crash," *New York Times*, Feb. 19, 2009, http://www.nytimes.com/2009/02/19/nyregion/19crash.html.

3. Jerry Zremski and Tom Precious, "Piloting Caused Flight 3407's Fatal Stall," *Buffalo* (New York) *News*, Feb. 3, 2010, http://www.buffalonews.com/home.story/943789.html; Wald, "Recreating a Plane Crash." For a perspective that sees a crew member's failure to challenge a superior as a problem rooted in culture, see Malcolm Gladwell, *Outliers: The Story of Success* (New York: Little, Brown, 2008), especially chap. 7, "The Ethnic Theory of Plane Crashes."

4. Nolan Law, "Did Regulatory Inaction Cause"; Wald, "Recreating a Plane Crash"; Matthew L. Wald and Christine Negroni, "Errors Cited in '09 Crash May Persist, F.A.A. Says," *New York Times*, Feb. 1, 2010, p. A14.

5. George J. Pierson, "Wrong Impressions," letter to the editor, *Engineering News-Record*, Feb. 11, 2008, p. 7.

6. William J. Angelo, "Six People Indicted for Roles in Alleged CA/T Concrete Scam," *Engineering News-Record*, May 15, 2006, p. 18; William J. Angelo, "I-93 Panel Leaks Plague Boston's Central Artery Job," *Engineering News-Record*, Nov. 22, 2004, p. 13; Katie Zezima, "U.S. Declares Boston's Big Dig Safe for Motorists," *New York Times*, April 5, 2005; "'Big Dig' Leak Repairs to Take Years," *Civil Engineering*, Oct. 2005, p. 26; Sean P. Murphy and Raphael Lewis, "Big Dig Found Riddled with Leaks," *Boston Globe,* Boston.com, Nov. 10, 2004; William J. Angelo,

"Concrete Supplier Fined in Central Artery/Tunnel Scam," *Engineering News-Record*, Aug. 6, 2007, p. 13.

7. Angelo, "Concrete Supplier Fined in Central Artery/Tunnel Scam."

8. Matthew L. Wald, "Late Design Change Is Cited in Collapse of Tunnel Ceiling," *New York Times*, Nov. 2, 2006, p. A18.

9. "Bits and Building Work May Be Factors in CA/T Collapse," *Engineering News-Record*, Aug. 7, 2006, p. 16.

10. William J. Angelo, "Collapse Report Stirs Debate on Epoxies," *Engineering News-Record*, July 23, 2007, pp. 10–12; William J. Angelo, "Epoxy Supplier Challenges Boston Tunnel Report," *Engineering News-Record*, July 26, 2007, http://enr.construction.com/news/transportation/archives/070726.asp.

11. Ken Belson, "A Mix of Sand, Gravel and Glue That Drives the City Ever Higher," *New York Times*, June 21, 2008, http://www.nytimes.com/2008/06/21/nyregion/21industry.html.

12. For the Salginatobel Bridge, see, e.g., David P. Billington, *Robert Maillart's Bridges: The Art of Engineering* (Princeton, N.J.: Princeton University Press, 1979), chap. 8; Galinsky, "TWA Terminal, John F. Kennedy Airport NY," http://www.galinsky.com/buildings/twa/index.htm; "Dubai to Open World's Tallest Building," Breitbart.com, Jan. 1, 2010.

13. Tony Illia, "Poor, Often-Homemade Concrete Blamed for Much Haiti Damage," *Engineering News-Record*, Feb. 4, 2010, http://enr.ecnext.com/coms2/article_bucm100204HaitiPoorCon; Associated Press, "Haiti Bans Construction Using Quarry Sand," Feb. 14, 2010; Ayesha Bhatty, "Haiti Devastation Exposes Shoddy Construction," *BBC News*, Jan. 15, 2010, http://news.bbc.co.uk/2/hi/americas/8460042.stm; Tom Sawyer and Nadine Post, "Haiti's Quake Assessment Is Small Step Toward Recovery," *Engineering News-Record*, Feb. 1, 2010, pp. 12–13.

14. Reginald DesRoches, Ozlem Ergun, and Julie Swann, "Haiti's Eternal Weight," *New York Times*, July 8, 2010, p. A25; Nadine M. Post, "Engineers Fear Substandard Rebuilding Coming in Quake-Torn Haiti," ENR.com, Feb. 3, 2010, http://enr.ecnext.com/coms2/article_inen100203QuakeTornHai; Associated Press, "Haiti Bans Construction Using Quarry Sand."

15. "Building Collapse Kills One Worker in Shanghai," *China Daily*, June 27, 2009, http://www.chinadaily.com.cn/china/2009-06/27/content_833067.htm; slideshow attachment to e-mail from Bruce Kirstein to author, Jan. 5, 2010; Associated Press, "Building, Factory Wall in China Topple, Killing 14," Oct. 3, 2010, http://enr.construction.com/yb/enr/article.aspx?story_id=150572484; Agence France-Presse, "Building Collapse Kills Eight in China," Oct. 3, 2010, http://www.google.com/hostednews/afp/article/ALeqM5h3PvA_fSfvuYdDSv3gyTRGl6DwEw?docId=CNG.23111bf2d9c2a75f1ce1e14c0bcb1919.261; "Sichuan Earthquake,

Poorly-Built Schools and Parents: Schools Hit by the Sichuan Earthquake in 2008," *FactsandDetails.com*, http://factsanddetails.com/china.php?itemid=1020&catid=10&subcatid=65.

16. Kirstein to author, Jan. 5, 2010.

17. Post, "Engineers Fear Substandard Rebuilding Coming"; William K. Rashbaum, "Company Hired to Test Concrete Faces Scrutiny," *New York Times*, June 21, 2008, http://www.nytimes.com/2008/06/21/nyregion/21concrete.html.

18. Richard Korman, "Indictment Filed against New York's Biggest Concrete Testing Laboratory," *Engineering News-Record*, Oct. 30, 2008, http://enr.ecnext.com/coms2/article_nefiar081030; John Eligon, "Concrete-Testing Firm Is Accused of Skipping Tests," *New York Times*, Oct. 31, 2008, p. A27.

19. Metropolitan Transportation Authority, "Second Avenue Subway," http://www.mta.info/capconstr/sas; Korman, "Indictment Filed"; Colin Moynihan, "Concrete Testing Executive Sentenced to up to 21 Years," *New York Times*, May 17, 2010, p. A28.

20. Sushil Cheema, "The Big Dig: The Yanks Uncover a Red Sox Jersey," *New York Times*, April 14, 2008, http://www.nytimes.com/2008/04/14/sports/baseball/14jersey.html; William K. Rashbaum and Ken Belson, "Cracks Emerge in Ramps at New Yankee Stadium," *New York Times*, Oct. 24, 2009, http://www.nytimes.com/2009/10/24/nyregion/24stadium.html; see also William K. Rashbaum, "Concrete Testing Inquiry Widens to Include a Supplier for Road Projects," *New York Times*, Aug. 18, 2009, p. A17.

21. David McCullough, *The Great Bridge* (New York: Simon & Schuster, 1972), pp. 374, 444–445.

22. Ibid., pp. 442–447.

23. Leslie Wayne, "Thousands of Homeowners Cite Drywall for Ills," *New York Times*, Oct. 8, 2009, http://www.nytimes.com/2009/10/08/business/08drywall.html; Julie Schmit, "Drywall from China Blamed for Problems in Homes," *USA Today*, March 17, 2009, http://www.usatoday.com/money/economy/housing/2009-03-16-chinese-drywall-sulfur_N.htm; Pam Hunter, Scott Judy, and Sam Barnes, "Paying to Replace Chinese Drywall," *Engineering-News Record*, April 19, 2010, pp. 10–11; Andrew Martin, "Drywall Flaws: Owners Gain Limited Relief," *New York Times*, Sept. 18, 2010, pp. A1, A3.

24. Mary Williams Walsh, "Bursting Pipes Lead to a Legal Battle," *New York Times*, Feb. 12, 2010, http://www.nytimes.com/2010/02/12/business/12pipes.html; Tom Sawyer, "PVC Pipe Firm's False-Claims Suit Unsealed by District Court," *Engineering News-Record*, Feb. 22, 2010, p. 15; Mary Williams Walsh, "Facing Suit, Pipe Maker Extends Guarantee," *New York Times*, April 6, 2010, pp. B1, B2.

25. Walsh, "Bursting Pipes Lead to a Legal Battle."

26. David Crawford, Reed Albergotti, and Ian Johnson, "Speed and Commerce Skewed Track's Design," *Wall Street Journal*, Feb. 16, 2010.

27. Ibid.; John Branch and Jonathan Abrams, "Luge Athlete's Death Casts Pall over Olympics," *New York Times*, Feb. 13, 2010, graphic, p. D2.

28. Crawford, Albergotti, and Johnson, "Speed and Commerce Skewed Track's Design."

29. David Crawford and Matt Futterman, "Luge Track Had Earlier Fixes Aimed at Safety," *Wall Street Journal*, Feb. 20, 2010, http://online.wsj.com/article/SB10001424052748703787304575075383263999728.html.

30. Branch and Abrams, "Luge Athlete's Death Casts Pall over Olympics," pp. A1, D2.

31. Crawford, Albergotti, and Johnson, "Speed and Commerce Skewed Track's Design."

2장. 실패는 일어난다

1. Diane Vaughan, *The Challenger Launch Decision: Risky Technology, Culture, and Deviance at NASA* (Chicago: University of Chicago Press, 1996), p. 274; R. P. Feynman, "Personal Observations of the Reliability of the Shuttle," see http://www.ralentz.com/old/space/feynman-report.html.

2. John Schwartz, "Minority Report Faults NASA as Compromising Safety," *New York Times*, Aug. 18, 2005, p. A18.

3. Todd Halvorson, "'We Were Lucky': NASA Underestimated Shuttle Dangers," *Florida Today*, Feb. 13, 2011, http://floridatoday.com/article/20110213/NEWS02/102130319/1007/NEWS02/We-were-lucky-NASA-underestimated-shuttle-dangers.

4. Newton quoted in John Bartlett, *Familiar Quotations*, 16th ed., Justin Kaplan, gen. ed. (Boston: Little, Brown, 1992), p. 303.

5. Newton quoted in Bartlett, *Familiar Quotations*, 16th ed., p. 281.

6. Gary Brierley, "Free to Fail," *Engineering News-Record*, April 25, 2011, p. U6.

7. Mark Schrope, "The Lost Legacy of the Last Great Oil Spill," *Nature*, July 15, 2010, pp. 304–305; Jo Tuckman, "Gulf Oil Spill: Parallels with Ixtoc Raise Fears of Ecological Tipping Point," *Guardian.co.uk*, June 1, 2010, http://www.guardian.co.uk/environment/2010/jun/01/gulf-oil-spill-ixtoc-ecological-tipping-point; Edward Tenner, "Technology's Disaster Clock," *The Atlantic*, June 18, 2010, http://www.theatlantic.com/science/archive/2010/06/technologys-disaster-clock/58367.

8. On bridge failures, see Paul Sibly, "The Prediction of Structural Failures," Ph.D. thesis. University of London, 1977.

9. Riddle of the Sphinx quoted in Bartlett, *Familiar Quotations*, 16th ed., p. 66, n. 1.

10. Vitruvius, *The Ten Books on Architecture*, trans. Morris Hicky Morgan (New York: Dover Publications, 1960), p. 80 (III, III, 4); compare Henry Petroski, *Design Paradigms: Case Histories of Error and Judgment in Engineering* (New York: Cambridge University Press, 1994), chaps. 2, 3; Henry Petroski, "Rereading Vitruvius," *American Scientist*, Nov.–Dec. 2010, pp. 457–461.

11. Vitruvius, *Ten Books on Architecture*, pp. 285–289 (X, II, 1–14).

12. Galileo, *Dialogues Concerning Two New Sciences*, H. Crew and A. de Salvio, trans. (New York: Dover Publications, [1954]), pp. 2, 4–5, 131.

13. Ibid., pp. 115–118; Petroski, *Design Paradigms*, pp. 64–74.

14. Galileo, *Dialogues Concerning Two New Sciences*, p. 5.

15. See Petroski, *Design Paradigms*, chap. 4. For background on the Hyatt Regency failure see Henry Petroski, *To Engineer Is Human: The Role of Failure in Successful Design* (New York: St. Martin's Press, 1985), chap. 8.

16. Joe Morgenstern, "The Fifty-Nine Story Crisis," *New Yorker*, May 29, 1995, pp. 45–53.

17. Ibid.

18. See, e.g., Linda Geppert, "Biology 101 on the Internet: Dissecting the Pentium Bug," *IEEE Spectrum*, Feb. 1996, pp. 16–17.

19. Miguel Helft, "Apple Confesses to Flaw in iPhone's Signal Meter," *New York Times*, July 3, 2010, pp. B1, B2; Apple, "Letter from Apple Regarding iPhone 4," July 2, 2010, http://www.apple.com/pr/library/2010/07/02appleletter.html; Matthias Gross to author, letter dated June 27, 2011; see also Matthias Gross, *Ignorance and Surprise: Science, Society, and Ecological Design* (Cambridge, Mass.: MIT Press, 2010).

20. Mike Gikas, "Lab Tests: Why Consumer Reports Can't Recommend the iPhone 4," Electronics Blog, *ConsumerReports.com*, July 13, 2010, http://blogs.consumerreports.org/electronics/2010/07/apple-iphone-4-antenna-issue-iphone4-problems-dropped-calls-lab-test-confirmed-problem-issues-signal-strength-att-network-gsm.html; "Apple iPhone 4 Bumper—Black," http://store.apple.com/us/product/MC597ZM/A#overview.

21. Peter Burrows and Connie Guglielmo, "Apple Engineer Told Jobs IPhone Antenna Might Cut Calls," *Bloomberg*, July 15, 2010, http://www.bloomberg.com/news/2010-07-15/apple-engineer-said-to-have-told-jobs-last-year-about-iphone-antenna-flaw.html; Bloomberg Business Week, "Apple Sets Up Cots for Engineers Solving iPhone Flaw," *Bloomberg.com*, July 17, 2010, http://www.businessweek.com/news/2010-07-17/apple-sets-up-cots-for-engineers-solving-iphone-flaw.html. Further iPhone glitches included alarms not going off on New

Year's Day and clocks falling back instead of springing forward one hour when daylight savings time went into effect in 2011: Associate Press, "Some iPhones Bungle Time Change," *Herald-Sun* (Durham, N.C.), March 14, 2011, p. A4.

22. Miguel Helft and Nick Bilton, "Design Flaw in iPhone 4, Testers Say," *New York Times*, July 13, 2010, http://www.nytimes.com/2010/07/13/technology/13apple.html?_r=1&emc=eta1; Gikas, "Lab Tests: Why Consumer Reports Can't Recommend the iPhone 4"; Gross, *Ignorance and Surprise*, p. 32.

23. Newton quoted in Bartlett, *Familiar Quotations*, 16th ed., p. 281.

3장. 의도된 실패

1. Russ McQuaid, "Piece Reattached after Coming Loose in Moderate Wind before Fatal Concert," *Fox59.com*, Aug. 18, 2011, http://www.fox59.com/news/wxin-grandstand-collapse-investigates-roof-fox59-investigates-condition-of-grandstands-roof-before-collapse-20110818,0,2486205.column.

2. For a description of the Apollo 13 accident, see, e.g., Charles Perrow, *Normal Accidents: Living with High-Risk Technologies* (Princeton, N.J.: Princeton University Press, 1999), pp. 271–278.

3. Steven J. Paley, *The Art of Invention: The Creative Process of Discovery and Design* (Auburn, N.Y.: Prometheus Books, 2010), pp. 157–159.

4. NACE International, "1988—The Aloha Incident," http://events.nace.org/library/corrosion/aircraft/aloha.asp; Wikipedia, "Aloha Airlines Flight 243," http://en.wikipedia.org/wiki/Aloha_Airlines_Flight_243.

5. Christopher Drew and Jad Mouawad, "Boeing Says Jet Cracks Are Early," *New York Times*, April 6, 2011, pp. B1, B7; Matthew L. Wald and Jad Mouawad, "Rivet Flaw Suspected in Jet's Roof," *New York Times*, April 26, 2011, pp. B1, B4.

6. Rainer F. Foelix, *Biology of Spiders* (Cambridge, Mass.: Harvard University Press, 1982), pp. 146–147.

7. On zippers, see, e.g., Henry Petroski, *The Evolution of Useful Things* (New York: Alfred A. Knopf, 1992), chap. 6, and Henry Petroski, *Invention by Design: How Engineers Get from Thought to Thing* (Cambridge, Mass.: Harvard University Press, 1996), chap. 4; see also Robert Friedel, *Zipper: An Exploration in Novelty* (New York: W. W. Norton, 1994).

8. Brett Stern, *99 Ways to Open a Beer Bottle without a Bottle Opener* (New York: Crown, 1993); Will Gottlieb, "Warning: 'Twist off' Means Twist Off," (Maine) *Coastal Journal*, June 23, 2011, p. 36.

9. On pop-top cans, see Petroski, *Evolution of Useful Things*, chap. 11.

10. Caltrans, "The San Francisco—Oakland Bay Bridge Seismic Safety Projects," http://baybridgeinfo.org/seismic_innovations.

11. Bureau of Reclamation, *Reclamation: Managing Water in the West* (U.S. Department of the Interior, 2006), p. 20.

12. Randy Kennedy, "Yankee Stadium Closed as Beam Falls onto Seats," *New York Times*, April 14, 1998, pp. A1, C3.

13. Douglas A. Anderson, "The Kingdome Implosion," *Journal of Explosives Engineering* 17, no. 5 (Sept.–Oct. 2000), pp. 6–15.

14. South Carolina Department of Transportation, "Cooper River Bridge: History," http://www.cooperriverbridge.org/history.shtml; Charles Dwyer, "Cooper River Bridge Demolition," annotated slide presentation, 36th Annual South Carolina State Highway Conference, Clemson, S.C., March 28, 2007, http://www.clemson.edu/t3s/workshop/2007/Dwyer.pdf.

15. Dwyer, "Cooper River Bridge Demolition," slides 13–87.

16. New York State Department of Transportation, "Lake Champlain Bridge Project," https://www.nysdot.gov/lakechamplainbridge/history; see also Christopher Kavars, "The Nuts and Bolts of Dynamic Monitoring," *Structural Engineering and Design*, Dec. 2010, pp. 26–29.

17. Aileen Cho, "Officials Hurrying with Plans to Replace Closed Crossing," *Engineering News-Record,* November 20, 2009, p. 15; Lohr McKinstry, "Flatiron Wins Contract for New Champlain Bridge," *ENR.com,* May 29, 2010, http://enr.construction.com/yb/enr/article.aspx?story_id=145562812&elq=182e4fdeabe54cb69a1945be86b3afc7.

18. "Controlled Explosives Topple Aging Champlain Bridge," *WPTZ.com*, Dec. 21, 2009, http://www.wptz.com/print/22026547/detail.html.

19. See, e.g., Donald Simanek, "Physics Lecture Demonstrations, with Some Problems and Puzzles, Too," http://www.lhup.edu/~dsimanek/scenario/demos.htm, s.v. "Chimney Toppling"; Gabriele Varieschi, Kaoru Kamiya, and Isabel Jully, "The Falling Chimney Web Page," http://myweb.lmu.edu/gvarieschi/chimney/chimney.html.

20. Mike Larson, "Tower Knockdown Scheme Does Not Go as Planned," *Engineering News-Record,* Nov. 22, 2010, p. 14.

21. Nadine M. Post, "Faulty Tower's Implosion Will Set New Record," *Engineering News-Record,* Nov. 30, 2009, pp. 12–13.

22. Ibid.

23. David Wolman, "Turning the Tides," *Wired,* Jan. 2009, pp. 109–113.

24. Ibid.

25. The Encyclopedia of Earth, "Price-Anderson Act of 1957, United States," http://www.eoearth.org/article/Price-Anderson_Act_of_1957,_United_States.

26. Barry B. LePatner, *Too Big to Fall: America's Failing Infrastructure and the Way Forward* (New York: Foster Publishing, 2010), p. 173.

4장. 실패의 역학

1. Department of Theoretical and Applied Mechanics, *The Times of TAM*, brochure (Urbana, Ill.: TAM Department, [2006]).

2. Ernst Mach, *The Science of Mechanics: A Critical and Historical Account of Its Development*, Thomas J. McCormack, trans. (La Salle, Ill.: Open Court, 1960), p. 1.

3. Instron, "History of SATEC," www.instron.com/wa/library/StreamFile.aspx?doc=466; Shakhzod M. Takhirov, Dick Parsons, and Don Clyde, "Documentation of the 4 Million Pound Southwark-Emery Universal Testing Machine," Earthquake Engineering Research Center, University of California, Berkeley, Aug. 2004, http://nees.berkeley.edu/Facilities/pdf/4MlbsUTM/4Mlb_Southwark_Emery_UTM.pdf.

4. James W. Phillips to author, e-mail message, June 14, 2010.

5. William Rosen, *The Most Powerful Idea in the World: A Story of Steam, Industry, and Invention* (New York: Random House, 2010), p. 68; Mark Gumz, quoted in Harold Evans, Gail Buckland, and David Lefer, *They Made America: From the Steam Engine to the Search Engine: Two Centuries of Innovators* (New York: Little, Brown, 2004), p. 465; Wen Hwee Liew to author, e-mail message dated July 19, 2011.

6. Timothy P. Dolen, "Advances in Mass Concrete Technology—The Hoover Dam Studies," in *Proceedings, Hoover Dam 75th Anniversary History Symposium*, Richard L. Wiltshire, David R. Gilbert, and Jerry R. Rogers, eds., American Society of Civil Engineers Annual Meeting, Las Vegas, Nev., Oct. 21–22, 2010, pp. 58–73; Katie Bartojay and Westin Joy, "Long-Term Properties of Hoover Dam Mass Concrete," ibid., pp. 74–84.

7. Ron Landgraf, ed., *JoMo Remembered: A Tribute Volume Celebrating the Life and Career of JoDean Morrow, Teacher, Researcher, Mentor and International Bon Vivant* (privately printed, 2009), p. 2.

8. Morrow quoted in ibid., p. 21.

9. James W. Phillips, compiler and editor, *Celebrating TAM's First 100 Years: A History of the Department of Theoretical and Applied Mechanics, University of Illinois at Urbana-Champaign, 1890–1990* (Urbana, Ill.: TAM Department, 1990), p. PHD-6.

10. Quoted in Rosen, *The Most Powerful Idea in the World*, p. 67.

11. For a broad perspective on fracture, see Brian Cotterell, *Fracture and Life* (London: Imperial College Press, 2010).

12. Stanley T. Rolfe and John M. Barsom, *Fracture and Fatigue Control in*

Structures: Applications of Fracture Mechanics (Englewood Cliffs, N.J.: Prentice-Hall, 1977).

13. American Society for Testing and Materials, *ASTM 1898–1998: A Century of Progress* (West Conshohocken, Pa.: ASTM, 1998). It was for ASTM's Committee E08 that I prepared the 2006 Annual Fatigue Lecture that grew into this chapter and the next.

14. Henry Petroski, *To Engineer Is Human: The Role of Failure in Successful Design* (New York: St. Martin's Press, 1985); Henry Petroski, "On the Fracture of Pencil Points," *Journal of Applied Mechanics* 54 (1987): 730–733; Henry Petroski, *The Pencil: A History of Design and Circumstance* (New York: Knopf, 1990); Henry Petroski, *The Evolution of Useful Things* (New York: Knopf, 1992).

5장. 반복되는 문제

1. Jason Annan and Pamela Gabriel, *The Great Cooper River Bridge* (Columbia: University of South Carolina Press, 2002).

2. Peter R. Lewis, "Safety First?" *Mechanical Engineering,* Sept. 2010, pp. 32–35.

3. Galileo, *Dialogues Concerning Two New Sciences,* trans. H. Crew and A. de Salvio (New York: Dover Publications, [1954]), pp. 2, 5.

4. William John Macquorn Rankine, "On the Causes of the Unexpected Breakage of the Journals of Railway Axles; and on the Means of Preventing Such Accidents by Observing the Law of Continuity in Their Construction," *Minutes of the Proceedings of the Institution of Civil Engineers* 2 (1843): 105–108.

5. Peter R. Lewis, *Disaster on the Dee: Robert Stephenson's Nemesis of 1847* (Stroud, Gloucestershire: Tempus Publishing, 2007); "Report of the Commissioners Appointed to Inquire into the Application of Iron to Railway Structures," *Journal of the Franklin Institute,* June 1850, p. 365; Derrick Beckett, *Stephensons' Britain* (Newton Abbot, Devon: David & Charles, 1984), pp. 123–125.

6. Lewis, *Disaster on the Dee,* pp. 93, 113–114, 121.

7. Ibid., pp. 95–109.

8. Ibid., pp. 116–118, 138–139.

9. Ibid., pp. 95, 103–104.

10. Peter Rhys Lewis, Ken Reynolds, and Colin Gagg, *Forensic Materials Engineering: Case Studies* (Boca Raton, Fla.: CRC Press, 2004); Peter R. Lewis and Colin Gagg, "Aesthetics versus Function: The Fall of the Dee Bridge, 1847," *Interdisciplinary Science Reviews* 29 (2004), 2: 177–191.

11. Lewis and Gagg, "Aesthetics versus Function."

12. See, e.g., Henry Petroski, *Design Paradigms: Case Histories of Error and Judgment in Engineering* (New York: Cambridge University Press, 1994), pp. 83–84.

13. Wikipedia, "Liverpool and Manchester Railway," http://en.wikipedia.org/wiki/Liverpool_and_Manchester_Railway; Peter R. Lewis and Alistair Nisbet, *Wheels to Disaster! The Oxford Train Wreck of Christmas Eve 1874* (Stroud, Gloucestershire: Tempus, 2008), pp. 56–76.

14. Frederick Braithwaite, "On the Fatigue and Consequent Fracture of Metals," *Minutes of the Proceedings of the Institution of Civil Engineers* 13 (1854): 463–467. See also discussion, ibid., pp. 467–475; Poncelet quoted in J. Y. Mann, "The Historical Development of Research on the Fracture of Materials and Structures," *Journal of the Australian Institute of Metals* 3 (1958), 3: 223. See also Walter Schütz, "A History of Fatigue," *Engineering Fracture Mechanics* 54 (1996), 2: 263–300.

15. Peter R. Lewis and Ken Reynolds, "Forensic Engineering: A Reappraisal of the Tay Bridge Disaster," *Interdisciplinary Science Reviews* 27 (2002), 4: 287–298; see also T. Martin and I. MacLeod, "The Tay Bridge Disaster: A Reappraisal Based on Modern Analysis Methods," *Proceedings of the Institution of Civil Engineers* 108 (1995), Civil Engineering: 77–83. For the story of the Tay Bridge, see also Peter R. Lewis, *Beautiful Railway Bridge of the Silvery Tay: Reinvestigating the Tay Bridge Disaster of 1879* (Stroud, Gloucestershire: Tempus, 2004).

16. Lewis and Reynolds, "Forensic Engineering," pp. 288, 290.

17. Lewis, *Beautiful Railway Bridge*, p. 69.

18. Ibid., p. 129.

19. Ibid., pp. 74, 75–76.

20. Ibid., pp. 70, 90; Lewis and Reynolds, "Forensic Engineering," p. 288.

21. Lewis, *Beautiful Railway Bridge*, pp. 133–134; Peter Lewis to author, e-mail message, September 22, 2010.

22. Lewis, *Beautiful Railway Bridge*, pp. 134–148.

23. B. Baker, *Long-Span Railway Bridges*, rev. ed. (London: Spon, 1873), p. 90; R. A. Smith, "The Wheel-Rail Interface—Some Recent Accidents," *Fatigue and Fracture in Engineering Materials and Structures* 26 (2003): 901–907; Matthew L. Wald, "Seaplane Fleet to Be Tested for Metal Fatigue after Crash," *New York Times*, Dec. 23, 2005, p. A16. See also R. A. Smith, "Railway Fatigue Failures: An Overview of a Long-Standing Problem," *Materialwissenschaft und Werkstofftechnik* 36 (2005): 697–705.

24. Sante Camo, "The Evolution of a Design," *Structural Engineer*, Jan. 2004, pp. 32–37.

25. Michael Cabanatuan, "Bay Bridge Officials Plan to Prevent Cracks," *San Francisco Chronicle*, July 15, 2010, http://www.sfgate.com/cgi-bin/article.cgi?f=/

c/a/2010/07/15/BAMU1EEJ8D.DTL; "Crews Find Bay Bridge Is Cracked," *New York Times*, Sept. 7, 2009, p. A10; "San Francisco Artery Reopens after Second Emergency Fix," *Engineering News-Record*, Nov. 9, 2009, p. 52.

6장. 역사적 유물과 흉물의 경계

1. *Bridges—Technology and Insurance* (Munich: Munich Reinsurance Company, 1992), p. 85.

2. D. B. Steinman and C. H. Gronquist, "Building First Long-Span Suspension Bridge in Maine," *Engineering News-Record*, March 17, 1932, pp. 386–389.

3. Australian Transport Safety Bureau, "In-Flight Uncontained Engine Failure Overhead Batam Island, Indonesia, 4 November 2010," ATSB Transport Safety Report, Aviation Occurrence Investigation AO-2010–089, Preliminary (Canberra City: ATSB, 2010).

4. Stephen C. Foster, *Building the Penobscot Narrows Bridge and Observatory*, photographic essay ([Woolwich, Maine]: Cianbro/Reed & Reed, 2007), p. [vi]. Beginning in 2010, trucks weighing up to 100,000 pounds were allowed on the interstate highways in Maine and Vermont, thus making it less likely that they would have to use non-interstate roads like U.S. 1. See David Sharp, "Maine, Vermont Hail Truck-Weight Exemption," Burlingtonfreepress.com, Jan. 11, 2010; see also William B. Cassidy, "White House Backs Bigger Trucks in Maine, Vermont," *Journal of Commerce Online*, Sept. 20, 2010, http://www.joc.com/trucking/white-house-backs-bigger-trucks-maine-vermont.

5. Steinman and Gronquist, "Building First Long-Span Suspension Bridge in Maine," p. 386.

6. Peter Taber, "DOT Makes Urgent Call for New Bridge," *Waldo* (Maine) *Independent*, July 3, 2003, pp. 1, 9.

7. Bill Trotter, "Bridge Truck Ban Raises Anxiety," *Bangor* (Maine) *Daily News*, July 14, 2003, pp. A1, A8; William J. Angelo, "Maine Cables Get Extra Support in Rare Procedure," *Engineering News-Record*, Nov. 10, 2003, pp. 24, 27.

8. Foster, *Building the Penobscot Narrows Bridge and Observatory*, p. 48.

9. Ibid., p. 132; *Penobscot Narrows Bridge and Observatory*, official commemorative brochure, May 2007, pp. 12–13; Eugene C. Figg, Jr., and W. Denney Pate, "Cable-Stay Cradle System," U.S. Patent No. 7,003,835 (Feb. 28, 2006).

10. *Penobscot Narrows Bridge and Observatory*, p. 10; Foster, *Building the Penobscot Narrows Bridge and Observatory*, p. 56.

11. "And the Winner Is: Downeast Gateway Bridge," *Boston Globe*, Jan. 8, 2006, http://www.boston.com/news/local/maine/articles/2006/01/08/and_the_winner_is_downeast_gateway_bridge.

12. Richard G. Weingardt, *Circles in the Sky: The Life and Times of George Ferris* (Reston, Va.: ASCE Press, 2009), p. 88.

13. Foster, *Building the Penobscot Narrows Bridge and Observatory*, p. 57.

14. "The End of an Era . . . and the Beginning of Another," *Bucksport* (Maine) *Enterprise*, Jan. 4, 2007, p. 1.

15. Rich Hewitt, "Old Span's Removal Not Expected Soon," *Bangor* (Maine) *Daily News*, Oct. 14–15, 2006, p. A7; Larry Parks to author, e-mail message, Aug. 23, 2007.

16. Parks to author.

7장. 원인 규명

1. See, e.g., Virginia Kent Dorris, "Hyatt Regency Hotel Walkways Collapse," in *When Technology Fails: Significant Technological Disasters, Accidents, and Failures of the Twentieth Century*, ed. Neil Schlager (Detroit: Gale Research, 1994), pp. 317–325; Norbert J. Delatte, Jr., *Beyond Failure: Forensic Case Studies for Civil Engineers* (Reston, Va.: ASCE Press, 2009), pp. 8–25; Henry Petroski, *To Engineer Is Human: The Role of Failure in Successful Design* (New York: St. Martin's Press, 1985), chap. 8 and illustration section following p. 106.

2. Rita Robison, "Point Pleasant Bridge Collapse," in *When Technology Fails*, p. 202.

3. Ibid., p. 203.

4. Delatte, *Beyond Failure*, p. 71; Robison, "Point Pleasant Bridge Collapse," pp. 202, 204; Abba G. Lichtenstein, "The Silver Bridge Collapse Recounted," *Journal of Performance of Constructed Facilities* 7, 4 (Nov. 1993): 251, 255–256.

5. Delatte, *Beyond Failure*, pp. 71–73; Robison, "Point Pleasant Bridge Collapse," p. 203; Wilson T. Ballard, "An Eyebar Suspension Span for the Ohio River," *Engineering News-Record*, June 20, 1929, p. 997.

6. Lichtenstein, "The Silver Bridge Collapse Recounted," p. 256; "Bridge Failure Probe Shuts Twin," *Engineering News-Record*, Jan. 9, 1969, p. 17.

7. Corrosion Doctors, "Silver Bridge Collapse," http://www.corrosion-doctors.org/Bridges/Silver-Bridge.htm.

8. "Cause of Silver Bridge Collapse Studied," *Civil Engineering*, Dec. 1968, p. 87; Robison, "Point Pleasant Bridge Collapse," pp. 203, 205; Lichtenstein, "Silver Bridge Collapse Recounted," p. 259; Robert T. Ratay, "Changes in Codes, Standards and Practices Following Structural Failures, Part 1: Bridges," *Structure*, Dec. 2010, p. 16; "Rules and Regulations," *Federal Register* 69, 239 (Dec. 14, 2004), p. 74,419.

9. "Collapsed Silver Bridge Is Reassembled," *Engineering News-Record*, April

25, 1968, pp. 28–30; Charles F. Scheffey, "Pt. Pleasant Bridge Collapse: Conclusions of the Federal Study," *Civil Engineering,* July 1971, pp. 41–45.

10. Delatte, *Beyond Failure,* p. 74; "Collapsed Silver Bridge Is Reassembled," p. 29.

11. "Bridge Failure Triggers Rash of Studies," *Engineering News-Record,* Jan. 4, 1968, p. 18.

12. Delatte, *Beyond Failure,* p. 75; Scheffey, "Pt. Pleasant Bridge Collapse," p. 42.

13. Scheffey, "Pt. Pleasant Bridge Collapse," p. 42.

14. W. Jack Cunningham to author, letter dated April 24, 1995; S. Reier, *The Bridges of New York* (New York: Quadrant Press, 1977), p. 47; "Birds on Big Bridge Vouch Its Strength," *New York Times,* Dec. 10, 1908, p. 3; Edward E. Sinclair, "Birds on New Bridge," letter to the editor, *New York Times,* Dec. 1, 1908. The reference to Kipling's "The Bridge Builders" is erroneous; perhaps the story of birds and bridges appears in another of his stories.

15. Chris LeRose, "The Collapse of the Silver Bridge," *West Virginia Historical Society Quarterly* XV (2001), http://www.wvculture.org/history/wvhs1504.html; Infoplease, "Chief Cornstalk," http://www.infoplease.com/ipa/A0900079.html.

16. Robison, "Point Pleasant Bridge Collapse," p. 202; Delatte, *Beyond Failure,* p. 74.

17. Lichtenstein, "Silver Bridge Collapse Recounted," pp. 249, 253–254; Robison, "Point Pleasant Bridge Collapse," p. 204.

18. Delatte, *Beyond Failure,* p. 75; Robison, "Point Pleasant Bridge Collapse," p. 204.

19. Daniel Dicker, "Point Pleasant Bridge Collapse Mechanism Analyzed," *Civil Engineering,* July 1971, pp. 61–66.

20. "Cause of Silver Bridge Collapse Studied"; Dicker, "Point Pleasant Bridge Collapse Mechanism," p. 64; Lichtenstein, "Silver Bridge Collapse Recounted," p. 260.

21. Stanley T. Rolfe and John M. Barsom, *Fracture and Fatigue Control in Structures: Applications of Fracture Mechanics* (Englewood Cliffs, N.J.: Prentice-Hall, 1977), pp. 2–4.

22. Delatte, *Beyond Failure,* p. 77; Rolf and Barsom, *Fracture and Fatigue Control,* pp. 13, 22. The distinction between stress-corrosion and corrosion-fatigue cracking is clarified in Joe Fineman to the editors of *American Scientist,* e-mail message dated Aug. 16, 2011.

23. National Transportation Safety Board, *Highway Accident Report: Collapse of U.S. 35 Highway Bridge, Point Pleasant, West Virginia, December 15, 1967,* Report No. NTSB-HAR-71–1, p. 126.

24. Robison, "Point Pleasant Bridge Collapse," p. 202.

25. Associated Press, "10 Years After TWA 800, Doubts Abound," *msnbc.com*, July 8, 2006, http://www.msnbc.msn.com/id/13773369.

26. Ibid.

27. William J. Broad, "Hard-Pressed Titanic Builder Skimped on Rivets, Book Says," *New York Times*, April 15, 2008, p. A1.

28. Ibid.

29. Ibid.

30. "Great Lakes' Biggest Ship to Be Launched Tomorrow," *New York Times*, June 6, 1958, p. 46.

31. Ibid.; "The Sinking of the SS Edmund Fitzgerald—November 10, 1975," http://cimss.ssec.wisc.edu/wxwise/fitz.html; Great Lakes Shipwreck Museum, "Edmund Fitzgerald," http://www.shipwreckmuseum.com/edmundfitzgerald.

8장. 엔지니어의 의무

1. For the story of the Quebec Bridge, see, e.g., William D. Middleton, *The Bridge at Quebec* (Bloomington: Indiana University Press, 2001); see also Henry Petroski, *Engineers of Dreams: Great Bridge Builders and the Spanning of America* (New York: Alfred A. Knopf, 1995), pp. 101–118.

2. Yale University, "History of Yale Engineering," http://www.seas.yale.edu/about-history.php; "Yale Engineering through the Centuries," http://www.eng.yale.edu/eng150/timeline/index.html; American Physical Society, "J. Willard Gibbs," http://www.aps.org/programs/outreach/history/historicsites/gibbs.cfm.

3. Bruce Fellman, "The Rebuilding of Engineering," *Yale Magazine*, Nov. 1994, pp. 36–41.

4. *Who's Who in America*, 1994; Fellman, "Rebuilding of Engineering."

5. Fellman, "Rebuilding of Engineering," pp. 37, 39.

6. *Who's Who in America*; Fellman, "Rebuilding of Engineering," p. 39.

7. National Institutes of Health, "The Hippocratic Oath," http://www.nlm.nih.gov/hmd/greek/greek_oath.html; American Society of Civil Engineers, *Official Register* (Reston, Va.: ASCE, 2009), p. 13.

8. Fellman, "Rebuilding of Engineering," p. 39; Donald H. Jamieson, "The Iron Ring—Myth and Fact," unsourced photocopy; Wikipedia, "Iron Ring," http://en.wikipedia.org/wiki/Iron_Ring.

9. Norman R. Ball, "The Iron Ring: An Historical Perspective," *Engineering Dimensions*, March/April 1991, pp. 46, 48.

10. Peter R. Hart, *A Civil Society: A Brief Personal History of the Canadian So-*

ciety for Civil Engineering (Montreal: Canadian Society for Civil Engineering, 1997).

11. Jamieson, "The Iron Ring—Myth and Fact"; see also Augustine J. Fredrich, ed., *Sons of Martha: Civil Engineering Readings in Modern Literature* (New York: American Society of Civil Engineers, 1989), p. 63.

12. See Ball, "The Iron Ring," p. 48; see also John A. Ross, "Social Specifications for the Iron Ring," *BC Professional Engineer,* Aug. 1980, pp. 12–18; Fekri S. Osman, "The Iron Ring," *IEEE Engineering in Medicine and Biology Magazine,* June 1984, p. 39; Don Shields to author, letter dated April 14, 1998.

13. Bill Bryson, ed., *Seeing Further: The Story of the Royal Society* (London: HarperPress, 2010), endpapers.

14. "Ritual of the Calling of an Engineer, 1925–2000," *Canada's Stamp Details* 9, no. 2 (March/April 2000), http://www.canadapost.ca/cpo/mc/personal/collecting/stamps/archives/2000/2000_apr_ritual.jsf; "The Iron Ring: The Ritual of the Calling of an Engineer/Les rites d'engagement de l'ingenieur," http://www.ironring.ca; Ball, "The Iron Ring"; Osman, "The Iron Ring"; Rudyard Kipling, "Cold Iron," *PoemHunter.com,* http://www.poemhunter.com/poem/cold-iron. See also Robin S. Harris and Ian Montagnes, eds., *Cold Iron and Lady Godiva: Engineering Education at Toronto, 1920–1972* (Toronto: University of Toronto Press, 1973).

15. Jamieson, "The Iron Ring"; D. Allan Bromley to the author, note dated March 24, 1995.

16. Jamieson, "The Iron Ring"; Wikipedia, "Iron Ring"; Osman, "The Iron Ring"; G. J. Thomson to author, fax dated March 16, 1995. A tradition of engineers wearing a ring made of iron on a gold base was established in the late nineteenth century at the Swedish Royal Institute of Technology. In 1927, a group of mechanical engineering students from the German Technical University in Prague visited Sweden, where they learned of the Swedish custom. Upon returning to Prague, they instituted their own ring tradition. Ernst R. G. Eckert to author, letter dated May 24, 1995; Wikipedia, "The Ritual of the Calling of an Engineer," http://en.wikipedia.org/wiki/The_Ritual_of_the_Calling_of_an_Engineer.

17. Wikipedia, "Iron Ring."

18. Emanuel D. Rudolph, "Obituaries of Members of the Ohio Academy of Science: Report of the Necrology Committee," [1991], s.v. Lloyd Adair Chacey (1899–1990), https://kb.osu.edu/dspace/bitstream/1811/23480/1/V091N5_221.pdf; Oscar T. Lyon, Jr., "Nothing New," letter to the editor, *ASCE News,* Oct. 1989.

19. Lyon, "Nothing New"; Homer T. Borton, "The Order of the Engineer," *The Bent of Tau Beta Pi,* Spring 1978, pp. 35–37.

20. Borton, "The Order of the Engineer," p. 35; compare "The Order of the Engineer," http://www.order-of-the-engineer.org; G. N. Martin to Lloyd A. Chacey, letter dated July 17, 1972, reproduced in *Manual for Engineering Ring Presentations*, rev. ed. (Cleveland: Order of the Engineer, 1982), p. 6.

21. http://www.order-of-the-engineer.org. See also *Manual for Engineering Ring Presentations*, p. 2. Because I have chronic arthritis, which has on occasion caused my fingers and their joints to swell, I do not wear rings of any kind. For this reason, I have not recited the Obligation of an Engineer, nor do I plan to do so.

22. Order of the Engineer, *Order of the Engineer*, booklet (Cleveland, Ohio: Order of the Engineer, 1981).

23. Order of the Engineer, *Manual for Engineers Ring Presentations*, pp. 18–20.

24. Order of the Engineer, "About the Order," http://www.order-of-the-engineer.org.

25. Paul H. Wright, *Introduction to Engineering*, 2nd ed. (New York: Wiley, 1994), Fig. 3.1; Connie Parenteau and Glen Sutton, "The Ritual of the Calling of an Engineer (Iron Ring Ceremony)," PowerPoint presentation, Eng G 400, University of Alberta, 2006, http://www.engineering.ualberta.ca/pdfs/IronRing.pdf.

26. Parenteau and Sutton, "The Ritual of the Calling of an Engineer."

27. Ibid.; Rudyard Kipling, "Hymn of Breaking Strain," *The Engineer*, March 15, 1935; see also Rudyard Kipling, *Hymn of the Breaking Strain* (Garden City, N.Y.: Doran, 1935); http://etext.lib.virginia.edu/etcbin/toccer-new2?id=KipBrea.sgm&images=images/modeng&data=/texts/english/modeng/parsed&tag=public&part=all.

28. Parenteau and Sutton, "The Ritual of the Calling of an Engineer."

29. Wikipedia, "Iron Ring."

30. Order of the Engineer, *The Order of the Engineer*, p. 9; M. G. Britton, ". . . And Learning from Failure," *The Keystone Professional* (Association of Professional Engineers and Geoscientists of the Province of Manitoba), Spring 2010, p. 7. The ring ceremony I attended took place at the 2009 Forensic Engineering Congress, whose proceedings are contained in *Forensic Engineering 2009: Pathology of the Built Environment*, ed. Shen-en Chen et al. (Reston, Va.: American Society of Civil Engineers, 2009).

31. Although the tradition of wearing an Iron Ring is still most commonly associated with Canadian engineers, Scandinavian and other European engineers have followed similar traditions. Borton, "The Order of the Engineer," p. 36; *The Order of the Engineer*, p. 7; Carol Reese to author, email message, June 30, 2010;

Glen Sutton to author, email message, Feb. 1, 2010; Yngve Sundström to author, May 25, 1995; R. G. Eckert to author, May 24, 1995.

9장. 붕괴사고의 전과 후

1. See, e.g., "Tacoma Narrows Bridge Collapse Gallopin' Gertie," http://www.youtube.com/watch?v=j-zczJXSxnw.
2. "Big Tacoma Bridge Crashes 190 Feet into Puget Sound," *New York Times*, Nov. 8, 1940, p. 1.
3. Richard Scott, *In the Wake of Tacoma: Suspension Bridges and the Quest for Aerodynamic Stability* (Reston, Va.: ASCE Press, 2001), p. 41.
4. Richard S. Hobbs, *Catastrophe to Triumph: Bridges of the Tacoma Narrows* (Pullman: Washington State University Press, 2006), pp. 9–11; Scott, *In the Wake of Tacoma*, p. 41.
5. "Calling the Role of Key Construction Men Captured at Guam," *Pacific Builder and Engineer*, Dec. 1945, p. 48; Clark H. Eldridge, "The Tacoma Narrows Suspension Bridge," *Pacific Builder and Engineer*, July 6, 1940, pp. 34–40.
6. John Steele Gordon, "Tacoma Narrows Bridge Is Falling Down," AmericanHeritage.com, Nov. 7, 2007, http://www.americanheritage.com/articles/web/20071107-tacoma-narrows-bridge-leon-moisseiff-galloping-gertie.shtml; Clark H. Eldridge, "The Tacoma Narrows Bridge," *Civil Engineering*, May 1940, pp. 299–302.
7. Henry Petroski, *Engineers of Dreams: Great Bridge Builders and the Spanning of America* (New York: Knopf, 1995), pp. 297–300; Hobbs, *Catastrophe to Triumph*, p. 12.
8. Hobbs, *Catastrophe to Triumph*, pp. 17–20.
9. Ibid., pp. 58–60.
10. "Big Tacoma Bridge Crashes," p. 1.
11. Hobbs, *Catastrophe to Triumph*, pp. 64–65.
12. Washington State Department of Transportation, "Tacoma Narrows Bridge: Tubby Trivia," http://www.wsdot.wa.gov/tnbhistory/tubby.htm.
13. "Big Tacoma Bridge Crashes," pp. 1, 5; "Charges Economy on Tacoma Bridge," *New York Times*, Nov. 9, 1940, p. 19.
14. "Big Tacoma Bridge Crashes," p. 5; "Charges Economy on Tacoma Bridge"; "A Great Bridge Falls," *New York Times*, Nov. 9, 1940, p. 16.
15. Othmar H. Ammann, Theodore von Kármán, and Glenn B. Woodruff, "The Failure of the Tacoma Narrows Bridge," report to Federal Works Agency, March 28, 1941; Scott, *In the Wake of Tacoma*, pp. 53–55.

16. Delroy Alexander, "A Lesson Well Learnt," *Construction Today,* Nov. 1990, p. 46.

17. "Professors Spread the Truth about Gertie," *Civil Engineering,* Dec. 1990, pp. 19–20; K. Yusuf Billah and Robert H. Scanlan, "Resonance, Tacoma Narrows Bridge Failure, and Undergraduate Physics Textbooks," *American Journal of Physics* 59 (1991): 118–124.

18. Billah and Scanlan, "Resonance," p. 120.

19. Ibid., pp. 121–122. A more general technical treatment, including the coupling of vertical and torsional oscillations of bridge decks, is contained in Earl Dowell, ed., *A Modern Course in Aeroelasticity,* 2nd rev. and enlarged ed. (Dordrecht: Klewer Academic Publishers, 1989).

20. Billah and Scanlan, "Resonance," p. 123.

21. Hobbs, *Catastrophe to Triumph,* pp. 79–82, 127.

22. Washington State Department of Transportation, "Tacoma Narrows Bridge Connections," http://www.wsdot.wa.gov/tnbhistory/connections/connections4.htm.

23. Hobbs, *Catastrophe to Triumph,* p. 100; Lawrence A. Rubin, *Mighty Mac: The Official Picture History of the Mackinac Bridge* (Detroit: Wayne State University Press, 1958). For Steinman's analysis of the behavior of suspension-bridge decks in the wind, see David B. Steinman, "Suspension Bridges: The Aerodynamic Problem and Its Solution," *American Scientist,* July 1954, pp. 397–438, 460.

24. Hobbs, *Catastrophe to Triumph,* pp. 123–127.

25. Thomas Spoth, Ben Whisler, and Tim Moore, "Crossing the Narrows," *Civil Engineering,* Feb. 2008, pp. 38–47.

26. Spoth et al., "Crossing the Narrows," p. 40.

27. Ibid., pp. 43, 45.

28. Ibid., pp. 45, 47.

29. Tom Spoth, Joe Viola, Augusto Molina, and Seth Condell, "The New Tacoma Narrows Bridge—From Inception to Opening," *Structural Engineering International* 1 (2008): 26; Thomas G. Dolan, "The Opening of the New Tacoma Narrows Bridge: 19,000 Miles of Wire Rope," *Wire Rope News & Sling Technology,* Oct. 2007, p. 44.

30. Sheila Bacon, "A Tale of Two Bridges," *Constructor,* Sept.–Oct. 2007, http://constructor.agc.org/features/archives/0709-64.asp; see also Mike Lindblom, "High-Wire Act," *Seattle Times, Pacific Northwest Magazine,* Sept. 11, 2005, pp. 14–15; Spoth et al., "Crossing the Narrows," p. 43.

31. Lindblom, "High-Wire Act," p. 28.

32. "Tacoma Narrows Bridge History," *Seattle Times,* July 13, 2007, p. A14.

10장. 법적 공방

1. For background and failure analysis of the I-35W bridge, see Barry B. LePatner, *Too Big to Fall: America's Failing Infrastructure and the Way Forward* (New York: Foster Publishing, 2010), pp. 3–26.

2. Henry Petroski, "The Paradox of Failure," *Los Angeles Times*, Aug. 4, 2007, p. A17.

3. Tudor Van Hampton, "Engineers Swarm on U.S. Bridges to Check for Flaws," *Engineering News-Record*, Aug. 20, 2007, p. 12; Aileen Cho, Tom Ichniowski, and William Angelo, "Engineers Await Tragedy's Inevitable Impacts," *Engineering News-Record*, Aug. 13, 2007, pp. 12–16; Ken Wyatt, "I-35W Bridge Was Overloaded," letter to the editor, *Civil Engineering*, June 2009, p. 8.

4. Tudor Van Hampton, "Federal Probe Eyes Gusset-Plate Design," *Engineering News-Record*, Aug. 20, 2007, pp. 10–11; Tom Ichniowski, "NTSB Cites Gussets and Loads in Collapse," *Engineering News-Record*, Nov. 24, 2008, pp. 60–61.

5. Christina Capecchi, "Work Starts on Minneapolis Bridge Replacement," *New York Times*, Nov. 2, 2007, p. A20; Michael C. Loulakis, "Appellate Court Validates I-35W Bridge Procurement," *Civil Engineering*, Oct. 2009, p. 88; Aileen Cho and Tudor Van Hampton, "Agency Awards Flatiron Team Twin Cities Replacement Job," *Engineering News-Record*, Oct. 15, 2007, p. 12; Tudor Van Hampton, "Minneapolis Bridge Rebuild Draws Fire," *Engineering News-Record*, Oct. 1, 2007, pp. 10–11.

6. Monica Davey and Mathew L. Wald, "Potential Flaw Found in Design of Fallen Bridge," *New York Times*, Aug. 9, 2007, p. A1.

7. Monica Davey, "Back to Politics as Usual, after Bridge Failure," *New York Times*, Aug. 16, 2007, pp. A1, A16.

8. Kevin L. Western, Alan R. Phipps, and Christopher J. Burgess, "The New Minneapolis I-35W Bridge," *Structure Magazine*, April 2009, pp. 32–34; Christina Capecchi, "Residents Divided on Design for New Span in Minneapolis," *New York Times*, Oct. 13, 2007, p. A8.

9. "Span of Control," Economist.com, May 20, 2009; Western et al., "New Minneapolis I-35W Bridge"; see also LePatner, *Too Big to Fall*, pp. 147–148.

10. Henry Fountain, "Concrete: The Remix," *New York Times*, March 31, 2009, pp. D1, D4; Western et al., "New Minneapolis I-35W Bridge."

11. Ichniowski, "NTSB Cites Gussets and Loads in Collapse."

12. "At I-35W, Engineers Develop Bridge-Collapse Scenario," *Engineering News-Record*, Nov. 5, 2007, p. 19.

13. Associated Press, "Minneapolis Bridge Victims Seek Punitive Damages,"

June 28, 2010. For another failure scenario, see LePatner, *Too Big to Fall*, pp. 206–207, note 32.

14. Mike Kaszuba, "One More I-35W Collapse Lawsuit to Come?" (Minneapolis) *Star Tribune*, July 5, 2009; Aileen Cho and Tudor Hampton, "I-35W Suit to Target Engineer, Contractor," *Engineering News-Record*, April 6, 2009, pp. 12–13.

15. Richard Korman, "Judge Declines to Dismiss Collapse Case against Jacobs," *Engineering News-Record*, Sept. 7, 2009, p. 12.

16. Gerald Sheine to author, e-mail messages dated Nov. 12 and 26, 2009.

17. Ibid.

18. "Firm Settles Suit over Minn. Bridge Collapse," *USA Today*, Aug. 24, 2010, p. 3A; Brian Bakst, "Firm to Pay $52.4M in Minneapolis Bridge Collapse," Associated Press, Aug. 24, 2010; "URS Agrees to Pay $52.4M to Settle Claims from Minn. Bridge Collapse," ENR.com, Aug. 23, 2010, http://enr.construction.com/yb/enr/article.aspx?story_id=148975524.

11장. 보이지 않는 설계자

1. For some brief comments on whether the new millennium began with the year 2000 or 2001, see Henry Petroski, *Pushing the Limits: New Adventures in Engineering* (New York: Alfred A. Knopf, 2004), pp. 248–249.

2. On the Millennium Bridge, see, e.g., ibid., pp. 107–112.

3. Joseph Edward Shigley, *Machine Design* (New York: McGraw-Hill, 1956); Richard Gordon Budynas and J. Keith Nisbett, *Shigley's Mechanical Engineering Design*, 8th ed. (New York: McGraw-Hill, 2006); Richard G. Budynas and J. Keith Nisbett, *Shigley's Mechanical Engineering Design*, 9th ed. (New York: McGraw-Hill, 2011).

4. Nadine M. Post, "Third Exit Stair Could Make Highrises Too Costly to Build," *Engineering News-Record*, June 4, 2007, p. 13.

5. Joseph F. McCloskey, "Of Horseless Carriages, Flying Machines, and Operations Research," *Operations Research* 4 (1956) 2: 142. See also I. B. Holley, Jr., *The Highway Revolution, 1895–1925: How the United States Got out of the Mud* (Durham, N.C.: Carolina Academic Press, 2008).

6. John Lancaster, *Engineering Catastrophes: Causes and Effects of Major Accidents*, 2nd ed. (Boca Raton, Fla.: CRC Press, 2000), pp. 26–29.

7. Heather Timmons and Hari Kumar, "On India's Roads, a Grim Death Toll That Leads the World," *New York Times*, June 9, 2010, pp. A4, A8; Siddharth Philip, "One-Dollar Bribes for India Licenses Contribute to World's Deadliest Roads," Bloomberg.com, Nov. 30, 2010.

8. Ralph Nader, *Unsafe at Any Speed: The Designed-In Dangers of the American Automobile* (New York: Pocket Books, 1966), p. v; The Public Purpose, "Annual US Street & Highway Fatalities from 1957," http://www.publicpurpose.com/hwy-fatal57+.htm.

9. Nader, *Unsafe at Any Speed*, pp. 140–142.

10. Ibid., chap. 3, p. 74.

11. Ibid., pp. 225–230.

12. Quoted in ibid., pp. 129, 136, 152.

13. Committee on Trauma and Committee on Shock, "Accidental Death and Disability: The Neglected Disease of Modern Society" (Washington, D.C.: National Academy of Sciences and National Research Council, 1966), pp. 1, 5; see http://www.nap.edu/openbook.php?record_id=9978&page=5; Nader, *Unsafe at Any Speed*, p. 249.

14. Nader, *Unsafe at Any Speed*, pp. 199–200.

15. "President Johnson Signs the National Traffic and Motor Vehicle Safety Act," *This Day in History*, Sept. 9, 1966, http://www.history.com/this-day-in-history/president-johnson-signs-the-national-traffic-and-motor-vehicle-safety-act; "National Traffic and Motor Vehicle Saftey Act of 1966," enotes.com, http://www.enotes.com/major-acts-congress/national-traffic-motor-vehicle-safety-act.

16. "New NHTSA Study Finds U.S. Highway Deaths Lowest Since 1954," *Kelly Blue Book*, Mar. 12, 2010, http://www.kbb.com/car-news/all-the-latest/new-nhtsa-study-finds-us-highway-deaths-lowest-since-1954; "Motor Vehicle Traffic Fatalities & Fatality Rate: 1899–2003," http://www.saferoads.org/federal/2004/TrafficFatalities1899–2003; Michael Cooper, "Happy Motoring: Traffic Deaths at 61-Year Low," *New York Times*, April 1, 2011, p. A15.

17. Jerry L. Mashaw and David L. Harfst, "Regulation and Legal Culture: The Case of Motor Vehicle Safety," *Yale Journal on Regulation* 4 (1987): 257–258.

18. Ibid., pp. 262–264, 266–267; "National Traffic and Motor Vehicle Safety Act of 1966."

19. Mashaw and Harfst, "Regulation and Legal Culture," p. 276.

20. Jo Craven McGinty, "Poking Holes in Air Bags," *New York Times*, May 15, 2010, pp. B1, B4; Steven Reinberg, "Six Out of 7 Drivers Use Seat Belts: CDC," *Bloomberg Businessweek*, Jan. 4, 2011, http://www.businessweek.com/lifestyle/content/healthday/648501.html.

21. McGinty, "Poking Holes in Air Bags."

22. Nick Bunkley, "Toyota Concedes 2 Flaws Caused Loss of Control," *New York Times*, July 15, 2010, pp. B1, B4; Matthias Gross, *Ignorance and Surprise: Science, Society, and Ecological Design* (Cambridge, Mass.: MIT Press, 2010), p. 15;

Kimberly Kindy, "Vehicle Safety Bills Reflect Compromise between U.S. Legislators and Automakers," *Washington Post,* June 8, 2010, p. A15; "A Tougher Car Safety Agency," editorial, *New York Times,* July 31, 2010, p. A18.

23. Peter Whoriskey, "U.S. Report Finds No Electronic Flaws in Toyotas That Would Cause Acceleration," *Washington Post,* Feb. 9, 2011, http://www.washingtonpost.com/wp-dyn/content/article/2011/02/08/AR2011020800540_pf.html; Jayne O'Donnell, "Engineers Who Wrote Report Can't 'Vindicate' Toyota," *USA Today,* Feb. 8, 2011, http://www.usatoday.com/money/autos/2011-02-09-toyota09_VA1_N.htm.

24. San Francisco Bicycle Coalition, "Bridge the Gap!" http://www.sfbike.org/?baybridge.

25. Neal Bascomb, *The New Cool: A Visionary Teacher, His F.I.R.S.T. Robotics Team, and the Ultimate Battle of Smarts* (New York: Crown, 2010), pp. 39, 57.

26. Ibid., p. 216.

27. The Franklin Institute, "Edison's Lightbulb," http://www.fi.edu/learn/scitech/edison-lightbulb/edison-lightbulb.php?cts=electricity; Phrase Finder, "If at first you don't succeed. . . ," http://www.phrases.org.uk/bulletin_board/5/messages/266.html; Thomas H. Palmer, *Teacher's Manual* (1840), quoted in Bartlett's, pp. 393–394; see also Gregory Y. Titelman, *Random House Dictionary of Popular Proverbs and Sayings* (New York: Random House, 1996), p. 154.

28. Samuel Beckett, *Worstward Ho* (London: John Calder, 1983), p. 7. This quotation was called to my attention in William Grimson to the author, e-mail message dated Aug. 4, 2011.

12장. 우주왕복선과 석유시추선

1. R. P. Feynman, "Personal Observations on the Reliability of the Shuttle," at http://www.ralentz.com/old/space/feynman-report.html; Barry B. LePatner, *Too Big to Fall: America's Failing Infrastructure and the Way Forward* (New York: Foster Publishing, 2010), p. 89.

2. "Feynman O-Ring Junta Challenger," video clip, http://www.youtube.com/watch?v=KYCgotDV10c; quoted in Leonard C. Bruno, "Challenger Explosion," in *When Technology Fails: Significant Technological Disasters, Accidents, and Failures of the Twentieth Century,* ed. Neil Schlager (Detroit: Gale Research, 1994), p. 614.

3. Quoted in Bruno, "Challenger Explosion," p. 614.

4. "List of Space Shuttle Missions," http://en.wikipedia.org/wiki/List_of_space_shuttle_missions; Center for Chemical Process Safety, "Lessons from the Columbia Disaster," slide presentation, 2005, http://www.aiche.org/uploaded-

Files/CCPS/Resources/KnowledgeBase/Presentation_Rev_newv4.ppt#1079; Columbia Accident Investigation Board, *Report*, vol. 1, Aug. 2003, http://caib.nasa.gov/news/report/volume1/default.html; John Schwartz, "Minority Report Faults NASA as Compromising Safety," *New York Times*, Aug. 18, 2005, p. A18.

5. "Day 42: The Latest on the Oil Spill," *New York Times*, June 2, 2010, p. A16.

6. Brian Stelter, "Cooper Becomes Loud Voice for Gulf Residents," *New York Times*, June 18, 2010, p. A19; "The Gulf Oil-Spill Disaster Is Engineering's Shame," *Engineering News-Record*, June 7, 2010, p. 56.

7. Letters to the editor from Ronald A. Corso, Harry T. Hall, and William Livingston, *Engineering News-Record*, June 28, 2010, pp. 4–5.

8. For a book that focuses on management errors as a cause of failures, see James R. Chiles, *Inviting Disaster: Lessons from the Edge of Technology—An Inside Look at Catastrophes and Why They Happen* (New York: HarperCollins, 2001).

9. Transocean, "Deepwater Horizon: Fleet Specifications," http://www.deepwater.com/fw/main/Deepwater-Horizon-56C17.html?LayoutID=17; Transocean, "A Next Generation Driller Is Innovative," http://www.deepwater.com/fw/main/Home-1.html; Ian Urbina and Justin Gillis, "'We All Were Sure We Were Going to Die,'" *New York Times*, May 8, 2010, pp. A1, A13; Reuters, "Timeline—Gulf of Mexico Oil Spill," Reuters.com, June 3, 2010, http://www.reuters.com/article/idUSN0322326220100603. For a good retelling of events leading up to, during, and in the aftermath of the crisis on the *Deepwater Horizon*, see Joel Achenbach, *A Hole at the Bottom of the Sea: The Race to Kill the BP Oil Gusher* (New York: Simon & Schuster, 2011).

10. Reuters, "Timeline."

11. Pam Radtke Russell, "Crude Awakening," *Engineering News-Record*, May 10, 2010, pp. 10–11; Reuters, "Timeline"; Sam Dolnick and Henry Fountain, "Unable to Stanch Oil, BP Will Try to Gather It," *New York Times*, May 6, 2010, p. A20; H. Josef Hebert and Frederic J. Frommer, "What Went Wrong at Oil Rig? A Lot, Probers Find," (Durham, N.C.) *Herald-Sun*, May 13, 2010, pp. A1, A5.

12. Henry Fountain, "Throwing Everything, Hoping Some Sticks," *New York Times*, May 15, 2010, p. A12.

13. Dolnick and Fountain, "Unable to Stanch Oil"; Elizabeth Weise, "Well to Relieve Oil Leak Closes in on Target," *USA Today*, July 1, 2010, p. 4A; "Talk About a Mess," *New York Times*, May 23, 2020, Week in Review, p. 2; Reuters, "Timeline"; Shaila Dewan, "In First Success, a Tube Captures Some Leaking Oil," *New York Times*, May 17, 2010, pp. A1, A15.

14. Mark Long and Susan Daker, "BP Optimistic on New Oil Cap," *Wall Street Journal*, July 11, 2010, http://online.wsj.com/article/SB10001424052748703854904 5

75358893150368072.html; Richard Fausset, "BP Says It's Closer to Oil Containment," *Los Angeles Times,* July 12, 2010, http://articles.latimes.com/2010/jul/12/nation/la-na-0712-oil-spill-20100712; Tom Breen and Harry R. Weber, "BP Testing Delayed on Gulf Oil Fix," ENR.com, July 14, 2010, http://enr.construction.com/yb/enr/article.aspx?story_id=147380069; Richard Fausset and Nicole Santa Cruz, "BP's Test of Newly Installed Cap Is Put Off," *Los Angeles Times,* July 13, 2010, http://www.latimes.com/news/nationworld/nation/la-na-oil-spill-20100714,0,1234918.story.

15. Colleen Long and Harry R. Weber, "BP, Feds Clash over Reopening Capped Gulf Oil Well," Associated Press, July 18, 2010, http://news.yahoo.com/s/ap/20100718/ap_on_bi_ge/us_gulf_oil_spill;_ylt=AgzDbLVOelmfPXiuLl9v0PCs0NUE;_ylu=X30DMTNocXRkb2lwBGFzc2V0A2FwLzIwMTAwNzE4L3VzX2d1bGZfb2lsX3NwaWxsBGNjb2RlA21vc3Rwb3B1bGFyBGNwb3MDMDMgRwb3MDNgRwdANob21lX2Nva2UEc2VjA3luX3RvcF9zdG9yeQRzbGsDc2NpZW50aX Noc2dl; Henry Fountain, "Cap Connector Is Installed on BP Well," *New York Times,* July 12, 2010, p. A11; Henry Fountain, "Critical Test Near for BP's New Cap," *New York Times,* July 13, 2010, p. A15; Henry Fountain, "In Revised Plan, BP Hopes to Keep Gulf Well Closed," *New York Times,* July 19, 2010, pp. A1, A12; Campbell Robertson and Henry Fountain, "BP Caps Its Leaking Well, Stopping the Oil after 86 Days," *New York Times,* pp. A1, A18.

16. Campbell Robertson and Clifford Krauss, "Gulf Spill Is the Largest of Its Kind, Scientists Say," *New York Times,* Aug. 3, 2010, p. A14; Clifford Krauss, "'Static Kill' of the Well Is Working, Officials Say," *New York Times,* Aug. 5, 2010, p. A17; Clifford Krauss, "With Little Fanfare, Well Is Plugged with Cement," *New York Times,* Aug. 6, 2010, p. A13; Michael Cooper, "Coverage Turns, Cautiously, to Spill Impact," *New York Times,* Aug 7, 2010, p. A8.

17. Justin Gillis, "U.S. Report Says Oil That Remains Is Scant New Risk," *New York Times,* Aug. 4, 2010, pp. A1, A14; William J. Broad, "Oil Spill Cleanup Workers Include Many Very, Very Small Ones," *New York Times,* Aug. 5, 2010, p. A17; Campbell Robertson, "In Gulf, Good News Is Taken with Grain of Salt," *New York Times,* Aug. 5, 2010, pp. A1, A17; Clay Dillow, "Gulf Oil Disaster Update: Up to 80% of the Crude May Still Be Lurking in the Water," *Popular Science,* Aug. 17, 2010, http://www.popsci.com/science/article/2010-08/gulf-oil-update-80-oil-may-still-be-lurking-water.

18. Weise, "Well to Relieve Oil Leak Closes in on Target"; Henry Fountain, "Hitting a Tiny Bull's-Eye Miles under the Gulf," *New York Times,* July 6, 2010, pp. D1, D4; "Relief Well Nears Point of Intercept," *New York Times,* Aug. 10, 2010, p. A15; Henry Fountain, "Relief Well to Proceed to Ensure Spill Is Over," *New York Times,* Aug. 14, 2010, A11.

19. Brian Winter, "Ideas Pour in to Try to Help BP Handle Gulf Oil Spill," USA Today.com, June 9, 2010; Adrian Cho, "One Ballsy Proposal to Stop the Leak," Sciencemag.org, June 16, 2010, http://news.sciencemag.org/sciencein-sider/2010/06/one-ballsy-proposal-to-stop-the-html; Christopher Brownfield, "Blow Up the Well to Save the Gulf," *New York Times,* June 22, 2010, p. A27; William J. Broad, "Nuclear Option on Oil Spill? No Way, U.S. Says," *New York Times,* June 3, 2010, pp. A1, A22.

20. Henry Fountain, "Far from the Ocean Floor, the Cleanup Starts Here," *New York Times,* May 18, 2010, p. D4; Joel Achenbach and Steven Mufson, "Engineers Trying Multiple Tactics in Battle to Plug Oil Well in Gulf of Mexico," *Washington Post,* May 11, 2010, p. A04; Richard Simon and Jill Leovy, "BP to Try Smaller Dome against Oil Leak," *Los Angeles Times,* May 11, 2010, http://www.latimes.com/news/nationworld/nation/la-na-oil-spill-20100511,0,645089.story; Clifford Krauss and Jackie Calmes, "Little Headway Is Made in Gulf as BP Struggles to Halt Oil Leak," *New York Times,* May 29, 2010, pp. A1, A13; "Government to Run Response Web Site," *New York Times,* July 5, 2010, p. A10; see also, John M. Broder, "Energy Secretary Emerges to Take a Commanding Role in Effort to Corral Well," *New York Times,* July 17, 2010, p. A11.

21. David Barstow et al., "Regulators Failed to Address Risks in Oil Rig Fail-Safe Device," *New York Times,* June 20, 2010; Henry Fountain, "BP Discussing a Backup Strategy to Plug Well," *New York Times,* June 29, 2010, p. A20.

22. David Barstow et al., "Between Blast and Spill, One Last, Flawed Hope," *New York Times,* June 21, 2010, pp. A1, A18–A20.

23. Barstow et al., "Between Blast and Spill," p. A18; Steven J. Coates to author, email dated June 8, 2010; Robbie Brown, "Another Rig's Close Call Altered Rules, Papers Say," *New York Times,* Aug. 17, 2010, p. A19.

24. Ian Urbina, "Oil Rig's Owner Had Safety Issue at 3 Other Wells," *New York Times,* Aug. 5, 2010, pp. A1, A16.

25. Pam Radtke Russell, "Investigations Expand List of BP's Drill-Program Failures," *Engineering News-Record,* June 28, 2010, p. 13.

26. Robbie Brown, "Siren on Oil Rig Was Kept Silent, Technician Says," *New York Times,* July 24, 2010, pp. A1, A11.

27. Russell, "Investigations Expand List of BP's Drill-Program Failures"; Reuters, "Timeline"; Barstow et al., "Between Blast and Spill," p. A19; Kevin Spear, "Did BP Make the Riskier Choice?" ENR.com, May 23, 2010, http:///enr.construction.com/yb/enr/article.aspx?story_id=145300960; Jennifer A. Dlouhy, "Spill Report: It Could Happen Again," *Houston Chronicle,* Jan. 5, 2011, http://www.chron.com/disp/story.mpl/business/7367856.html.

28. Campbell Robertson, "Efforts to Repel Gulf Oil Spill Are Described as

Chaotic," *New York Times*, June 15, 2010, pp. A1, A16; Jim Tankersley, Raja Abdulrahim, and Richard Fausset, "BP Makes Headway in Containing Oil Leak," *Los Angeles Times*, May 17, 2010, http://www.latimes.com/news/nationworld/la-na-oil-spill-20100517,0,1038311.story; Barstow et al., "Between Blast and Spill," p. A20; Juliet Eilperin, "U.S. Oil Drilling Agency Ignored Risk Warnings," *Washington Post*, May 25, 2010, pp. A1, A4; Kevin Giles, "St. Croix Bridge Plan Evaluation Slogged Down by Gulf Oil Leak" (Minneapolis) *Star Tribune*, June 27, 2010, StarTribune.com.

29. Hebert and Frommer, "What Went Wrong at Oil Rig?" pp. A1, A5; Robertson and Krauss, "Gulf Spill Is the Largest of Its Kind"; Justin Gillis, "Doubts Are Raised on Accuracy of Government's Spill Estimate," *New York Times*, May 14, 2010, pp. A1, A13; Tom Zeller, Jr., "Federal Officials Say They Vastly Underestimated Rate of Oil Flow into Gulf," *New York Times*, May 28, 2010, p. A15; Clifford Krauss and John M. Broder, "After a Setback, BP Resumes Push to Plug Oil Well," *New York Times*, May 28, 2010, pp. A1, A14; Justin Gillis and Henry Fountain, "Rate of Oil Leak, Still Not Clear, Puts Doubt on BP," *New York Times*, June 8, 2010, pp. A1, A18; Justin Gillis and Henry Fountain, "Experts Double Estimated Rate of Spill in Gulf," *New York Times*, June 11, 2010, pp. A1, A19; Joel Achenbach and David Fahrenthold, "Oil-Spill Flow Rate Estimate Surges to 35,000 to 60,000 Barrels a Day," *Washington Post*, June 15, 2010; John Collins Rudolf, "BP Is Planning to Challenge Federal Estimates of Oil Spill," *New York Times*, Dec. 4, 2010, p. A15.

30. "Historians Debate 'Worst Environmental Disaster' in U.S.," *Washington Post*, June 23, 2010; Justin Gillis, "Where Gulf Spill Might Place on the Roll of Great Disasters," *New York Times*, June 19, 2010, pp. A1, A10. A live video feed of oil emerging from the blowout preventer was available at http://www.bp.com/liveassets/bp_internet/globalbp/globalbp_uk_english/homepage/STAGING/local_assets/bp_homepage/html/rov_stream.html.

31. Campbell Robertson, "Gulf of Mexico Has Long Been Dumping Site," *New York Times*, July 30, 2010, pp. A1, A14; Robertson and Krauss, "Gulf Spill Is the Largest of Its Kind"; Urbina and Gillis, "'We All Were Sure We Were Going To Die'."

32. United Press International, "Concrete Casing Flaws Eyed in Gulf Rig Explosion," *ENR.com*, May 23, 2010, http://enr.construction.com/yb/enr/article.aspx?story_id=145305139; Justin Gillis and John M. Broder, "Nitrogen-Cement Mix Is Focus of Gulf Inquiry," *New York Times*, May 11, 2010, p. A13; Ian Urbina, "BP Officials Took a Riskier Option for Well Casing," *New York Times*, May 27, 2010, pp. A1, A20; Matthew L. Wald, "Seeking Clues to Explosion, Experts Hope to Raise Rig's Remnants from Sea Floor," *New York Times*, June 9, 2010, p. A14.

33. Susan Saulny, "Tough Look Inward on Oil Rig Blast," *New York Times*,

May 12, 2010, p. A14; Ian Urbina, "U.S. Said to Allow Drilling Without Needed Permits," *New York Times*, May 14, 2010, pp. A1, A12.

34. John M. Broder, "U.S. to Split Up Agency Policing the Oil Industry," *New York Times*, May 12, 2010, pp. A1, A14.

35. National Academies, "Events Preceding Deepwater Horizon Explosion and Oil Spill Point to Failure to Account for Safety Risks and Potential Dangers," news release, Nov. 17, 2010.

36. Peter Baker, "Obama Gives a Bipartisan Commission Six Months to Revise Drilling Rules," *New York Times*, May 23, 2010, p. 16; Gerald Shields, "New Gulf Drilling Moratorium Issued," *The* (Baton Rouge, La.) *Advocate*, July 13, 2010, p. 1A; Russell Gold and Ben Casselman, "Far Offshore, a Rash of Close Calls," *Wall Street Journal*, Dec. 8, 2010, http://online.wsj.com/article/SB10001424052748 703989004575652714091006550.html?mod=WSJ_hp_MIDDLETopStories.

37. Dlouhy, "Spill Report."

38. Ben Casselman and Russell Gold, "Device's Design Flaw Let Oil Spill Freely," *Wall Street Journal*, March 24, 2011; Clifford Krauss and Henry Fountain, "Report on Oil Spill Pinpoints Failure of Blowout Preventer," *New York Times*, March 24, 2011, p. A18.

39. Final report and BP response quoted in John M. Broder, "Report Links Gulf Oil Spill to Shortcuts," *New York Times*, Sept. 15, 2011, p. A25; Pam Radtke Russell, "Final Deepwater Report Released," *Engineering News-Record*, Sept. 26, 2011, p. 12.

40. See Alistair Walker and Paul Sibly, "When Will an Oil Platform Fail?" *New Scientist*, Feb. 12, 1976, pp. 326–328; Gold and Casselman, "Far Offshore."

13장. 번영의 상징, 크레인

1. Vitruvius, *Ten Books on Architecture*, X, 2, 1–10; J. G. Landels, *Engineering in the Ancient World*, rev. ed. (Berkeley: University of California Press, 2000), pp. 84–85; for an excellent survey article, see Wikipedia, "Crane (machine)," http://en.wikipedia.org/wiki/Crane_(machine).

2. Georgius Agricola, *De re metallica*, trans. Herbert Clark Hoover and Lou Henry Hoover (New York: Dover Publications, 1950); Agostino Ramelli, *Diverse and Ingenious Machines of Agostino Ramelli*, trans. and ed. Martha Teach Gnudi and Eugene S. Ferguson (Baltimore: Johns Hopkins University Press, 1976); David de Haan, "The Iron Bridge—New Research in the Ironbridge Gorge," *Industrial Archaeology Review* 26 (2004), 1: 3–18; Nathan Rosenberg and Walter G. Vincenti, *The Britannia Bridge: The Generation and Diffusion of Technological Knowledge* (Cambridge, Mass.: MIT Press, 1978).

3. Tudor Van Hampton, "Feds Propose Crane Safety Rules, Operator Certifi-

cation Scheduled," ENR.com, Oct. 9, 2008, http://enr.construction.com/news/safety/archives/081009.asp; Tudor Van Hampton, "Out of the Blind Zone," *Engineering News-Record,* Dec. 4, 2006, pp. 24–26; Tom Ichniowski, "Construction Deaths Down 16% in 2009, but Fatality Rates Stays Flat," ENR.com, Aug. 18, 2010, http://enr.ecnext.com/coms2/article_bmsh100819ConstDeathsD; see also Mohammad Ayub, "Structural Collapses during Construction," *Structure,* Dec. 2010, pp. 12–14.

4. Liz Alderman, "Real Estate Collapse Spells Havoc in Dubai," *New York Times,* Oct. 7, 2010, p. B7; Blair Kamin, "The Tallest Building Ever—Brought to You by Chicago; Burj Dubai's Lead Architect, Adrian Smith, Personifies City's Global Reach," *Chicago Tribune,* Jan. 2, 2010, http://featuresblogs.chicagotribune.com/theskyline/2010/01/the-tallest-building-everbrought-to-you-by-chicago-burj-dubais-lead-architect-adrian-smith-personifi.html.

5. See, e.g., Clifford W. Zink, *The Roebling Legacy* (Princeton, N.J.: Princeton Landmark Publications, 2011), p. 282.

6. Tudor Van Hampton, "Cranes Enabled Faster, Safer Construction in Tall Buildings," ENR.ecnext.com, Aug. 20, 2008.

7. My writing about tower cranes was prompted by email messages, one of which included a photo dated c. 1944 showing bomb damage to the port of Trieste. What today we call tower cranes are clearly visible above the damaged buildings. Hart Lidov to the author, email messages dated Nov. 23, 2002, and April 25, 2004.

8. Tudor Van Hampton, "Cranes and Cultures Clash in Dubai," *Engineering News-Record,* Dec. 4, 2006, p. 27.

9. "Records: World's Largest Tower Crane," *Engineering News-Record,* supplement, Dec. 2004, p. 16; "K-10000 Tower Crane Operating Speeds—U.S.," http://www.towercrane.com/K-10000_tower_cranes_24_00.htm; Tim Newcomb, "Massive Krøll Tower Crane Supports Seattle Tunnel Job," *Engineering News-Record,* Sept. 19, 2011, p 27.

10. Tudor Van Hampton et al., "Crane Anxiety Towers from Coast to Coast," *Engineering News-Record,* June 16, 2008, pp. 10–12; Richard Korman, "An Accident in Florida Shows a Break in the Decision Chain," *Engineering News-Record,* July 30, 2007, pp. 24–28.

11. Korman, "An Accident in Florida."

12. Ibid.

13. Ibid.; Van Hampton, "Out of the Blind Zone," p. 25.

14. Robert D. McFadden, "Crane Collapses on Manhattan's East Side, Killing 4," *New York Times,* March 16, 2008, p. A1.

15. William Neuman, "Failure of Nylon Strap Is Suspected in Crane Collapse," *New York Times*, March 18, 2008, p. C14; Tom Sawyer, "Crane-Accident Probe Targets Nylon Slings," *Engineering News-Record*, March 24, 2008, pp. 10–12.

16. Damien Cave, "Two Workers Are Killed in Miami Crane Accident," *New York Times*, March 26, 2008, p. A19.

17. James Barron, "Crane Collapse at New York Site Kills 2 Workers," *New York Times*, May 31, 2008, pp. A1, A16.

18. "Off the Hook," editorial, *Engineering News-Record*, June 9, 2008, p. 88; Eileen Schwartz, "Crane Failures Foul Up Texas' Already-Poor Safety Record," *Engineering News-Record*, June 23, 2008, pp. 98–99.

19. William Neuman and Anemona Hartocollis, "Inspector Is Charged with Filing False Report before Crane Collapse," *New York Times*, March 21, 2008, p. A20; William Neuman, "New York Tightens Regulation on Cranes," *New York Times*, March 26, 2008, p. B1; Diane Cardwell and Charles V. Bagli, "Building Dept. Head Resigns Her Post," *New York Times*, April 23, 2008, p. A22; Charles V. Bagli, "Amid Boom, a Battle over Buildings Chief's Qualifications," *New York Times*, June 11, 2008, pp. B1, B4; Sharon Otterman, "City Proposes More Regulations to Improve Construction Safety," *New York Times*, June 25, 2008, p. B3.

20. Dennis St. Germain, "Hidden Damage in Slings, Corrosion and Ultraviolet Light," *Wire Rope News & Sling Technology*, June 2010, pp. 12, 14, 16.

21. William K. Rashbaum, "Analysis of Crane Collapse Blames Improper Rigging," *New York Times*, March 12, 2009, p. A24; Nadine M. Post, "Climbing Crane Not Properly Secured, Says Manufacturer," *Engineering News-Record*, Oct. 9, 2006, p. 12; "Rigger Used Half the Hardware Than Crane's Maker Required," *Engineering News-Record*, March 23, 2009, p. 20; Jennifer Peltz, "Witness: New Straps Supplied before NYC Crane Fell," Associated Press story, July 1, 2010.

22. John Eligon, "Engineer Testifies Crane Rigger Is Careful," *New York Times*, July 10, 2010, p. A15; John Eligon, "Rigging Contractor Is Acquitted in the Collapse of a Crane," *New York Times*, July 23, 2010, p. A17.

23. Charles V. Bagli, "City Fined over Information on Fatal Crane Collapse," *New York Times*, April 7, 2010, p. A24; Tudor Van Hampton, "Crane-Failure Case Heading to Court," *Engineering News-Record*, March 15, 2010, pp. 10–11; Tudor Van Hampton, "What the Lomma Case Means to You," *Engineering News-Record*, March 15, 2010, p. 52.

24. John Eligon, "Former Chief Crane Inspector Admits Taking Bribes for Lies," *New York Times*, March 24, 2010, p A23; William K. Rashbaum, "City Issues Controversial New Rules Regulating Cranes at Construction Sites," *New York Times*, Sept. 20, 2008, p. B3; Tudor Van Hampton, "Proposed Crane Rule Gets

Mixed Reviews," *Engineering News-Record*, Oct. 20, 2008, p. 11; see also Tudor Van Hampton, "Federal Safety Regulators to Boost Tower-Crane Checks," *Engineering News-Record*, April 28, 2008, p. 12.

25. Tom Ichniowski, "Construction Industry Gets Ready to Implement Crane Safety Rule," ENR.com, Aug. 4, 2010, http://enr.ecnext.com/comsite5/bin/comsite5.pl?page=enr_document&item_id=0271-57773&format_id=XML.

26. Brad Fullmer et al., "Razor-Thin Margins as Contractors Fight for Stimulus Projects," *Engineering News-Record*, June 29, 2009, pp. 16–18; Nick Zieminski, "The U.S. Jobs Sector Hit Hardest by the Recession, Construction, May Not Reach Bottom until Sometime Next Year," Reuters, March 18, 2009, http://www.reuters.com/article/idUSTRE52H6M620090318; Paul Davidson, "Construction Unemployment Still on the Rise," *USA Today*, Feb. 26, 2010, http://www.usatoday.com/money/economy/employment/2010-02-25-construction25_ST_N.htm.

27. Sewell Chan, "Bernanke Says He Failed to See Financial Flaws," *New York Times*, Sept. 3, 2010, p. B3.

14장. 실패와 역사

1. Sir Alfred Pugsley, R. J. Mainstone, and R. J. M. Sutherland, "The Relevance of History," *Structural Engineer* 52 (1974): 441–445; discussion, *Structural Engineer* 53 (1974): 387–398.

2. On the Dee Bridge, see James Sutherland, "Iron Railway Bridges," in Michael R. Bailey, ed., *Robert Stephenson—The Eminent Engineer* (Aldershot, Hants: Ashgate, 2003), pp. 302–335. On the Tacoma Narrows Bridge, see Richard Scott, *In the Wake of Tacoma: Suspension Bridges and the Quest for Aerodynamic Stability* (Reston, Va.: ASCE Press, 2001).

3. P. G. Sibly and A. C. Walker, "Structural Accidents and Their Causes," *Proceedings of the Institution of Civil Engineers* 62 (1977), Part 1: 191–208; Paul Sibly, "The Prediction of Structural Failures" (Ph.D. thesis, University of London, 1977).

4. Henry Petroski, "Predicting Disaster," *American Scientist*, March-April 1993, pp. 110–113; for failure scenarios for cable-stayed bridges, see Uwe Starossek, *Progressive Collapse of Structures* (London: Thomas Telford, 2009).

5. For further speculation on potentially vulnerable bridge types, see Henry Petroski, *Success Through Failure: The Paradox of Design* (Princeton, N.J.: Princeton University Press, 2006), pp. 172–174.

6. Spiro N. Pollalis and Caroline Otto, "The Golden Gate Bridge: The 50th Anniversary Celebration," Harvard University, Graduate School of Design, Laboratory for Construction Technology, Publication No. LCT-88–4, Nov. 1988, http://

www.goldengatebridge.org/research/documents/researchpaper_50th.pdf; Masayuki Nakao, "Closure of Millennium Bridge," *Failure Knowledge Database/100 Selected Cases*, http://shippai.jst.go.jp/en/Detail?fn=2&id=CA1000275.

7. See, e.g., Henry Petroski, "Design Competition," *American Scientist*, Nov.–Dec. 1997, pp. 511–515.

8. Deyan Sudjic et al., *Blade of Light: The Story of London's Millennium Bridge* (London: Penguin Press, 2001); Alexander N. Blekherman, "Swaying of Pedestrian Bridges," *Journal of Bridge Engineering* 10 (March-April 2005): 142; David McCullough, *The Great Bridge* (New York: Simon & Schuster, 1982), pp. 430–431; "Deadly Crush in Cambodia Tied to Bridge That Swayed," *New York Times*, Nov. 25, 2010, p. A22.

9. "World's Longest Stress Ribbon Bridge," *CE News*, June 2010, p. 15; Tony Sánchez, "Dramatic Bridge Provides a Natural Crossing," *Structural Engineering and Design*, June 2010, pp. 10–17, http://www.gostructural.com/magazine-article-gostructural_com-june-2010-dramatic_bridge_provides_a_natural_crossing-7918.html; Michael Stetz, "'One-of-a-Kind' Foot Bridge Still an Everyday Construction Site," (San Diego, Calif.) *Union-Tribune*, June 25, 2010, http://www.signonsandiego.com/news/2010/jun/25/one-of-a-kind-foot-bridge-still-an-everyday.

10. Sibly and Walker, "Structural Accidents and Their Causes."

11. Scott M. Adan and Ronald O. Hamburger, "Steel Special Moment Frames: A Historic Perspective," *Structure*, June 2010, pp. 13–14, http://www.structuremag.org/article.aspx?articleID=1079; Federal Emergency Management Agency, *World Trade Center Building Performance Study: Data Collection, Preliminary Observations, and Recommendations*, Report FEMA 403, May 2002, pp. 8–10.

12. Adan and Hamburger, "Steel Special Moment Frames."

13. Jim Hodges, "Generation to Generation: Filling the Knowledge Gaps," [NASA] *ASK Magazine*, 34 (Spring 2009): 6–9; Dave Lengyel, "Integrating Risk and Knowledge Management for the Exploration Systems Mission Directorate," ibid., pp. 10–12.

14. Justin Ray, "Taurus XL Rocket Launches Taiwan's New Orbiting Eye," SpaceflightNow.com, May 20, 2004, http://spaceflightnow.com/taurus/t7; NASA, "Taurus XL: Countdown 101," http://www.nasa.gov/mission_pages/launch/taurus_xl_count101.html; Rick Obenschain, "Anatomy of a Mishap Investigation," [NASA] *ASK Magazine*, 38 (Spring 2010): 5–8.

15. For more on why these bridge types are failure candidates to watch, see Henry Petroski, "Predicting Disaster," and Henry Petroski, *Success Through Failure: The Paradox of Design* (Princeton, N.J.: Princeton University Press, 2006), pp. 172–174.

16. Alistair Walker and Paul Sibly, "When Will an Oil Platform Fail?" *New Scientist*, Feb. 12, 1976, pp. 326–328.

17. Eugene S. Ferguson, *Engineering and the Mind's Eye* (Cambridge, Mass.: MIT Press, 1992). See also E. S. Ferguson, "The Mind's Eye: Nonverbal Thought in Technology," *Science* 197 (1977): 827–836.

18. See, e.g., John A. Roebling, *Final Report to the Presidents and Directors of the Niagara Falls Suspension Bridge and Niagara Falls International Bridge* (Rochester, N.Y.: Lee, Mann, 1855); O. H. Ammann, "George Washington Bridge: General Conception and Development of Design," *Transactions of the American Society of Civil Engineers* 97 (1933): 1–65; A. Pugsley, R. J. Mainstone, and R. J. M. Sutherland, "The Relevance of History," *Structural Engineer* 52 (1974): 441–445; see also discussion in *Structural Engineer* 53 (1975): 387–388.

19. Ralph Peck, "Where Has All the Judgement Gone?" Norges Geoteckiske Institutt, Publikasjon No. 134 (1981).

20. *Software Engineering Notes*, http://www.sigsoft.org/SEN; *The Risks Digest: Forum on Risks to the Public in Computers and Related Systems*, Peter G. Neumann, moderator, http://catless.ncl.ac.uk/Risks.

21. Jameson W. Doig and David P. Billington, "Ammann's First Bridge: A Study in Engineering, Politics, and Entrepreneurial Behavior," *Technology and Culture* 35 (1994), 3: 537–570; Vitruvius, *The Ten Books of Architecture,* trans. Morris Hicky Morgan (New York: Dover Publications, 1960), X, 16, 1–12; see also, e.g., *Transactions of the American Society of Civil Engineers* 97 (1933).

22. John A. Roebling, "Remarks on Suspension Bridges, and on the Comparative Merits of Cable and Chain Bridges," *American Railroad Journal, and Mechanics' Magazine* 6 (n.s.) (1841): 193–196.

23. Ibid.

24. Pauline Maier et al., *Inventing America: A History of the United States,* 2nd ed. (New York: Norton, 2006).

25. Sewell Chan, "Bernanke Says He Failed to See Financial Flaws," *New York Times,* Sept. 3, 2010, p. B3.

실패한 디자인은 없다

초판 1쇄 인쇄 2016년 5월 4일
초판 1쇄 발행 2016년 5월 10일

지은이 헨리 페트로스키
옮긴이 채은진
펴낸이 이은휘
편　집 윤희영

펴낸곳 글램북스
등록 제2014-000068호
주소 서울시 마포구 포은로 107, 2층
전화 02-3144-0117　　**팩스** 02-3144-0277
홈페이지 www.glambooks.co.kr
이메일 glambooks@hanmail.net
페이스북 www.facebook.com/glambooks100

ISBN 979-11-85628-45-5 03500

*이 책은 저작권법에 따라 보호받는 저작물이므로 무단 전재와 복제를 금하며, 이 책의 내용 전부 또는 일부를 이용하려면 반드시 저작권자와 글램북스의 서면 동의를 받아야 합니다.
*유통 중에 파손된 책은 구입하신 서점에서 바꾸어 드리며, 책값은 뒤표지에 있습니다.
*이 도서의 국립중앙도서관 출판도서목록(CIP)은 서지정보유통지원시스템 홈페이지(http://seoji.nl.go.kr)와 국가자료공동목록시스템(http://www.nl.go.kr/kolisner)에서 이용하실 수 있습니다. (CIP제어번: CIP2016008228)